Grundlagen des Mobilfunks

Von Professor Dr.-Ing. **Thorsten Benkner**
Fachhochschule Aachen

Mit 202 Bildern und 16 Tabellen

J. Schlembach Fachverlag

Bibliografische Information Der Deutschen Bibliothek
Die Deutsche Bibliothek verzeichnet diese Publikation in der Deutschen Nationalbibliografie; detaillierte bibliografische Daten sind im Internet über http://dnb.ddb.de abrufbar.

ISBN 978-3-935340-44-1

Printed in Germany

Vorwort

Innerhalb von etwa 15 Jahren seit der Einführung von Mobilfunksystemen der zweiten Generation, zu der GSM (*engl.* Global System for Mobile Communications) als wichtigstes Mobilfunksystem gehört, gibt es bereits über zwei Milliarden Mobilfunkkunden auf der Erde - mehr als es Festnetzanschlüsse gibt. Der Bedarf von Mobilfunkkunden nach höheren Datenraten und neuartigen Diensten wie z.B. "Wireless Internet" steigt stetig an und hat vor einigen Jahren zur Einführung des UMTS (*engl.* Universal Mobile Telecommunications System) geführt. Diese Entwicklungen werden in erheblichem Maße durch die technologischen Fortschritte im Bereich der digitalen Signalverarbeitungssysteme ermöglicht.

Die Komplexität von Mobilfunksystemen hat seit den ersten, noch analogen Systemen, ganz erheblich zugenommen. Um solche Systeme verstehen zu können, bedarf es eines breiten Hintergrundwissens aus vorwiegend, aber nicht nur, nachrichtentechnischen Disziplinen.

Dieses Buch wendet sich an Studenten der höheren elektro- und informationstechnischen Fachsemester, etwa ab dem Grundstudium, und bereits praktisch tätigen Ingenieuren in der Industrie und bei Netzbetreibern, die die grundlegenden Zusammenhänge moderner Mobilfunksysteme verstehen wollen. Der Text basiert auf der langjährigen praktischen Erfahrung des Verfassers in Forschung und Lehre im Bereich der Mobilfunktechnik. Es wurde viel Wert auf eine gut verständliche Darstellung der Inhalte gelegt, die eine selbständige Erarbeitung ermöglicht. Der Zuschnitt des Stoffes eignet sich als Grundlage für ein- bis zweisemestrige Vorlesungen in nachrichtentechnischen Studiengängen einer ingenieurwissenschaftlichen Ausbildung. Durch die vielen Literaturhinweise wird es dem Leser erleichtert, sein Wissen in besonders interessierenden Teilgebieten weiter zu vertiefen.

Die einzelnen Kapitel sind insgesamt in ein Gesamtkonzept eingebunden, wobei die Stoffauswahl sich in Umfang und Reihenfolge an Mobilfunk-Vorlesungen anlehnt, die der Verfasser über viele Jahre hinweg gehalten hat und weiter hält. Bei entsprechendem Vorwissen ist es auch leicht möglich, sich nur auf einzelne Kapitel zu konzentrieren, da jedes Kapitel abgeschlossene Problemkreise behandelt.

Ich möchte an dieser Stelle all jenen danken, die bei der Verwirklichung dieses Fachbuchs mitgeholfen haben. Ohne die zahlreichen Hinweise und Verbesserungsvorschläge von Fachkollegen wäre dieses Buch in der vorliegenden Form nicht entstanden. Zu besonderem Dank bin ich auch den vielen Studierenden verpflichtet, die über die Jahre hinweg einen wesentlichen Beitrag zum didaktischen Konzept beigetragen haben. Für die gewohnt gute Zusammenarbeit danke ich ferner Herrn Dr. J. Schlembach, dem ein erheblicher Anteil an der Initiierung dieses Buches gebührt.

Aachen, im September 2007 Thorsten Benkner

Inhalt

1 Einführung **1**

1.1 Entstehungsgeschichte der Mobilkommunikation 3
1.2 Grundprobleme des zellularen Mobilfunks 8
1.2.1 Ausbreitungsdämpfung 8
1.2.2 Mehrwegeausbreitung 10
1.2.3 Begrenztes Frequenzspektrum 12
1.2.4 Teilnehmermobilität 14
1.3 Weiterer Aufbau des Buches 16

2 Ausbreitungsdämpfung **19**

2.1 Freiraumausbreitung 20
2.2 Reflexion 23
2.3 Ausbreitung über ebene Gebiete 25
2.4 Ausbreitung über unebene Gebiete 27
2.4.1 Streuung 27
2.4.2 Beugung 30
2.5 Pfadverlust-Prognosemodelle 34
2.5.1 Vorhersagemodell nach Lee 35
2.5.2 Vorhersagemodell nach Okumura 39
2.5.3 Vorhersagemodell nach Hata 43
2.5.4 Vorhersagemodell nach Ikegami 45
2.5.5 COST 231 Walfisch-Ikegami-Modell 50
2.5.6 Indoor-Vorhersagemodelle 53
2.6 Atmosphärische Dämpfung 57
2.7 Rauschen 59
2.7.1 Rausch-/Interferenzbegrenzte Systeme 59

2.7.2 Thermisches Rauschen ... 60
2.7.3 Weitere Rauscheinflüsse ... 62

3 Mehrwegeausbreitung **65**

3.1 Effekte der Mehrwegeausbreitung ... 66
3.2 Hüllkurve und Phase des Empfangssignals ... 68
3.2.1 Einweg-Ausbreitung ... 68
3.2.2 Zweiwege-Ausbreitung ... 70
3.2.3 N-Wege-Ausbreitung ... 72
3.2.4 Rayleigh-Verteilung ... 73
3.2.5 Rice-Verteilung ... 78
3.2.6 Signalschwundrate ... 82
3.2.7 Mittlere Dauer von Signalschwund-Einbrüchen ... 85
3.2.8 Statistik des Signalmittelwertes ... 86
3.3 Spektrale Empfangsleistungsdichte ... 89
3.3.1 Doppler-Verschiebung ... 89
3.3.2 Dopplerspektrum eines Fading-Signals ... 91
3.4 Parameter des Mehrwegekanals ... 93
3.4.1 Kanalimpulsantwort ... 93
3.4.2 Verzögerungs-Leistungsspektrum ... 95
3.4.3 Kohärenzbandbreite ... 98
3.4.4 Doppler-Spreizung und Kohärenzzeit ... 100
3.5 Diversity- und Combining-Verfahren ... 101
3.5.1 Selection Combining ... 102
3.5.2 Switched Combining ... 104
3.5.3 Maximal Ratio Combining ... 106
3.5.4 Equal Gain Combining ... 109
3.6 Kanalmessung und Kanalsimulation ... 109
3.6.1 Kanalmessung ... 110
3.6.2 Simulation von nicht-frequenzselektiven Kanälen ... 111
3.6.3 Simulation von frequenzselektiven Kanälen ... 113

4 Zellularer Netzaufbau **117**

4.1 Frequenz-Wiederverwendung ... 118
4.2 Gleichkanalstörabstand ... 123
4.2.1 Funkzellen mit omnidirektionaler Abstrahlung ... 123
4.2.2 Zellsektorisierung ... 126
4.3 Handover ... 128
4.4 Mikrozellulare und hierarchische Zellstrukturen ... 132
4.5 Verkehrs- und Bedientheorie ... 134

4.5.1 Begriffe und Größen der Verkehrs- und Bedientheorie 135
4.5.1.1 Verkehrsangebot 135
4.5.1.2 Ankunftsprozess 136
4.5.1.3 Bedienprozess 139
4.5.1.4 Kendall'sche Notation 140
4.5.2 Die Erlang'schen Formeln 140
4.5.2.1 Erlang'sche Verlustformel 140
4.5.2.2 Erlang'sche Warteformel 144
4.5.3 Teilnehmerkapazität 147
4.6 Planung von Mobilfunknetzen 148
4.6.1 Marktanalyse 150
4.6.2 Auswahl von Senderstandorten 150
4.6.3 Versorgungsanalyse 150
4.6.4 Kanalbedarf 152
4.6.5 Frequenzzuweisung 153
4.7 Kanalzuteilungsverfahren 154
4.7.1 Statische Kanalzuteilung 155
4.7.2 Dynamische Kanalzuteilung 155
4.7.2.1 Verkehrsadaptive DCA-Verfahren 158
4.7.2.2 Signaladaptive DCA-Verfahren 164
4.7.2.3 Interferenzadaptive DCA-Verfahren 165
4.8 Spektrale Effizienz von Mobilfunksystemen 167
4.8.1 Clustergröße 168
4.8.2 Bandbreite 170
4.8.3 Getragener Verkehr 172
4.8.4 Zellfläche 173

5 Modulationsverfahren **177**

5.1 Analoge Modulationsverfahren 178
5.1.1 Amplitudenmodulation 179
5.1.2 Winkelmodulation 186
5.2 Digitale Modulationsverfahren 192
5.2.1 Amplitudenumtastung 192
5.2.2 Frequenzumtastung 201
5.2.3 Phasenumtastung 204
5.2.4 Quadratur-Amplitudenmodulation 213
5.2.5 Kontinuierliche Phasenmodulation 216
5.2.5.1 Minimum Shift Keying (MSK) 219
5.2.5.2 Gauß'sches MSK (GMSK) 222
5.2.5.3 Tamed Frequency Modulation (TFM) 226

5.2.6 Mehrträger-Modulation ... 228
5.2.7 Spektrale Effizienz ... 234
5.3 Digitale Übertragung über Gauß'sche Kanäle ... 235
5.3.1 M-ASK ... 235
5.3.2 M-PSK ... 239
5.3.3 M-QAM ... 242
5.3.4 MSK und GMSK ... 244
5.4 Digitale Übertragung über Kanäle mit Rayleigh-Fading ... 246
5.4.1 BPSK und QPSK ... 247
5.4.2 MSK und GMSK ... 248
5.5 Kanalentzerrung ... 249

6 Codierungs- und Fehlerschutzverfahren 255

6.1 Einführung ... 256
6.2 Blockcodes ... 262
6.2.1 Lineare binäre Blockcodes ... 262
6.2.2 Zyklische binäre Blockcodes ... 265
6.2.3 BCH-Codes ... 271
6.2.4 RS-Codes ... 275
6.3 Faltungscodes ... 277
6.3.1 Faltungscodierung ... 277
6.3.2 Zustands- und Trellis-Diagramm ... 280
6.3.3 Trellis-Decodierung und Viterbi-Algorithmus ... 282
6.3.4 Korrektureigenschaften ... 286
6.3.5 Terminierung ... 287
6.3.6 Punktierung ... 288
6.3.7 Codeverkettung ... 291
6.4 Interleaving ... 292
6.4.1 Diagonales Interleaving ... 292
6.4.2 Block-Interleaving ... 293
6.4.3 Faltungs-Interleaving ... 296
6.5 Turbo-Codes ... 296
6.5.1 Turbo-Coder ... 297
6.5.2 Turbo-Decoder ... 299
6.6 ARQ-Protokolle ... 301
6.7 Sprachcodierung ... 303
6.7.1 Einleitung ... 303
6.7.2 Signalformcodierung ... 306
6.7.3 Vocoder ... 309
6.7.4 Hybride Coder ... 310

7 Vielfachzugriffsverfahren **311**
7.1 Einführung ... 312
7.2 Frequenzmultiplex ... 315
7.2.1 Eigenschaften von FDMA ... 315
7.2.2 Intermodulation ... 316
7.2.3 Verzerrungen und Störabstand ... 319
7.3 Zeitmultiplex ... 320
7.3.1 Eigenschaften von TDMA ... 321
7.3.2 Schutzzeit und Synchronisation ... 323
7.4 Codemultiplex ... 324
7.4.1 Eigenschaften von CDMA ... 325
7.4.2 Prinzip der Bandspreizung ... 328
7.4.2.1 Direct Sequence Spread Spectrum (DSSS) ... 328
7.4.2.2 Frequency Hopping Spread Spectrum (FHSS) ... 331
7.4.3 Spreizcodes ... 335
7.4.3.1 Anforderungen und Kenngrößen ... 335
7.4.3.2 M-Sequenzen ... 338
7.4.3.3 Gold- und Kasami-Folgen ... 340
7.4.3.4 Walsh-Folgen ... 342
7.4.3.5 OVSF-Codes ... 343
7.4.4 Sendeleistungsregelung ... 344
7.4.5 RAKE-Empfänger ... 346
7.5 Paketzugriffsverfahren ... 349
7.6 Raummultiplex ... 355
7.7 Duplexverfahren ... 357
7.7.1 Frequenzduplex ... 358
7.7.2 Zeitduplex ... 360

Literaturverzeichnis **362**

Index **369**

1 Einführung

Mobilfunksysteme stellen eine der neuesten und spannendsten Technologien unserer Zeit dar und umfassen nahezu alle Facetten der modernen Nachrichtentechnik. Sie ermöglichen einen standortunabhängigen Informationsaustausch via Sprache und Daten, und sie haben unser aller Leben während der letzten ca. 10 Jahre mehr oder weniger stark verändert. Mit heute schon mehr als 60 Millionen Teilnehmern alleine in Deutschland und über 2,3 Mrd. Teilnehmern weltweit gehört der Mobilfunk zu einem der am schnellsten wachsenden Segmente der Zukunfts- und Wachstumsbranche Telekommunikation.

Mobilfunknetze nach dem GSM- (*engl.* Global System for Mobile Communications) Standard sind derzeit weltweit am verbreitetsten (in über 210 Ländern). Auch 15 Jahre nach der GSM-Einführung sind die Wachstumszahlen von weltweit ca. 1.000 neuen Netzkunden pro Minute beeindruckend. Die Nachfolgegeneration von GSM, die sog. 3. Generation, befindet sich mit UMTS (*engl.* Universal Mobile Telecommunications System) in der Einführungsphase. UMTS-Netze ermöglichen aufgrund einer deutlich höheren Übertragungsrate von und zum mobilen Teilnehmer eine Vielzahl neuer Dienste. Ein Schwerpunkt wird durch drahtlose, mobile Internetanwendungen gebildet.

Die rasant fortschreitende technische Innovation moderner Mobilfunksysteme wird durch neue Entwicklungen und Möglichkeiten im Bereich der digitalen und analogen Schaltungstechnik erst ermöglicht. Immer höhere Integrationsdichten und immer leistungsfähigere Signalprozessoren erlauben die Herstellung von immer kleineren, billigeren und zuverlässigeren portablen Endgeräten.

Mobilfunk umfasst jedoch nicht nur zellulare Mobilfunksysteme wie z.B. GSM und UMTS. Es gibt eine Vielzahl weiterer mobiler bzw. portabler Mobilfunksysteme von der Freisprecheinrichtung mittels Bluetooth über schnurlose Telefone, drahtlose Rechnernetze (WLAN, *engl.* Wireless Local Area Network), nichtöffentliche Funknetze (Polizei, Militär etc.), Seefunknetze, bis hin zu Mobilfunk-Satellitennetzen um nur einige wenige zu nennen.

Mobilfunksysteme lassen sich nach verschiedenen Kriterien einteilen, z.B.

- nach dem Einsatzort der mobilen Station:

  - Landmobilfunk, - Seefunk, - Flugfunk

- nach der Art der ortsfesten Stationen (sofern vorhanden):

  - terrestrische Basisstationen, - Satelliten

- nach der Netzzugangsmöglichkeit:

  - öffentliche Mobilfunknetze, - nichtöffentliche Mobilfunknetze

- nach den angebotenen Diensten bzw. Anwendungen:

  - Verteildienste (Rundfunk), - Sprache u./oder Daten, - Navigation/Ortung

- nach der Netzstruktur:

  - zellulare Netze, - nicht zellulare Netze

Es lassen sich leicht weitere Kategorien finden. Im Rahmen dieses Buches verstehen wir unter Mobilfunk bzw. Mobilfunksystemen die Funkübertragung zwischen zwei Stationen, von denen mindestens eine beweglich ist, also keinen Richtfunk, gleichwohl viele Aspekte der hier behandelten drahtlosen Übertragungstechnik auch für den Richtfunk relevant sind.

1.1 Entstehungsgeschichte der Mobilkommunikation

Die praktische Nutzung der bereits 1864 von James Clerk Maxwell postulierten elektromagnetischen Wellenausbreitung erfolgte 1897 durch den Italiener Guglielmo Marconi. Er zeigte, dass eine drahtlose Nachrichtenverbindung zwischen zwei entfernten Orten möglich ist. Bereits vier Jahre später, 1901, begannen erste Experimente mit auf Lastwagen montierten mobilen Funkstationen. Diese ersten "Mobilfunkgeräte" arbeiteten im Lang- und Mittelwellenbereich zwischen etwa 20 kHz und 1500 kHz als breitbandige Funken-Sender. Höhere Frequenzen wurden bis zum Anfang der zwanziger Jahre als unbrauchbar angesehen. Es waren Funkamateure, die die Möglichkeit einer interkontinentalen Funkübertragung auf Frequenzen oberhalb von 3 MHz demonstrierten. Damit begann das bis heute andauernde Ringen von Funknetzbetreibern um Frequenzen, die neuerdings sogar nach den Gesetzen der freien Marktwirtschaft vermarktet werden. Erst vor wenigen Jahren sind in Deutschland die UMTS- (*engl.* Universal Mobile Telecommunications System) Frequenzen im 2 GHz Frequenzbereich für die Rekordsumme von über 50 Mrd. € versteigert worden.

In Deutschland begann der öffentliche Mobilfunk 1926 mit einem Zugtelefon der Deutschen Reichsbahn auf der Strecke Hamburg - Berlin. Die Übertragung erfolgte nur über eine kurze Distanz von einer auf dem Eisenbahndach montierten Antenne zu parallel zur Strecke verlaufenden Antennenleitungen. Damals wurden typischerweise einige zehn Gespräche pro Tag geführt. 1958 wurde von der Deutschen Bundespost mit dem Aufbau des A-Netzes begonnen. Das A-Netz erreichte 1970 eine Flächendeckung von 80 % und der Betrieb wurde erst 1977, nach fast zwanzig Jahren, eingestellt, weil die Kapazitätsgrenze von 13.000 Teilnehmern erreicht war. Die freigewordenen Frequenzen im VHF-Bereich (156 - 174 MHz) wurden dann 1980 zu einer Erweiterung des 1972 errichteten B-Netzes verwendet (B2-Netz). Das B-Netz gehörte seinerzeit zu den leistungsfähigsten Mobilfunksystemen in Europa, bot grenzüberschreitende Kommunikation mit Österreich, Luxemburg und den Niederlanden, besaß eine automatische Vermittlung und erreichte eine Teilnehmerzahl von 27.000. Erstmals war im B-Netz ein Verbindungsaufbau in beiden Richtungen, also vom und zum mobilen Teilnehmer, möglich. Bei einem Verbindungswunsch aus dem Festnetz musste dem rufenden Teilnehmer allerdings der ungefähre Aufenthaltsort des mobilen B-Netzteilnehmers bekannt sein. Ein weiterer Nachteil war, dass der Funkverkehrsbereich bei schlechter werdender Verbindungsqualität nicht automatisch gewechselt werden konnte, ein "Handover" von einer Basisstation zu einer anderen war also nicht möglich. Das B-Netz war nicht zellular aufgebaut, d.h., die

Grenzen der Funkzonen waren nicht genau definiert. Die Kapazitätsgrenze war bereits 1986 erreicht, aber erst Ende 1994 wurde der Mobiltelefondienst im B-Netz eingestellt.

1986 wurde von der damaligen Bundespost das C-Netz in Betrieb genommen. Bei diesem Netz handelte es sich erstmals um ein zellulares Netz, das bei 450 MHz bis zum Jahr 2000 betrieben wurde. Das Prinzip eines zellularen Netzes beruht darauf, dass das zu versorgende Gebiet in viele kleine Zellen mit jeweils genau zugeteilten Frequenzen unterteilt wird. Die Zuordnung eines mobilen Teilnehmers zu einer Funkzelle kann sich während einer Verbindung ändern, wenn die Feldstärke des Empfangssignals zu gering wird ("Handover"). Zellulare Netze erlauben eine stärkere Mehrfachnutzung von Frequenzen in räumlich getrennten Funkzellen und damit eine höhere Teilnehmerzahl. In Kapitel 4 wird noch ausführlich auf die Funktionsweise von zellularen Netzen eingegangen.

Ein wesentlicher Vorteil des C-Netzes gegenüber dem B-Netz bestand in der automatischen Lokalisierung eines Teilnehmers, d.h., ein Anrufer musste nicht mehr wissen, in welchem Ortsbereich sich der mobile Kommunikationspartner zum Zeitpunkt des Verbindungsaufbaus aufhielt.

Bis Anfang der 90iger Jahre gab es in Europa keinen gemeinsamen Standard für Mobilfunknetze. Bis auf wenige Ausnahmen war kein grenzüberschreitender Betrieb möglich. Dies ist natürlich für den Kunden unbefriedigend. Außerdem ist es schwierig, Infrastruktur und Endgeräte in großer Stückzahl zu produzieren, wenn es eine Vielzahl von Märkten und Systemen gibt. Dies führte, neben einer Reihe weiterer Gründe wie dem schnellen technischen Fortschritt, zu Arbeiten an einem europaweit einheitlichen System. Auf Vorschlag von Skandinavien und der Niederlande wurde bereits 1982 von der CEPT (*franz.* Conférence Europénne des Administrations des Postes et des Télécommunications) die "Groupe Spécial Mobile" mit dem Ziel gebildet, ein gemeinsames europäisches Mobilfunksystem, das GSM (*engl.* Global System for Mobile Communications), zu spezifizieren.

GSM wurde in Westeuropa ab 1992 in Betrieb genommen. Es bietet dem Mobilfunkkunden eine Reihe von interessanten Möglichkeiten und weist folgende wesentliche Merkmale auf:

- Digitale Übertragung von Daten bzw. Sprache
- Handover-Möglichkeit, d.h. kein Verbindungsabbruch bei Funkzonenwechsel
- Europaweite Erreichbarkeit
- Kleine Abmessungen der Mobilstationen

- Automatische Regelung der Sendeleistung
- Geringer Stromverbrauch (dadurch sind auch kompakte Handgeräte möglich)
- Verbesserung der Übertragungsqualität durch "Frequency Hopping"
- Zugangskontrolle mit SIM- (*engl.* Subscriber Identity Module) Codekarte
- Umfangreiche Mechanismen gegen Abhörversuche
- Vielfältige Dienste (Sprache, Daten, Telematik, Mehrwertdienste,...)
- Angleichung an das vorhandene ISDN-Festnetz

Mittlerweile hat sich GSM auch außerhalb Westeuropas in über 210 etabliert und kann damit als Weltstandard bezeichnet werden.

Erstmals gab es in Deutschland ab 1992 seit der Einführung des GSM-Standards neben der DeTeMobil GmbH, einer Telekom-Tochter, einen zweiten, privaten Netzbetreiber, gebildet aus einem Konsortium um Mannesmann Mobilfunk (MMO, inzwischen vom Britischen Konzern Vodafone übernommen). Beide Unternehmen betreiben technisch gleich aufgebaute GSM-Netze, zunächst ausschließlich im Frequenzbereich um 900 MHz (GSM900), später zusätzlich auch bei 1800 MHz (GSM1800) mit den Markennamen D1 bzw. D2. Die Entwicklung der Teilnehmerzahlen ist in beiden Netzen etwa gleich und liegt heute bei über 25 Millionen pro Netz. Zur weiteren Stimulation des Mobilfunkmarktes in Deutschland wurden später zwei weitere Lizenzen (E-Plus, VIAG Interkom) zum Aufbau und Betrieb von GSM1800-Netzen (E-Netze, bis auf den Frequenzbereich, 1800 MHz, quasi identisch mit GSM900) vergeben.

Die ab dem Jahr 2002 eingeführte dritte Generation von Mobilfunknetzen (3G, UMTS) wird getragen von der stürmischen Entwicklung des Internet. Inzwischen sind mobile Multimedia-Dienste Realität geworden. Nicht nur der jederzeit und von überall mögliche mobile Zugang zum Internet ist eines der wesentlichen Charakteristiken von 3G-Systemen, vielmehr sind neuartige personen- und ortsbezogene Dienste sowie "Infotainment" hinzugekommen. UMTS ist in vielerlei Hinsicht verschieden von GSM.

Die wesentlichen Parameter der UMTS-Luftschnittstelle und Teile des Zugangsnetzes wurden von ETSI (*engl.* European Telecommunications Standards Institute) im Jahr 1998 ausgewählt. UMTS unterstützt die Forderung nach 384 kbit/s Datenrate (flächendeckend) bzw. 2 Mbit/s (lokal begrenzt). Inzwischen wurden aber auch bereits höhere Datenraten bis über 10 Mbit/s standardisiert. Die wichtigsten Leistungsmerkmale von UMTS sind [BEN02]

- hohe Dienste-Flexibilität: Es gibt eine Vielzahl von Übertragungsmodes mit unterschiedlichen, auch variablen Bitraten (Downlink: 15 - 1920 kbit/s, Uplink: 15 - 960 kbit/s, zusätzliche "High Speed" Modes), unterschiedlichen maximalen Verzögerungszeiten und Bitfehlerquoten, ein effizienter Paketzugriffsmode etc. Besonders für Dienste mit hoher und sehr hoher Bitrate werden häufig Paketzugriffsverfahren verwenden. So lässt sich ein leistungsfähiger Zugang zum Internet bzw. IP-basierten Netzen erzielen.

- hohe Teilnehmerkapazität: Die hohe Bandbreite des gewählten Spreizspektrum-Verfahrens von 5 MHz führt einerseits zu einem wesentlich stabileren Empfangssignal bei "Fast Fading" im Vergleich zu schmalbandigeren Systemen wie z.B. GSM mit nur 200 kHz Kanalbandbreite, andererseits aber auch zu einer sehr hohen Interferenzfestigkeit, die eine schnelle Frequenzwiederverwendung erlaubt.

- Unterstützung von adaptiven Antennen: Durch den Einsatz von adaptiven Antennen ("Smart Antennas"), die ihre Richtcharakteristik der Position der Mobilstation anpassen, kann die Interferenz im Netz reduziert und die Signalqualität erhöht werden. Dies wirkt sich u.a. kapazitätssteigernd aus.

Der UMTS-Standard ist ein sehr offener Standard, d.h., es ist leicht möglich, im Zuge des technischen Fortschritts Erweiterungen und Verbesserungen vorzunehmen. Die Weiterentwicklung von UMTS hat längst begonnen. Erst vor kurzem wurden effiziente "High Speed" Übertragungsarten für den Downlink (Übertragungsrichtung von der Basisstation zur Mobilstation) mit über 10 Mbit/s (HSDPA, *engl.* High Speed Downlink Packet Access) und den Uplink (Mobilstation → Basisstation) von bis zu 5 Mbit/s (HSUPA, *engl.* High Speed Uplink Packet Access) standardisiert und auch schon vereinzelt implementiert. Der nächste Schritt bei der Weiterentwicklung von UMTS, die sog. LTE (*engl.* Long Term Evolution) [EKS06], wird noch höhere Datenraten von 100 Mbit/s im Downlink und 50 Mbit/s im Uplink ermöglichen.

Obwohl sich der 3G-Mobilfunk noch in der Einführung befindet, wird bereits an der nächsten Generation (4G) gearbeitet. Eines der Ziele ist es, mindestens 100 Mbit/s bei einer Weitbereichs-Versorgung und bis zu 1 Gbit/s lokal begrenzt bereitzustellen. Die technische Entwicklung des Mobilfunks bleibt also weiterhin spannend.

Tabelle 1.1.1 gibt einen Überblick über wichtige Merkmale öffentlicher Mobilfunksysteme in Deutschland.

Tabelle 1.1.1: Öffentliche Mobilfunksysteme in Deutschland

Netz	A	B/B2	C	D (GSM)	E (DCS1800)	UMTS
Netzbetrieb	1958 - 1977	1972 - 1994	1986 - 2000	seit 1992	seit 1994	seit 2002
Frequenzbereich (MHz)	156 - 174	146 - 156/ 156 - 174	450,3 - 465,74	890 - 960	1710 - 1880	1885 – 2025/ 2110 - 2200
Kanalabstand (kHz)	50	20	20/12,5/10	200	200	5000
Duplexabstand (MHz)	4,6	4,6	10	45	95	190 (FDD)
Vielfachzugriffsverfahren	FDMA	FDMA	FDMA	TDMA	TDMA	CDMA
Endgerätepreise	>10.000 DM	10.000 – 22.000 DM	< 1000 DM	< 1000 DM	< 1000 DM	< 1000 €
Besonderheiten (D : Deutschland, A : Österreich, P : Portugal, NL: Niederlande)	handvermittelt Sendeleistung 10 W (Mobilstation)	D, A, NL Sendeleistung (20 W, MS) nahezu flächendeckend mit 150 Funkfeststat. kein Handover	D, P Handover digitaler Organisationskanal Sprache analog fast 100% Flächendeckung	europa- (welt-) weites System voll digital, angelehnt an ISDN abhörsicher	nahezu identisch mit GSM voll digital, angelehnt an ISDN abhörsicher	Datenraten bis 2 Mbit/s Wireless Internet (fast) Weltstandard

1.2 Grundprobleme des zellularen Mobilfunks

1.2.1 Ausbreitungsdämpfung

Die Dämpfung, die eine elektromagnetische Welle bei ihrer Ausbreitung im Raum erfährt, hängt u.a. von der Entfernung d zwischen Sende- und Empfangsantenne ab. Außer in einigen Spezialfällen, wie z.B. der Freiraumausbreitung, ist die Berechnung der Dämpfung in geschlossener deterministischer Form exakt nur selten möglich. Für praktisch relevante Fälle existiert aber eine Vielzahl von Näherungslösungen und Modellen, die Gegenstand von Kapitel 2 sind.

Wie betrachten zunächst das Modell einer einfachen Freiraumausbreitung nach Bild 1.2.1. Die Sende- und Empfangsantenne sollen sich im freien Raum befinden. Weder zwischen den Antennen noch in der Nähe der Antennen sollen sich irgendwelche Hindernisse befinden. Unter dieser Voraussetzung erzeugt der Sender mit der Sendeleistung P_S am Empfangsort eine Leistungsdichte [W/m^2]

$$S = \frac{P_S G_S}{4\pi d^2} \quad . \tag{1.2.1}$$

Dabei ist G_S der Antennengewinn aufgrund der Strahlungsbündelung in Hauptstrahlrichtung der Sendeantenne bezogen auf einen idealen Rundstrahler (sog. isotroper Strahler) und ist wie folgt definiert:

$$G_S = \frac{\text{Leistungsdichte in der Entfernung } d \text{ im Strahlungsmaximum}}{P_S / 4\pi d^2} \quad .$$

Am Fußpunkt der Empfangsantenne kann bei Leistungsanpassung die Empfangsleistung

$$P_E = S \cdot A_E \tag{1.2.2}$$

mit der Apertur (effektive Antennenwirkfläche [KAR04]) der Empfangsantenne A_E gemäß

$$A_E = G_E \cdot \frac{\lambda^2}{4\pi} \tag{1.2.3}$$

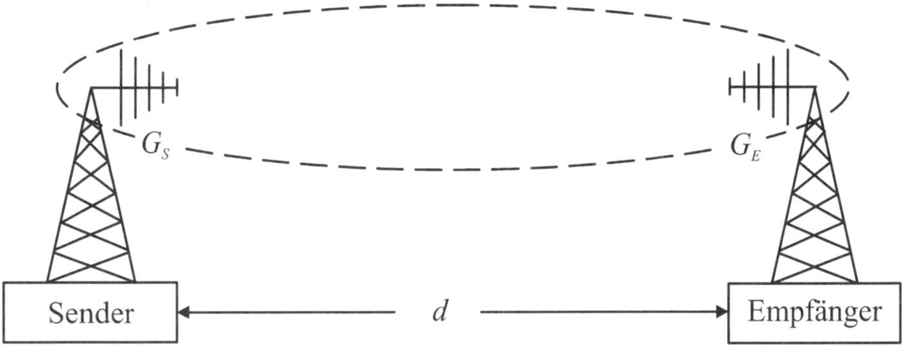

Bild 1.2.1: Freiraumdämpfung

entnommen werden. Die Wellenlänge λ ist mit der Frequenz f über die Lichtgeschwindigkeit $c = 3 \cdot 10^8$ m/s verknüpft ($\lambda = c / f$).

Die Antenne fängt demnach alle Leistung ein, die durch ihre effektive Antennenwirkfläche hindurchtritt. Mit Gl.(1.2.1) und Gl.(1.2.3) in Gl.(1.2.2) erhält man die sog. "Freiraumformel", auch Friis-Gleichung nach [FRI46] genannt:

$$P_E = P_S G_S G_E \left(\frac{\lambda}{4\pi d} \right)^2 \quad . \tag{1.2.4}$$

Gl.(1.2.4) gilt nur im Fernfeld (auch als Fraunhofer-Gebiet bezeichnet), d.h. für $d \geq 2\lambda$. Hier transportiert die elektromagnetische Welle reine Wirkleistung, da elektrisches und magnetisches Feld in Phase sind.

Die wesentlichen Erkenntnisse, die man aus Gl.(1.2.4) ziehen kann, sind, dass die Empfangsleistung quadratisch mit dem Abstand d abnimmt, d.h. bei jeder Entfernungsverdoppelung sinkt die Empfangsleistung um 6 dB. Gegenläufig dazu ist der Einfluss der Wellenlänge.

Befinden wir uns nicht im freien Raum, ergeben sich oft erhebliche Abweichungen zur Freiraumformel, sowohl in Bezug auf die Entfernungsabhängigkeit als auch in Bezug zur Übertragungsfrequenz bzw. Wellenlänge. Beispielsweise findet man für die Entfernungsabhängigkeit der Empfangsleistung

$$P_E \sim P_S \cdot d^{-\gamma} \tag{1.2.5}$$

wobei γ der sogenannte Ausbreitungsexponent ist und zwischen 2 und ca. 5 liegt. Näheres hierzu wird eingehend in Kapitel 2 behandelt.

1.2.2 Mehrwegeausbreitung

Einige der größten Probleme bei der Mobilfunkübertragung resultieren aus der Mehrwegeausbreitung der ausgesendeten Welle. Das Empfangssignal setzt sich im Allgemeinen aus vielen Teilwellen zusammen (siehe Bild 1.2.2). Neben einem möglichen direkten Ausbreitungspfad (sog. LOS-Pfad, *engl.* Line of Sight) können weitere Pfade durch Beugung, Streuung oder Reflexion hinzukommen.

Jede der Teilwellen legt eine leicht unterschiedliche Entfernung zurück und wird abhängig von den Beugungs-, Streuungs- und Reflexionseigenschaften der umgebenden Ausbreitungshindernisse unterschiedlich stark gedämpft. Folglich besitzen die Teilwellen unterschiedliche Amplituden, Phasenlagen und Einfallsrichtungen. Die Mehrwegekomponenten addieren sich vektoriell an der Empfangsantenne und können sich gegenseitig verstärken (konstruktive Interferenz), abschwächen oder sogar ganz auslöschen (destruktive Interferenz).

Da bereits kleine Positionsänderungen der Mobilstation im Bereich von Teilen der Wellenlänge λ zu erheblichen Phasenänderungen führen können, ergeben sich sehr schnelle und größe Änderungen des Empfangspegels um mehrere Größenordnungen innerhalb Wegänderungen von etwa einer halben Wellenlänge. Diesen Effekt bezeichnet man als Fading bzw. genauer als **Fast Fading** (*engl.* to fade = *dt.* abschwächen) oder schnellen Signalschwund. Bild 1.2.3 zeigt einen typischen Signalverlauf bei einem bewegten Empfänger. Man erkennt Signaleinbrüche von bis zu 40 dB.

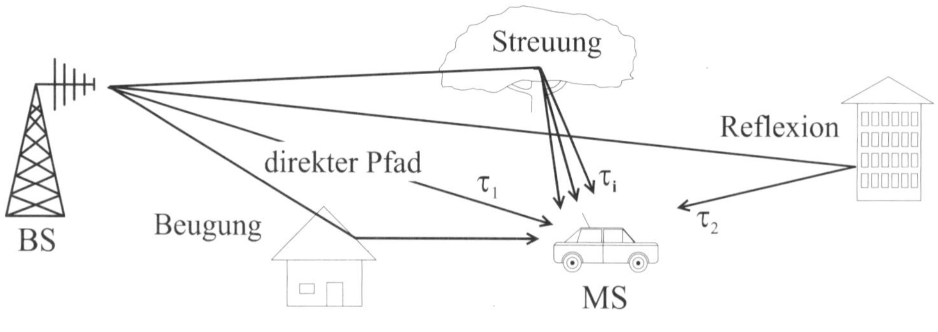

Bild 1.2.2: Überlagerung von Teilwellen durch Mehrwegeausbreitung

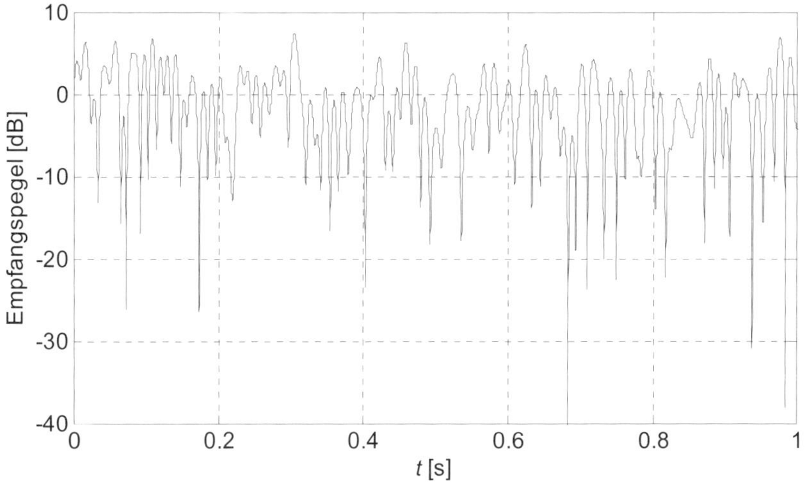

Bild 1.2.3: Typischer Signalverlauf bei schnellem Signalschwund

Wenn sich sowohl die Mobilstation als auch die Ausbreitungshindernisse nicht bewegen, ist der Ausbreitungskanal statisch, und das Fast Fading ist ein ausschließlich räumlicher Effekt. Die räumlichen Änderungen führen dann auch zu zeitlichen Variationen, wenn sich die Mobilstation bewegt. Bei einer Geschwindigkeit von 50 km/h und einer Übertragungsfrequenz von f = 900 MHz (GSM 900, $\lambda = c/f$ = 33,3 cm) wird pro Sekunde eine Strecke entsprechend ca. 42 Wellenlängen durchfahren. Dies führt zu erheblichen Pegeländerungen innerhalb von wenigen ms.

Nicht nur schneller Signalschwund ist mit der Mehrwegeausbreitung verbunden. Dadurch, dass manche Teilwellen schneller als andere am Empfänger ankommen, kommt es zu Signalverzerrungen. Empfangene Sendesymbole verschmieren zeitlich und erscheinen beim Empfänger breiter als die gesendeten Symbole. In der Folge überlappen zeitlich benachbarte Symbole und beeinflussen sich gegenseitig. Dieser Effekt wird als Intersymbol-Interferenz (ISI) bezeichnet und kann eine korrekte Dekodierung der Nachricht unmöglich machen. Eine Erhöhung der Sendeleistung kann dieses Problem nicht lösen.

Die Teilwellen treffen aus unterschiedlichen Richtungen auf die Empfangsantenne, d.h., die relative Geschwindigkeit der Mobilstation bezogen auf die Einfallsrichtung ist für alle Teilwellen unterschiedlich. In Folge dessen besitzen alle Mehrwegekomponenten verschiedene Doppler-Verschiebungen. So kommt es auch zu einer spektralen Verbreiterung des Signals und entsprechenden Signalverzerrungen.

Diese und viele weitere Effekte und Probleme der Mehrwegeausbreitung werden ausführlich in Kapitel 3 behandelt.

1.2.3 Begrenztes Frequenzspektrum

Bei der Ausbreitung elektromagnetischer Wellen im freien Raum nimmt im Fernfeld die Feldstärke linear und die Leistung quadratisch mit der Entfernung zum Sender ab (siehe Abschnitt 1.2.1). Aufgrund von topographischen Gegebenheiten, Bebauung, Bewuchs etc., sinkt die Empfangsleistung jedoch bei terrestrischen Funknetzen noch sehr viel schneller. Die mittlere Empfangsleistung ist näherungsweise proportional zu $r^{-\gamma}$, wobei r die Entfernung zwischen Sender und Empfänger und γ meist zwischen zwei und fünf liegt. Bei einer vorgegebenen maximalen Sendeleistung und einer bestimmten Mindestempfangsleistung für einen ausreichend guten Empfang ist damit die Größe einer Funkzone begrenzt.

Das Prinzip, das hinter einem zellularen Aufbau von Mobilfunknetzen steht, ist die absichtliche Begrenzung der Funkzone durch eine geringe Sendeleistung. Auf diese Weise lassen sich die knappen Sendefrequenzen in einer ausreichend großen Entfernung wiederverwenden, ohne dass sich die Kanäle gegenseitig störend beeinflussen. Zwei weit genug voneinander entfernte Mobilfunkteilnehmer können so gleichzeitig den selben Kanal benutzen.

In einem ebenen Gebiet mit um den Sender symmetrischen Wellenausbreitungsverhältnissen wäre die Funkzone durch einen Kreis begrenzt. In der Realität herrschen jedoch oft räumlich stark inhomogene Ausbreitungsbedingungen vor, die zu einer starken "Deformation" dieser Kreise führen. Bei vielen Untersuchungen in zellularen Netzen genügt eine grobe Näherung für die Funkzonengrenze. Insbesondere weil mit Kreisen kein überlappungsfreies und lückenloses Muster aufgebaut werden kann, approximiert man die Funkzonen für theoretische Betrachtungen üblicherweise durch regelmäßige Hexagone [DON79].

Damit sich direkt benachbarte Zellen nicht gegenseitig stören, führt man sogenannte "**Cluster**" von Zellen ein. Unter einem Cluster versteht man dabei eine Gruppe von N Zellen, auf die die zur Verfügung stehenden Kanäle aufgeteilt werden [HAL80]. Dabei kann N nur ganz bestimmte, diskrete Werte annehmen, die sich aus folgendem Zusammenhang ergeben:

$$N = i^2 + ij + j^2 \quad \text{mit } i, j \in \{0, 1, 2, 3 \ldots\} \quad . \tag{1.2.9}$$

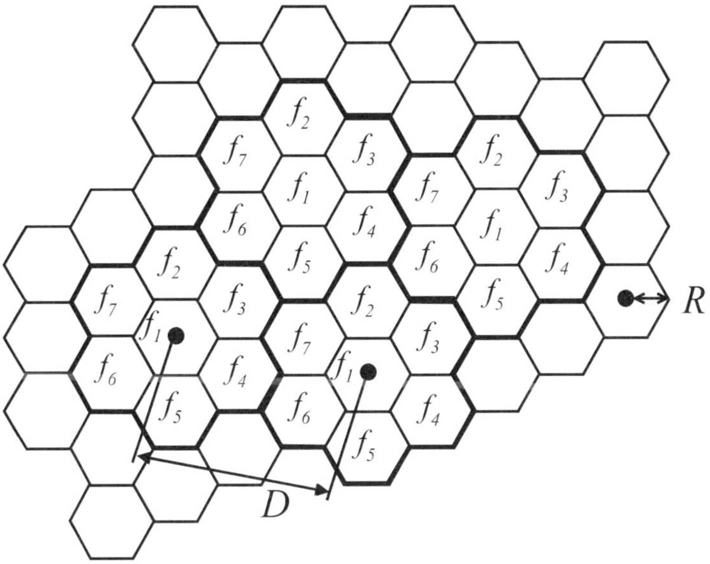

Bild 1.2.4: Zellstruktur für die Clustergröße $N = 7$

Mögliche Werte für N sind damit 1,3,4,7,9,12,13,16,19... . In Bild 1.2.4 ist beispielhaft das Zellmuster für die Clustergröße $N = 7$ mit jeweils einer Trägerfrequenz ($f_1 ... f_7$) pro Zelle abgebildet.

Durch die gewählte Geometrie besteht zwischen dem Zellradius R, der Clustergröße N und dem **Wiederverwendungsabstand** D folgender Zusammenhang:

$$D = \sqrt{3N} \cdot R \qquad (1.2.10)$$

Der Quotient D/R wird üblicherweise als normierter Wiederverwendungsabstand q bezeichnet [LEE89].

Damit sich die einzelnen Funkzellen möglichst wenig gegenseitig stören, ist ein ausreichend großer Wiederverwendungsabstand D erforderlich. Man erkennt aus Gl.(1.2.10), dass D für gegebene Zellgrößen nur durch größere Cluster vergrößert werden kann. Bei gegebenem Spektrum sinkt mit wachsender Clustergröße N die Anzahl der Kanäle pro Zelle. Dies folgt unmittelbar daraus, dass die zur Verfügung stehenden Kanäle eines Clusters auf dessen Zellen verteilt werden müssen. Damit wird die Anzahl möglicher Funkteilnehmer pro Zelle kleiner.

Ein wesentliches Ziel beim Design von zellularen Mobilfunknetzen ist es jedoch, möglichst viele Teilnehmer mit möglichst kleinem Frequenzspektrum zu bedienen. Man möchte deshalb die Clustergröße klein halten. Je kleiner *N* allerdings wird, desto höher wird auch die Wahrscheinlichkeit, dass sich die Zellen gegenseitig stören. Diese sogenannten Gleichkanalstörungen (*engl.* Cochannel Interference, C/I) sind ein wesentlicher Faktor, der die Teilnehmerkapazität in zellularen Netzen begrenzt.

1.2.4 Teilnehmermobilität

In einem Mobilfunknetz wie z.B. UMTS, in dem die Teilnehmer bzw. die Endgeräte mobil sind, enthält die Telefonnummer des angerufenen mobilen Teilnehmers keine Informationen über den Aufenthaltsort, wie es im Festnetz der Fall ist. Wie ist es trotzdem möglich, einen Teilnehmer zu erreichen?

Bild 1.2.5 zeigt ein vereinfachtes Szenario für ein UMTS-Mobilfunknetz, welches die Mobilitätsfunktionen des Kernnetzes von GSM mitverwendet. Ein mobiler Kunde, Herr Müller, ist als Netz-Teilnehmer an seinem Wohnort in Stuttgart registriert. Dies bedeutet, dass er in der für Stuttgart zuständigen Heimatdatei, dem HLR 1 (*engl.* Home Location Register) registriert ist. Herr Müller sei nun nach Madrid verreist. In Madrid schaltet er sein Handy ein. Nach der ersten Kontaktaufnahme des Endgerätes (MS, *engl.* Mobile Station) mit der Sendestation 2 (BS, *engl.* Base Station), dem sogenannten Einbuchen, wird von der Mobilvermittlungsstelle 2 (MSC, *engl.* Mobile Switching Center) festgestellt, dass Herr Müller in Madrid nicht als Teilnehmer registriert ist, sondern in Stuttgart. Daraufhin wird über das Festnetz das HLR 1 darüber informiert, dass sich Herr Müller zur Zeit im Bereich der MSC 2 in Madrid aufhält (Pfeil 1). Es werden nun eine Reihe von Informationen, die z.B. zur Verschlüsselung notwendig sind, zur MSC 2 übertragen und in einer Besucherdatei (VLR, *engl.* Visitor Location Register) gespeichert (Pfeil 2). Nun ruft Herr Maier Herrn Müller, den er in der Umgebung von Stuttgart vermutet, an. Das Gespräch wird zunächst zum HLR 1 vermittelt. Dort wird der Eintrag gelesen, dass der angerufene Teilnehmer sich zur Zeit in Madrid im Bereich des VLR 2 befindet und die Verbindung dorthin geschaltet. Diese Erreichbarkeit bezeichnet man als (internationales) **Roaming** (*dt.* herum wandern/streunen).

Bewegt sich eine Mobilstation aus dem Versorgungsbereich ihrer Basisstation heraus, muss die Verbindung über eine andere Basisstation geführt werden. Ältere Mobilfunksysteme wie z.B. das ehemalige deutsche B/B2-Netz boten nicht die Möglichkeit einer automatischen Umschaltung auf eine andere Basisstation. Wurde die Funkverbindung zum mobilen Teilnehmer schlechter, musste die

Übertragung beendet und eine neue Verbindung zu einer anderen Basisstation aufgebaut werden. Spätere Systeme wie z.B. das C-Netz, erlaubten einen automatischen Wechsel der Funkzone, ohne dass die Qualität der laufenden Verbindung davon wesentlich störend beeinflußt wurde. Man bezeichnet diesen Vorgang als "**Handover**" oder synonym als "Handoff". Wenn für den Teilnehmer keine Verbindungsunterbrechung erkennbar ist, spricht man von einem "Seamless Handover" (nahtloser Handover).

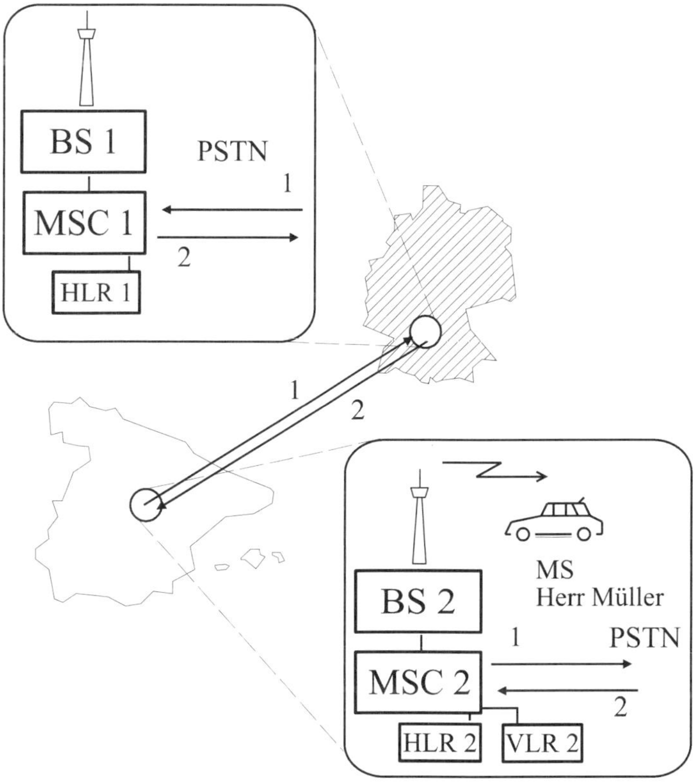

BS Base Station
MS Mobile Station
PSTN Public Switched Telephone Network
HLR Home Location Register
MSC Mobile Switching Center
VLR Visitor Location Register

Bild 1.2.5: Vereinfachter Verbindungsaufbau mit internationalem Roaming

Der Handover (HO) ist ein sehr zeitkritischer Vorgang in Mobilfunksystemen, da die Kontinuität laufender Verbindungen gewährleistet werden muss. Er hat einen bedeutenden Einfluß auf die Kapazität und die Leistungsfähigkeit zellularer Netze und besteht aus den drei Phasen Messung, Handover-Einleitung und Umschaltung zur Zielbasisstation.

1.3 Weiterer Aufbau des Buches

Die einzelnen Kapitel dieses Buches sind in ein Gesamtkonzept eingebunden, bei dem von einer detailierten Behandlung des Mobilfunkkanals, der gewissermaßen das Fundament der gesamten Mobilfunktechnik bildet, ausgegangen wird. Dennoch kann die Lektüre der einzelnen Kapitel weitgehend unabhängig voneinander erfolgen, da jeweils in sich abgeschlossene Problemkreise behandelt werden.

In **Kapitel 1** wurde ein allgemeiner Überblick über Mobile Kommunikation, deren Entstehungsgeschichte und rasante Marktentwicklung sowie einige wesentliche technische Probleme, die typisch für den Mobilfunk sind, gegeben.

Grundlage zum Verständnis von Mobilfunknetzen und jedes übertragungstechnischen Systems ist die Kenntnis der wesentlichen Eigenschaften des Übertragungskanals. In **Kapitel 2** wird daher zunächst die Mobilfunk-Ausbreitungsdämpfung, ausgehend vom einfachen Fall der Freiraumausbreitung und der Ausbreitung über ebene Gebiete bis hin zu unebenen Gebieten behandelt. Hierzu gehören auch Pfadverlust-Prognosemodelle, mit denen sich für unterschiedliche Ausbreitungsumgebungen Vorhersagen für zu erwartende Empfangspegel erstellen lassen.

In **Kapitel 3** geht es um die Effekte der Mehrwegeausbreitung wie Signalschwund (*engl.* "Fading"), Zeitdispersion (*engl.* "Delay Spread") und die Dopplerverschiebung. Die sehr ungünstigen Übertragungseigenschaften des Mobilfunkkanals und deren Auswirkungen mit plötzlichen Signaleinbrüchen von bis zu 40 dB, Laufzeitunterschieden, die ein Vielfaches der Bitlänge betragen können, etc. werden deutlich.

Kapitel 4 beschäftigt sich mit dem zellularen Aufbau von Funknetzen. Basis der Betrachtungen ist die Aufteilung der Kanäle in so genannte Cluster, so dass sich benachbarte Zellen nicht stören. Diese Störungen werden als Verhältnis zwischen Träger- (C) und Interferenzleistung (I) ausgedrückt. Zusammen mit verkehrstheoretischen Überlegungen kann man dann die Teilnehmerkapazität des Netzes berechnen. Ein Abschnitt widmet sich dem praktischen Prozess der Funknetzplanung. Ferner werden Verfahren zur weiteren Erhöhung der maximalen Teilnehmerzahl erläutert. Ein Beispiel hierfür sind Verfahren der dynamischen Kanalzuteilung (DCA, *engl.* Dynamic Channel Assignment).

In **Kapitel 5** werden die für drahtlose Übertragungssysteme essentiellen Modulationsverfahren behandelt. Dabei werden zunächst die Prinzipien der Modulation an Hand der analogen Modulationsverfahren dargestellt. Danach folgen die digitalen Modulationsverfahren, welche in diesem Buch detaillierter als die analogen behandelt werden. Dazu gehört auch das Verhalten der digitalen Modulationsverfahren bei der Übertragung über gestörte Kanäle.

Wie in Abschnitt 3.2 gezeigt wird, ist ein wesentlicher Effekt der Mehrwegeausbreitung der Signalschwund, mit Einbrüchen der Empfangsleistung von u.U. mehreren Größenordnungen. In Bild 1.3.1 ist beispielsweise die Auswirkung von Rayleigh-verteiltem "Fast Fading" auf die Bitfehlerwahrscheinlichkeit P_b bei (schmalbandiger) MSK- und GMSK-Modulation dargestellt.

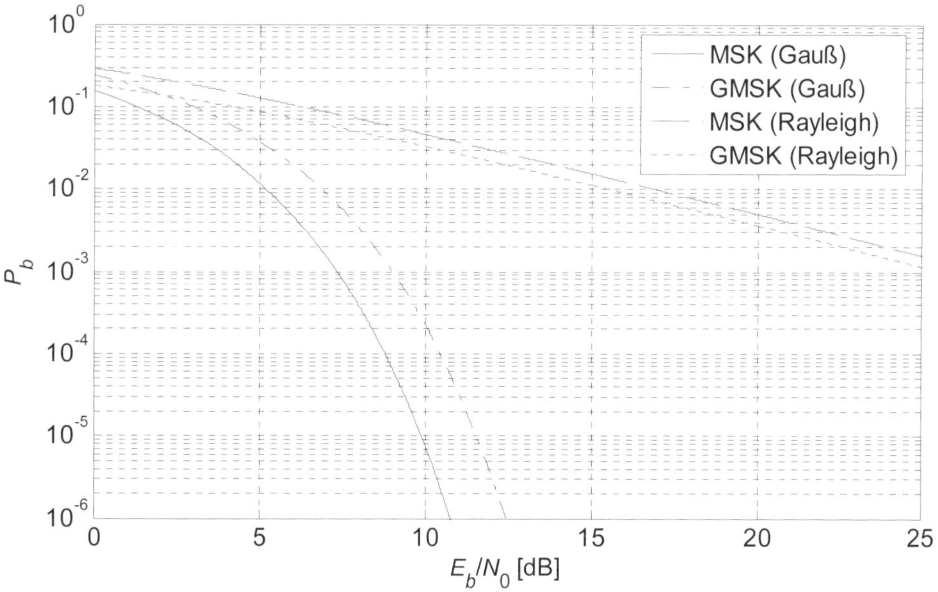

Bild 1.3.1: Bitfehlerwahrscheinlichkeit von MSK und GMSK ($BT = 0{,}25$) als Funktion des Bit-Signal-/Rauschverhältnisses (Rayleigh-Fall: mittleres E_b/N_0)

Im Vergleich zu einem Gauß'schen Kanal sind bei einer Bitfehlerwahrscheinlichkeit von 10^{-4} rund 40 dB mehr Signal- zu Rauschverhältnis erforderlich, was praktisch nicht bzw. nur sehr schwer realisierbar ist. Um dennoch zu tolerierbaren Fehlerwahrscheinlichkeiten zu gelangen, sind die in **Kapitel 6** beschriebenen Fehlerschutzverfahren (Block- und Faltungscodes, ARQ (*engl.* Automatic Repeat Request) und Interleaving) unerläßlich. Damit sind die wesentlichen Komponenten der in Bild 1.3.2 gezeigten Übertragungskette behandelt. Das Kapitel endet mit einer kurzen Darstellung der Prinzipien von Sprachcodern.

Der letzte Teil des Buches, **Kapitel 7**, widmet sich den Grundlagen der in Mobilfunksystemen eingesetzten Vielfachzugriffsverfahren. Dabei werden neben den "klassischen" Verfahren FDMA (*engl.* Frequency Division Multiple Access) und TDMA (*engl.* Time Division Multiple Access) auch das z.B. bei UMTS verwendete CDMA (*engl.* Code Division Multiple Access) und weitere aktuelle Verfahren dargestellt. Da in Mobilfunknetzen üblicherweise in beiden Richtungen kommuniziert werden soll, müssen geeignete Duplex- bzw. Richtungstrennungsverfahren eingesetzt werden. Dieser Problemkreis wird am Ende von Kapitel 7 behandelt.

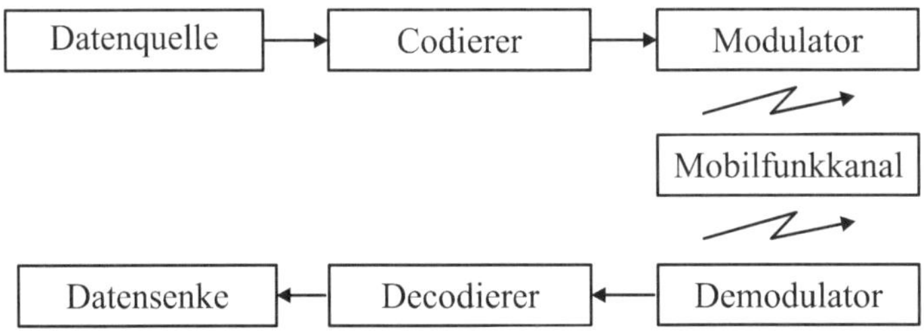

Bild 1.3.2: Vereinfachte Übertragungskette

2 Ausbreitungsdämpfung

Auf dem Weg vom Sender zum Empfänger erfährt eine elektromagnetische Welle eine Dämpfung, die von verschiedenen Faktoren abhängig ist. Natürlich spielt die zu überbrückende Entfernung d eine große Rolle, aber auch die Sendefrequenz bzw. Wellenlänge λ und besonders die genaue Ausbreitungsumgebung sind entscheidend. Ausgehend von der Freiraumausbreitung, wie sie z.B. im Weltall stattfindet, werden wir in diesem Kapitel die grundlegenden Mechanismen der Reflexion, Streuung und Beugung von Wellen behandeln.

Obwohl theoretisch möglich, ist es in der Praxis kaum möglich, von Spezialfällen abgesehen, die Feldstärke an jedem Empfangsort exakt im voraus zu berechnen. Dies scheitert einerseits an Komplexitätsgründen, andererseits ist es in vielen Fällen nicht möglich, die Ausbreitungsumgebung hinlänglich exakt mit allen relevanten Details zu beschreiben. In diesen Fällen sind empirische oder semi-empirische Pfadverlust-Prognosemodelle von sehr großem Nutzen. Durch Vereinfachungen an geeigneten Stellen kann die Komplexität erheblich reduziert werden, ohne jedoch den Prognosefehler zu groß werden zu lassen. Einige wichtige Modelle werden in Abschnitt 2.5 beschrieben. Die prinzipielle Herangehensweise bei der Entwicklung von Prognosemodellen wird hier ebenfalls sichtbar.

2.1 Freiraumausbreitung

Eine elektromagnetische Welle wird bei ihrer Ausbreitung gedämpft. Wir gehen zunächst von einer Ausbreitung im freien Raum und einem isotropen Strahler (Kugelstrahler) aus, d.h. einer Antenne, die in alle Raumrichtungen die gleiche Leistungsdichte abstrahlt (siehe Bild 2.1.1). Die elektrische und die magnetische Feldstärke, $\vec{E}$ und $\vec{H}$, stehen senkrecht aufeinander. Ihr Vektorprodukt ist der Poynting'sche Vektor

$$\vec{S} = \vec{E} \times \vec{H} \tag{2.1.1}$$

Er zeigt in Richtung der fortschreitenden Welle und ist vom Betrag her die Leistungsdichte [W/m^2]. Durch eine beliebige geschlossene Oberfläche A um den Strahler wird die Leistung

$$P = \oint\!\!\!\oint_A \vec{S}\, d\vec{A} \tag{2.1.2}$$

abgestrahlt. Wenn A die Oberfläche einer Kugel mit dem Radius gleich der zu überbrückenden Entfernung d ist, steht $\vec{S}$ immer genau senkrecht auf A und hat einen konstanten Betrag. Gehen wir von einem verlustfreien Strahler aus, muss die eingespeiste Leistung P_S komplett durch die Oberfläche $A = 4\pi d^2$ abgestrahlt werden. Daher gilt

$$P_S = \left|\vec{S}\right| \cdot 4\pi \cdot d^2 \qquad \text{bzw.} \tag{2.1.3}$$

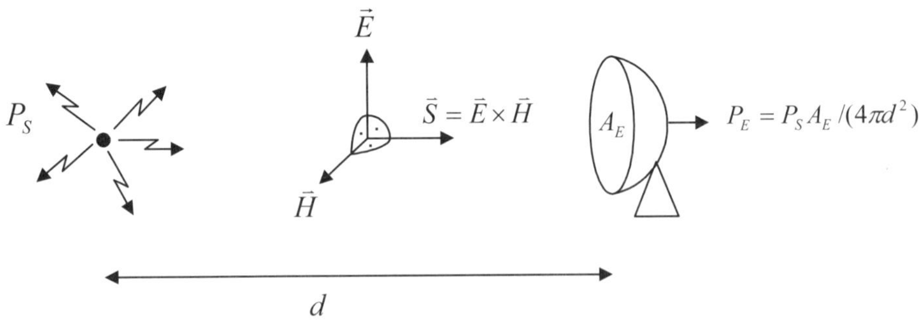

Bild 2.1.1: Freiraumdämpfung

$$\left|\vec{S}\right| = S = \frac{P_S}{4\pi\, d^2} \tag{2.1.4}$$

Eine sich in der Entfernung d befindliche (ideale) Antenne mit der Apertur A_E entnimmt dem Feld die Leistung

$$P_E = \iint\limits_{A_E} \vec{S}\, d\vec{A}_E \approx S \cdot A_E \tag{2.1.5}$$

Bei hinreichend großer Entfernung d, d.h. im Fernfeld, kann von einer über die Apertur A_E konstanten Leistungsdichte ausgegangen werden. Wir erhalten daher für die Empfangsleistung

$$P_E = P_S \cdot \frac{A_E}{4\pi\, d^2} \tag{2.1.6}$$

Die Empfangsleistung nimmt also bei der Freiraumausbreitung quadratisch mit der Entfernung ab, d.h. mit 6 dB pro Entfernungsverdopplung. Der Effekt der Freiraum-Funkfelddämpfung ist also dem Grunde nach nichts anderes als ein "Verdünnungseffekt".

Reale Antennen senden und empfangen nie in bzw. aus allen Richtungen (vertikal und horizontal) gleich stark; es existieren immer eine oder mehrere Hauptstrahlrichtungen. Eine verlustlose fiktive Antenne mit isotroper Abstrahlung würde in allen Richtungen in der Entfernung d immer die gleiche Sendeleistungsdichte $P_S/(4\pi d^2)$ erzeugen. Wenn Abstrahlungsverluste (z.B. Ohm'sche Verluste im Strahler) bei der realen Antenne vernachlässigt werden, muss daher in der Hauptstrahlrichtung eine größere Leistungsdichte auftreten als bei einer isotrop abstrahlenden Antenne (gleiche Sendeleistungen vorausgesetzt). Das Verhältnis der Sendeleistungsdichten bei gerichteter und isotroper Abstrahlung wird als Richtfaktor bezeichnet. Bei einer verlustlosen Antenne entspricht der Richtfaktor dem Antennengewinn G. Die Näherung einer verlustlosen Antenne ist in vielen relevanten Fällen der Praxis zulässig. Teilweise wird der Antennengewinn auch relativ zum Gewinn $G_{\lambda/2}$ des $\lambda/2$-Dipols angegeben. Aus praktischen Gründen erfolgt die Angabe meist in dB, wobei durch einen Zusatz "i" oder "d" kenntlich gemacht wird, ob es sich um einen Bezug auf den isotropen Strahler oder den $\lambda/2$ Dipol handelt ($G_{\lambda/2}$ = 2,15 dBi = 0 dBd).

Berücksichtigt man die Antennengewinne von Sende- und Empfangsantenne, G_S und G_E, kommt man zur sogenannten "Freiraumformel" nach Gl. (2.1.7), die auch als Friis-Gleichung [FRI46] bekannt ist

$$P_E = P_S \left(\frac{\lambda}{4\pi\, d} \right)^2 G_S\, G_E \quad , \tag{2.1.7}$$

wobei λ die Wellenlänge ist. Gl.(2.1.7) zeigt auch, dass die Dämpfung quadratisch mit der Frequenz $f = c/\lambda$ (c = Lichtgeschwindigkeit im Vakuum = $3 \cdot 10^8$ m/s) ansteigt. Da sich jedoch mit steigender Sendefrequenz auch höhere Antennengewinne erzielen lassen, kann dieser Effekt teilweise wieder kompensiert werden. Oft ist eine Angabe des Pfadverlusts L_F in dB sinnvoll. Man erhält mit Gl.(2.1.7)

$$\begin{aligned} L_F\,[\mathrm{dB}] &= 10 \log \frac{P_S}{P_E} \\ &= 32{,}4 + 20 \log \frac{d}{km} + 20 \log \frac{f}{MHz} - 10 \log G_S - 10 \log G_E \end{aligned} \tag{2.1.8}$$

Das Produkt aus Sendeleistung P_S und Gewinn der Sendeantenne G_S wird häufig als "Effektive Sendeleistung" EIRP (*engl.* Effective Isotropic Radiated Power) bezeichnet. Die EIRP-Leistung einer Sendeeinrichtung gibt daher die Sendeleistung an, die in eine isotrop abstrahlende Antenne eingespeist werden müsste, um die gleiche Leistungsdichte beim Empfänger zu erzeugen. Darüber hinaus gibt es noch die ERP-Leistung (*engl.* Effective Radiated Power), welche ähnlich wie EIRP definiert ist, jedoch auf den $\lambda/2$-Dipol bezogen ist, d.h., EIRP = ERP + 2,15 dB.

Gl.(2.1.7) bzw. Gl. (2.1.8) ist nur für den Fall gültig, dass sich beide Antennen im freien Raum befinden, also keine Hindernisse oder Reflexionspunkte vorhanden sind. Die Realität bei der terrestrischen Mobilfunkausbreitung ist natürlich anders, die Ausbreitung erfolgt über dem Boden, also auf einer Ebene und wird zusätzlich durch Ausbreitungshindernisse beeinflußt. Man findet folgende einfache Näherung für die Entfernungsabhängigkeit der Empfangsleistung:

$$P_E \sim P_S \cdot d^{-\gamma} \tag{2.1.9}$$

wobei γ der sogenannte Ausbreitungsexponent ist. Er beträgt im Freiraum-Fall $\gamma = 2$. Bei Ausbreitung über einer ideal leitenden Ebene ist $\gamma = 4$ (siehe Abschnitt 2.3), und im typischen terrestrischen Mobilfunkkanal liegt γ je nach Umgebung im Bereich von $\gamma = 3$ bis $\gamma = 5$ [OKU68, HAT80].

2.2 Reflexion

In der Realität befinden sich im bzw. in der Nähe des Ausbreitungsweges immer Hindernisse, durch die einfallende Wellen gedämpft, gebeugt, gestreut und reflektiert werden können. Wir betrachten zunächst den Fall der Reflexion an einer (idealen) Ebene (siehe Bild 2.2.1).

Die einfallende Welle mit dem Poynting'schen Vektor $\vec{S}_e$ treffe auf eine als eben angenommene Grenzfläche zwischen zwei verschiedenen Medien. Randbedingungen bezüglich der elektrischen ($\vec{E}$) und magnetischen Feldstärke ($\vec{H}$) an der Grenzschicht erzwingen, dass es neben der einfallenden Welle auch eine gebrochene und eine reflektierte Welle geben muss. Aus dem Fermat'schen Prinzip folgt, dass der Ausfallswinkel der reflektierten Welle gleich dem Einfallswinkel α sein muss, und dass $\vec{S}_r$ in der Einfallsebene, die aus $\vec{S}_e$ und der Flächennormalen der reflektierenden Ebene gebildet wird, liegen muss.

Wir gehen im Folgenden davon aus, dass es sich bei der einfallenden Welle um eine homogene ebene Welle handelt, die aus dem Medium Luft ($\underline{\varepsilon}_r = 1$) heraus auf den Reflektor trifft. Je nach der Polarisation (Lage von $\vec{E}_e$) der einfallenden Welle und den Materialkonstanten ε_r (rel. Dielektrizitätskonstante) und κ (Leitfähigkeit) des reflektierenden Mediums ergeben sich verschiedene Fresnelsche Reflektionskoeffizienten (Amplitudenverhältnis zwischen reflektierter und einfallender Welle). Die komplexen Reflektionskoeffizienten für den Fall, dass $\vec{E}_e$ in der Einfallsebene liegt ($\underline{R}_P$) und für den Fall, dass $\vec{E}_e$ senkrecht dazu steht ($\underline{R}_S$), sind

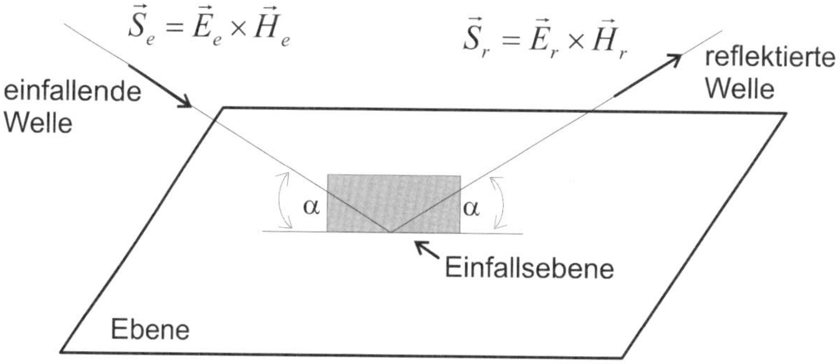

Bild 2.2.1: Reflexion an einer Ebene

$$\underline{R}_P = \frac{\underline{\varepsilon}_r \sin\alpha - \sqrt{\underline{\varepsilon}_r - \cos^2\alpha}}{\underline{\varepsilon}_r \sin\alpha + \sqrt{\underline{\varepsilon}_r - \cos^2\alpha}} \tag{2.2.1}$$

$$\underline{R}_S = \frac{\sin\alpha - \sqrt{\underline{\varepsilon}_r - \cos^2\alpha}}{\sin\alpha + \sqrt{\underline{\varepsilon}_r - \cos^2\alpha}} \tag{2.2.2}$$

Hierin ist

$$\underline{\varepsilon}_r = \varepsilon_r - j\,\kappa\,\lambda\,60\Omega \tag{2.2.3}$$

die komplexe relative Dielektrizitätskonstante der reflektierenden Ebene. Typische Werte für ε_r von Erdboden liegen etwa zwischen 5 (trockener Boden) und 25 (nasser Boden) mit einem mittleren Wert von ca. $\varepsilon_r = 10$. Für die Bodenleitfähigkeit kann ein mittlerer Wert von $\kappa = 0{,}01$ S/m angesetzt werden.

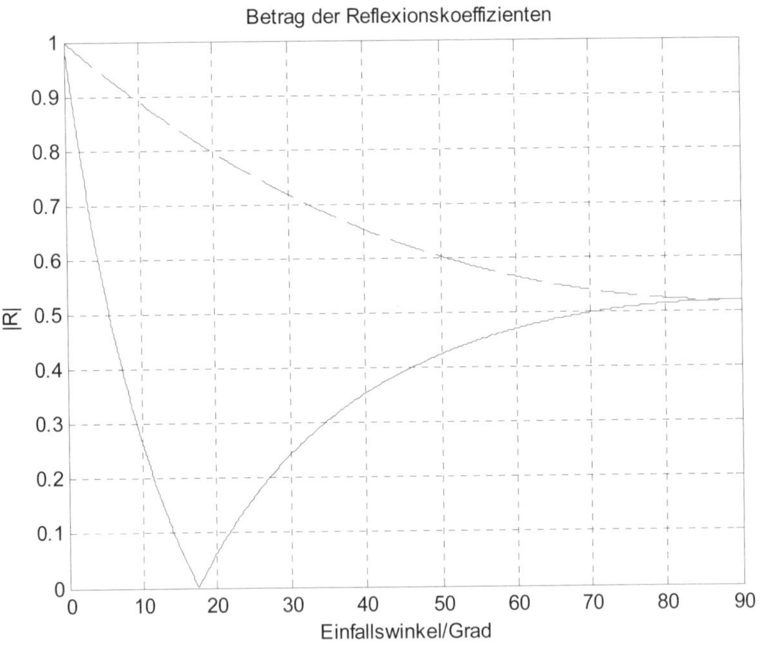

Bild 2.2.2: Betrag der Reflexionskoeffizienten $\underline{R}_P$ und $\underline{R}_S$ (gestrichelt) für die Parameter: $\varepsilon_r = 10$; $\kappa = 0{,}01$ S/m; $f = 2$ GHz

Bild 2.2.2 zeigt den Betragsverlauf der komplexen Reflexionskoeffizienten für eine Frequenz von $f = 2$ GHz.

Die Reflektionskoeffizienten nach Gl.(2.2.1) und Gl.(2.2.2) sind komplexwertig, d.h., die reflektierte Welle unterscheidet sich nach Betrag und Phase von der einfallenden Welle. Außerdem sind $\underline{R}_P$ und $\underline{R}_S$ i. Allg. verschieden, so dass es zu einer Polarisationsdrehung der reflektierten Welle kommt. Bei einer flach einfallenden Welle, d.h. $\alpha < 2°$, ist die Drehung vernachlässigbar, da $R_P \approx R_S \approx 1$. Es ergibt sich allerdings eine Phasenverschiebung von ca. 180°. An der Stelle des sog. "Pseudo Brewster-Winkels" kommt es zu einem ausgeprägten Minimum von R_P, und die Phasenverschiebung beträgt hier -90°.

2.3 Ausbreitung über ebene Gebiete

Bei der terrestrischen Mobilfunkausbreitung kann in der Regel die Krümmung der Erdoberfläche vernachlässigt werden, da die Entfernungen d zwischen Sender und Empfänger gering sind und die Antennenhöhen immer klein gegenüber d sind. So lässt sich leicht ein einfaches theoretisches Modell für die Wellenausbreitung über ein ebenes Gebiet angeben. Bild 2.3.1 zeigt eine ortsfeste Basisstation und einen mobilen Teilnehmer in der Entfernung d zueinander. Man erkennt, dass es zwei mögliche Ausbreitungswege vom Sender zum Empfänger gibt - eine direkte Verbindung und eine am Boden reflektierte.

Die Summenfeldstärke $\underline{E}$ kann daher wie folgt mit zwei Komponenten angesetzt werden

$$\underline{E} = \left(1 + R \cdot e^{j\Delta\varphi}\right) \underline{E}_0 \tag{2.3.1}$$

hierbei ist R der Reflexionsfaktor (siehe Abschnitt 2.2) und $\Delta\varphi$ der durch die unterschiedliche Lauflänge der beiden Wellen verursachte Phasenunterschied. Unter der Voraussetzung $d >> h_S, h_E$ kann für den Reflexionsfaktor die Näherung $R \approx -1$ (180° Phasenverschiebung) gemacht werden.

Die Empfangsleistung P_E ist proportional zum Quadrat der Feldstärke $|\underline{E}|^2$. Daher gilt

$$P_E = P_S \left(\frac{\lambda}{4\pi d}\right)^2 G_S G_E \left|1 - e^{j\Delta\varphi}\right|^2 \tag{2.3.2}$$

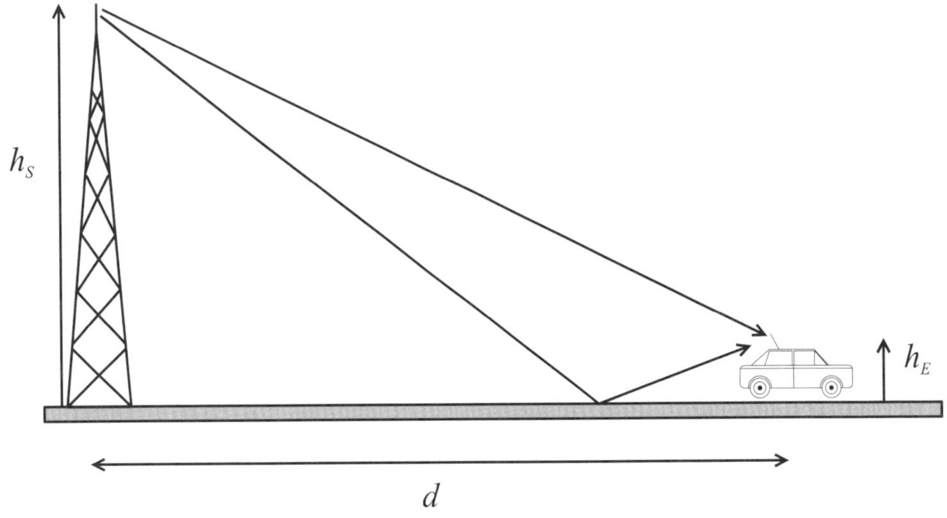

Bild 2.3.1: Ausbreitung über eine ebene Fläche

$$P_E = P_S\left(\frac{\lambda}{4\pi\, d}\right)^2 G_S G_E \left|1-\cos\Delta\varphi - j\sin\Delta\varphi\right|^2$$
$$\approx P_S\left(\frac{\lambda}{4\pi d}\right)^2 G_S G_E \left(\Delta\varphi\right)^2 \tag{2.3.3}$$

Der Phasenunterschied $\Delta\varphi$ zwischen den Teilwellen ist

$$\Delta\varphi = \beta\Delta d = \frac{2\pi}{\lambda}\cdot\Delta d$$
$$= \frac{2\pi}{\lambda}\left(\sqrt{\left(h_S+h_E\right)^2+d^2}-\sqrt{\left(h_S-h_E\right)^2+d^2}\right) \tag{2.3.4}$$

Wenn $d >> (h_S + h_E)$ ist, kann Gl.(2.3.4) wie folgt genähert werden:

$$\Delta\varphi \approx \frac{2\pi}{\lambda}\left(1+\frac{\left(h_S+h_E\right)^2}{2d^2}-1-\frac{\left(h_S-h_E\right)^2}{2d^2}\right)d = \frac{2\pi}{\lambda}\frac{2h_S h_E}{d}. \tag{2.3.5}$$

Mit Gl.(2.3.5) in Gl.(2.3.3) erhält man

$$P_E = P_S \left(\frac{h_S h_E}{d^2} \right)^2 G_S G_E \quad . \tag{2.3.6}$$

Gl.(2.3.6) unterscheidet sich von Gl.(2.1.7) hauptsächlich in zwei Punkten. Die Empfangsleistung P_E ist nicht mehr quadratisch von der zu überbrückenden Entfernung abhängig, sondern klingt sogar mit der vierten Potenz ab, d.h., eine Verdopplung der Entfernung führt so zu einer Leistungsreduktion um den Faktor 16 (= 12 dB). Dies kann näherungsweise auch experimentell bestätigt werden. Des Weiteren zeigt Gl.(2.3.6) eine quadratische Abhängigkeit von der Höhe der Basisstationsantenne h_S. Auch hier ergibt sich eine gute Übereinstimmung zum Experiment. Der Einfluss der Mobilstationsantennenhöhe h_E wird durch Gl.(2.3.6) allerdings nicht korrekt wiedergegeben. Das Experiment zeigt bei einer Verdopplung der Antennenhöhe von 1,5 m auf 3 m lediglich eine Zunahme der Empfangsleistung um den Faktor zwei, also 3 dB [OKU68].

Bei Gl.(2.3.6) fällt auf, dass keine Frequenzabhängigkeit mehr existiert. Die Wellenlänge λ hat sich herausgekürzt. Dies kann experimentell jedoch nicht bestätigt werden. In der Realität kann man eine Abhängigkeit gemäß

$$P_E \sim f^{-n} \tag{2.3.7}$$

mit $n = 2...3$ beobachten. Gl.(2.3.6) beschreibt die Wirklichkeit also nicht ganz exakt. Der Grund hierfür ist, dass wir einige in der Praxis relevante Effekte noch nicht berücksichtigt haben - unser Modell ist also zu einfach.

2.4 Ausbreitung über unebene Gebiete

2.4.1 Streuung

An rauhen Oberflächen wird ein Teil der einfallenden Leistung gestreut bzw. diffus reflektiert (siehe Bild 2.4.1a). Ein komplexer Reflexionskoeffizient kann in diesem Fall nicht angeben werden, da die in der Realität eher zufällige Oberflächenstruktur zu einer schwer bzw. nicht vorhersehbaren Situation führt. Nur ein kleiner Teil der einfallenden Leistung wird in Richtung der Empfangsantenne gestreut. Der Rest breitet sich in andere Richtungen aus.

Der Übergang zwischen Reflexion und Streuung an einer rauhen Oberfläche ist fließend. Es ist jedoch möglich, ein Kriterium für die Rauhheit zu finden, ab der nicht mehr von einem ebenen Reflektor ausgegangen werden kann. Wir betrachten hierzu das idealisierte Modell einer rauhen Oberfläche nach Bild 2.4.1b).

Durch die unterschiedlichen Reflexionspunkte P_2 und P_2' legen die beiden betrachteten Wellen eine unterschiedliche Weglänge zwischen P_1 bzw. P_1' und P_3 bzw. P_3' zurück. Damit kommt es zu einer Phasenverschiebung $\Delta\varphi$ zwischen den beiden Wellen, die bei $\Delta\varphi = \pi$ zu destruktiver Interferenz führt. Der Lauflängenunterschied beträgt

$$\Delta l = 2 \cdot \Delta h \cdot \sin\alpha \tag{2.4.1}$$

Es ergibt sich so ein Phasenunterschied der beiden Welle an den Punkten P_3 bzw. P_3' von

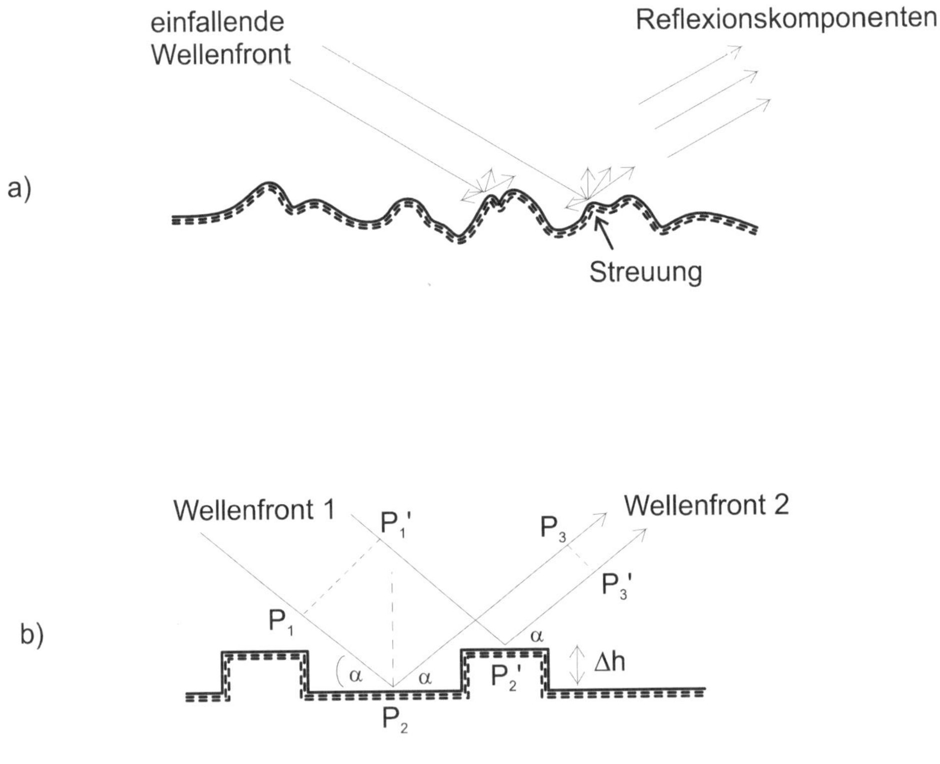

Bild 2.4.1: Reflexionen an einer rauhen Oberfläche (a) reale Situation, b) idealisiertes Modell)

$$\Delta\varphi = \frac{2\pi}{\lambda} \cdot \Delta l = \frac{4\pi\,\Delta h \sin\alpha}{\lambda} \tag{2.4.2}$$

Für $\Delta h << \lambda$ kommt es nur zu einer geringen Phasenverschiebung und man kann die reflektierende Oberfläche als eben ansehen. Eine sehr rauhe Oberfläche kann hingegen zu $\Delta\varphi = \pi$ führen. Als ein praktisches Kriterium zur Definition von "eben" und "uneben" kann $\Delta\varphi = \pi/2$ gewählt werden. Man kommt so zu einer Grenze

$$\Delta h_R = \frac{\lambda}{8 \sin\alpha} \tag{2.4.3}$$

ab der eine Fläche nicht mehr als glatt angesehen werden kann. Eine reale (Erd-) Oberfläche ist natürlich nicht wie in Bild 2.4.1b) gezeigt strukturiert. Die "Unebenheit" eines Geländes wird deshalb zweckmäßigerweise über die Standardabweichung σ des Geländeprofils (siehe Bild 2.4.2) quantifiziert. Auf diese Weise erhält man das sog. "Rayleigh-Kriterium"

$$C = \frac{4\pi\,\sigma \sin\alpha}{\lambda} \tag{2.4.4}$$

Für $C < 0{,}1$ kann eine Fläche bei der Wellenlänge λ als eben betrachtet werden, und für $C > 10$ kommt es zu starken Streufeldern. Bei einer Frequenz von 2 GHz (λ = 15 cm) und $\alpha = 2°$ muss daher ab $\sigma > 3{,}5$ m von einer rauhen Oberfläche und starken Streukomponenten ausgegangen werden.

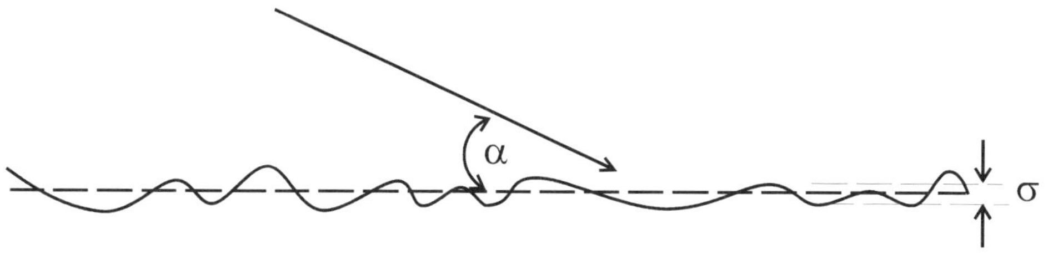

Bild 2.4.2: zum Rayleigh-Kriterium

2.4.2 Beugung

Unter realen Bedingungen erfolgt die Wellenausbreitung - von Ausnahmen wie z.B. auf See abgesehen - immer über unebene Gebiete hinweg. Bäume, Berge und Gebäude führen zu Reflexionen, Abschattungen, Beugung und Streuung von Wellen. Alle diese Hindernisse exakt in die Pfadverlustberechnung einzubeziehen, ist aus Gründen der erheblichen Komplexität praktisch kaum möglich. Nur bei bestimmten Spezialfällen lassen sich theoretische Pfadverlustformeln herleiten, die sich experimentell bestätigen lassen. Einer dieser Spezialfälle war die in Abschnitt 2.1 behandelte Freiraumausbreitung oder die Ausbreitung über ebene Gebiete (Abschnitt 2.3). In Gebieten, in denen keine direkte Sichtverbindung zwischen Sender und Empfänger (LOS, *engl.* Line of Sight) vorhanden ist, ist der Vorgang der Beugung von großer Bedeutung.

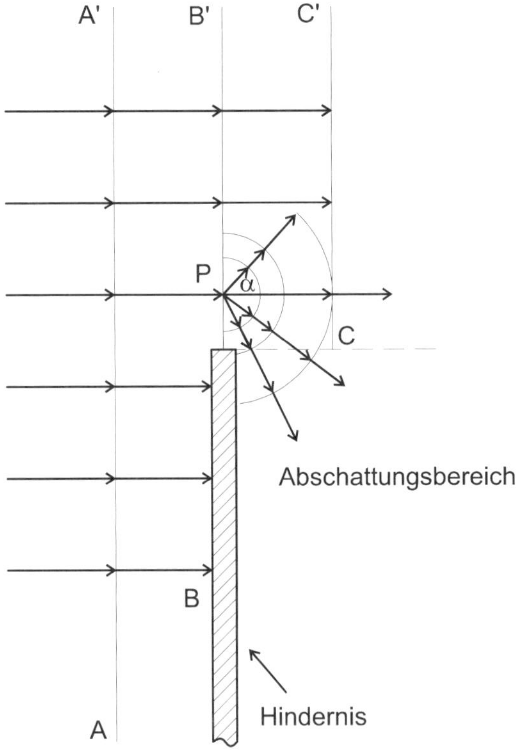

Bild 2.4.1: Huygens'sches Prinzip bei der Beugung an einer Kante

Die Beugung an einem Hindernis lässt sich mit Hilfe des Huygens'schen Prinzips, welches aus den Maxwell'schen Gleichungen abgeleitet werden kann, erklären. Demnach kann jeder Punkt auf einer Wellenfront als Ausgangspunkt einer sekundären Elementarwelle angesehen werden (siehe Bild 2.4.1, Punkt P). Die Amplitude einer Elementarwelle in einer gegebenen Richtung α ist propotional zu $(1 + \cos\alpha)$. Aus der vektoriellen Überlagerung aller Elementarwellen ergibt sich dann das resultierende Feld.

Ohne das Ausbreitungshindernis in Bild 2.4.1 würden sich die Elementarwellen so überlagern, dass sich überall eine ebene Welle ergibt. Durch die im Bild 2.4.1 dargestellte Kante kommt es jedoch im Abschattungsbereich zu einer unvollständigen Überlagerung der Elementarwellen mit der Folge, dass auch im Abschattungsbereich ein elektromagnetisches Feld entsteht. Die Welle wird also abgelenkt - man spricht von Beugung.

Wir betrachten im Folgenden die Anordnung nach Bild 2.4.2. Sender (S) und Empfänger (E) befinden sich links bzw. rechts von einem Schirm, der in drei Richtungen unendlich weit ausgedehnt ist. Der einzig mögliche Ausbreitungsweg entsteht durch Beugung an der Schirmkante mit der Höhe h. Gegenüber der direkten Verbindung S $\rightarrow$ E ist der Weg über die Kante um

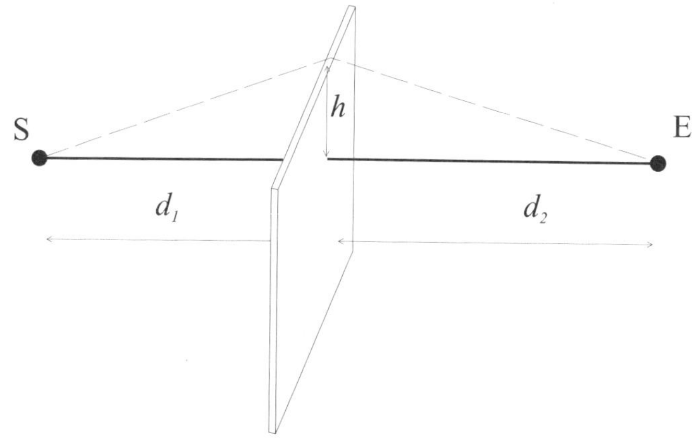

Bild 2.4.2: Beugung an einer Kante

$$\Delta l = \sqrt{d_1^2 + h^2} + \sqrt{d_2^2 + h^2} - (d_1 + d_2)$$
$$\Delta l \approx \frac{h^2}{2} \cdot \frac{d_1 + d_2}{d_1\, d_2} \tag{2.4.1}$$

länger (Annahme: $h << d_1, d_2$). Die entsprechende Phasendifferenz beträgt

$$\Delta\varphi = \frac{2\pi}{\lambda} \cdot \Delta l = \frac{2\pi}{\lambda} \cdot \frac{h^2}{2} \cdot \frac{d_1 + d_2}{d_1\, d_2} \tag{2.4.2}$$

$$\Delta\varphi = \frac{\pi}{2} \cdot \nu^2 \tag{2.4.3}$$

mit dem Fresnel-Kirchhoff'schen Beugungsparameter ν

$$\nu = h \cdot \sqrt{\frac{2(d_1 + d_2)}{\lambda\, d_1\, d_2}} \tag{2.4.4}$$

Die Feldstärke am Empfangsort kann aus der Überlagerung aller Huygens'schen Elementarwellen ermittelt werden. Dies führt auf das komplexe Fresnel-Integral

$$\underline{F}(\nu) = \frac{\underline{E}}{\underline{E}_0} = \frac{1+j}{2} \int_{\nu}^{\infty} e^{-j\frac{\pi}{2}t^2}\, dt \tag{2.4.5}$$

welches das Verhältnis zwischen der Feldstärke $\underline{E}$ mit Beugungskante zur Feldstärke $\underline{E}_0$ im Freiraumfall angibt.

Bild 2.4.3 zeigt den Verlauf des Betrags $|\underline{F}(\nu)| = F(\nu)$ in logarithmierter Darstellung, d.h. in Dezibel. Man erkennt, dass für $\nu = 0$ ($h = 0$) ein zusätzlicher Pfadverlust von 6 dB ($E = 1/2\ E_0$) auftritt. Dies ist unmittelbar einleuchtend, denn an diesem Punkt wird exakt die halbe Ebene zwischen Sender und Empfänger verdeckt. Weiterhin erkennt man, dass für $\nu = -0{,}8$ die zusätzliche Dämpfung verschwindet.

Wenn wir zwischen Sender S und Empfänger E einen unendlich ausgedehnten Schirm mit einem Loch auf der Verbindungslinie SE anordnen (siehe Bild 2.4.4), überlagern sich die Beugungsanteile mit dem nicht gebeugten Feldstärkeanteil. Wenn der Loch-Radius so bemessen wird, dass der Lauflängenunterschied zwischen direkter und gebeugter Welle genau $n \cdot \lambda/2$ ist, kommt es zu destruktiver (n ungerade) oder konstruktiver (n gerade) Interferenz. An diesen Stellen beträgt der Radius genau

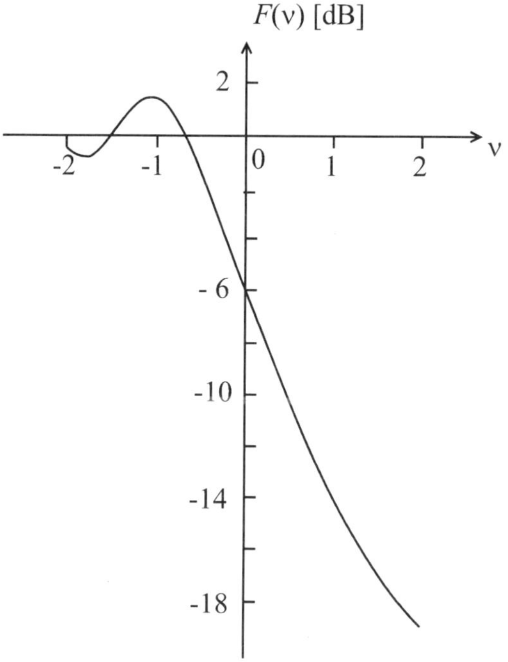

Bild 2.4.3: Beugungsverlust an einer Kante als Funktion des Fresnelschen Beugungsparameters ν

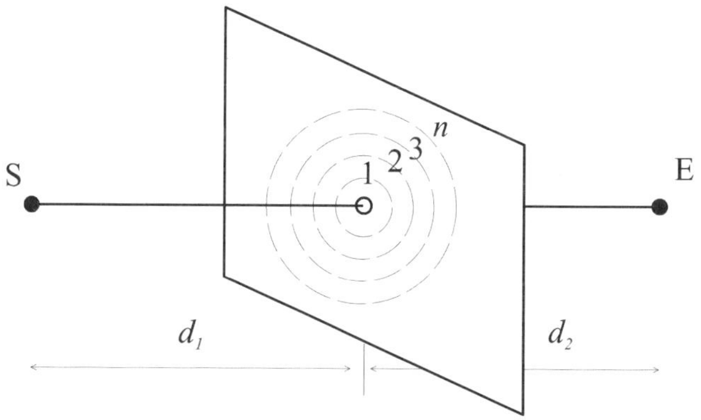

Bild 2.4.4: Fresnel-Zonen n-ter Ordnung

$$R_n = \sqrt{\frac{n\lambda\, d_1\, d_2}{d_1 + d_2}} \tag{2.4.6}$$

Die Kreise mit den Radii R_n beschreiben die sog. Fresnel-Zonen n-ter Ordnung.

Die Lage der Fresnel-Zonen hängt neben der Wellenlänge λ auch von d_1 bzw. d_2 ab. Je weiter der Schirm in Richtung S bzw. E verschoben wird, um so kleiner werden die R_n. Zeichnet man alle Fresnel-Zonen zwischen Sender und Empfänger auf, kommt man zu den sog. Fresnel-Ellipsoiden nach Bild 2.4.5. Befindet sich auf dem Rand der Ellipsoide ein Beugungshindernis, kommt es zu destruktiver oder konstruktiver Interferenz. Besonders der Fresnel-Ellipsoid erster Ordnung ($n = 1$, $\Delta\varphi = \pi$) ist von großer Bedeutung. Ein Beugungshindernis hat hier einen besonders großen dämpfenden Effekt. Legt man also Wert auf besonders gute (quasi-Freiraum-) Ausbreitungsverhältnisse, z.B. bei der Auslegung von Richtfunkstrecken, sollte darauf geachtet werden, dass der erste Fresnel-Ellipsoid frei von Hindernissen ist. In der Praxis wird hier meistens gefordert, dass 56 % der ersten Fresnel-Zone, entsprechend ν = -0,8 (siehe oben), frei von Hindernissen bleiben müssen. Ggf. muss also durch entsprechend hohe Antennenmasten dafür gesorgt werden.

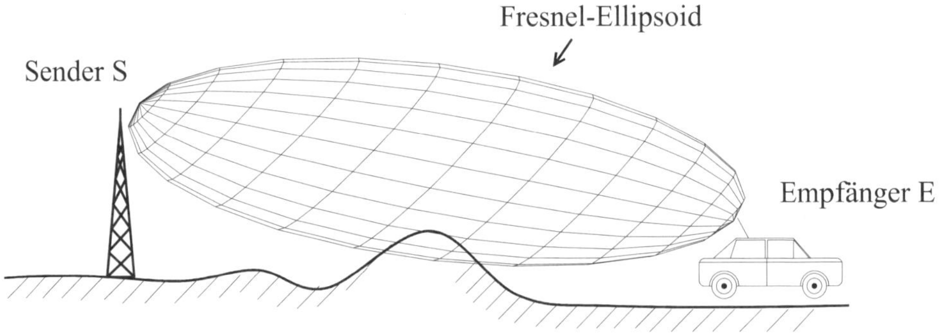

Bild 2.4.5: Fresnel-Ellipsoid

2.5 Pfadverlust-Prognosemodelle

Die Berechnung der Ausbreitungsdämpfung elektromagnetischer Wellen in realen Umgebungsbedingungen mit Bergen, Tälern, Häusern und Bewuchs ist mit deterministischen Modellen nur sehr eingeschränkt und allenfalls in Spezialfällen möglich. Zum praktischen Aufbau von Mobilfunknetzen bzw. zur optimalen Anordnung von Basisstationen ist es jedoch sehr wichtig, Vorhersagen über die zu erwartende Empfangsleistung P_E machen zu können. Zu diesem Zweck wurden und werden viele empirische bzw. semi-empirische Ausbreitungsmodelle aus zum Teil sehr umfangreichen Messreihen entwickelt. Die hier behandelten Modelle können lediglich Aussagen zum Mittelwert des Pfadverlusts machen, d.h., die später noch in Kapitel 3 beschriebenen Effekte der Mehrwegeausbreitung werden hier nicht berücksichtigt.

2.5.1 Vorhersagemodell nach Lee

Das sog. "Lee-Modell" ist ein sehr einfach anwendbares Vorhersagemodell für eine grobe Abschätzung der zu erwartenden Empfangsleistung. Es wurde aus Auswertungen von Pfadverlustmessreihen bei Sendefrequenzen um $f_0 = 900$ MHz in den USA entwickelt [LEE93]. Die Empfangsleistung P_E bestimmt sich nach Lee zu

$$P_E = P_0 \left(\frac{r}{r_0} \right)^{-\gamma} \left(\frac{f}{f_0} \right)^{-n} \kappa_0 \tag{2.5.1}$$

bzw. im logarithmischen Dezibel-Maßstab zu

$$P_E = P_0 - \gamma \cdot \log\left(\frac{r}{r_0} \right) - n \cdot \log\left(\frac{f}{f_0} \right) + \kappa_0 \quad . \tag{2.5.2}$$

P_0 bezeichnet eine Referenzempfangsleistung in der Entfernung $r_0 = 1$ km. κ_0 ist ein Korrekturfaktor, der sich aus den spezifischen Gegebenheiten von Sender und Empfänger berechnet und seinerseits aus fünf Faktoren besteht.

$$\kappa_0 = \prod_{i=1}^{5} \kappa_i \tag{2.5.3}$$

mit den verschiedenen Korrekturtermen

$$\kappa_1 = \left(\frac{\text{Höhe der Basisstationsantenne}}{30{,}48 \text{ m}} \right)^2 \tag{2.5.4}$$

$$\kappa_2 = \left(\frac{\text{Höhe der Mobilstationsantenne}}{3\ \text{m}} \right)^{\nu} \tag{2.5.5}$$

($\nu = 1$ für Mobilstationsantennenhöhen $h_{MS} < 3$ m bzw. $\nu = 2$ für $h_{MS} > 10$ m)

$$\kappa_3 = \frac{\text{Sendeleistung}}{10\ \text{W}} \tag{2.5.6}$$

$$\kappa_4 = \frac{\text{BS- Antennengewinn über } \frac{\lambda}{2} \text{ Dipol}}{4} \tag{2.5.7}$$

$$\kappa_5 = \text{MS-Antennengewinn über } \frac{\lambda}{2} \text{ Dipol} \tag{2.5.8}$$

Die Messungen aus [LEE93] basieren auf folgenden Messparametern:

Sendefrequenz :	900 MHz
Höhe der Basisstationsantenne :	30,48 m (100 ft)
Sendeleistung :	10 W
Gewinn der Basisstationsantenne :	6 dB über dem $\lambda/2$ Dipol
Höhe der Mobilstationsantenne :	3 m
Gewinn der Mobilstationsantenne :	0 dB über dem $\lambda/2$ Dipol

Tabelle 2.5.1: Ausbreitungsparameter für das Vorhersagemodell nach Lee

Umgebung	P_0 (dBm)	γ (dB/Dekade)
Freiraumausbreitung	-41	20
ländliches, offenes Gebiet	-40	43,5
Vorstadt, Kleinstadt	-54	38,4
Stadtgebiete		
- Philadelphia	-62,5	36,8
- Newark	-55	43,1
- Tokyo	-78	30,5

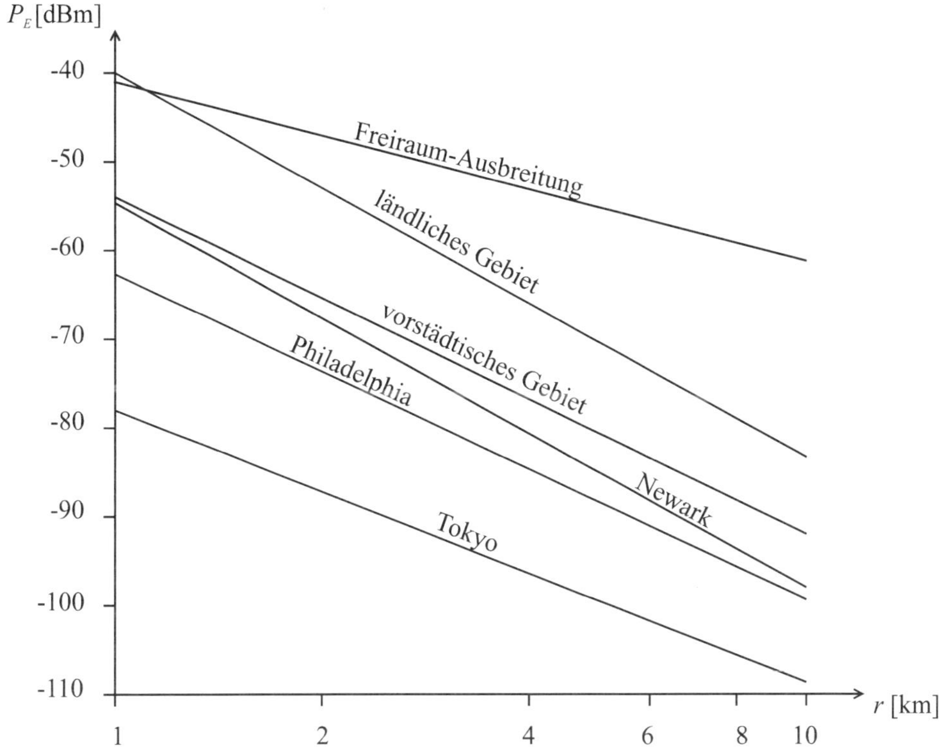

Bild 2.5.1: Empfangsleistung in verschiedenen Gebieten

Die Frequenzabhängigkeit des Pfadverlusts wird über den Parameter n modelliert. Er liegt typischerweise zwischen $n = 2$ und $n = 3$ für Frequenzen f zwischen 30 MHz und 2 GHz sowie Entfernungen im Bereich $r = 2$ km bis 30 km. Anhand von Messergebnisse zeigt sich eine Topographie- und Frequenzabhängigkeit von n. In [LEE93] wird empfohlen, für vorstädtische oder ländliche Gebiete und Arbeitsfrequenzen unterhalb von 450 MHz $n = 2$ zu wählen. In Stadtgebieten und bei Sendefrequenzen oberhalb von 450 MHz wird $n = 3$ gewählt.

Die Referenzleistung P_0 und der Ausbreitungsexponent γ wurden für verschiedene Umgebungen empirisch ermittelt und können Tabelle 2.5.1 entnommen werden. Bild 2.5.1 zeigt die Empfangsleistung P_E in dBm als Funktion der Entfernung d zum Sender in verschiedenen Ausbreitungsumgebungen.

In bergigen Gebieten berücksichtigt man die Höhe der Basisstationsantenne durch eine sogenannte effektive Höhe h_e. Diese effektive Höhe wird dann anstelle der tatsächlichen Höhe des Sendemasts in Gl.(2.5.4) eingesetzt. h_e erhält man,

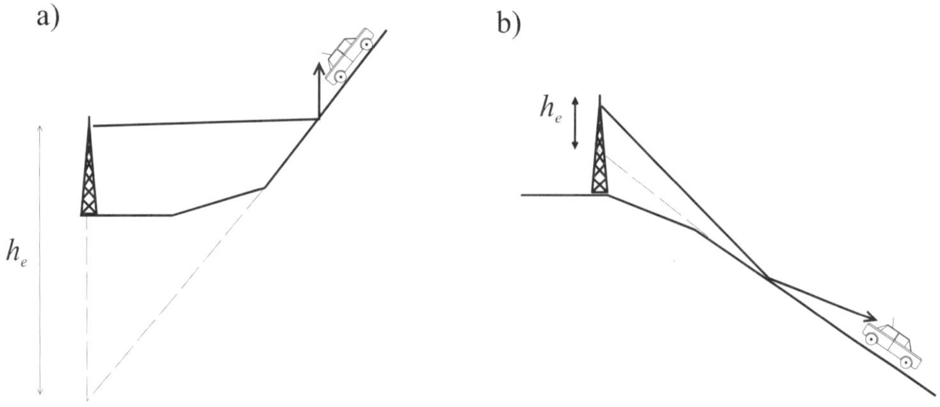

Bild 2.5.2: zur Bestimmung der effektiven Antennenhöhe h_e

indem die Ebene, auf der sich der nächste Reflexionspunkt zum Empfänger befindet, bis zum Sender verlängert wird (siehe Bild 2.5.2).

Beispiel: Unter Verwendung des Vorhersagemodells nach Lee soll die Empfangsleistung P_E in der Entfernung $r = 2$ km von einer Basisstation mit der effektiven Antennenhöhe $h_e = 30$ m bestimmt werden. Des Weiteren gelte:

Sendefrequenz:	$f = 1800$ MHz
Sendeleistung:	$P_S = 1$ W
Gewinn der BS-Antenne:	7,7 dBi
Höhe der MS-Antenne:	1,5 m
Gewinn der MS-Antenne:	2 dBd
Ausbreitungsumgebung:	Vorstadt, Kleinstadt

Als Erstes wird der Korrekturfaktor κ_0 ermittelt. κ_0 bestimmt sich aus 5 Termen κ_1 bis κ_5 (Gl.(2.5.4) bis Gl.(2.5.8)). Dazu müssen jedoch noch die Angaben zum Antennengewinn in einen linearen Maßstab umgerechnet werden (beachte: 0 dBd = 2,15 dBi). Man erhält so

$$\kappa_0 = \left(\frac{30\text{m}}{30{,}48\text{m}}\right)^2 \cdot \left(\frac{1{,}5\text{m}}{3\text{m}}\right)^1 \cdot \left(\frac{1\text{W}}{10\text{W}}\right) \cdot \left(\frac{3{,}6}{4}\right) \cdot (1{,}6) = -11{,}6\ \text{dB}\,.$$

Aus Tabelle 2.5.1 entnimmt man für die Ausbreitungssituation "Vorstadt/Kleinstadt": $\gamma = 38{,}4$ und $P_0 = -54$ dBm. Mit Gl.(2.5.2) und $n = 3$ ergibt die Empfangsleistung

$$P_E = -78\ \text{dBm}.$$

2.5.2 Vorhersagemodell nach Okumura

Das Pfadverlust-Vorhersagemodell nach Okumura *et al.* [OKU68] geht auf sehr umfangreiche Feldstärkemessungen in bzw. in der Umgebung von Tokyo zurück. Es wurden Ausbreitungsmessungen sowohl im VHF-Bereich (200 MHz) als auch im UHF-Bereich (453, 922, 1310, 1430, 1920 MHz) in verschiedenen Situationen mit variierenden Antennenhöhen, Entfernungen und topographischen Gegebenheiten durchgeführt. Die Ergebnisse sind in Form von Graphen veröffentlicht worden und erlauben anhand einer Vielzahl von Korrekturtermen Feldstärkevorhersagen über den Frequenzbereich 150 MHz bis 2 GHz, Entfernungen zwischen 1 und 100 km mit effektiven Antennenhöhen der Basisstation zwischen 30 m und 1000 m.

Zur Bestimmung des Pfadverlusts zwischen Sender und Empfänger geht man zunächst von der Freiraumdämpfung L_F nach Gl.(2.1.8) aus. Durch den hinzuzufügenden Korrekturterm $A_{mu}(f,d)$ wird die Sendefrequenz f und die Entfernung d berücksichtigt. Die beiden weiteren Terme H_{tu} und H_{ru} modellieren die Höhen der Basis- bzw. Mobilstationsantennen. Der gesamte Pfadverlust L bestimmt sich dann zu

$$L = L_F + A_{mu} - H_{tu} - H_{ru} \quad . \tag{2.5.9}$$

Der Grundzuschlag A_{mu} wird zur Freiraumausbreitung addiert und kann Bild 2.5.3 entnommen werden. Man erkennt leicht, dass sich der Zuschlag A_{mu} durchweg in der Größenordnung 20 dB/Dekade bewegt. Zusammen mit der Dämpfungszunahme im freien Raum in Höhe von 20 dB/Dekade erhält man somit etwa 40 dB/Dekade. Dieses Ergebnis kann durch die einfachen theoretischen Untersuchungen aus Abschnitt 2.3 (Gl.(2.3.6)) verifiziert werden. Der Korrekturterm H_{tu} zur Berücksichtigung der effektiven Antennenhöhe h_e lässt sich Bild 2.5.4 entnehmen. H_{tu} liegt in der Größenordnung von 20 dB/Dekade und bestätigt damit ebenfalls das Ergebnis aus Gl.(2.3.6). Aus Bild 2.5.5 ist ersichtlich, dass für Mobilstationsantennen, die höher als ca. 3 m sind, derselbe Zusammenhang gilt. Lediglich Antennenhöhen, die kleiner als 3 m bis 4 m sind, führen zu einer Minderung des Pfadverlustanstiegs auf 10 dB/Dekade.

Die effektive Höhe h_{te} der Basisstationsantenne mit der Höhe h_t ergibt sich aus dem zugrundeliegenden Geländeprofil in Richtung zur Empfangsstation (siehe Bild 2.5.6). h_{te} ist die Höhe über dem durchschnittlichen Geländeniveau. Je nach genauem Geländeprofil können beim Okumura-Modell noch weitere Korrekturterme zugefügt werden. Beispielsweise kann der Grad der "Unebenheit" eines Geländes durch die "Schwankungsbreite" Δh des Geländeprofils über eine Entfernung von 10 km in Richtung vom Empfänger zum Sender Berücksichtigung finden. Des Weiteren können in das Modell von Okumura einzelne hohe Berge im Ausbreitungsweg durch ihre relative Höhe zum mittleren Niveau eingehen.

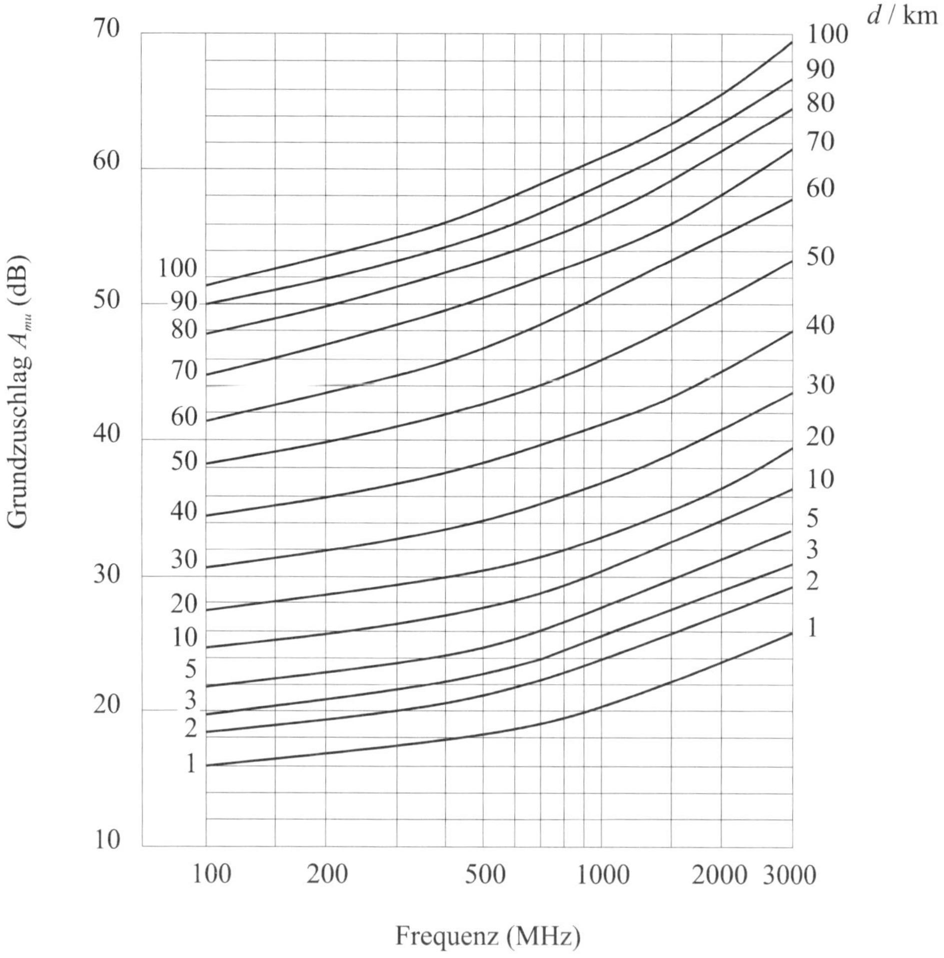

Bild 2.5.3: Grundzuschlag zur Freiraumdämpfung in städtischer Umgebung über quasi-ebenem Gebiet (h_{te} = 200 m, h_{re} = 3 m) [OKU68]

Zusätzlich kann eine bestimmte mittlere Neigung des Geländes θ_m in die Pfadverlustvorhersage einbezogen werden. In Gebieten mit großen Seen oder Buchten im Ausbreitungsweg kann dies über die prozentuale Wasserstrecke auf dem Weg zum Empfänger modelliert werden. Für alle diese und weitere Spezialfälle gibt es entsprechende Korrekturterme, die graphischen Darstellungen in [OKU68] entnommen werden können.

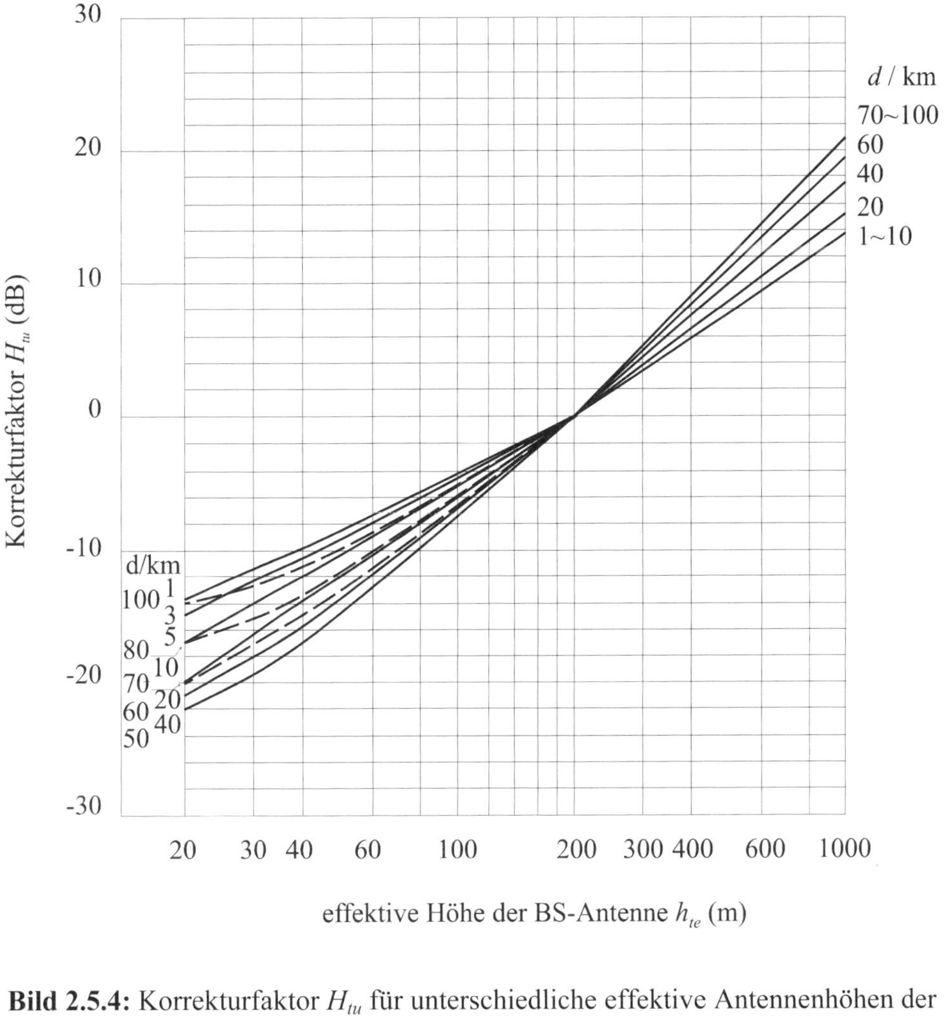

Bild 2.5.4: Korrekturfaktor H_{tu} für unterschiedliche effektive Antennenhöhen der Basisstation [OKU68]

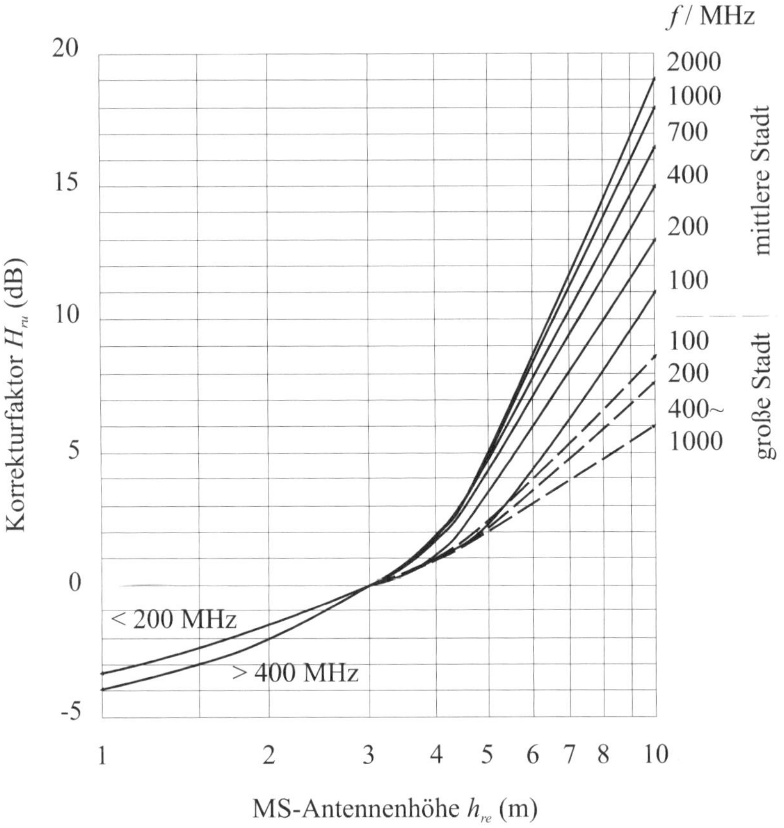

Bild 2.5.5: Korrekturfaktor H_{ru} für unterschiedliche Mobilstations-antennenhöhen [OKU68]

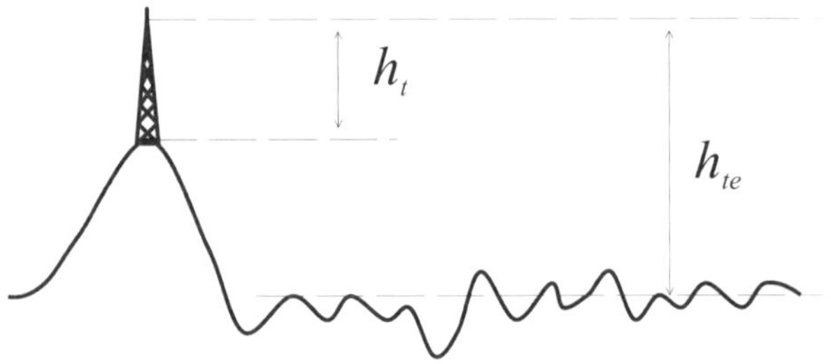

Bild 2.5.6: Ermittlung der effektiven Antennenhöhe der Basisstation

Das Okumura-Modell wird heute sehr oft als Grundlage zur Planung von Funknetzen eingesetzt. Dies erfolgt heute in der Regel mit Rechnerunterstützung. Alle Mess- und Korrekturkurven werden dazu im Speicher des Rechners abgelegt und entsprechend interpoliert. Zusammen mit einer Geländedatenbasis bzw. einer topographischen Datenbank, teilweise auch mit Satellitenunterstützung, können so genaue Vorhersagen der Ausbreitungsdämpfung vorgenommen werden.

2.5.3 Vorhersagemodell nach Hata

Das Modell nach Okumura ist für einfache und schnelle Abschätzungen des Pfadverlusts zu aufwendig. Durch Hata wurden deshalb die graphischen Ergebnisse von Okumura extrapoliert, so dass einfach zu handhabende mathematische Gleichungen angegeben werden können [HAT80]. Hatas Modell ist allerdings nur in quasi-ebenem Gelände und nur bei bestimmten Parametern gültig:

Sendefrequenz f:	150 - 1500 MHz
Höhe der Basisstationsantenne h_{BS}:	30 - 200 m
Höhe der Mobilstationsantenne h_{MS}:	1 - 10 m
Entfernung d:	1 - 20 km

Wenn diese Rahmenbedingungen eingehalten werden, kann der Pfadverlust in städtischem, vorstädtischem und ländlichem Gebiet mit den Formeln nach Hata berechnet werden. Man erhält den Pfadverlust in städtischer Umgebung L_{Hu} aus

$$L_{Hu}[\mathrm{dB}] = 69{,}55 + 26{,}16\,\log\frac{f}{\mathrm{MHz}} - 13{,}82\,\log\frac{h_{BS}}{\mathrm{m}} - a(h_{MS}) + \left(44{,}9 - 6{,}55\,\log\frac{h_{BS}}{\mathrm{m}}\right)\cdot\log\frac{d}{\mathrm{km}} \quad . \qquad (2.5.10)$$

$a(h_{MS})$ ist ein Korrekturterm, der in kleinen und mittelgroßen Städten

$$a(h_{MS}) = \left(1{,}1\,\log\frac{f}{\mathrm{MHz}} - 0{,}7\right)\cdot\frac{h_{MS}}{\mathrm{m}} - \left(1{,}56\,\log\frac{f}{\mathrm{MHz}} - 0{,}8\right) \qquad (2.5.11)$$

beträgt. In Großstädten verwendet man

$$a(h_{MS}) = \begin{cases} 8{,}29\left[\log\left(1{,}54\dfrac{h_{MS}}{\mathrm{m}}\right)\right]^2 - 1{,}1 & ; f \leq 200\ \mathrm{MHz} \\ 3{,}2\left[\log\left(11{,}75\dfrac{h_{MS}}{\mathrm{m}}\right)\right]^2 - 4{,}97 & ; f \geq 400\ \mathrm{MHz} \end{cases} \tag{2.5.12}$$

In vorstädtischen Gebieten mit weniger dichter Bebauung ist ein weiterer Korrekturterm erforderlich, mit dem sich der Pfadverlust L_H wie folgt bestimmt:

$$L_{Hs}[\mathrm{dB}] = L_{Hu} - 2\left[\log\frac{f}{28\ \mathrm{MHz}}\right]^2 - 5{,}4 \tag{2.5.13}$$

In ländlicher Umgebungen mit nur wenig Bebauung muss Gl.(2.5.10) in anderer Weise umgeformt werden.So erhält man für den Pfadverlust L_{Hr}

$$L_{Hr}[\mathrm{dB}] = L_{Hu} - 4{,}78\left[\log\frac{f}{\mathrm{MHz}}\right]^2 + 18{,}33\ \log\frac{f}{\mathrm{MHz}} - 40{,}94 \tag{2.5.14}$$

Hatas Formeln führten zu einer deutlich einfacheren Handhabung der Ergebnisse von Okumura. Diese Vereinfachungen werden allerdings mit einer höheren Ungenauigkeit der Vorhersagen gegenüber dem Modell nach Okumura "bezahlt". Es ergeben sich Abweichungen im Bereich der oben angegebenen Parameter in der Größenordnung von 1 dB. Dies ist jedoch in aller Regel vernachlässigbar. In Spezialfällen, wie z.B. einem gemischten Land-Wasserpfad, können wesentlich höhere Abweichungen auftreten.

Das Modell nach Hata ist im PCS-Frequenzbereich um 1800 MHz und 1900 MHz bzw. im UMTS-Band oberhalb von 2 GHz nicht anwendbar, da es auf den Frequenzbereich von 150 MHz bis 1500 MHz beschränkt ist. Man beobachtet, dass Hatas Modell Pfadverlustwerte unterhalb des tatsächlichen Wertes vorhersagt, wenn es im 1800 MHz-Band eingesetzt wird.

Deshalb wurde im europäischen Forschungsprojekt COST 231 ("evolution of land mobile radio") ein modifiziertes Modell, basierend auf Hatas Modell, entwickelt. Es ist als **COST 231 Hata Model** bekannt und kann im Frequenzbereich 1500 MHz $\leq f \leq$ 2000 MHz eingesetzt werden. Alle anderen Parameter-Bereiche sind dieselben wie im Originalmodell. Das COST 231 Hata Modell sagt den Pfadverlust L_p wie folgt voraus:

$$L_p[\mathrm{dB}] = 46{,}3 + 33{,}9 \log \frac{f}{\mathrm{MHz}} - 13{,}82 \log \frac{h_{BS}}{\mathrm{m}} - a(h_{MS}) + \left(44{,}9 - 6{,}55 \log \frac{h_{BS}}{\mathrm{m}}\right) \log \frac{d}{\mathrm{km}} + C \qquad (2.5.15)$$

mit der Konstanten C

$$C = \begin{cases} 0 \text{ dB} & \text{für mittelgroße Städte und Vorstädte mit mäßiger Baumdichte} \\ 3 \text{ dB} & \text{für Großstadtgebiete} \end{cases}$$

Das Modell ist auf maximale BS-Antennenhöhen von 30 m beschränkt. Die BS-Antenne muss deutlich über evtl. Dächer benachbarter Häuser herausragen. Auch sollte das COST 231 Hata Modell nicht dazu benutzt werden, den Pfadverlust in Straßenschluchten vorherzusagen.

2.5.4 Vorhersagemodell nach Ikegami

Die Pfadverlust-Vorhersagemodelle aus den vorangegangenen Abschnitten waren alle empirische Modelle, d.h., sie basieren auf interpolierten Messdaten. Die schnell wachsende Nachfrage nach Mobilkommunikation besonders in dicht besiedelten Stadtgebieten erfordert präzisere Vorhersagemodelle. Deshalb werden auch analytische Modelle interessant.

Ikegami *et al.* [IKE84] untersuchten daher die Wellenausbreitung in dicht bebauten Gebieten. Ihre Untersuchungen zeigten, dass strahlentheoretische Modelle eine wichige Rolle spielen können. Dies führt zur Vorhersagemöglichkeit der mittleren Feldstärke mittels eines strahlentheoretischen Ansatzes, solange der "Strahlen-Anteil" dominiert. Obwohl Ikegamis Modell heutzutage nicht direkt zur Pfadverlustbestimmung eingesetzt wird, soll es dennoch im folgenden beschrieben werden, denn es ist eine gute Basis, um komplexere Modelle zu verstehen, die auf ähnlichen Annahmen basieren.

Bei der Auswertung von umfangreichen Messserien fand man heraus, dass die Mobilstation viele Wellen aus unterschiedlichen Raumrichtungen empfängt, dass aber nur wenige dominieren. Diese dominierenden Komponenten können als Strahlen beschrieben werden. Bild 2.5.7 zeigt ein typisches städtisches Szenario. Die komplexe elektrische Feldstärke $\underline{E}$ ist die Summe von mehreren Komponenten $\underline{E}_i$ mit unterschiedlichen Phasenlagen θ_i:

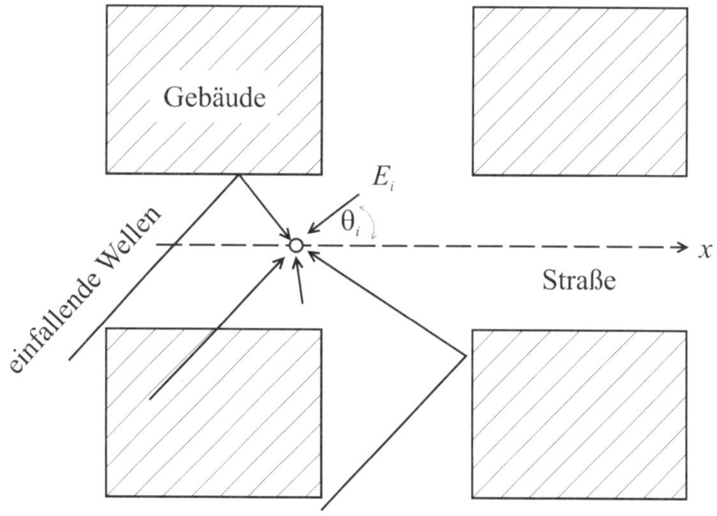

Bild 2.5.7: Modellierung der Mchrwegeausbreitung

$$\underline{E}_i = E_i e^{-j\beta\cos\phi_i} e^{j\theta_i} \tag{2.5.16}$$

$$\underline{E} = \sum_{i=1}^{N} \underline{E}_i \tag{2.5.17}$$

wenn N Komponenten existieren. Die empfangene Leistung ist eine Funktion der MS-Position x:

$$P(x) = \frac{1}{2} E^2 = \frac{1}{2} \underline{E}\,\underline{E}^* \tag{2.5.18}$$

$$P(x) = \frac{1}{2} \sum_{i=1}^{N} E_i^2 + \sum_{i=1}^{N} \sum_{k=i+1}^{N} E_i E_k \cos\left(2\pi \frac{x}{\lambda} (\cos\phi_i - \cos\phi_k) + \theta_i - \theta_k \right) \tag{2.5.19}$$

Das Fading-Signal in städtischen Straßen besteht aus Fast- und Slow-Fading-Komponenten. Die konstruktive und destruktive Überlagerung der durch Mehrwegeausbreitung (s.o.) hervorgerufenen Teilwellen führt zu Fast-Fading, wohingegen die langsameren Änderungen des Pfadverlusts u.a. durch Änderungen der Beugungsverluste an Gebäuden herrühren. Das Ikegami-Modell versucht lediglich die langsame Komponente des Fading-Signals zu beschreiben. Daher wird die Empfangsleistung nach Gl. (2.5.19) über die Entfernung l integriert:

$$\overline{P}(x) = \frac{1}{l}\int_{o}^{l} P(x)dx$$
$$= \frac{1}{2l}\int_{0}^{l} E_i^2 dx + \frac{1}{l}\int_{0}^{l}\sum_{i=1}^{N}\sum_{k=i+1}^{N} E_i E_k \cos\left(2\pi\frac{x}{\lambda}(\cos\phi_i - \cos\phi_k) + \theta_i - \theta_k\right) \tag{2.5.20}$$

Der zweite Term in Gl. (2.5.20) oszilliert aufgrund der Interferenz von je zwei Teilwellen. Wird über eine ausreichend lange Strecke (im Verhältnis zur Periodizität der Oszillation) integriert, verschwindet der Term, und die gesamte Empfangsleistung besteht nur noch aus den mittleren Leistungen der Einzelwellen:

$$\overline{P}(x) = \frac{1}{2}\sum_{i=1}^{N}\overline{E}_i^2 = \sum_{i=1}^{N}\overline{P}_i(x) \tag{2.5.21}$$

Ikegami *et al.* fanden heraus, dass nur sehr wenige Signal-Komponenten dominant sind. Daher wurde ein Zweistrahlmodell vorgeschlagen, welches aus einem direkten, gebeugten und einfach-reflektierten Strahl besteht. Beide Strahlen sind am nächsten Gebäudedach in Einfallsrichtung gebeugt worden. Der zweite Strahl wurde zusätzlich von einem Gebäude auf der gegenüberliegenden Straßenseite reflektiert. Andere Strahlen wurden vernachlässigt, denn es wurde angenommen, dass die Summe der Leistungen dieser Teilwellen klein ist gegenüber den beiden dominierenden. Bild 2.5.8 verdeutlicht die geometrischen Verhältnisse des Ikegami-Modells.

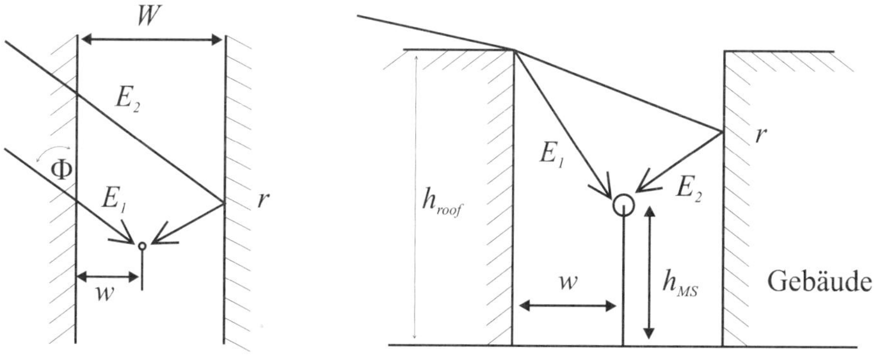

a) Sichtvon oben b) Querschnitt

Bild 2.5.8: Geometrie des Ikegami-Zweistrahlmodells

Das Modell unterstellt einen LOS- ("Line-of-Sight") Pfad zwischen der Basisstations-Antenne und dem beugenden Gebäudedach in der Entfernung $d >> h_{roof}$, w. Das Gebäude wird als unendlich ausgedehnte Kante quer zur Wellenausbreitungsrichtung modelliert. Der Winkel zwischen der einfallenden Welle und der Straße ist Φ (siehe Bild 2.5.8). Unter diesen Voraussetzungen kann das Beugungsfeld hinter der Dachkante mit dem Fresnel-Integral (Gl.(2.4.5), siehe Abschnitt 2.4) berechnet werden. Das Integral kann wie folgt approximiert werden

$$|F(\nu)| = \frac{E}{E_0} = \frac{1}{\nu\pi\sqrt{2}} \tag{2.5.22}$$

wobei ν der Fresnel-Kirchhoffsche Beugungsparameter nach Gl.(2.4.4) und E_0 die elektrische Feldstärke an der beugenden Kante ist.

Der Fresnel-Kirchhoffsche Beugungsparameter ν beschreibt die Geometrie des Modells, d.h., die Gebäudehöhe, die Straßenbreite und die Mobilstations-Antenne. Der Parameter ist unterschiedlich für die beiden Teilwellen:

$$\nu_1 = (h_{roof} - h_{MS})\sqrt{\frac{2\sin\Phi}{\lambda w}} \tag{2.5.23}$$

für die direkt-gebeugte Welle und

$$\nu_2 = (h_{roof} - h_{MS})\sqrt{\frac{2\sin\Phi}{\lambda(2W - w)}} \tag{2.5.24}$$

für die einfach-reflektierte Welle. Am Empfangsort kann die Feldstärke der beiden Wellen wie folgt bestimmt werden:

$$E_1 = \frac{E_0}{\nu_1\pi\sqrt{2}} \tag{2.5.25}$$

und

$$E_2 = \frac{E_0 \cdot r}{\nu_2\pi\sqrt{2}} \tag{2.5.26}$$

wobei r der Reflexionsfaktor der Gebäudewand ist, an der die zweite Welle reflektiert wird. Somit erhält man die mittlere Feldstärke

$$\overline{E} = \sqrt{E_1^2 + E_2^2}\,. \tag{2.5.27}$$

Die Berechnungen in [IKE84] zeigen, dass die mittlere Feldstärke nicht sehr von der Position w der Mobilstation abhängt. Es wird daher vorgeschlagen, $w = W/2$ zu setzen, d.h., die Mobilstation wird als in der Mitte der Straße befindlich angenommen. Mit Gln. (2.5.25) und (2.5.26) in (2.5.27) erhält man

$$\overline{E} = \frac{E_0}{2\pi\sqrt{2}} \cdot \frac{1}{h_{roof} - h_{MS}} \cdot \sqrt{\frac{\lambda W(1+3r^2)}{\sin\Phi}}\,. \tag{2.5.28}$$

E_0 kann mit der Freiraum-Formel nach Gl. (2.1.7) bzw. Gl.(2.1.8) berechnet werden. Lässt man die Antennengewinne heraus und ersetzt die Wellenlänge in Gl.(2.5.28) durch die Frequenz $f = c/\lambda$, kann der Pfadverlust L wie folgt geschrieben werden:

$$\begin{aligned} L[\mathrm{dB}] = {} & 26.6 + 20\log\frac{d}{\mathrm{km}} + 30\log\frac{f}{\mathrm{MHz}} - 10\log\frac{W}{\mathrm{m}} \\ & + 20\log\frac{h_{roof} - h_{MS}}{\mathrm{m}} + 10\log(\sin\Phi) - 10\log(1+3r^2) \end{aligned}\,. \tag{2.5.29}$$

Das Modell nach Ikegami zeigt im Gegensatz zu den Modellen nach Okumura/Hata keine Abhängigkeit des Pfadverlusts von der Antennenhöhe der Basisstation. Besonders bei niedrigen BS-Antennenhöhen kann eine deutliche Abweichung beim Einfluß der Entfernung d auf den Pfadverlust beobachtet werden. Die experimentellen Ergebnisse in [IKE84] zeigen, dass das Modell nach Ikegami bei größeren Entfernungen d den Pfadverlust zu niedrig vorhersagt. Der tatsächliche Pfadverlust steigt mit mehr als den 20 dB/Dekade nach Gl. (2.5.29). In [IKE84] wird vermutet, dass an vorgelagerten Gebäuden zusätzliche Beugung erfolgt, d.h., es gibt Mehrfachbeugung. Diese Annahme scheint richtig zu sein, denn spätere Modelle, die Mehrfachbeugung berücksichtigen, führen zu besseren Ergebnissen. Solch ein Modell ist z.B. das Walfisch-Bertoni-Modell [WAL88], welches auf einer numerischen Berechnung des Kirchhoff-Huygens-Integrals basiert, um die Beugung einer ebenen Welle an einer Reihe von Halbschirmen, die die Fresnel-Zone abschatten, zu bestimmen. Ein anderes Modell in diesem Kontext ist das COST 231 Walfisch-Ikegami-Modell, welches im folgenden Abschnitt beschrieben wird.

2.5.5 COST 231 Walfisch-Ikegami-Modell

Das europäische Forschungsprojekt COST 231 entwickelte Pfadverlust-Vorhersagemodelle für den 900 MHz- und 1800 MHz-Bereich. Das COST 231 Walfisch-Ikegami-Modell kann eingesetzt werden, um den Pfadverlust in urbanen Gebieten mit Basisstations-Antennen über oder unter den Gebäudedächern vorherzusagen. Das Modell wird jedoch ungenauer, wenn die BS-Antennen auf Dachhöhe bzw. darunter sind.

Das Modell basiert hauptsächlich auf den Modellen nach Walfisch und Bertoni [WAL88] und Ikegami [IKE84] (s.o.). Es ist kein rein analytisches Modell. Um das Modell für Situationen zu erweitern, in denen die BS-Antennen unterhalb der Gebäudedächer nahe der BS montiert sind, wurden Heuristiken eingeführt. Die geometrischen Modellparameter sind wie in Bild 2.5.9 gezeigt definiert.

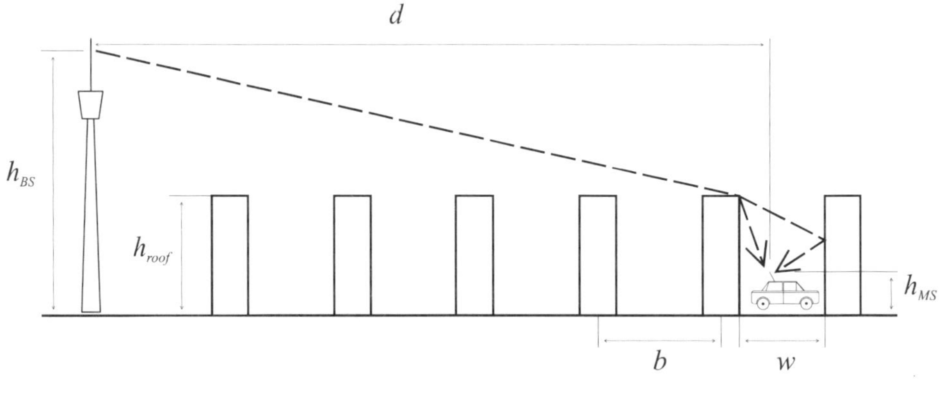

Bild 2.5.9: Geometrie des COST 231 Walfisch-Ikegami-Modells

Der Pfadverlust L_p besteht aus einem Freiraum-Anteil L_0, einem Dach-Straße-Beugungsanteil und Streuverlust L_{rts} und einem zusätzlichen Beugungsverlust L_{msd} durch die vorgelagerten Schirme (Gebäude)

$$L_p = \begin{cases} L_0 + L_{rts} + L_{msd} & ; L_{rts} + L_{msd} > 0 \\ L_0 & ; L_{rts} + L_{msd} \le 0 \end{cases} \tag{2.5.30}$$

Der Freiraum-Pfadverlust L_0 berechnet sich mit Gl. (2.1.8) zu

$$L_0[\text{dB}] = 32{,}4 + 20\log\frac{d}{\text{km}} + 20\log\frac{f}{\text{MHz}} \tag{2.5.31}$$

wenn die Antennengewinne nicht berücksichtigt werden. Der Dach-Straße-Beugungs- und Streuverlust L_{rts} ergibt sich aus dem Modell von Ikegami

$$L_{rts}[\mathrm{dB}] = -16.9 - 10\log\frac{w}{\mathrm{m}} + 10\log\frac{f}{\mathrm{MHz}} + 20\log\frac{\Delta h_{MS}}{\mathrm{m}} + L_{ori} \tag{2.5.32}$$

mit

$$\Delta h_{MS} = h_{roof} - h_{MS} \tag{2.5.33}$$

und einem Korrekturterm L_{ori}, mit dem der Einfluß der Straßenausrichtung berücksichtigt wird. Der Term, ~ log(sin Φ), aus dem Originalmodell nach Ikegami Gl.(2.5.29) wurde durch die empirische Funktion L_{ori} ersetzt

$$L_{ori} = \begin{cases} -10 + 0{,}354\dfrac{\Phi}{\deg} & ;\, 0 \le \Phi < 35° \\ 2{,}5 + 0{,}075\left(\dfrac{\Phi}{\deg} - 35\right) & ;\, 35° \le \Phi < 55° \\ 4{,}0 - 0{,}114\left(\dfrac{\Phi}{\deg} - 55\right) & ;\, 55° \le \Phi \le 90° \end{cases} \tag{2.5.34}$$

Φ ist der Winkel zwischen der einfallenden Welle und der Straße (siehe Bild 2.5.8a).

Der Mehrfachbeugungsverlust L_{msd} wird nach dem Modell von Walfisch-Bertoni [WAL88] bestimmt. Es ist jedoch um empirische Korrekturterme ergänzt worden, um Situationen mit $h_{BS} \le h_{roof}$ abzudecken:

$$L_{msd}[\mathrm{dB}] = L_{bsh} + k_a + k_d \log\frac{d}{\mathrm{km}} + k_f \log\frac{f}{\mathrm{MHz}} - 9\log\frac{b}{\mathrm{m}} \tag{2.5.35}$$

wobei b der Gebäudeabstand längs des Ausbreitungsweges ist (siehe Bild 2.5.9). L_{bsh} und k_a sind im Originalmodell nach Walfisch-Bertoni nicht enthalten. Sie wurden eingefügt, um den Fall mit BS-Antennenhöhen unterhalb der Dächer zu beschreiben

$$L_{bsh} = \begin{cases} -18\log\left(1 + \dfrac{\Delta h_{BS}}{\mathrm{m}}\right) & ;\, h_{BS} > h_{roof} \\ 0 & ;\, h_{BS} \le h_{roof} \end{cases} \tag{2.5.36}$$

mit

$$\Delta h_{BS} = h_{BS} - h_{roof} \tag{2.5.37}$$

$$k_a = \begin{cases} 54 & ; h_{BS} > h_{roof} \\ 54 - 0{,}8\dfrac{\Delta h_{BS}}{\mathrm{m}} & ; d \geq 0{,}5\ \mathrm{km}\ \text{und}\ h_{BS} \leq h_{roof} \\ 54 - 1{,}6\dfrac{\Delta h_{BS}}{\mathrm{m}}\dfrac{d}{\mathrm{km}} & ; d < 0{,}5\ \mathrm{km}\ \text{und}\ h_{BS} \leq h_{roof} \end{cases} \quad . \tag{2.5.38}$$

Die Korrekturterme k_d und k_f sind für die "Feinabstimmung" der Entfernungs- und Frequenzabhängigkeit des Modells

$$k_d = \begin{cases} 18 & ; h_{BS} > h_{roof} \\ 18 - 15\dfrac{\Delta h_{BS}}{h_{roof}} & ; h_{BS} \leq h_{roof} \end{cases} \tag{2.5.39}$$

$$k_f = -4 + \begin{cases} 0{,}7\left(\dfrac{f}{925\ \mathrm{MHz}} - 1\right) & ; \text{mittelgroße Städte, Vorstadtzentren} \\ 1{,}5\left(\dfrac{f}{925\ \mathrm{MHz}} - 1\right) & ; \text{Großstadtgebiete} \end{cases} \tag{2.5.40}$$

Der Anwendungsbereich des COST 231 Walfisch-Ikegami-Modells ist auf den folgenden Parameterbereich begrenzt:

Frequenz:	800 MHz $< f <$ 2 GHz
BS-Antennenhöhe:	4 m $< h_{BS} <$ 50 m
MS-Antennenhöhe:	1 m $< h_{MS} <$ 3 m
Entfernung:	20 m $< d <$ 50 km

In Fällen, in denen keine detaillierten Daten zu den Gebäude- und Strassenstrukturen verfügbar sind, empfielt COST 231 nachstehende Standardwerte:

Gebäudeabstand:	20 m $< b <$ 50 m
Straßenbreite:	$w = b/2$
Gebäudehöhe:	$h_{roof} =$ 3 m · (Anzahl d. Etagen) + Dach
Dach:	3 m (Giebeldach), 0 (Flachdach)
Einfallswinkel:	$\Phi = 90°$

Das COST 231 Walfisch-Ikegami-Modell weist im Vergleich mit Messergebnissen eine gute Vorhersagegenauigkeit auf. Experimentelle Ergebnisse aus umfangreichen Pfadverlust-Messungen in Darmstadt und Mannheim zeigten, dass der mittlere Vorhersagefehler bei ± 3 dB liegt, mit einer Standardabweichung von 5...7 dB [LÖW92]. Der Fehler ist proportional zur Frequenz und umgekehrt proportional zur BS-Antennenhöhe. In Situationen mit $h_{BS} < h_{roof}$ ist der Vorhersagefehler größer. Abschattung durch Gebäude und/oder Gelände sowie Mehrwegeausbreitung sind für höhere Prognosefehler verantwortlich.

Für den Fall der LOS-Ausbreitung in Straßenschluchten schlägt COST 231 folgenden Ausdruck für die Pfadverlustprognose vor:

$$L_p[\mathrm{dB}] = 42{,}6 + 26\log\frac{d}{\mathrm{km}} + 20\log\frac{f}{\mathrm{MHz}} \qquad ; d \geq 20\ \mathrm{m} \tag{2.5.41}$$

wobei die erste Konstante so gewählt wurde, dass sie dem Pfadverlust im Freiraum bei $d = 20$ m entspricht.

2.5.6 Indoor-Vorhersagemodelle

Insbesondere durch die in den letzten Jahren stark zugenommene Verbreitung von WLANs (*engl.* Wireless Local Area Networks) und Schnurlos-Telefonen gewinnt die Versorgungsplanung von Indoor-Netzen immer mehr an Bedeutung. Prinzipiell gibt es zwei Gruppen von Verfahren zur Berechnung des Pfadverlusts [WÖL98]: empirische und deterministische Modelle.

In Bild 2.5.10 sind die beiden prinzipiellen Ansätze zur Pfadverlustprognose in Gebäuden dargestellt. Die Gruppe der empirischen Ausbreitungsmodelle basiert auf einer Analyse der direkten Verbindung zwischen Sender und Empfänger, ggf. unter Berücksichtigung von Wanddämpfungen, während die deterministischen Modelle mit Hilfe von strahlenoptischen Verfahren möglichst viele bzw. alle Ausbreitungswege über Reflexionen und Beugung berechnen. Dies erfolgt mit den Fresnelschen Beziehungen (siehe Abschnitt 2.4.2) bzw. mittels Beugungstheorie.

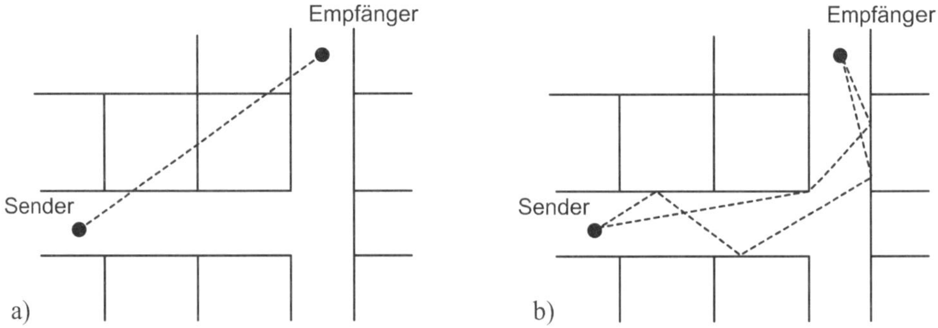

Bild 2.5.10: Empirische (a) und deterministische (b) Ausbreitungsmodelle

Beide Ansätze erfordern eine mehr oder weniger exakte Beschreibung des Gebäudes in Form einer Datenbank, in der alle wesentlichen Informationen über die Gebäudestruktur wie Positionen und Ausdehnungen von Wänden sowie Wandmaterialien bzw. deren elektromagnetische Eigenschaften enthalten sind. Die Genauigkeit einer Pfadverlustprognose steht und fällt mit der Genauigkeit der Gebäudedatenbank. Für die Netzplanung sind besonders Modelle interessant, bei denen kleinere Ungenauigkeiten bei den Positionen oder Materialien der Wände nur einen geringen Einfluß auf das Prognoseergebnis haben, denn in der Praxis muss immer davon ausgegangen werden, dass nicht alle Informationen mit der erforderlichen Genauigkeit vorliegen.

2.5.6.1 Modifiziertes Freiraummodell

Das einfachste empirische Indoor-Ausbreitungsmodell basiert auf einer Modifikation der Freiraumformel nach Gl.(2.1.8). Außer der Länge d der direkten Verbindungslinie zwischen Sender und Empfänger werden noch die Übertragungsfrequenz f und die Antennengewinne von Sender G_S und Empfänger G_E berücksichtigt. Der Einfluß der Wände im Übertragungsweg wird lediglich durch einen gegenüber der Freiraumausbreitung veränderten Ausbreitungsexponenten γ (Freiraum: $\gamma = 2$) und einen durch Kalibrierung zu ermittelnden Dämpfungs-Offset I_C in Rechnung gebracht (siehe Gl.(2.5.42)). Der Exponent γ kann bei Wänden mit hoher Penetrationsdämpfung zwar erhöht werden, allerdings ist die Erhöhung in allen Richtungen wirksam, unabhängig davon, ob tatsächlich eine Wand im Ausbreitungsweg liegt oder nicht.

$$\begin{aligned} L_{MF}[\mathrm{dB}] &= 10\log\frac{P_S}{P_E} \\ &= -27{,}6+\gamma\cdot 10\log\frac{d}{\mathrm{m}}+20\log\frac{f}{\mathrm{MHz}}-10\log G_S-10\log G_E+I_C \end{aligned} \qquad (2.5.42)$$

Berechnet man mit Gl.(2.5.42) die Ausbreitungsdämpfung, ergeben sich besonders in Gebäuden mit einer inhomogenen Raumeinteilung relativ ungenaue Prognoseergebnisse. Der Vorteil des Modells liegt in der Einfachheit und darin, dass die Genauigkeit der Gebäudedatenbank unerheblich ist, da die Wände nicht explizit in die Berechnung eingehen.

2.5.6.2 Modell nach Motley und Keenan

Beim Modell nach Motley und Keenan [KEE90] handelt es sich um ein empirisches, sog. "Multi-Wall" Modell, bei dem die Penetrationsdämpfung L_W der im direkten Ausbreitungsweg liegenden Wände berücksichtigt wird. Ausgehend von der Freiraumdämpfung L_F nach Gl.(2.1.8) kommt man so zur Dämpfungsprognose nach Motley und Keenan:

$$L_{MK}[\mathrm{dB}] = L_F + n_W \cdot L_W + I_C \qquad (2.5.43)$$

n_W ist die Anzahl der sich im Ausbreitungspfad befindlichen Wände und I_C ist ein Kalibrierungs-Offset, der an die realen Gegebenheiten angepasst werden muss (siehe auch Gl.(2.5.42)). Es wird unterstellt, dass alle Wände die gleiche Penetrationsdämpfung aufweisen. Die Pfadverlustprognosen beim Modell nach Motley und Keenan sind genauer als die des modifizierten Freiraummodells nach Gl.(2.5.42), da nun die Wände im Ausbreitungsweg berücksichtigt werden. Allerdings zeigt sich bei praktischen Prognosen, dass abschattende Hindernisse, Betonwände etc. erheblich überbewertet werden, so dass der Empfangspegel hinter diesen Objekten zu pessimistisch prognostiziert wird. Die Abhängigkeit von der Gebäudedatenbank ist relativ begrenzt, so dass sich das Modell recht gut zur schnellen Planung von Indoor-Netzen eignet.

2.5.6.3 COST 231 Multi-Wall Modell

Das COST 231 Multi-Wall Modell [TÖR93] berücksichtigt ebenfalls die sich im Ausbreitungsweg befindlichen Wände. Anders als beim Modell nach Motley und Keenan (siehe letzter Abschnitt) können jedoch individuelle Penetrationsdämpfungen der Wände in Rechnung gebracht werden. Es wird wieder von der Freiraumdämpfung L_F nach Gl.(2.1.8) ausgegangen. Die durchdrungenen Wände werden in Gruppen gleicher Dämfung L_{Wi} eingeteilt. Zusätzlich kann die Etagendämpfung L_f bei der Ausbreitung zwischen verschiedenen Gebäude-Etagen berücksichtigt werden. Man gelangt so zur Prognosegleichung (2.5.44)

$$L_{MW}[dB] = L_F + I_C + \sum_{i=1}^{N} n_{Wi} \cdot L_{Wi} + n_f^{\left[\frac{n_f+2}{n_f+1}-b\right]} \cdot L_f \qquad (2.5.44)$$

Genau wie im modifizierten Freiraummodell und dem Modell nach Motley und Keenan wird wieder ein Korrektur- bzw- Kalibrierungsfaktor I_C eingeführt, der an die realen Gegebenheiten angepasst weden muss. Beim COST 231 Modell liegt I_C in der Regel nahe bei Null. N ist die Anzahl der verschiedenen Wandtypen, und n_{Wi} ist die Zahl der Wände eines Typs mit der Penetrationsdämpfung L_{Wi}. Aus praktischen Gründen wird empfohlen, die Wände nur in $N = 2$ Typen zu unterteilen: dünne Wände aus Faserzement/Gips (Ansatz: $L_W = 3{,}4$ dB) und dicke Wände aus Ziegel oder Beton (Ansatz: $L_W = 6{,}9$ dB).

Die Dämpfung zwischen benachbarten Etagen geht über die Etagendämpfung L_f ein, mit der Anzahl der Etagen n_f im Ausbreitungsweg. Aus Beobachtungen ergab sich, dass die Anzahl der Etagen nichtlinear in den Pfadverlust eingeht. U.a. liegt dies daran, dass ein Teil der Empfangsleistung auch über Reflexion an außerhalb des Gebäudes liegenden Hindernissen durch Fenster von einer Etage in die andere gelangt. Dies wurde in [TÖR99] durch einen Korrekturfaktor b (Ansatz: $b = 0{,}46$) in Gl.(2.5.44) berücksichtigt.

2.5.6.4 Strahlenoptische Modelle

Bei den strahlenoptischen Modellen handelt es sich um deterministische "Ray Launching" oder "Ray Tracing" Verfahren, die aber teilweise auch empirische Komponenten beinhalten können. Beim "Ray Launching"-Verfahren werden, ausgehend vom Sender in bestimmten Winkelinkrementen $\Delta\varphi$, Strahlen ausgesendet und in ihrem weiteren Verlauf berechnet (siehe Bild 2.5.11a). Trifft der Strahl auf eine reflektierende Wand, werden die Ausfallsvektoren des reflektierten und des penetrierenden Strahls berechnet und weiterverfolgt.

Auch an einer Kante gebeugte Strahlen lassen sich mit Hilfe der Beugungstheorie weiterverfolgen. Trifft ein Strahl auf den Prognosebereich um den Empfänger, wird sein Feldstärkebeitrag zu den bisher eingetroffenen Beiträgen addiert. Die

Verfolgung eines Strahls wird abgebrochen, wenn der Pegel an seinem Ende eine wählbare Schwelle unterschreitet.

Beim "Ray Tracing" Verfahren werden für jeden Empfangspunkt die einzelnen Strahlwege individuell exakt berechnet. Die Berechnung der Feldstärkebeiträge erfolgt analog zum "Ray Launching" Verfahren mit Hilfe der Fresnelschen Beziehungen für Reflektion, Transmission und ggf. Beugung. Der Hauptnachteil der deterministischen strahlenoptischen Verfahren gegenüber den empirischen Modellen liegt in dem ganz erheblich höheren Rechenaufwand und den höheren Genauigkeitsanforderungen an die Gebäudedatenbank, was den Einsatz bei der praktischen Funknetzplanung erschwert.

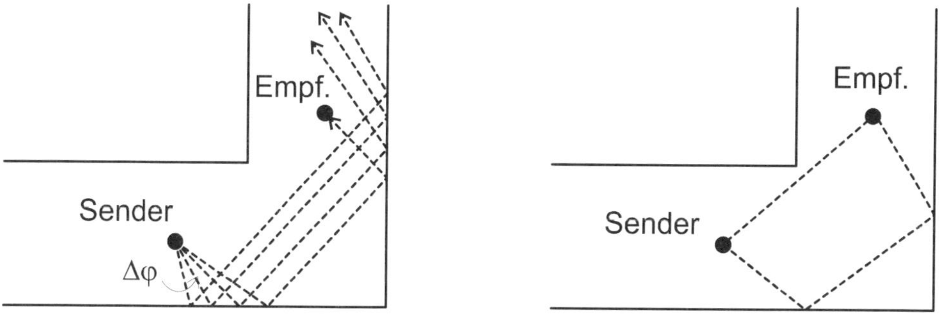

a) Ray Launching b) Ray Tracing

Bild 2.5.11: Strahlenoptische Modelle

2.6 Atmosphärische Dämpfung

In den für Mobilfunknetze interessanten Frequenzbereichen wird die Wellenausbreitung mitunter stark durch Regen, Schnee oder Nebel beeinflusst. Viele experimentelle Studien beschäftigen sich mit der Dämpfung von Mikrowellen bei Regen unterschiedlicher Stärke [HOG69]. Es kann generell gesagt werden, dass der Einfluss von Regen mit der Sendefrequenz zunimmt. Oberhalb einer Sendefrequenz von ca. 10 GHz können besonders signifikante, nicht vernachlässigbare Dämpfungen auftreten.

Diese zusätzlichen Dämpfungen im Bereich von 10 dB/km und mehr müssen bei der Planung von Mobilfunknetzen, die sehr hohe Übertragungsfrequenzen verwenden, beachtet werden. Es existieren bereits Planungen für breitbandige Mobilfunknetze mit Sendefrequenzen um 60 GHz.

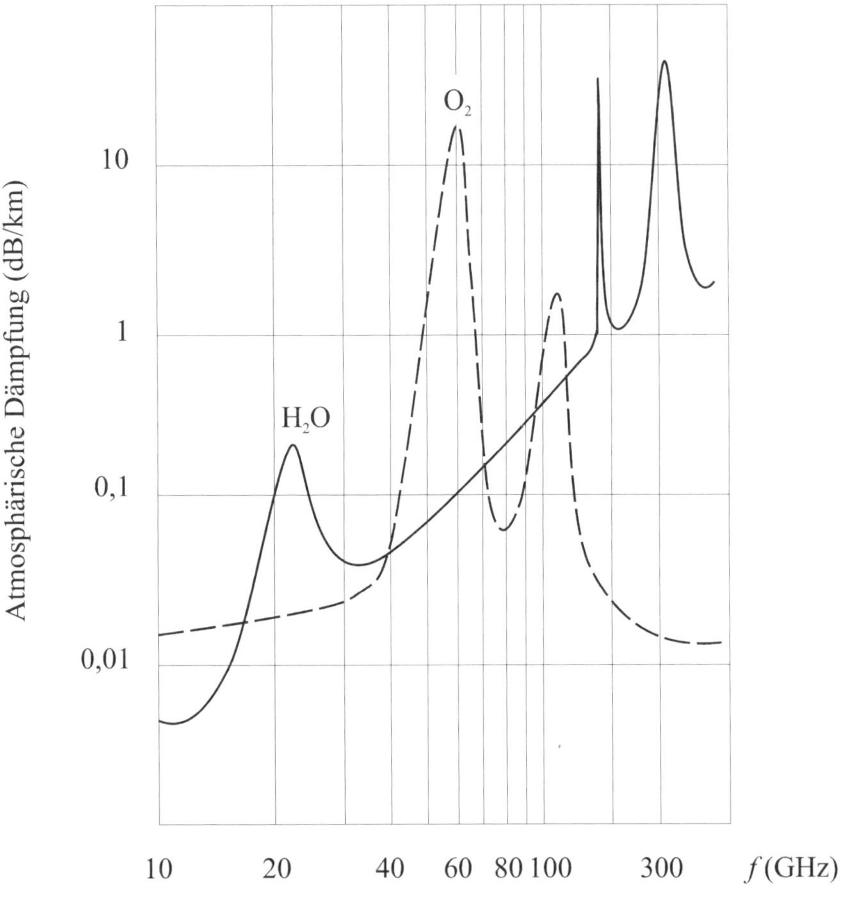

Bild 2.6.1: Signaldämpfung durch Sauerstoff und Wasserdampf in der Erdatmosphäre

Bei so hohen Sendefrequenzen treten noch zusätzliche Dämpfungseffekte durch Resonanzerscheinungen von Sauerstoff- und Wassermolekülen auf. Wenn diese Moleküle durch die elektromagnetischen Wellen des Senders in Schwingung versetzt werden, muss für diese Anregung Energie aufgewendet werden. Die Energie wird dem Wellenfeld des Senders entzogen und macht sich in der Folge als zusätzliche Übertragungsdämpfung bemerkbar. Die Erdatmosphäre wird zu einem großen Teil aus Sauerstoff (O_2) und Wasserdampf (H_2O) gebildet. Liegt die Sendefrequenz nahe der Resonanzfrequenzen dieser Moleküle, treten sehr hohe Zusatzdämpfungen von über 10 dB/km auf. In Bild 2.6.1 sind die Dämpfungsverläufe von Sauerstoff und Wasserdampf in der Erdatmosphäre über der Frequenz dargestellt. Die erste Resonanzfrequenz des Wassermoleküls beträgt ca. 22 GHz, die des Sauerstoffs ca. 60 GHz.

Eine besonders hohe Absorptionsdämpfung kann unter bestimmten Bedingungen durchaus gewollt sein. Die hohe Zusatzdämpfung von 14 dB/km bei 60 GHz erlaubt eine enge räumliche Begrenzung der Funkzellen. Insbesondere für den Indoor-Bereich kann dies günstig sein, da so Interferenzen aus Nachbargebäuden leichter unterdrückt werden können. Die räumliche Wiederverwendung von Sendefrequenzen kann somit gesteigert werden. Auch militärische Nahbereichs-Funksysteme verwenden teilweise diesen Frequenzbereich aus Gründen des Ortungs-/Abhörschutzes.

2.7 Rauschen

2.7.1 Rausch-/Interferenzbegrenzte Systeme

Wenn nur ein Sender und ein Empfänger in einem Netz vorhanden sind (Punkt-zu-Punkt Verbindung), ist die minimal notwendige Sendeleistung durch das vorhandene Rauschen festgelegt. Für eine bestimmte Verbindungsqualität ist ein bestimmtes Signal-/Rauschverhältnis S/N (Signalleistung S zu Rauschleistung N) erforderlich. Durch eine ausreichend groß bemessene Sendeleistung kann dieses Verhältnis theoretisch eingehalten werden. In der Praxis ergeben sich natürlich Einschränkungen bei der maximalen Senderausgangsleistung durch die Leistungsaufnahme des Endgerätes, die Gerätegröße, Gesundheitsschutz etc. Aktuelle Mobilfunkübertragungssysteme erfordern S/N-Werte in der Größenordnung von etwa 6 - 10 dB. Bei der Übertragung im Mobilfunkkanal treten sehr starke Pegelschwankungen des Empfangssignals auf, so dass ein ausreichend großer Sicherheitsabstand zum erforderlichen Mindest-S/N notwendig ist. Durch die Signaleinbrüche von oft bis zu 40 dB ist dies allerdings nicht immer möglich. Deshalb kommt es zu gelegentlichen kurzen "Aussetzern" ("Dropouts") während der Übertragung. Mit Hilfe der Kanalcodierung und anderer Fehlerschutzverfahren (siehe Kapitel 6) kann man Bitfehler, die durch solche Signaleinbrüche hervorgerufen werden, bis zu einem bestimmten Grad korrigieren.

Es existieren unterschiedliche Rauschursachen, die bei einer Funkübertragung eine Rolle spielen können. Ob und bis zu welchem Grad Rauschen bei Mobilfunksystemen berücksichtigt werden muss, hängt stark vom betrachteten System ab. Bei Übertragungen über kurze Distanzen ist es oft unproblematisch, eine ausreichend hohe Sendeleistung einzusetzen, damit ein genügendes *S/N* erreicht werden kann.

Wie in Kapitel 4 noch detailliert behandelt wird, ist die Leistungsfähigkeit moderner digitaler Mobilfunksysteme oft nicht durch das Rauschen begrenzt, sondern durch die Interferenz von anderen Sendern, die in gewisser Entfernung die gleichen Sendefrequenzen wiederverwenden. Wenn in einem zellularen Mobilfunknetz alle Sender mit der gleichen Leistung senden, ist das Verhältnis von Signalleistung zu Interferenzleistung unabhängig von der Sendeleistung. Dies bedeutet, dass der störende Einfluss des Rauschens prinzipiell durch eine ausreichend hohe Sendeleistung reduziert werden kann, die interferenzbedingten Übertragungsfehler aber nicht. Wir sprechen in diesem Fall von Gleichkanalstörungen. Durch eine richtige Dimensionierung bzw. eine entsprechende Funknetzplanung können Gleichkanalstörungen gering gehalten werden. Die Interferenz aus anderen Funkzellen ist letztendlich der eigentlich begrenzende Faktor für die Teilnehmerkapazität in zellularen Mobilfunknetzen.

2.7.2 Thermisches Rauschen

Im thermodynamischen Gleichgewicht weist jedes verlustbehaftete System geringe statistische Schwankungserscheinungen auf, die von den temperaturabhängigen Schwingungen der Elementarteilchen verursacht werden. Das dadurch hervorgerufene thermische Rauschen ist ein grundlegender Rauschmechanismus, der u.a. in allen elektronischen Bauteilen auftritt und Grenzen für die Detektion von kleinen Signalen setzt.

Nach H. Nyquist (US-amerik. Physiker, †1976) kann an den Klemmen jedes Ohm'schen Widerstands R mit einer Temperatur T_N (in Kelvin) eine Spannung U_N von

$$U_N = \sqrt{4\,k\,T_N\,B\,R} \tag{2.7.1}$$

gemessen werden (siehe Bild 2.7.1). Dabei bezeichnet $k = 1{,}38 \cdot 10^{-23}$ Ws/K die Boltzmann-Konstante und B die Messbandbreite. Bei Leistungsanpassung des Messgerätes, d.h. $R_i = R$, beträgt die maximal dem Widerstand R entnehmbare Rauschleistung P_N

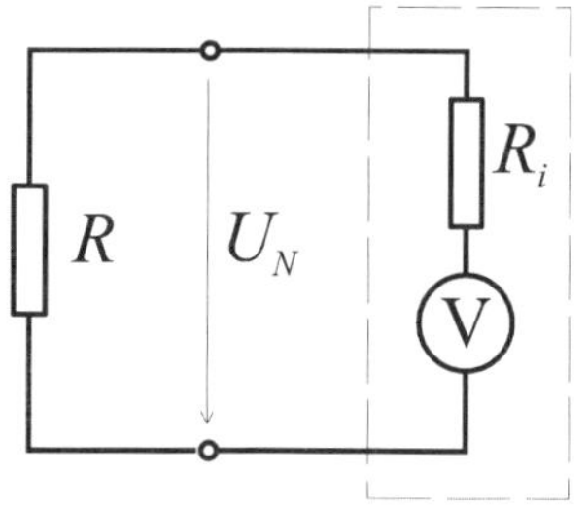

Bild 2.7.1: Thermisch rauschender Ohm'scher Widerstand

$$P_N = \frac{(U_N/2)^2}{R} = kT_N B \quad . \tag{2.7.2}$$

Bis in den Infrarotbereich, d.h. bis zu einer Frequenz von etwa 10^{13} Hz, ist die spektrale Leistungsdichte des thermischen Rauschens näherungsweise konstant. Man kann deshalb für alle praktischen Problemstellungen in der Nachrichtentechnik von einem weißen thermischen Rauschen ausgehen, d.h. für die zweiseitige spektrale Leistungsdichte $N(f)$ gilt

$$N(f) = \frac{1}{2} kT_N = \frac{N_0}{2} \tag{2.7.3}$$

mit $N_0 = kT_N$. Realisierbare nachrichtentechnische Systeme sind immer bandbreitenbegrenzt. Am Ausgang eines zunächst als verlustlos angesehenen Systems mit der Übertragungsfunktion $H(f)$ beträgt die Rauschleistung N

$$N = \int_{-\infty}^{\infty} N(f)|H(f)|^2 df = \frac{N_0}{2} \int_{-\infty}^{\infty} |H(f)|^2 df \tag{2.7.4}$$

Man kann für jedes System eine äquivalente Rauschbandbreite B_N derart definieren, dass gilt:

$$N = N_0 B_N |H(f)|^2_{\max} \tag{2.7.5}$$

mit

$$B_N = \frac{1}{2|H(f)|^2_{\max}} \int_{-\infty}^{\infty} |H(f)|^2 df \quad . \tag{2.7.6}$$

Werden die betrachteten Systeme auf verlustbehaftete Systeme erweitert, lässt sich das Rauschverhalten jedes Systems durch seine äquivalente Rauschbandbreite B_N und seine Rauschtemperatur T_N kennzeichnen. T_N ist nicht notwendigerweise die physikalische Temperatur, auf der sich das System befindet, sondern kennzeichnet ganz allgemein die Rauschleistung N_{sys}, die das System selbst verursacht:

$$N_{sys} = kT_N B_N \,. \tag{2.7.7}$$

Weist eine Mobilfunkantenne z.B. eine Rauschtemperatur von $T_N = 300$ K auf und beträgt die äquivalente (Mess-) Rauschbandbreite $B_N = 200$ kHz, so ergibt sich eine Rauschleistung von -121 dBm.

In aktiven elektronischen Bauelementen tritt nicht nur thermisches Rauschen auf, sondern Rauschprozesse in Halbleitern erzeugen zusätzlich Rauschleistung, so dass T_N beträchtlich über der physikalischen Temperatur des Systems liegen kann. Auf diese zusätzlichen Rauschursachen wie z.B. Schrotrauschen oder 1/f-Rauschen, soll hier nicht weiter eingegangen werden. Der interessierte Leser findet z.B. in [GRA84] weitere Informationen zu diesem speziellen Gebiet.

2.7.3 Weitere Rauscheinflüsse

Nicht nur das thermische Rauschen ist in Mobilfunksystemen von Bedeutung; weitere Rauschsignale können über die Empfangsantenne bzw. während der Übertragung zum Sendesignal hinzukommen.

Einen erheblichen Anteil am gesamten Rauschen eines empfangenen Signals kann antropogenes Rauschen, also "künstliches", vom Menschen geschaffenes Rauschen ("man-made noise") haben. Dazu zählen impulsförmige Störungen von KFZ-Zündungen, Leuchtstofflampen, Schweißgeräten, Haartrocknern, Starkstromschaltern und viele weitere Rauschquellen aus dem industriellen und häuslichen Bereich. Bis zu Frequenzen von etwa 7 GHz tritt antropogenes Rauschen deutlich in Erscheinung.

Bis in den unteren VHF- (*engl.* Very High Frequency) Bereich , also im Frequenzbereich bis ca. 50 MHz dominiert atmosphärisches Rauschen, welches durch die weltweite Gewittertätigkeit verursacht wird. Dieser Rauschtyp klingt allerdings sehr schnell mit steigender Frequenz ab und hat in den für digitale Mobilfunksysteme relevanten Frequenzbereichen keinerlei Bedeutung mehr.

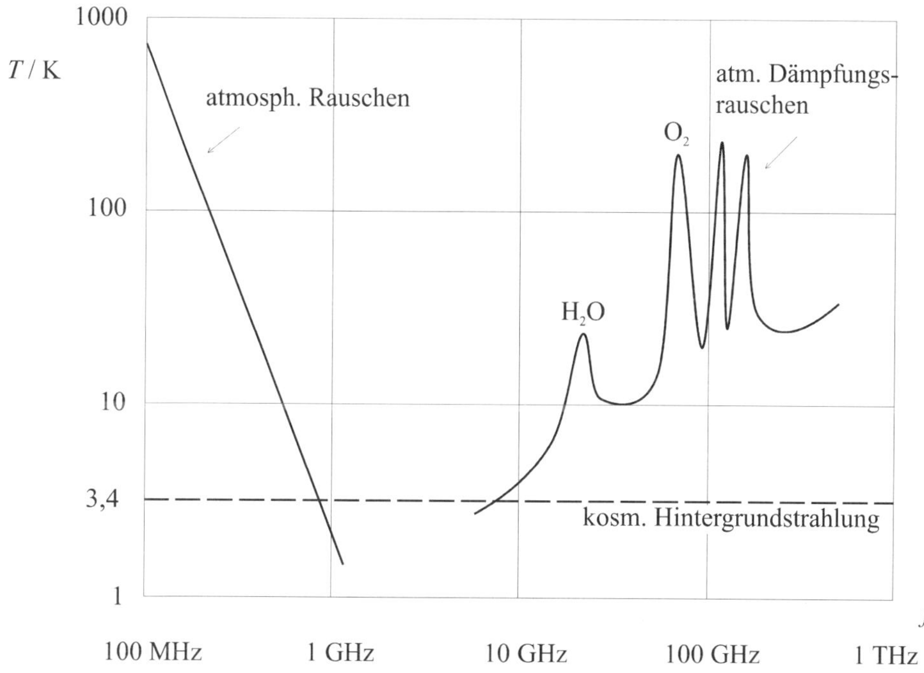

Bild 2.7.2: Typische Rauschtemperaturen verschiedener Rauschquellen

Durch die Strahlung von Himmelskörpern, insbesondere der Sonne, wird galaktisches Rauschen verursacht. Der Einfluss dieser Rauschquellen hängt stark von der Ausrichtung bzw. dem Antennendiagramm der verwendeten Empfangsantenne ab. Galaktisches Rauschen tritt besonders im Frequenzbereich 20 MHz bis etwa 2 GHz in Erscheinung, ist aber gegenüber dem antropogenen Rauschen nicht dominierend.

Bei sehr hohen Sendefrequenzen im Mikrowellenbereich herrscht das Dämpfungsrauschen der Atmosphäre vor. Wie bereits in Abschnitt 2.6 erläutert wurde, werden die Sauerstoff- und Wassermoleküle in der Atmosphäre durch das Sendesignal zu Schwingungen angeregt. Dieses führt zu einer erhöhten Streckendämpfung, und damit steigt der Einfluss des Rauschens. Besonders im Bereich der Resonanzfrequenzen treten sehr hohe Rauschtemperaturen auf.

Über das gesamte Spektrum verteilt gibt es noch die sehr geringe kosmische Hintergrundstrahlung von 3,4 K. Die Strahlung ist ein "Überbleibsel" des Urknalls und hat wegen der geringen Rauschtemperatur keine Bedeutung für die Mobilfunkübertragung, wohl aber für die Astronomie (Radioteleskope). Die Rauschtemperaturen der behandelten Rauschtypen über der Frequenz sind in Bild 2.7.2 aufgetragen.

3 Mehrwegeausbreitung

Im Kapitel 2, Ausbreitungsdämpfung, wurde die Ausbreitung einer elektromagnetischen Welle in verschiedenen Umgebungen vom freien Raum über ebene Gebiete bis hin zu verschiedenen unebenen Gebieten behandelt. In typischen Mobilfunkumgebungen gelangt die Welle jedoch fast nie nur über einen Ausbreitungsweg vom Sender zu Empfänger. Durch Reflexionen, Beugung und Streuung kommt es zu einer Mehrwegeausbreitung, die u.a. zu sehr großen und schnellen Schwankungen der Empfangsleistung bei bewegtem Empfänger und/ oder Sender führt.

Die Signalschwankungen aufgrund der Mehrwegeausbreitung resultieren aus konstruktiver oder destruktiver Überlagerung von Teilwellen, d.h. die Phasenrelation der beteiligten Teilwellen ist entscheidend für das Ergebnis der Überlagerung. Da bereits kleine Wegänderungen (Teile der Wellenlänge) genügen, um große Phasendrehungen zu bewirken, kommt es bei den im Mobilfunk verwendeten Übertragungsfrequenzen im UHF-Bereich und üblichen Teilnehmergeschwindigkeiten zu sehr schnellen Signalschwankungen mit tiefem Signalschwund (*engl.* Fading). Man beobachtet häufig Signalschwund von mehreren Zehnerpotenzen, d.h. 20 dB - 40 dB, über Wegänderungen im Bereich von etwa der halben Wellenlänge.

Zusätzlich zum Signalschwund kommt es im Mobilfunkkanal durch Mehrwegeausbreitung zu einem Verschmieren der übertragenen Datensymbole sowohl im Zeit- (Zeitdispersion) als auch im Frequenzbereich (Frequenzdispersion).

Nach einer kurzen Einführung in die prinzipiellen Effekte, die bei der Mehrwegeausbreitung im zeitvarianten Mobilfunkkanal auftreten, in Abschnitt 3.1, werden in Abschnitt 3.2 die Auswirkungen auf Amplitude und Phase des Empfangssignals beschrieben, bevor wir uns in Abschnitt 3.3 mit der Impulsantwort bzw. der Zeitdispersion des Mobilfunkkanals beschäftigen. Die durch den Doppler-Effekt verursachte Frequenzdispersion ist dann Gegenstand von Abschnitt 3.4. Im darauf folgenden Abschnitt 3.5 geht es schließlich um Methoden, einige der Auswirkungen der Mehrwegeausbreitung zu mindern. Den Abschluß dieses Kapitels bildet eine Einführung in die Technik der Kanalsimulation, um reproduzierbare Kanalmodelle für die Simulation oder den Test von Mobilfunk-Übertragungseinrichtungen zu bekommen.

3.1 Effekte der Mehrwegeausbreitung

Zwischen einer Basisstation und einer Mobilstation können häufig mehrere mögliche Ausbreitungswege existieren. Reflexion, Streuung und Beugung von Teilwellen an Gebäuden, Bergen, Bäumen und anderen Hindernissen führen dazu, dass sich die Empfangsfeldstärke aus mehreren, im Allgemeinen unterschiedlich starken und unterschiedlich verzögerten Komponenten zusammensetzt (siehe Bild 3.1.1). Die verschiedenen Teilwellen können sich entweder konstruktiv oder destruktiv überlagern - je nachdem, wie groß die relative Phasendifferenz zwischen ihnen ist. Zwei baugleiche Empfänger, die nur ein kurzes Stück voneinander entfernt sind, können so bereits Unterschiede in der Empfangsleistung von 20 dB (Faktor 100) und mehr anzeigen. Ein mobiler Empfänger, der sich von einem Ort zum anderen bewegt, durchfährt Gebiete mit ständig wechselnden Phasenrelationen zwischen den verschiedenen einfallenden Teilwellen. Dies führt zu stark wechselnden Empfangspegeln über der Entfernung - einen Effekt, den man als Signalschwund bzw. *engl.* Fading oder genauer als Fast Fading bezeichnet (*engl.* to fade = *dt.* abschwächen) [JAK74].

Bild 3.1.2 zeigt einen Ausschnitt aus einem gemessenen Pegelverlauf als Funktion der Zeit. Die Fahrzeuggeschwindigkeit v zur Zeit dieser Messung führt bei der Wellenlänge λ zu einer Dopplerverschiebung von $f_d = v/\lambda = 50$ Hz. Das dargestellte Signal ist durch sehr schnell aufeinander folgende, starke Pegeleinbrüche, auch Fading-Einbrüche genannt, gekennzeichnet. Die mittlere Entfernung zwischen den Pegeleinbrüchen liegt etwa bei der halben Sendewellenlänge ($\lambda/2$). Bei Sendefrequenzen im UHF-Bereich (Wellenlänge zwischen 10 cm und 1 m) werden so bereits bei einer Fahrzeuggeschwindigkeit von 50 km/h sehr viele Fading-Einbrüche pro Sekunde durchfahren.

In den Pegelverlauf aus Bild 3.1.2 lässt sich nach Mittelung über einige Wellenlängen ein lokaler Mittelwert einzeichnen, der über kurze Distanzen konstant ist. Die langsamen Schwankungen dieses Mittelwertes werden nicht durch den Effekt der Mehrwegeausbreitung verursacht, sondern im wesentlichen durch Abschattungseffekte bzw. Ausbreitungshindernisse.

Dieses sogenannte "Slow Fading" oder "Shadow Fading" tritt auf, wenn die zurückgelegten Entfernungen groß genug sind, um eine signifikante Änderung der Pfaddämpfung zu bewirken. Je nach Topographie, Bebauung und Bewuchs liegen diese Entfernungsänderungen in der Größenordnung von einigen 10 m. Slow Fading wird in Abschnitt 3.2.8 behandelt.

Bewegt sich ein Empfänger in Richtung der einfallenden Welle, ändert sich auch die Lauflänge der Welle zwischen Sender und Empfänger. Damit kommt es zu einer zeitlichen Änderung der Phasenlage, d.h. einem $d\varphi/dt$ und damit zu einer Frequenzverschiebung $\Delta f = 1/(2\pi) \cdot d\varphi/dt$, der sog. Dopplerverschiebung. Da bei der Mehrwegeausbreitung Wellen aus unterschiedlichen Richtungen einfallen, besitzt jede Teilwelle eine verschiedene Dopplerverschiebung im Bereich von $\pm v/\lambda$. Sendet der Sender eine unmodulierte Trägerschwingung, d.h. eine Spektrallinie aus, wird daraus beim bewegten Empfänger ein ganzes Frequenzband. Es kommt also zu einem "Verschmieren" der Sendeenergie im Frequenzbereich.

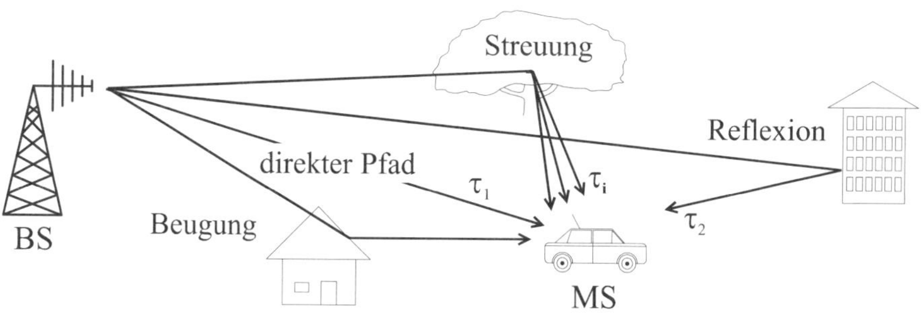

Bild 3.1.1: Überlagerung von Teilwellen durch Mehrwegeausbreitung

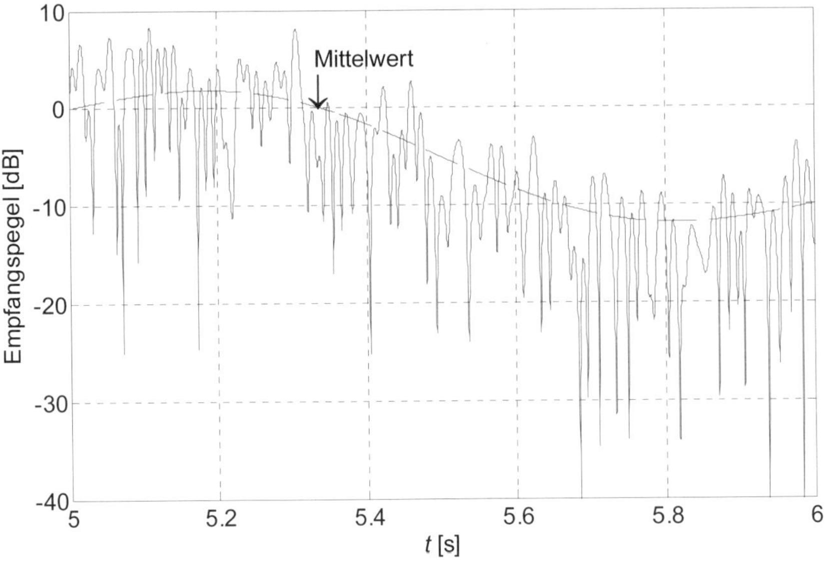

Bild 3.1.2: Typisches Fading-Profil (Dopplerfrequenz $f_d = 50$ Hz)

Sowohl die Amplitude als auch die Phasen- bzw. Frequenzlage des aus der Überlagerung aller Teilwellen resultierenden Empfangssignals ändern sich also kontinuierlich und (quasi-) zufällig und müssen deshalb als Zufallsvariablen mit einer noch zu bestimmenden Verteilungsfunktion betrachtet werden. Die genaue Herleitung der Verteilungen ist wesentlicher Gegenstand der nächten Abschnitte dieses Kapitels.

3.2 Hüllkurve und Phase des Empfangssignals

3.2.1 Einweg-Ausbreitung

Ein sinusförmiges Empfangssignal $r(t)$ kann durch seine Amplitude A, seine Frequenz $f_0 = \omega_0/2\pi$ und seine Phasenlage $\varphi_0(t)$ eindeutig beschrieben werden. Im folgenden setzen wir $r(t)$ als einen komplexen Drehzeiger an

$$r(t) = A \exp\left[j\left(\omega_0 t + \varphi_0(t)\right)\right] \quad . \qquad (3.2.1)$$

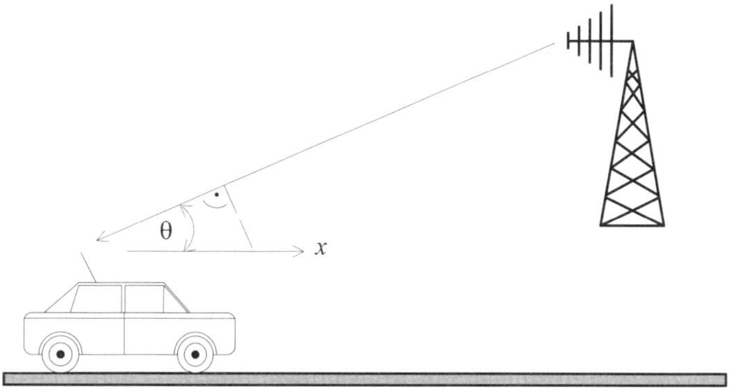

Bild 3.2.1: Einweg-Ausbreitung

Wenn sich der Empfänger relativ zum Sender bewegt, ändert sich die Phasenlage des Empfangssignals in Abhängigkeit vom zurückgelegten Weg. Bild 3.2.1 zeigt ein Modell für diese Situation. Ändert sich der Abstand zwischen Sender und Empfänger, trifft das Sendesignal mit einer dieser Wegänderung proportionalen Phasenänderung beim Empfänger auf. Vereinfachend nehmen wir an, dass diese Wegänderung klein genug ist, damit der mittlere Pfadverlust nicht von der Änderung beeinflusst wird, die Ausbreitungsdämpfung also näherungsweise konstant ist. Für das beschriebene Szenario ergibt sich daher für $r(t)$:

$$r(t) = A\exp\left[j\left(2\pi f_0 t + \beta x \cos\theta\right)\right] \tag{3.2.2}$$

wobei $\beta = 2\pi/\lambda$ die Wellenzahl bezeichnet. Der Empfänger bewege sich mit der Geschwindigkeit v in Richtung x und legt daher den Weg $x = v{\cdot}t$ in der Zeit t zurück. Somit erhält man

$$r(t) = A\exp\left[j\,2\pi\left(f_0 + \frac{v}{\lambda}\cos\theta\right)t\right]. \tag{3.2.3}$$

Der Term $v/\lambda{\cdot}\cos\theta$ im Argument der e-Funktion entspricht der Dopplerfrequenz f_D (siehe auch Abschnitt 3.4.1). Für den Betrag der Hüllkurve des Empfangssignals ergibt sich daher

$$\left|r(t)\right| = A = \text{const} \quad . \tag{3.2.4}$$

Die Empfangsamplitude wird demnach näherungsweise nicht von kleinen Wegänderungen beeinflusst. Es tritt also kein schneller Signalschwund-Effekt (*engl.* Fast Fading) auf. Dies war zu erwarten, denn weil nur ein Ausbreitungsweg vorhanden ist, kann es weder zu konstruktiver noch zu destruktiver Überlagerung von Teilwellen kommen.

3.2.2 Zweiwege-Ausbreitung

Das Ergebnis aus Gl.(3.2.4) ändert sich, wenn es einen Reflexionspunkt gibt, da sich das Empfangssignal nun aus zwei Teilwellen zusammensetzt. Bild 3.2.2 zeigt eine entsprechende Situation. Unter der Voraussetzung, dass die Ausbreitungsdämpfung auf beiden Wegen gleich groß ist und Phasendrehungen am Reflexionspunkt vernachlässigt werden können, kann für das Empfangssignal $r(t)$ geschrieben werden

$$r(t) = \frac{A}{2}\exp(j2\pi f_0 t)\left[\exp\left(j2\pi\frac{vt}{\lambda}\cos\theta_1\right) + \exp\left(j2\pi\frac{vt}{\lambda}\cos\theta_2\right)\right]. \quad (3.2.5)$$

Nach Umformung erhält man

$$\begin{aligned} r(t) = \frac{A}{2}\exp(j2\pi f_0 t)\exp\left(j2\pi\frac{vt}{\lambda}\frac{\cos\theta_1 + \cos\theta_2}{2}\right)\cdot \\ \left[\exp\left(j2\pi\frac{vt}{\lambda}\frac{\cos\theta_1 - \cos\theta_2}{2}\right) + \exp\left(-j2\pi\frac{vt}{\lambda}\frac{\cos\theta_1 - \cos\theta_2}{2}\right)\right] \end{aligned} \quad (3.2.6)$$

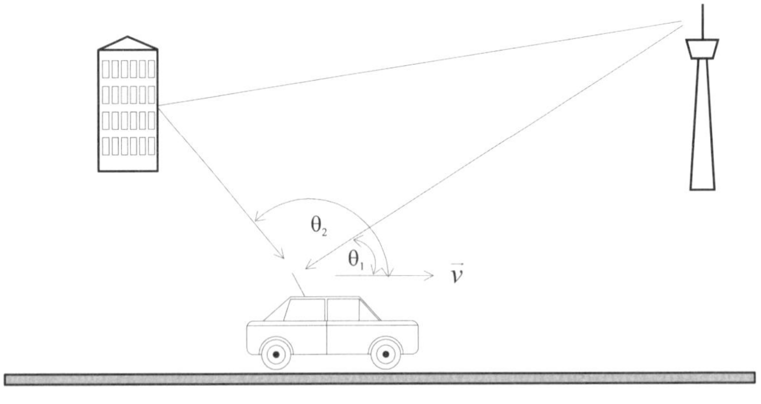

Bild 3.2.2: Zweiwege-Ausbreitung

Für den Betrag der Hüllkurve $|r(t)|$ erhält man aus Gl.(3.2.6)

$$|r(t)| = A \left| \cos\left[2\pi \frac{vt}{2\lambda} (\cos\theta_1 - \cos\theta_2) \right] \right| . \qquad (3.2.7)$$

Im Gegensatz zur Einweg-Ausbreitung ist $|r(t)|$ nun nicht mehr konstant, sondern die Hüllkurve ist wegabhängig, es tritt schneller Signalschwund bzw. "Fast Fading" auf.

Für z.B. $\theta_1 = 0$ und $\theta_2 = \pi$ ergibt sich die in Bild 3.2.3 dargestellte Hüllkurve

$$|r(t)| = A \left| \cos\left(2\pi \frac{vt}{\lambda} \right) \right| . \qquad (3.2.8)$$

Im zeitlichen Abstand $\Delta t = \lambda/(2v)$, entsprechend einem räumlichen Abstand von $\Delta x = \lambda/2$, folgen Nullstellen aufeinander, d.h., die beiden einfallenden Wellen löschen sich gegenseitig vollständig aus (destruktive Interferenz).

Für eine Trägerfrequenz von $f_0 = 900$ MHz (GSM900) und eine Fahrzeuggeschwindigkeit $v = 60$ km/h beträgt die Signalschwund- bzw. Fading-Frequenz $f_F = 1/\Delta t$ bereits 100 Hz. Pro Sekunde werden also 100 Nullstellen durchfahren, die jeweils $\lambda/2 \approx 16$ cm voneinander entfernt liegen.

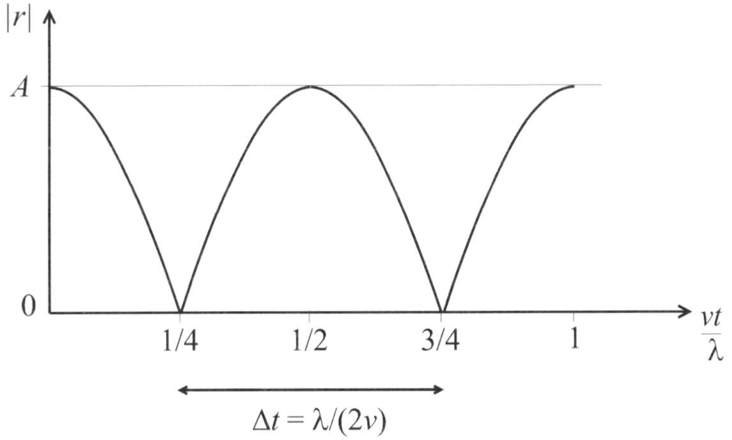

Bild 3.2.3: Hüllkurve eines Empfangssignals bei Zweiwege-Ausbreitung (Beispiel)

3.2.3 N-Wege-Ausbreitung

Im Allgemeinen treffen in der Realität sehr viele Wellen aus unterschiedlichen Richtungen θ_i und mit verschiedenen Amplituden a_i beim Empfänger ein. Das resultierende Empfangssignal berechnet sich aus der vektoriellen Überlagerung all dieser Einzelwellen. Erreichen N Wellen aus den Richtungen θ_i und mit den Amplituden a_i den Empfänger, erhält man für das Summensignal

$$\begin{aligned} r(t) &= \sum_{i=1}^{N} a_i \exp\left(j2\pi f_0 t\right) \exp\left(j\beta v t \cos\theta_i\right) \\ &= A \exp\left(j\psi\right) \exp\left(j2\pi f_0 t\right) \end{aligned} \tag{3.2.9}$$

wobei

$$A = \sqrt{\left(\sum_{i=1}^{N} a_i \cos\psi_i\right)^2 + \left(\sum_{i=1}^{N} a_i \sin\psi_i\right)^2} \tag{3.2.10}$$

$$\psi = \arctan\left(\frac{\sum_{i=1}^{N} a_i \sin\psi_i}{\sum_{i=1}^{N} a_i \cos\psi_i}\right) \tag{3.2.11}$$

und

$$\psi_i = \beta v t \cos\theta_i \quad ; i = 1 \ldots N \tag{3.2.12}$$

ist. Der allgemeine Fall mit unterschiedlichen a_i und θ_i ist nicht mehr so einfach zu überblicken wie der Zweiwege-Fall aus Abschnitt 3.2.2. In der Regel sind die genauen Reflexionspunkte und Pfaddämpfungen unbekannt. Um verwertbare Aussagen über die zu erwartenden Empfangspegel zu bekommen, greift man daher für solche komplexen Systeme auf statistische Methoden zurück. Dies wird in den folgenden zwei Abschnitten näher betrachtet.

3.2.4 Rayleigh-Verteilung

Die besonders in dicht bebauten Gegenden auftretende Situation mit $N >> 1$ und ohne Sichtverbindung (**NLOS**, *engl.* Non Line of Sight) zum Sender, führt zu einer Rayleigh-verteilten Amplitude des Empfangssignals, wie im Folgenden gezeigt wird.

Das Summensignal $r(t)$ aus Gl.(3.2.9) lässt sich auch etwas anders formulieren:

$$r(t) = (R + j\,I)\,\exp(j\,2\pi f_0 t) \quad , \tag{3.2.13}$$

wobei

$$R = \sum_{i=1}^{N} a_i \cos\psi_i \tag{3.2.14}$$

und

$$I = \sum_{i=1}^{N} a_i \sin\psi_i \tag{3.2.15}$$

ist. R und I sind der Real- und Imaginärteil eines komplexen Zeigers, der mit $\exp(j2\pi f_0 t)$ um den Nullpunkt rotiert. Der Zusammenhang zwischen den Parametern in Gl.(3.2.9) und Gl.(3.2.13) ist wie folgt

$$A = \sqrt{R^2 + I^2} \tag{3.2.16}$$

$$\psi = \arctan\left(\frac{I}{R}\right) \quad . \tag{3.2.17}$$

Es ist praktisch unmöglich, aus dem Summensignal nach Gl.(3.2.9) die Amplituden a_i und Phasen ψ_i der Teilwellen zu bestimmen. Aus diesem Grund behandeln wir die a_i und ψ_i als Zufallsvariablen.

Eine Größe, die aus zwei oder mehr Zufallsvariablen besteht, ist ebenfalls eine Zufallsvariable. Real- und Imaginärteil (Gl.(3.2.14) und Gl.(3.2.15)) des Empfangssignals bestehen jeweils aus einer Summe von vielen Zufallsvariablen

$$R = \sum_{i=1}^{N} R_i \tag{3.2.18}$$

$$I = \sum_{i=1}^{N} I_i \quad . \tag{3.2.19}$$

Nimmt man die R_i und I_i als mittelwertfrei und gleichverteilt an, ergibt sich gemäß dem zentralen Grenzwertsatz für $N >> 1$ eine Gaußverteilung für R und I mit der Standardabweichung σ. Die Wahrscheinlichkeitsdichteverteilungen $f_R(R)$ und $f_I(I)$ des Real- und Imaginärteils des resultierenden Empfangssignals lassen sich deshalb wie folgt angeben

$$f_R(R) = \frac{e^{-\frac{R^2}{2\sigma^2}}}{\sqrt{2\pi}\,\sigma} \tag{3.2.20}$$

$$f_I(I) = \frac{e^{-\frac{I^2}{2\sigma^2}}}{\sqrt{2\pi}\,\sigma} \quad . \tag{3.2.21}$$

Amplitude A und Phase ψ des Empfangssignals sind mit R und I über Gl.(3.2.16) und Gl.(3.2.17) verknüpft. Um die Wahrscheinlichkeitsdichteverteilung von A und ψ berechnen zu können, wird von der Verbundverteilungsdichtefunktion $f_{RI}(R,I)$ ausgegangen. Da R und I statistisch unabhängig voneinander sind, gilt

$$f_{RI}(R,I) = f_R(R) \cdot f_I(I) \tag{3.2.22}$$

$$f_{RI}(R,I) = \frac{e^{-\frac{R^2+I^2}{2\sigma^2}}}{2\pi\sigma^2} \quad . \tag{3.2.23}$$

Nach Variablentransformation von $f_{RI}(R,I)$ nach $f_{A\psi}(A,\psi)$ mit

$$f_{A\psi}(A,\psi) = f_{RI}(R,I) \cdot |J| \tag{3.2.24}$$

erhält man die Verbundverteilungsdichtefunktion der Amplitude A und der Phase ψ. J in Gl.(3.2.24) ist die Jakobische Funktionaldeterminante

$$J = \frac{\partial(R,I)}{\partial(A,\psi)} = \begin{vmatrix} \frac{\partial R}{\partial A} & \frac{\partial I}{\partial A} \\ \frac{\partial R}{\partial \psi} & \frac{\partial I}{\partial \psi} \end{vmatrix} \tag{3.2.25}$$

$$J = A \quad . \tag{3.2.26}$$

Einsetzen von Gl.(3.2.23) und Gl.(3.2.26) in Gl.(3.2.24) führt zu

$$f_{A\psi}(A,\psi) = \frac{A}{2\pi\sigma^2} e^{-\frac{A^2}{2\sigma^2}} \tag{3.2.27}$$

Bildet man die Randverteilungsdichte, d.h., integriert man Gl.(3.2.27) über A, kommt man zur gesuchten Wahrscheinlichkeitsdichteverteilung der Empfangsphase ψ

$$f_\psi(\psi) = \int_0^\infty f_{A\psi}(A,\psi)\, dA = \begin{cases} \frac{1}{2\pi} & ; 0 \le \psi < 2\pi \\ 0 & ; \text{sonst} \end{cases} \tag{3.2.28}$$

Die Empfangsphase ist demnach im Bereich $0 \le \psi < 2\pi$ gleichverteilt. Der Grund hierfür ist, dass bei einer reinen Mehrwegeausbreitung, ohne eine dominante Komponente, aus allen Richtungen Signalanteile einfallen, die sich zum Summensignal zusammensetzen. Analog zu Gl.(3.2.28) lässt sich die Wahrscheinlichkeitsdichteverteilung $f_A(A)$ der Amplitude A durch Integration von Gl.(3.2.27) über ψ ermitteln

$$f_A(A) = \int_0^{2\pi} f_{A\psi}(A,\psi)\, d\psi \tag{3.2.29}$$

$$f_A(A) = \frac{A}{\sigma^2} e^{-\frac{A^2}{2\sigma^2}} \quad . \tag{3.2.30}$$

Gl.(3.2.30) ist eine Rayleigh-Verteilung mit dem Mittelwert $E\{A\}$, dem quadratischen Mittelwert $E\{A^2\}$ und der Standardabweichung σ_A

$$E\{A\} = \int_0^\infty A f_A(A)\, dA = \sqrt{\frac{\pi}{2}}\sigma \tag{3.2.31}$$

$$E\{A^2\} = \int_0^\infty A^2 f_A(A)\, dA = 2\sigma^2 \tag{3.2.32}$$

$$\sigma_A = \sqrt{E\{A^2\} - E^2\{A\}} = \sqrt{2 - \frac{\pi}{2}}\sigma \quad . \tag{3.2.33}$$

Die Rayleigh-Verteilung aus Gl.(3.2.30) ist in Bild 3.2.6 dargestellt.

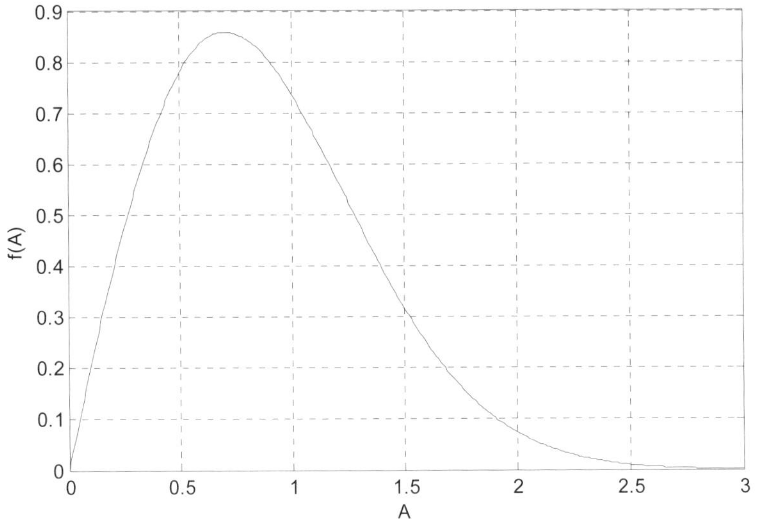

Bild 3.2.6: Rayleigh-Verteilung ($E\{A^2\} = 1$ bzw. $\sigma^2 = 0{,}5$)

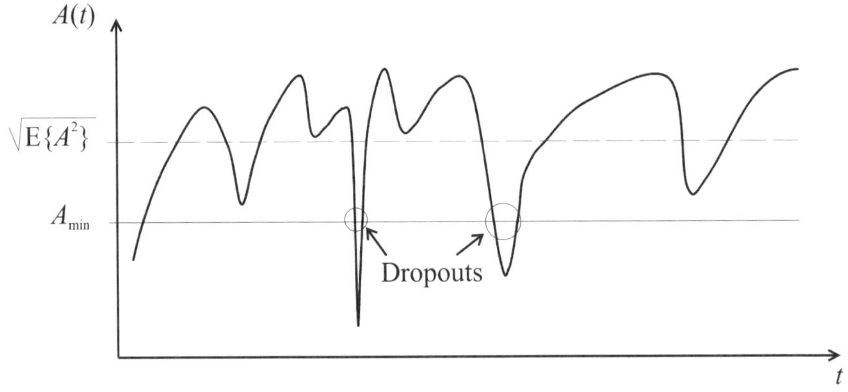

Bild 3.2.7: typischer Feldstärkeverlauf über der Zeit

Beim Design von Mobilfunksystemen ist es für die Versorgungsplanung wichtig zu wissen, mit welcher Wahrscheinlichkeit ein bestimmter Signalpegel unter- oder überschritten wird (siehe Bild 3.2.7). Bei einer mittleren Empfangsleistung $E\{A^2\}$ und einem mindestens erforderlichen Empfangspegel $A_{\min}$ für eine ausreichend gute Übertragungsqualität erhält man so z.B. Informationen darüber, welche Sendeleistungen verwendet werden müssen, welche Kanalcodierung zum Fehlerschutz eingesetzt werden muß (siehe Kapitel 6) und weiteres mehr.

Die Wahrscheinlichkeit P_D, mit der ein Pegel $A_{\min}$ unterschritten wird, entspricht der schraffierten Fläche in Bild 3.2.8. Wir erhalten diesen Wert aus der Wahrscheinlichkeitsverteilung des Empfangssignals A, also der Integration der Wahrscheinlichkeitsdichteverteilung $f_A(A)$ aus Gl.(3.2.30):

$$P_D = \int_0^{A_{\min}} f_A(A)\,dA = 1 - \exp\left(-\frac{A_{\min}^2}{E\{A^2\}}\right). \qquad (3.2.34)$$

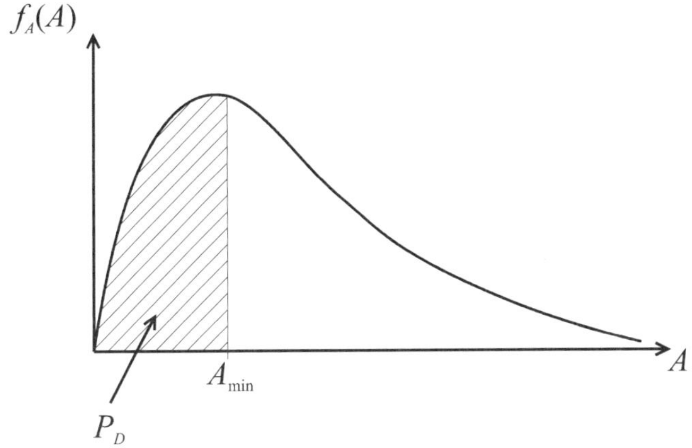

Bild 3.2.8: zur Ermittlung von P_D

Die Funktion aus Gl.(3.2.34) ist in Bild 3.2.9, normiert auf den RMS-Wert (Effektivwert, Root Mean Squared = $\sqrt{E\{A^2\}}$), dargestellt. Es lässt sich aus diesem Diagramm leicht die Dropout-Wahrscheinlichkeit für das Unter- oder Überschreiten eines beliebigen Signalpegels, relativ zum RMS-Wert, ablesen. Z.B. findet man aus Bild 3.2.9, dass der Empfangspegel mit einer Wahrscheinlichkeit von 63 % unterhalb des RMS-Wertes (0 dB relativer Pegel) liegt. Auch erkennt man leicht, dass 10 dB tiefe Signalschwundeinbrüche mit der Wahrscheinlichkeit 10^{-1}, 20 dB tiefe mit 10^{-2} und 40 dB tiefe Einbrüche mit der Wahrscheinlichkeit 10^{-4} auftreten.

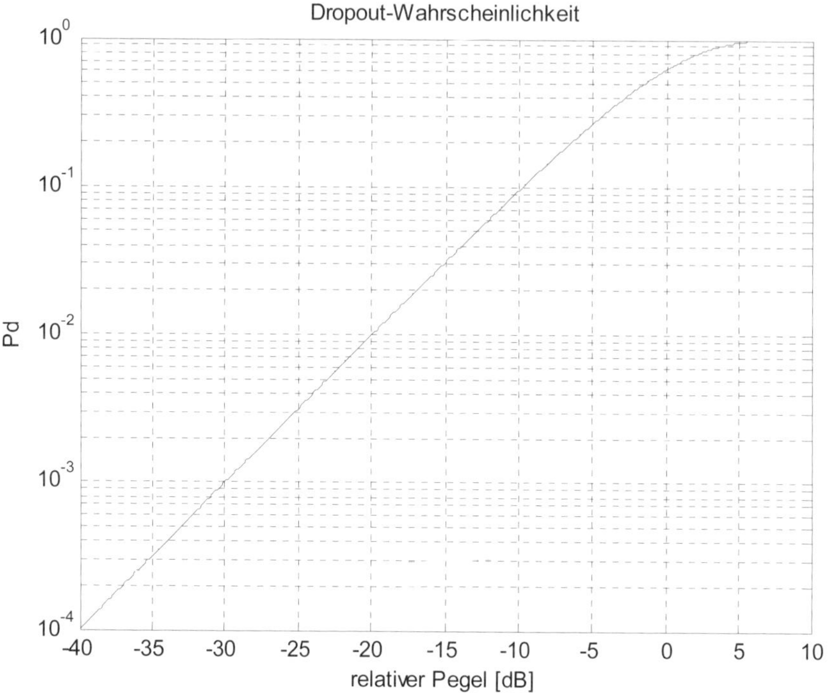

Bild 3.2.9: Wahrscheinlichkeit für das Unterschreiten eines bestimmten Signalpegels, bezogen auf den RMS-Wert.

3.2.5 Rice-Verteilung

Den Betrachtungen in Abschnitt 3.2.4 liegt die Bedingung zugrunde, dass die am Ort des Empfängers einfallenden Feldstärkekomponenten alle in etwa gleich stark sind. Real- und Imaginärteil des Summensignals können dann als gaußverteilt angesetzt werden. Dies führt wiederum zu einer rayleighverteilten Summenfeldstärke. Häufig ist es tatsächlich so, dass in dicht bebauten Umgebungen eine Mobilstation keine Sichtverbindung zur Basisstation hat und es keine dominierenden Signalkomponenten aus einer bestimmten Richtung gibt. Die einzelnen Signalkomponenten kommen meistens alle von Reflexionspunkten in der Nähe der Mobilstation und legen daher eine ähnliche Entfernung zurück. Die Grunddämpfung ist deshalb bei allen Komponenten ähnlich hoch.

Es gibt jedoch auch Situationen, in denen sich eine dominierende Signalkomponente aus einer bestimmten Richtung ausbildet. Dies kann z.B. durch eine Sichtverbindung zwischen der Mobilstation und einer Basisstation bedingt sein. Auch kann es durch gute Reflexionseigenschaften eines bestimmten Punktes (z.B. Gebäudefassade aus Blech) zu einer besonders starken Reflexionskomponente kommen. Tendenziell steigt die Wahrscheinlichkeit, eine dominierende Komponente vorzufinden, mit kleiner werdendem Zellradius bzw. mit sinkender Entfernung zum Sender. Die Statistik, der die Empfangsfeldstärke unterliegt, wird sich in solchen Situationen vom vorherigen Fall aus Abschnitt 3.2.4, in dem etwa gleich große Einzelwellen angenommen wurden, unterscheiden. Man kann bereits vermuten, dass es bei einer starken, dominierenden Komponente im Empfangssignal zu weniger starken Signaleinbrüchen durch schnellen Signalschwund kommen wird.

Die Herleitung der Wahrscheinlichkeitsdichteverteilung des Summensignals verläuft prinzipiell wie in Abschnitt 3.2.4 für die Rayleigh-Verteilung. Die Verbundverteilungsdichte $f_{A\psi}(A, \psi)$ berechnet sich zu

$$f_{A\psi}(A,\psi) = \frac{A}{2\pi\sigma^2} \exp\left(-\frac{A^2 + s^2 - 2As\cos\psi}{2\sigma^2} \right) \tag{3.2.35}$$

wobei s die dominierende Komponente bezeichnet.

Die Amplitudenverteilungsdichte ergibt sich analog zu Gl.(3.2.29) durch Integration von Gl.(3.2.35) über ψ

$$f_A(A) = \frac{A}{\sigma^2} \exp\left(-\frac{A^2 + s^2}{2\sigma^2} \right) I_0\left(\frac{As}{\sigma^2} \right) \quad . \tag{3.2.36}$$

$I_0(x)$ in Gl.(3.2.36) ist die modifizierte Besselfunktion nullter Ordnung der ersten Art. Gl.(3.2.36) ist als Rice-Verteilung bekannt. Für $s/\sigma \to 0$ geht sie in die Rayleigh-Verteilung nach Gl.(3.2.30) über. Existiert eine sehr starke dominante Komponente, d.h. ist $s/\sigma >> 1$, erhält man mit

$$I_0(x) \xrightarrow[x>>1]{} \frac{e^x}{\sqrt{2\pi x}} \tag{3.2.37}$$

eine Gaußverteilung aus Gl.(3.2.36).

Man definiert den sogenannten "Riceschen Faktor" K als Leistungsverhältnis der dominanten Komponente zu den anderen Signalkomponenten:

$$K = \frac{s^2}{2\sigma^2} \quad . \tag{3.2.38}$$

Bild 3.2.10 zeigt die Rice-Verteilung für verschiedene *K*-Faktoren. Der Fall $K = 0$ (keine domierende Komponente) entspricht der Rayleigh-Verteilung aus Bild 3.2.6. Mit wachsendem *K* nähert sich die Rice-Verteilung schnell einer Gaußverteilung, wie aus dem Kurvenverlauf mit $K = 13$ dB (= 20) deutlich wird.

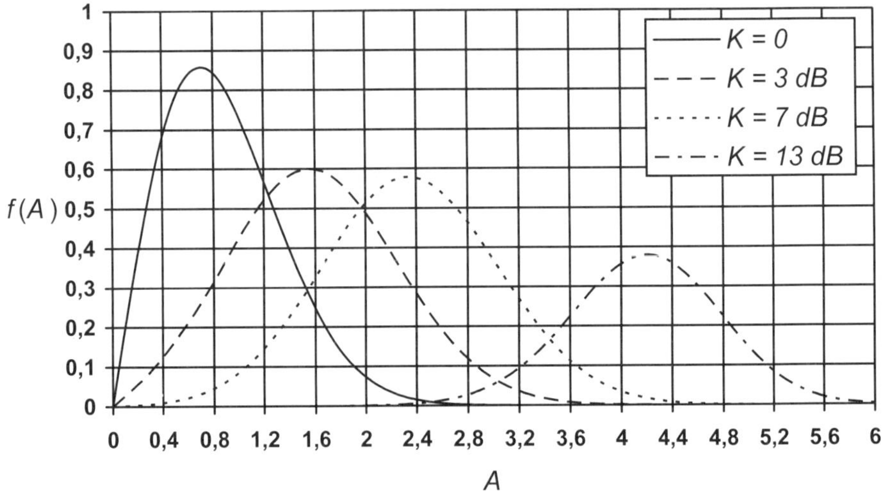

Bild 3.2.10: Rice-Verteilung für verschiedene *K*-Faktoren

Die Wahrscheinlichkeitsdichteverteilung der Empfangsphase ψ ergibt sich durch Integration von Gl.(3.2.35) über *A* (vgl. Gl.(3.2.28))

$$f_\psi(\psi) = \frac{1}{2\pi}\exp\left(-\frac{s^2}{2\sigma^2}\right)\left[1 + \sqrt{\frac{\pi}{2}}\frac{s\cos\psi}{\sigma}\exp\left(\frac{s^2\cos^2\psi}{2\sigma^2}\right)\right]\cdot\left[1 + erf\left(\frac{s\cos\psi}{\sigma\sqrt{2}}\right)\right] \tag{3.2.39}$$

mit der Fehlerfunktion *erf*(*x*)

$$erf(x) = \frac{2}{\sqrt{\pi}}\int_0^x \exp\left(-t^2\right)dt \,.$$

Für $s/\sigma \rightarrow 0$ ist die Empfangsphase in $[0,2\pi)$ gleichverteilt, während sie für $s/\sigma >> 1$ die Phasenlage der domierenden Signalkomponente annimmt.

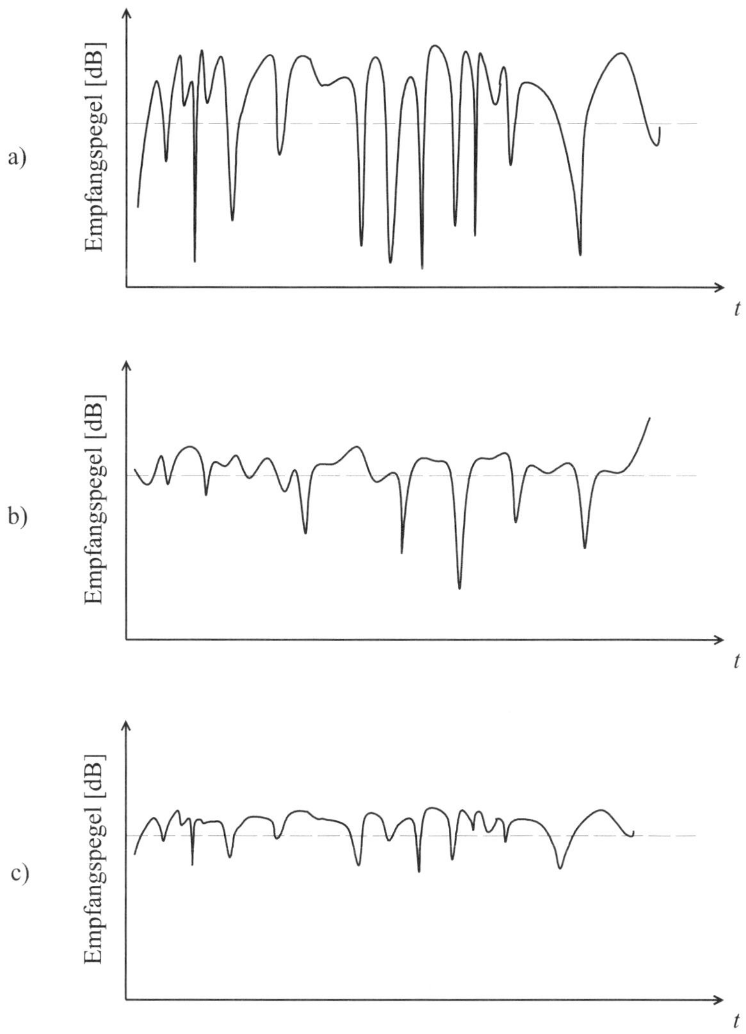

Bild 3.2.11: Ricesche Fading-Profile für verschiedene K-Faktoren
a) $K = 0$ (Rayleigh), b) $K = 6$ dB, c) $K = 12$ dB

In Bild 3.2.11 ist ein Empfangssignal für verschiedene Ricesche Faktoren dargestellt. Der Fall $K = 0$ entspricht Rayleigh-Fading. Es ist deutlich sichtbar, dass sich die Tiefe der Signaleinbrüche mit steigendem K reduziert. Bei einer nur um 6 dB gegenüber den Streukomponenten stärkeren LOS-Komponente (*engl.* Line of Sight, Sichtverbindung) vermindern sich die Pegelschwankungen bereits erheblich (Bild 3.2.11b). Dies wirkt sich folglich sehr günstig auf die Signalqualität aus.

3.2.6 Signalschwundrate

Wie man z.B. Bild 3.1.2 entnehmen kann, ist der Empfangspegel sehr großen Schwankungen unterworfen, wenn sich Sender und Empfänger mit der Geschwindigkeit v relativ zueinander bewegen. Teilweise treten sogar sehr starke Signaleinbrüche auf. Es lässt sich jedoch beobachten, dass die Häufigkeit, mit der Signaleinbrüche vorkommen, mit der Tiefe der Einbrüche korreliert ist. Zeichnet man eine Linie bei einem bestimmten Signalpegel in den Verlauf aus Bild 3.1.2 ein, stellt man fest, dass bei niedrigeren Pegeln die Häufigkeit, mit der diese Linie vom Signalverlauf über- oder unterschritten wird, abnimmt. Für den richtigen Entwurf von Mobilfunkübertragungsstrecken, insbesondere der einzusetzenden Kanalcodierverfahren, ist es wichtig zu wissen, wie häufig bestimmte Signalpegel über- oder unterschritten werden. Eine quantitative Aussage hierzu lässt sich mit der Signalschwundrate (*engl.* Level Crossing Rate, LCR) machen. Die LCR $n(r_0)$ ist als die Rate definiert, mit der eine Funktion ein konstantes Niveau r_0 mit positiver Steigung schneidet:

$$n(r_0) = \int_0^\infty r' p(r_0, r') dr' \tag{3.2.40}$$

hierbei ist r' die zeitliche Ableitung des empfangenen Signalverlaufs $r(t)$, und $p(r_0, r')$ ist die Verbundverteilungsdichte von r und r' an der Stelle $r = r_0$.

In Mobilfunknetzen wird heute ganz überwiegend vertikale Sendepolarisation eingesetzt. Die Empfangsantennen sprechen daher auf die z-Komponente der elektrischen Feldstärke E_z an. Allgemein lässt sich für den komplexen Empfangsfeldstärkezeiger folgender Ansatz machen

$$E_z = r\, e^{j\psi} \tag{3.2.41}$$

mit dem Betrag (Zeigerlänge) r und der Phasenlage ψ. Nach Abschnitt 3.2.4 kann man Real- und Imaginärteil von E_z als gaußverteilte Variablen angesehen. Mit

$$
\begin{aligned}
x &= r\cos\psi \\
y &= r\sin\psi \\
x' &= r'\cos\psi - r\,\psi'\sin\psi \\
y' &= r'\sin\psi + r\,\psi'\cos\psi
\end{aligned}
\tag{3.2.42}
$$

und

$$
\begin{aligned}
&E\{x\} = E\{y\} = E\{x'\} = E\{y'\} = 0 \\
&E\{x^2\} = E\{y^2\} = \sigma^2 \\
&E\{x'^2\} = E\{y'^2\} = \varsigma^2 = (\beta v)^2\,\frac{\sigma^2}{2}
\end{aligned}
\tag{3.2.43}
$$

erhält man für die Verbundverteilungsdichtefunktion der vier Variablen (x,y,x',y')

$$
p(x,y,x',y') = \frac{1}{(2\pi)^2\sigma^2\varsigma^2}\exp\left(-\frac{1}{2}\left(\frac{x^2+y^2}{\sigma^2}+\frac{x'^2+y'^2}{\varsigma^2}\right)\right) \quad . \tag{3.2.44}
$$

Analog zu Abschnitt 3.2.4 wird der (x,y,x',y')-Raum mit Hilfe der Jacobischen Funktionaldeterminante $|J| = r^2$ in den (r,ψ,r',ψ')-Raum überführt

$$
p(r,\psi,r',\psi') = |J|\cdot p(x,y,x',y') \tag{3.2.45}
$$

$$
p(r,\psi,r',\psi') = \frac{r^2}{(2\pi)^2\sigma^2\varsigma^2}\exp\left(-\frac{1}{2}\left(\frac{r^2}{\sigma^2}+\frac{r^2\psi'^2+r'^2}{\varsigma^2}\right)\right). \tag{3.2.46}
$$

Um $p(r,r')$ zu bestimmen, also die Verbundverteilungsdichte von Signalpegel und dessen zeitlicher Änderung, müssen ψ und ψ' aus Gl.(3.2.46) eliminiert werden. Dies erreicht man durch Integration von Gl.(3.2.46) über ψ und ψ' (Bildung der Randverteilungsdichte)

$$
p(r,r') = \int_{-\infty}^{\infty}\int_{0}^{2\pi} p(r,\psi,r',\psi')\,d\psi\,d\psi' \tag{3.2.47}
$$

$$
p(r,r') = \frac{r}{\sqrt{2\pi}\,\sigma^2\varsigma}\,e^{-\frac{1}{2}\left(\frac{r^2}{\sigma^2}+\frac{r'^2}{\varsigma^2}\right)} \quad . \tag{3.2.48}
$$

Gl.(3.2.48) eingesetzt in Gl.(3.2.40) führt zur gesuchten LCR

$$n(r=r_0)=\frac{r_0}{\sqrt{2\pi}\sigma^2\varsigma}\,e^{-\frac{r_0^2}{2\sigma^2}}\int_0^\infty r' e^{-\frac{r'^2}{2\varsigma^2}}\,dr' \quad . \tag{3.2.49}$$

Wenn der Empfangspegel auf seinen RMS-Wert (Wurzel aus dem quadratischen Mittelwert) normiert wird, erhält man

$$n\left(R=\frac{r_0}{\sqrt{2\sigma^2}}\right)=n_0\;R\,e^{-R^2} \tag{3.2.50}$$

mit

$$n_0=\sqrt{2\pi}\cdot f_m \tag{3.2.51}$$

und der maximalen Dopplerverschiebung $f_m = v/\lambda$ (siehe auch Abschnitt 3.4.1).

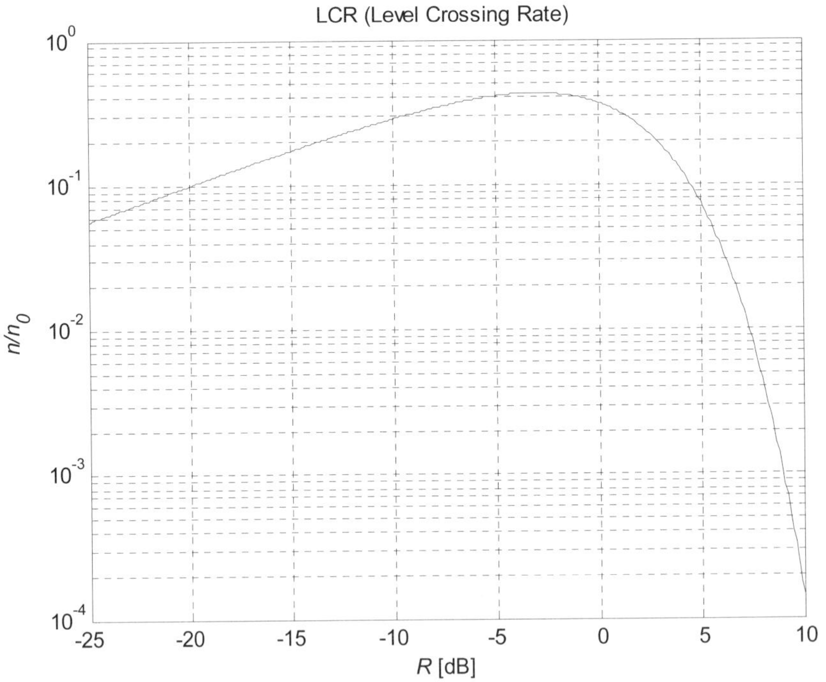

Bild 3.2.12: Signalschwundrate (LCR) eines Rayleigh Fading-Signals (R = 0 dB: RMS-Wert)

Gl.(3.2.50) ist in Bild 3.2.12 dargestellt. Es ist ersichtlich, dass das Maximum der LCR immer -3 dB ($R = 1/\sqrt{2}$) unterhalb des mittleren Empfangspegels liegt. Beispielsweise beträgt die LCR (-20 dB) für einen mit 50 km/h fahrenden PKW im GSM900-System (f = 900 MHz) ca. 10 Hz.

Die LCR ist für die verschiedenen elektromagnetischen Feldkomponenten leicht unterschiedlich. Die hier angegebenen Gleichungen beziehen sich auf die z-Komponente der elektrischen Feldstärke E_z eines vertikal polarisierten Sendesignals. Ergebnisse bezüglich der magnetischen Feldstärkekomponenten H_x und H_y können z.B. [LEE82] oder [JAK74] entnommen werden.

3.2.7 Mittlere Dauer von Signalschwund-Einbrüchen

Neben der Rate, mit der bestimmte Pegelgrenzen über- oder unterschritten werden, ist auch die Dauer von durch schnellen Signalschwund verursachten Signaleinbrüchen von großer Bedeutung für die richtige Auslegung eines Mobilfunksystems. Bei einem bestimmten Empfangspegel r_0 beträgt die mittlere Dauer t_F eines Signaleinbruchs unter r_0

$$t_F(r = r_0) = \frac{P(r < r_0)}{n(r = r_0)} \quad . \tag{3.2.52}$$

P($r < r_0$) ist die Wahrscheinlichkeit, mit der der Wert $r = r_0$ unterschritten wird. Diese entspricht der Dropout-Wahrscheinlichkeit P_D für $A_{\text{min}} = r_0$. Einsetzen von Gl.(3.2.34) und Gl.(3.2.50) in Gl.(3.2.52) führt zu

$$t_F\left(R = \frac{r_0}{\sqrt{2\sigma^2}}\right) = \frac{1}{n_0}\frac{1}{R}\left(e^{R^2} - 1\right) \tag{3.2.53}$$

mit $n_0 = n(r = r_0)$. t_F ist in Bild 3.2.13 in normierter Form dargestellt.

Nach Gl.(3.2.53) ergeben sich für einen mit 50 km/h fahrenden PKW und einer Trägerfrequenz von f = 900 MHz (GSM900) ca. 3,18 ms dauernde Signaleinbrüche von - 10 dB unter den Signalmittelwert. Dieser Wert liegt bereits in der Größenordnung einer GSM-TDMA-Rahmenlänge. Damit die Verbindungsqualität nicht zu sehr leidet, müssen entsprechende Gegenmaßnahmen ergriffen werden. Zu solchen Maßnahmen gehören die in Abschnitt 3.5 behandelten Diversity- bzw. Combining-Verfahren, aber auch Codierungsverfahren bzw. Interleaving (siehe Kapitel 6).

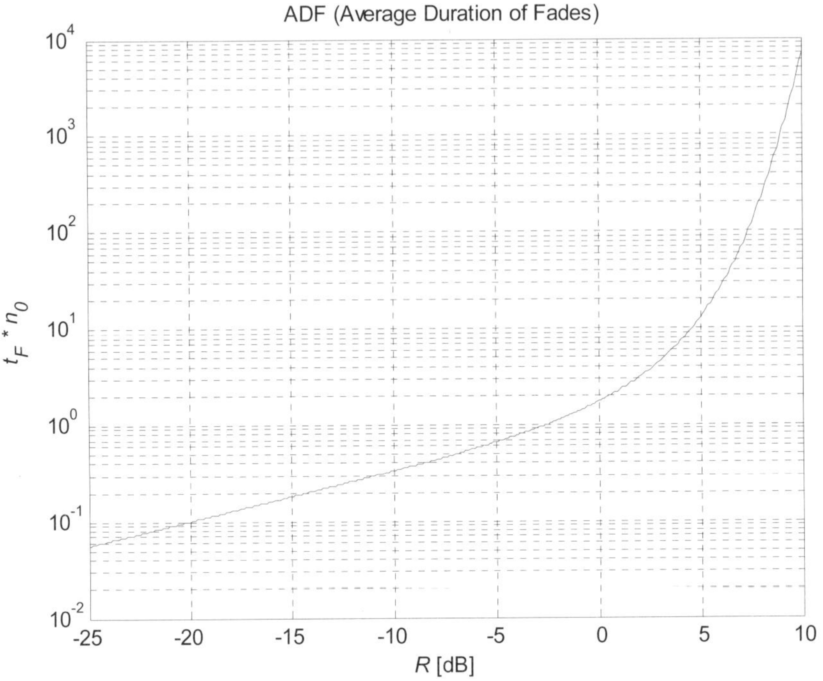

Bild 3.2.13: mittlere Dauer von Rayleigh Fading-Einbrüchen relativ zum RMS-Wert ($R = 0$ dB)

3.2.8 Statistik des Signalmittelwertes

Betrachtet man ein Fading-Signal über dem Weg y, erkennt man, dass der Signalverlauf, also die Abfolge von Maxima und Minima, aus zwei Komponenten besteht (siehe Bild 3.1.2). Der durch Mittelung über einige Wellenlängen entstandene lokale Mittelwert des Fading-Signals schwankt mit einer niedrigen Frequenz um den mittleren Pfadverlust im Empfangsgebiet, wie er in Kapitel 2 behandelt wurde. Zusätzlich beobachtet man die sehr schnellen Fluktuationen des durch Mehrwegeausbreitung verursachten schnellen Signalschwunds (*engl.* Fast Fading) über Teile der Wellenlänge. Für die Amplitude $s(y)$ des Fading-Signals kann somit folgender Ansatz gemacht werden

$$s(y) = m(y) \cdot r(y) \tag{3.2.54}$$

wobei $r(y)$ die schnellen Signalschwankungen des Fast Fading beschreibt und $m(y)$ die langsameren Änderungen des lokalen Mittelwerts. Für diese langsamen Signalschwankungen sind Abschattungen durch Bäume, Häuser etc. ursächlich. Man bezeichnet diesen Effekt daher als langsamen Signalschwund, bzw. als *engl.* "Slow Fading" oder "Shadow Fading".

$m(y)$ kann aus $s(y)$ durch Mittelung des Signalverlaufs über eine ausreichend große Distanz L bestimmt werden. Ein Schätzwert $m'(y)$ von $m(y)$ lässt sich wie folgt berechnen:

$$m'(y) = \frac{1}{2L} \int_{y-L}^{y+L} s(y)\,dy = \frac{1}{2L} \int_{y-L}^{y+L} m(y) r(y)\,dy \quad . \tag{3.2.55}$$

Mit $m'(y) \rightarrow m(y) = \text{const.}$ folgt

$$\frac{1}{2L} \int_{y-L}^{y+L} r(y)\,dy \rightarrow 1 \quad . \tag{3.2.56}$$

L muss ausreichend groß bemessen werden, um diese Bedingung zu erfüllen. Jedoch sollte L andererseits auch nicht zu groß werden, weil sonst die Details des "Slow Fading" mit ausgemittelt werden. Nach [LEE82] liegen sinnvolle Werte für $2L$ im Bereich 40 λ bis 200 λ.

Eine exakte statistische Formulierung für den langsamen Signalschwund lässt sich nicht angeben. Jedoch hat die statistische Untersuchung von Messungen in unterschiedlichen Umgebungen gezeigt, dass sich die Verteilungsdichte von $m(y)$ sehr gut mit einer Lognormal-Verteilung beschreiben lässt. Es handelt sich hierbei um eine Gaußverteilung im logarithmischen Maßstab. Wenn die vom "Fast Fading" befreite Empfangsamplitude $m(y)$ in dB aufgetragen wird, erhält man eine gaußförmige Verteilungsdichtefunktion um den mittleren Empfangspegel μ (dB).

Die Gaußverteilung wird durch ihre Standardabweichung σ_0 und ihren Mittelwert μ eindeutig beschrieben. Die Verteilungsdichtefunktion des Signals $m(y)$ ergibt sich somit zu

$$p(m) = \begin{cases} \dfrac{20}{\sqrt{2\pi}\sigma_0 m \ln 10} \exp\left(-\dfrac{(20 \log m - \mu)^2}{2\sigma_0^2} \right) & ; m > 0 \\ 0 & ; m \leq 0 \end{cases} \tag{3.2.57}$$

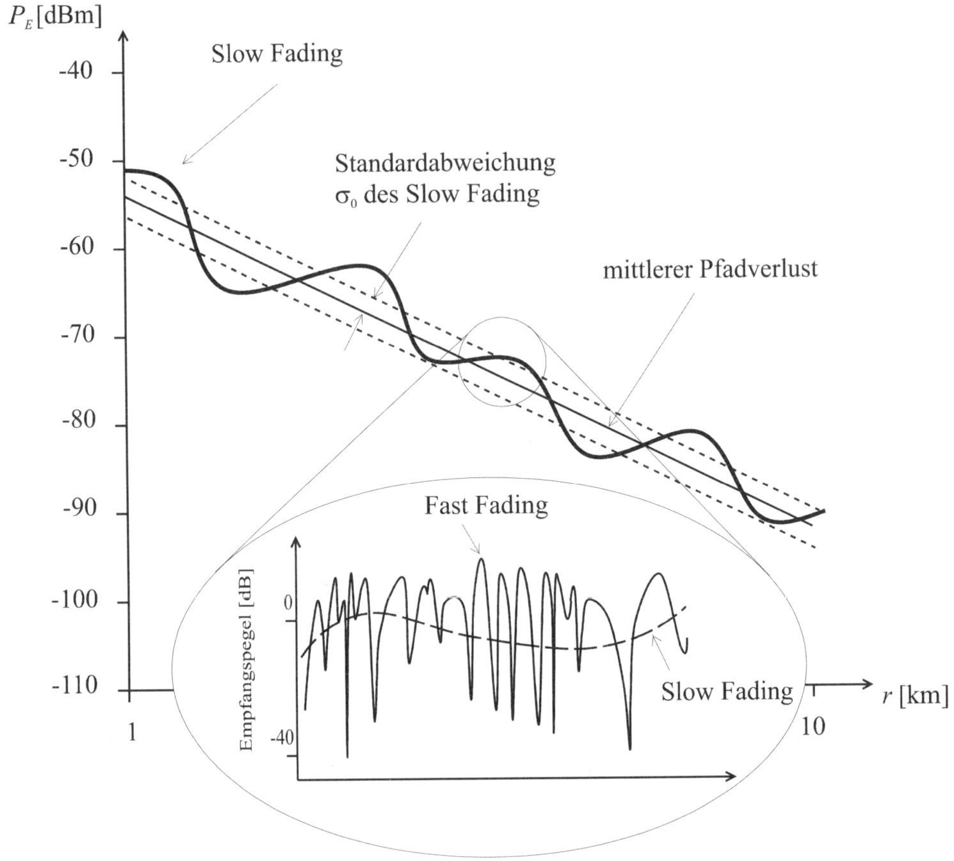

Bild 3.2.14: Gesamtübersicht zur Pegelbestimmung

Mittelwert μ und Standardabweichung σ_0 in Gl.(3.2.57) sind in dB einzusetzen, wohingegen m im linearen Maßstab vorliegt.

Die Standardabweichung σ_0 weist typische Werte zwischen etwa 4 dB und 8 dB auf, wobei der genaue Wert sehr stark von der Ausbreitungsumgebung abhängt. Man beobachtet, dass in besonders dicht bebauten Gebieten in der Regel ein höheres σ_0 auftritt als in weniger dicht bebauten Umgebungen.

Eine exakte physikalische Erklärung, warum das "Slow Fading" Signal lognormal-verteilt ist, ist nicht bekannt. Es handelt sich hier lediglich um ein empirisches Rechenmodell, das aber meistens zu ausreichend guten Ergebnissen führt. Nimmt man aber an, dass die Lage der Ausbreitungshindernisse auf dem Weg zwischen Sender und Empfänger zufällig ist, und berücksichtigt, dass sich der gesamte Pfadverlust multiplikativ aus Einzeldämpfungen zusammensetzt, findet man eine anschauliche Erklärung für die Lognormal-Verteilung des langsamen Signalschwunds. Die Multiplikation von einer großen Zahl gleichverteilter Zufallsvariablen führt nämlich auf eine Lognormal-Verteilung.

Die statistischen Eigenschaften des Gesamtsignals s sind ebenfalls nicht exakt angebbar. Es gibt aber verschiedene Modelle zur näherungsweisen Beschreibung der Verteilungsdichtefunktion wie z.B. die Nakagami-m Verteilung [NAK60] oder die Suzuki-Verteilung [SUZ77]. Die zuletzt genannte ist eine Art "Mischung" aus Rayleigh- und Lognormal-Verteilung. Sie kann jedoch leider nur in einer Integraldarstellung angegeben werden und ist analytisch nicht einfach zu handhaben [PAR92].

Damit sind alle wesentlichen Effekte zur Pegelbestimmung an einem Punkt mit einer Entfernung d vom Sender behandelt. Bild 3.2.14 zeigt einen Gesamtüberblick zum Empfangssignal. Da ist zunächst der u.a. entfernungsabhängige Pfadverlust (Kapitel 2). Der tatsächliche Pegel schwankt um diesen Mittelwert infolge des langsamen Signalschwunds. Jedem Wert des "Slow Fadings" ist wiederum das "Fast Fading" überlagert, wie eine Vergrößerung in Bild 3.2.14 zeigt.

3.3 Spektrale Empfangsleistungsdichte

3.3.1 Doppler-Verschiebung

Wenn sich die Entfernung zwischen einem Sender und einem Empfänger verändert, ändert sich auch die Phasenlage des Empfangssignals. Bild 3.3.1 zeigt einen beweglichen Empfänger in einem Auto, das sich mit der Geschwindigkeit v von A nach B bewegt. Während der Zeit Δt legt der Empfänger die Entfernung $d = v \cdot \Delta t$ zurück. Dies führt zu einer Änderung der Pfadlänge zwischen Sender und Empfänger von $\Delta l = d \cdot \cos\alpha$. Die Empfangsphase φ ändert sich dadurch nach Gl.(3.2.2) in der Zeit Δt um

$$\Delta\varphi = \beta \Delta l = \frac{2\pi}{\lambda} v \, \Delta t \, \cos\alpha \, . \qquad (3.3.1)$$

Es ergibt sich also eine zeitabhängige Phasenänderung, entsprechend einer Frequenzverschiebung. Dies wird auch als Frequenzdispersion bezeichnet, und die Verschiebung nennt man "**Dopplerfrequenz**" f_D (benannt nach Christian J. Doppler, 1803 - 1853):

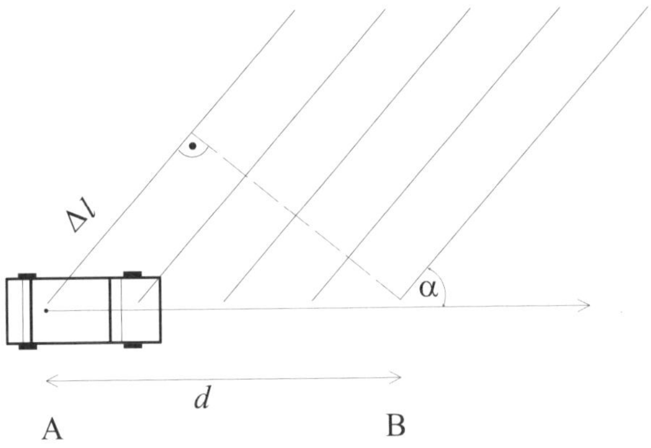

Bild 3.3.1: Zur Ermittlung der Dopplerverschiebung

$$f_D = \frac{1}{2\pi}\frac{d\varphi}{dt} = f_m \cos\alpha \tag{3.3.2}$$

mit der maximalen Dopplerfrequenz f_m

$$f_m = \frac{v}{\lambda} \quad . \tag{3.3.3}$$

Die beiden Extremwerte der Dopplerfrequenz ($f_D = + f_m$, $f_D = - f_m$) ergeben sich, wenn der Empfänger direkt auf den Sender (bzw. umgekehrt) zufährt ($\alpha = 0$) oder davon wegfährt ($\alpha = \pi$). Betrachtet man z.B. einen mit 100 km/h fahrenden PKW und eine Sendefrequenz von 900 MHz (GSM900), dann beträgt die maximale Dopplerfrequenz 83 Hz. Als grobe "Faustregel" gilt, dass bei GSM900-Systemen die maximale Dopplerfrequenz in Hz der Fahrzeuggeschwindigkeit in km/h entspricht.

Die hier vorgestellte Herleitung ist vereinfacht, führt allerdings für übliche Geschwindigkeiten ($v << c$) zum selben Ergebnis wie die allgemeine Herleitung aus der speziellen Relativitätstheorie.

3.3.2 Dopplerspektrum eines Fading-Signals

Für den Fall, dass eine sich bewegende Mobilstation eine große Zahl von Signalkomponenten aus unterschiedlichen Richtungen empfängt, erfahren diese Signalkomponenten jeweils eine bestimmte Doppler-Verschiebung im Bereich $[-f_m, +f_m]$. Dies hat zur Folge, dass eine diskrete, ausgesendete Spektrallinie (CW-Signal, *engl.* Continuous Wave) beim Empfänger als aufgeweitetes Frequenzband der Breite $2f_m$ erscheint. Dieses Spektrum besitzt ein, je nach Umgebungs- und Antenneneigenschaften, charakteristisches Spektrum - das sogenannte "**Dopplerspektrum**".

Wird analog zu Abschnitt 3.2.4 angenommen, dass sich das Summenempfangssignal aus einer sehr großen Zahl von Einzelkomponenten $N \to \infty$ zusammensetzt, wird die Leistungsdichte im Einfallswinkelbereich $[\alpha, \alpha + \mathrm{d}\alpha]$ kontinuierlich verteilt sein. Der in diesem Winkelbereich einfallende Anteil an der Gesamtleistung wird mit $\mathrm{p}(\alpha)$ bezeichnet. Mit dem horizontalen Richtdiagramm $C^2(\alpha)$ der Antenne [ZIN73] beträgt daher die empfangene Leistung im Winkelbereich $\mathrm{d}\alpha$

$$S(\alpha)\,d\alpha = A\,C^2(\alpha)\,p(\alpha)\,d\alpha \quad . \tag{3.3.4}$$

A ist dabei eine Konstante, die von der Sendeleistung, dem Pfadverlust sowie weiteren Verlusten abhängt. Die spektrale Leistungsdichte $S(f)$ ergibt sich aus $S(\alpha)$ durch eine Variablentransformation gemäß

$$S(f) = S(\alpha)\,|J| \tag{3.3.5}$$

wobei $|J|$, wie in Gl.(3.2.24), die Jacobische Funktionaldeterminante ist:

$$|J| = \left|\frac{d\alpha}{df}\right| \quad . \tag{3.3.6}$$

Mit Gl.(3.3.2) in Gl.(3.3.6) erhält man aus Gl.(3.3.5) für die spektrale Leistungsdichtefunktion des Empfangssignals

$$S(f) = \frac{A\,p(\alpha)\,C^2(\alpha)}{f_m\sqrt{1-\left(\dfrac{f-f_0}{f_m}\right)^2}} \tag{3.3.7}$$

f_0 ist hierbei die Sendefrequenz. Ein vertikaler Monopol (Stabantenne) hat ein omnidirektionales Horizontalantennendiagramm mit $C^2(\alpha) = 1{,}5$. Sind die Reflexionsanteile zwischen den Richtungen 0 und 2π gleichverteilt, d.h. $p(\alpha) = 1/2\pi$, erhält man das in Bild 3.3.2 dargestellte "U-förmige" Dopplerspektrum nach Gl.(3.3.8) (auch als "Jakes-Spektrum" nach [JAK74] bezeichnet).

$$S(f) = \frac{3A}{4\pi\, f_m \sqrt{1 - \left(\dfrac{f - f_0}{f_m}\right)^2}} \quad . \qquad (3.3.8)$$

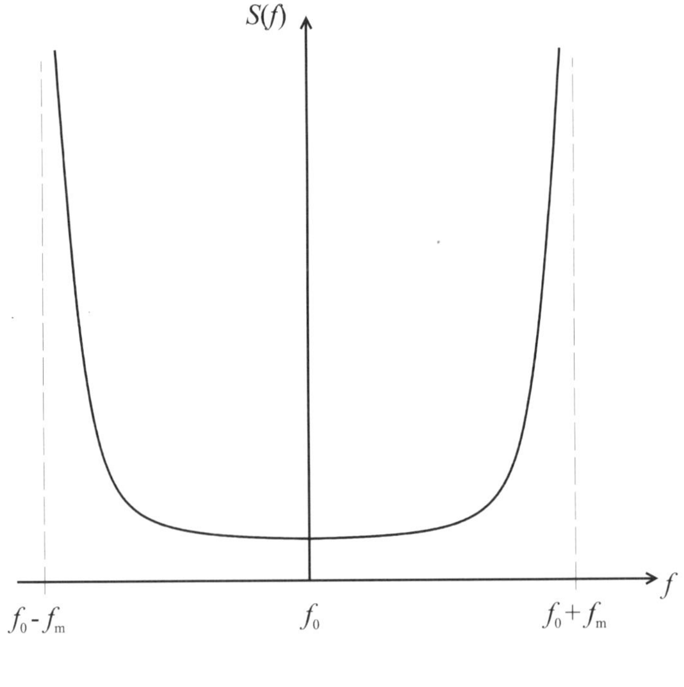

Bild 3.3.2: Dopplerspektrum eines unmodulierten Trägers (Rayleigh-Fall)

Das Spektrum nach Gl.(3.3.8) wurde unter idealisierten theoretischen Annahmen hergeleitet und enthält an den Stellen $f = f_0 \pm f_m$ Polstellen. Polstellen im Spektrum bedeuten eine unendlich hohe Leistungsdichte an diesen Stellen, was in der Realität nicht auftreten kann. Die Leistungsdichte nimmt an den betreffenden Stellen immer endliche Werte an.

Außerdem fallen in der Realität nicht aus wirklich allen Richtungen Reflexionskomponenten ein. Dies drückt sich im Dopplerspektrum durch eine verschwindende Leistungsdichte an den zu den betreffenden Richtungswinkelbereichen korrespondierenden Dopplerfrequenzen aus. Es ist daher auch möglich, anhand des Dopplerspektrums zu erkennen, aus welchen Einfallsrichtungen Signalkomponenten zum mobilen Empfänger gelangen.

3.4 Parameter des Mehrwegekanals

3.4.1 Kanalimpulsantwort

Der Mobilfunkkanal kann als ein zeitvariantes lineares Filter modelliert werden. Bei genauer Kenntnis der Impulsantwort dieses Filters kann für jedes beliebige Sendesignal $x(t)$ das zugehörige Empfangssignal $y(t)$ aus der Faltung von Sendesignal und Kanalimpulsantwort $h(t)$ berechnet werden. Würde man einen Dirac-Impuls $\delta(t)$ aussenden, ergäbe sich nach der Übertragung daraus die Kanalimpulsantwort. Aus naheliegenden Gründen kann bei praktischen Übertragungssystemen kein unendlich schmaler und unendlich hoher Impuls verwendet werden. Dennoch lässt sich die Impulsantwort des Mobilfunkkanals auch messtechnisch z.B. mit Hilfe einer Korrelationsmessung bestimmen. In einer bestimmten Entfernung d vom Sender ergibt sich so das Empfangssignal

$$y(d,t) = x(t) * h(d,t) = \int_{-\infty}^{+\infty} x(\tau)\, h(d,t-\tau)\, d\tau \,. \tag{3.4.1}$$

In Gl.(3.4.1) bezeichnet * den Faltungsoperator. Sendesignal $x(t)$, Empfangssignal $y(t)$ und Impulsantwort $h(d,t)$ seien in ihrer äquivalenten Tiefpassdarstellung, d.h. als die entsprechende komplexe Einhüllende (s. z.B. [KAM04]) der jeweiligen, realen Bandpasssignale gegeben. Da $h(d,t)$ kausal ist, d.h. für $t < 0$ verschwindet, kann die obere Integrationsgrenze durch t ersetzt werden.

Wie in Bild 3.4.1 gezeigt wird, setzt sich das Empfangssignal aus einer Vielzahl von unterschiedlich gedämpften Teilwellen der Amplituden a_i mit unterschiedlicher Laufzeit τ_i und daher Phasenlage φ_i zusammen. Da sich die Position d der Mobilstation mit der Zeit verändert, verändert sich auch die Kanalimpulsantwort kontinuierlich, denn die a_i, τ_i und φ_i sind von d abhängig. Für die Kanalimpulsantwort kann deshalb folgender Ansatz gemacht werden:

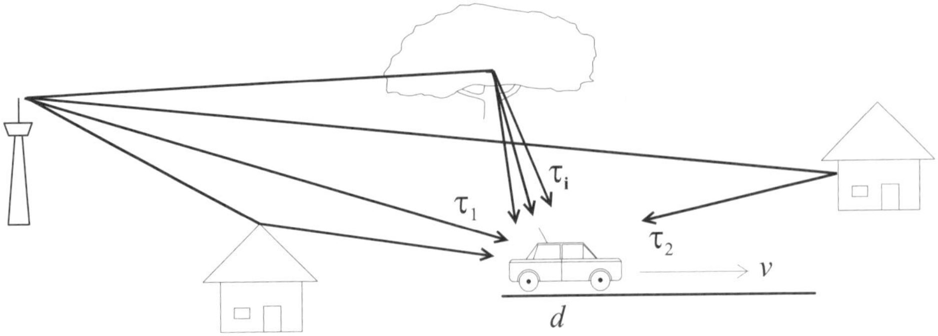

Bild 3.4.1: Bildung der Kanalimpulsantwort $h(d, \tau)$

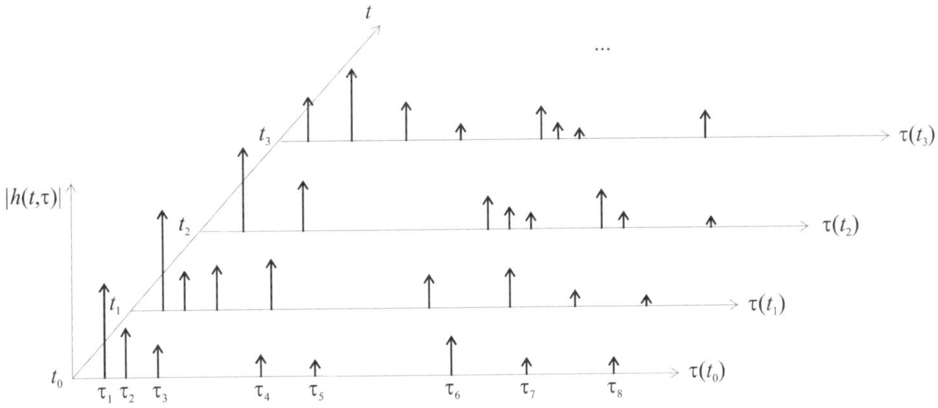

Bild 3.4.2: Beispiel eines zeitvarianten Mehrwegekanals

$$h(d,\tau) = \sum_{i=1}^{N} a_i(d,\tau_i) \exp(j\varphi_i(d,\tau_i))\, \delta(\tau - \tau_i(d)) \tag{3.4.2}$$

mit der Anzahl N der beim Empfänger auflösbaren Ausbreitungspfade der Laufzeit $\tau_i(d)$ am Ort d. Weil $d = v \cdot t$ eine Funktion der Zeit t ist, ergibt sich im Allgemeinen eine zeitvariante Impulsantwort

$$h(t,\tau) = \sum_{i=1}^{N} a_i(t,\tau_i) \exp(j\varphi_i(t,\tau_i))\, \delta(\tau - \tau_i) \tag{3.4.3}$$

mit $\tau_i = \tau_i(t)$, der Verzögerungszeit des *i*-ten Ausbreitungspfads zur Messzeit t bzw. dem Aufenthaltsort d zur Zeit t. Die Variable $\tau(t)$ repräsentiert die Mehrwege-Verzögerungszeit für einen festen Wert von t, d.h. die zeitliche Differenz zwischen dem Messzeitpunkt t und dem Erregungszeitpunkt des Kanals. In Bild 3.4.2 ist als Beispiel die Impulsantwort eines zeitvarianten Mehrwegekanals dargestellt.

3.4.2 Verzögerungs-Leistungsspektrum

Die nach der Übertragung über den Mehrwege-Mobilfunkkanal empfangene Signalleistung setzt sich aus u.U. vielen unterschiedlich verzögerten Anteilen zusammen. Jede Teilwelle steuert einen Beitrag von $|a_i(t,\tau_i)|^2$ zur Gesamt-Empfangsleistung bei. Das augenblickliche bzw. instantane Verzögerungs-Leistungsspektrum (*engl.* Power Delay Profile) $P(t,\tau)$ gibt Aufschluß darüber, welche Leistungsanteile mit welcher Verzögerung τ zur Beobachtungszeit t am Empfangsort einfallen. $P(t,\tau)$ ist rein deterministisch und berechnet sich wie folgt:

$$P(t,\tau) = |h(t,\tau)|^2 = \sum_{i=1}^{N} |a_i(t,\tau_i)|^2 \, \delta(\tau - \tau_i). \tag{3.4.4}$$

Mittelt man das instantane Verzögerungs-Leistungsspektrum um den augenblicklichen Empfangsort herum (im Bereich um etwa einer Wellenlänge), erhält man das mittlere Verzögerungs-Leistungsspektrum $P(\tau)$. Wenn Ergodizität des als quasi-zufällig anzunehmenden Empfangssignals vorausgesetzt wird, kann das Verzögerungs-Leistungsspektrum direkt aus der Kanalimpulsantwort über eine zeitliche Mittelung bestimmt werden:

$$P(\tau) = E_t\{P(t,\tau)\} = E_t\left\{|h(t,\tau)|^2\right\}. \tag{3.4.5}$$

Typische Verzögerungs-Leistungsspektren sind in Bild 3.4.3 dargestellt. Die gezeigten Verzögerungs-Leistungsspektren wurden [GSM95] entnommen und werden u.a. zum Test von GSM-Endgeräten benutzt. Je nach Umgebung ergeben sich unterschiedlich lange maximale Verzögerungszeiten. Dicht bebaute Gebiete weisen eine große Zahl von eng benachbarten Impulsen auf, während bergige Gebiete wenige, aber weit auseinander liegende Komponenten erkennen lassen.

Kommen die τ_i in die Größenordnung der Dauer der zu übertragenden Datenbits, können sich benachbarte Bits gegenseitig störend beeinflussen. Es kommt zu Intersymbolinterferenz und damit zu einer deutlichen Erhöhung der Bitfehlerrate.

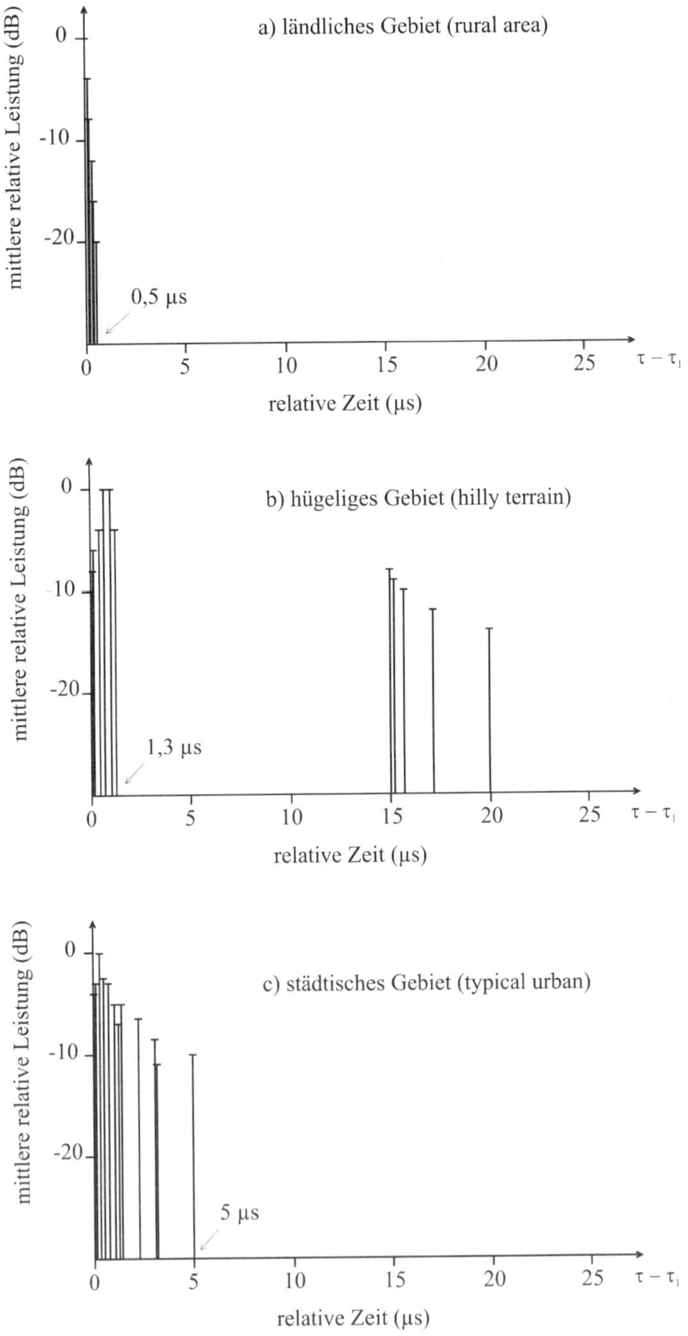

Bild 3.4.3: typische, für GSM spezifizierte Verzögerungs-Leistungsspektren

Dies kann soweit gehen, bis gar keine Informationsübertragung mehr möglich ist, wenn nicht entsprechende Gegenmaßnahmen wie z.B. Equalizer eingesetzt werden. Ein Maß für die bei einer bestimmten Kanalimpulsantwort entstehende Impulsaufweitung ist das "**Delay Spread**" Δ, definiert als das zweite zentrale Moment des Verzögerungs-Leistungsspektrums $P(\tau)$:

$$\Delta = \sqrt{\frac{\int \left(\tau - \bar{\tau}\right)^2 \, P(\tau)\, d\tau}{\int P(\tau)\, d\tau}} \tag{3.4.6}$$

mit der mittleren Ausbreitungsverzögerung (*engl.* mean access delay)

$$\bar{\tau} = \frac{\int \tau \, P(\tau)\, d\tau}{\int P(\tau)\, d\tau} \quad . \tag{3.4.7}$$

In Tabelle 3.4.1 sind typische "Delay Spreads" für verschiedene Umgebungen angegeben. Das "Delay Spread" ist für Sendefrequenzen oberhalb von etwa 30 MHz weitgehend frequenzunabhängig. Dies liegt daran, dass oberhalb dieses Bereichs die meisten potenziellen Reflektoren eine größere Ausdehnung als die Wellenlänge besitzen. Wenn daher die Anzahl der Reflektoren gleich bleibt, bleiben auch die verschiedenen Pfadlängen gleich und damit auch die Verzögerungen. Je länger die Ausbreitungspfade werden, desto größer werden auch die Ausbreitungsverluste auf diesen Pfaden. Eine gute Näherung für die Wahrscheinlichkeitsdichtefunktion $p(\tau)$ des Verzögerungs-Leistungsspektrums ist die negative exponentielle Verteilung (siehe Bild 3.4.4) [LEE93]

$$p(\tau) = \frac{1}{\Delta} \exp\left(-\frac{\tau}{\Delta}\right) \tag{3.4.8}$$

Tabelle 3.4.1: typische "Delay Spreads"

Umgebung	Δ
innerhalb von Gebäuden	< 0,1 µs
ländliches Gebiet	< 0,2 µs
leicht bebautes Gebiet	0,5 µs
Stadtgebiet	3 µs

$p(\tau)$ ist die Wahrscheinlichkeit, ein Signal mit der Verzögerung τ zu empfangen.

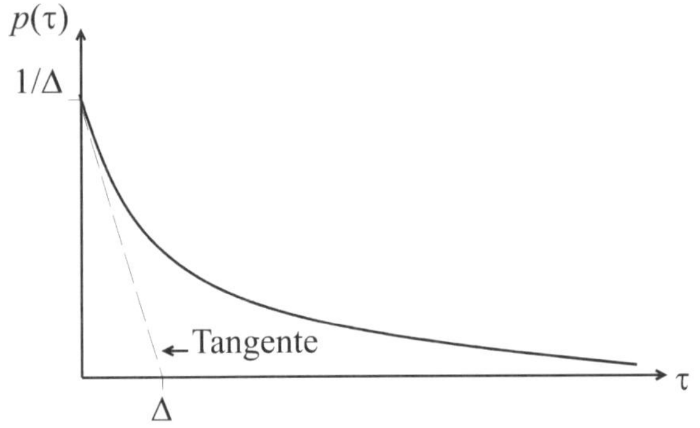

Bild 3.4.4: Wahrscheinlichkeitsdichteverteilung des Verzögerungs-Leistungsspektrums (Näherung)

3.4.3 Kohärenzbandbreite

Ein Maß für die Sendebandbreite, ab der Signalverzerrungen durch große Delay Spreads auftreten können, ist die Kohärenzbandbreite B_C. B_C gibt den Frequenzunterschied Δf an, ab dem die Dämpfung zweier Signale als unkorreliert angenommen werden kann, so dass der Korrelationskoeffizient $\rho(\Delta f, \tau)$ auf einen vorgegebenen Wert abfällt. Dieser vorzugebende Wert wird in der Literatur nicht einheitlich verwendet. Übliche Werte sind 0,5 oder 1/e = 0,3678. Hier soll nach [JAK74] und [LEE93] der Wert $\rho = 0{,}5$ gewählt werden. Der genaue Wert von $\rho(\Delta f, \tau)$, ab dem so starke Signalverzerrungen auftreten, dass die Übertragungsqualität eines Systems unzureichend wird, hängt sehr vom verwendeten Modulations- und Demodulationsverfahren ab.

Für zwei sinusförmige Signale $r_1(f_1, t_1)$ und $r_2(f_2, t_2)$ mit dem Frequenzunterschied $\Delta f = f_1 - f_2$ und dem Zeitunterschied $\tau = t_1 - t_2$ berechnet sich die Kreuzkorrelationsfunktion zu

$$\rho(\Delta f, \tau) = \frac{E\{r_1 r_2\} - E\{r_1\}E\{r_2\}}{\sqrt{\left(E\{r_1^2\} - E^2\{r_1\}\right)\left(E\{r_2^2\} - E^2\{r_2\}\right)}} \quad . \tag{3.4.9}$$

Man kann zeigen [LEE82], dass sich für $\rho(\Delta f, \tau)$ mit Gl.(3.4.8)

$$\rho(\Delta f,\tau)=\frac{J_0^2(2\pi f_m\tau)}{1+(2\pi\Delta f)^2\Delta^2} \tag{3.4.10}$$

ergibt, wobei f_m nach Gl.(3.3.3) die maximale Doppler-Verschiebung v/λ ist. $J_0(x)$ ist die Besselsche Funktion erster Gattung 0-ter Ordnung. Gl.(3.4.10) ist für $\tau = 0$ in Bild 3.4.5 dargestellt. Mit $\rho\,(B_{cc},0) = 0{,}5$ ermittelt man aus Gl.(3.4.10) für die Kohärenzbandbreite:

$$B_c=\frac{1}{2\pi\,\Delta} \quad . \tag{3.4.11}$$

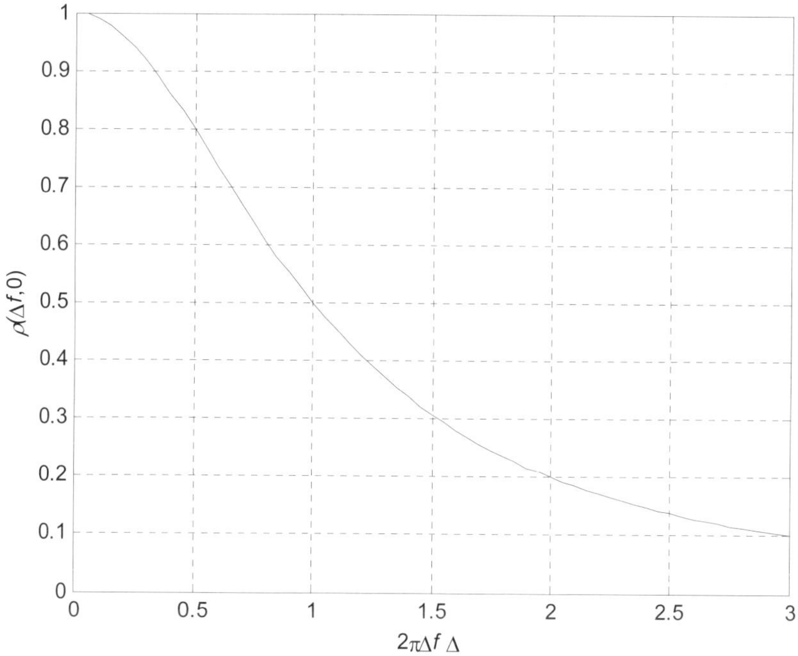

Bild 3.4.5: Kreuzkorrelationsfunktion des Mehrwegekanals ($\tau = 0$)

Einen Mehrwegekanal, über den mit einer Sendebandbreite B_S kleiner als der Kohärenzbandbreite B_C übertragen wird, bezeichnet man als "nicht-frequenzselektiv" (manchmal auch als "flachen" Fading-Kanal). Ein Übertragungssystem mit einer solchen Sendebandbreite bezeichnet man auch als **Schmalbandsystem**. Im anderen Fall, einem so genannten **Breitbandsystem**, d.h., die Sendebandbreite B_S ist größer als die Kohärenzbandbreite B_C, handelt es sich um einen "frequenzselektiven" Kanal. Ob ein Kanal frequenzselektiv ist oder nicht, ist entscheidend für den Aufwand, der für Maßnahmen gegen Intersymbolinterferenz aufgewendet werden muß, z.B. beträgt die Kohärenzbandbreite in städtischem Gebiet (Δ = 3 µs) etwa 53 kHz. Darum ist der Übertragungskanal im GSM-System mit B_S = 200 kHz Sendebandbreite bereits frequenzselektiv.

Bei einem frequenzselektiven Kanal ist mehr Aufwand zur Vermeidung von unzulässiger Intersymbolinterferenz nötig, andererseits sind die Einbrüche durch Signalschwund geringer, da immer nur ein Teil der gesamten Sendebandbreite (und damit auch der Sendeleistung) von Signalschwund betroffen ist.

3.4.4 Doppler-Spreizung und Kohärenzzeit

Das "Delay Spread" Δ und die Kohärenzbandbreite B_C sind Kanaleigenschaften, die sich auf einen bestimmten Empfangsort bzw. einen bestimmten Zeitpunkt beziehen. Beide Größen sagen jedoch nichts über die Zeitvarianz des Mobilfunkkanals aus, wenn sich die Mobilstation bewegt und/oder die Umgebung sich verändert.

In Abschnitt 3.3.2 haben wir bereits gesehen, dass es bei Bewegung im Mehrwegekanal zu einer spektralen Aufweitung des Sendespektrums kommen kann. Wenn der Sender ein Trägersignal der Frequenz f_0 aussendet, können beim Empfänger Spektralanteile im Bereich $f_0 - f_m$ bis $f_0 + f_m$ mit der maximalen Dopplerverschiebung $f_m = v/\lambda$ auftreten. Die genaue Form des Doppler-Spektrums hängt von der konkreten Mehrwegeausbreitungssituation ab. Unter der Doppler-Spreizung B_D versteht man die in der jeweiligen Situation auftretende maximale Verschiebung, also $B_D \approx f_m$.

Dual zur Doppler-Spreizung ist die Kohärenzzeit T_C, die die Zeitvarianz des Kanals im Zeitbereich beschreibt. Analog zur in Abschnitt 3.4.3 behandelten Ableitung der Kohärenzbandbreite B_C erhält man die Kohärenzzeit T_C unter Verwendung von Gl.(3.4.10) und $\rho(0,T_C) = 0{,}5$. In [STE94] wird eine Näherungslösung für die Kohärenzzeit angegeben:

$$T_C \approx \frac{9}{16\pi\, f_m}\,. \tag{3.4.12}$$

T_C ist eine statistische Größe und dient als Maß für die Zeitdauer, innerhalb derer die Kanalimpulsantwort als zeitinvariant angenommen werden kann, d.h., die Zeit, innerhalb derer zwei Empfangssignale stark korreliert sind. Wenn die Dauer T der gesendeten Symbole größer ist als die Kohärenzzeit T_C, verändern sich die

Kanaleigenschaften während der Übertragung eines Symbols. Es kommt deshalb zu Verzerrungen der Symbolform.

Betrachtet man z.B. eine Mobilstation, die sich mit 50 km/h bewegt und eine Trägerfrequenz von f_0 = 900 MHz verwendet, erhält man nach Gl.(3.4.12) eine Kohärenzzeit von T_C = 4,3 ms. Solange also die Symbolrate $1/T$ größer ist als $1/T_C$ = 233 bit/s kommt es in diesem Fall nicht zu Symbolverzerrungen durch die Bewegung selber. Wohl aber kann es zu Intersymbolinterferenz durch Mehrwegeausbreitung in Abhängigkeit von der Kanalimpulsantwort kommen (siehe Abschnitt 3.4.1).

3.5 Diversity- und Combining-Verfahren

Diversity-Verfahren können die Einflüsse von Signalschwund vermindern. Der Grundgedanke hierbei ist, die Sendeinformation aus unterschiedlichen, statistisch unabhängigen Kanälen zu gewinnen und diese geeignet zu kombinieren. Durch Fading verursachte Signaleinbrüche erfolgen selten gleichzeitig auf zwei unkorrelierten Ausbreitungspfaden. Bild 3.5.1 zeigt zwei Signalverläufe eines Sendesignals, welches z.B. an zwei leicht voneinander versetzten Antennen gemessen werden kann. Man erkennt, dass die Signaleinbrüche fast nie in beiden Kanälen zur gleichen Zeit vorkommen. Wenn man dann dafür sorgen würde, dass immer der stärkste Kanal ausgewählt wird, hätte man die Fading-Einflüsse deutlich reduziert. Dieses Verfahren bezeichnet man als **Raum-Diversity**-Empfang. Der Mindestabstand der Antennen muss so groß gewählt sein, dass die Signale unkorreliert sind. Für schnellen Signalschwund ("Fast Fading") bedeutet dies Abstände in der Größenordnung der Wellenlänge. Diese Situation bezeichnet man auch als **Micro-Diversity**. Um die Einflüsse von langsamem Signalschwund ("Slow Fading", siehe Abschnitt 3.2.8) zu verringern, sind deutlich größere Abstände notwendig, man spricht auch von **Macro-Diversity**. Aufgrund des erhöhten technischen Aufwands beim Empfänger wird Raum-Diversity vor allem auf der Basisstationsseite eingesetzt. Dies ist zudem eine wirkungsvolle Methode, den Leistungsunterschied zwischen Basisstationen und den oft mit geringerer Sendeleistung sendenden Mobilstationen etwas auszugleichen.

Es gibt noch weitere Diversity-Möglichkeiten, entscheidend ist nur, dass zwei oder mehr voneinander unabhängige Kanäle vom Sender zum Empfänger vorkommen. Richtungs- bzw. **Winkel-Diversity** ist mit Raum-Diversity "verwandt". Hier wird z.B. mit Richtantennen aus verschiedenen Raumsegmenten empfangen. Handelt es sich um verschiedene Sendefrequenzen, bezeichnet man dies als

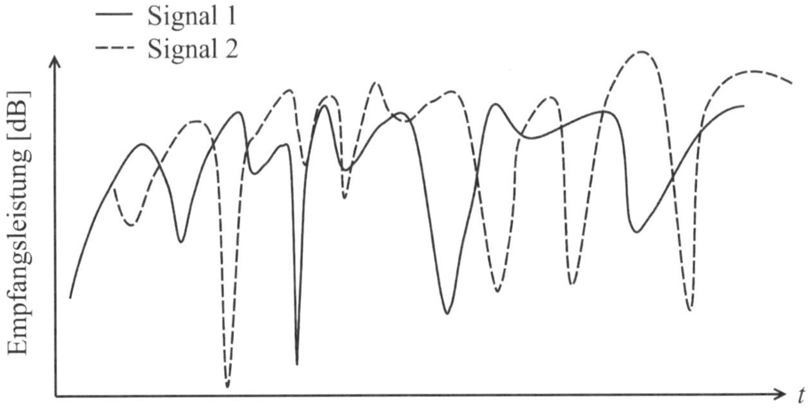

Bild 3.5.1: Unkorrelierte Fading-Signale

Frequenz-Diversity. Es gibt auch die Möglichkeit, Informationen über eine größere Zeit verteilt mehrfach zu senden. Dies nennt man **Zeit-Diversity**. Aber auch unterschiedliche Polarisationen des Sendesignals lassen sich nutzbringend einsetzen, da Signalschwund sich auf unterschiedliche Polarisationsrichtungen auch unterschiedlich auswirkt. Man spricht hier von **Polarisations-Diversity**. Nachteile der letzten drei Verfahren sind, dass sowohl Zeit- als auch Frequenz-Diversity zusätzliche Bandbreite benötigen und Polarisations-Diversity prinzipiell maximal zwei unabhängige Kanäle zur Verfügung stellen kann.

Hat man mittels einem der obigen Verfahren M unterschiedliche Fadingsignale erzeugt, ist der nächste Schritt das Kombinieren (*engl.* **Combining**) der Signale. Dazu werden im folgenden vier Methoden anhand von Raum-Diversity diskutiert. Prinzipiell können die vorgestellten Techniken auch bei den anderen erwähnten Diversity-Verfahren entsprechend eingesetzt werden.

3.5.1 Selection Combining

Die von M Empfängern gelieferten Basisbandsignale werden einer Entscheidungslogik zugeführt, die jeweils das beste der M Signale auswählt und dem Decoder zuführt (siehe Bild 3.5.2).

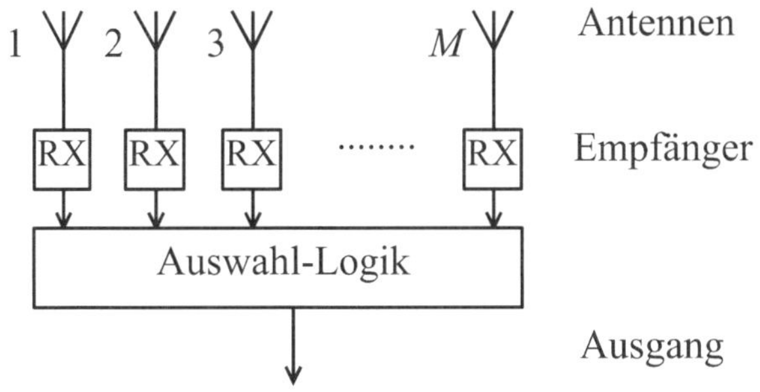

Bild 3.5.2: Selection Combining

Das Ausgangssignal hinter der Entscheidungslogik verläuft immer auf dem Maximum der M Einzelsignale. Mit der mittleren Signalleistung Γ_i eines Pfades i erhält man aus Gl.(3.2.34) die Wahrscheinlichkeit, dass im Pfad i mit der Augenblicksleistung γ_i ein bestimmter Pegel γ_s unterschritten wird:

$$P(\gamma_i < \gamma_s) = 1 - e^{-\gamma_s / \Gamma_i} . \tag{3.5.1}$$

Ist die mittlere Empfangsleistung in allen Pfaden gleich, d.h. $\Gamma_i = \Gamma \;\forall\; i \in [1,M]$, ergibt sich die Wahrscheinlichkeit, dass in allen Pfaden gleichzeitig der Pegel γ_s unterschritten wird, zu

$$P(\gamma < \gamma_s) = \left(1 - e^{-\gamma_s / \Gamma}\right)^M . \tag{3.5.2}$$

Gl.(3.5.2) ist in Bild 3.5.3 für verschiedene M dargestellt. Man erkennt eine deutliche Verringerung der Dropout-Wahrscheinlichkeit für steigende M. Geht man von einer Dropout-Wahrscheinlichkeit von 1 % aus, lässt sich bereits für $M = 2$ eine Reduktion der Sendeleistung um 10 dB erzielen, ohne dass die Verbindungsqualität darunter leidet. Hieraus wird die Bedeutung von Diversity-Verfahren besonders bei Basisstationsempfängern deutlich. Aufgrund der begrenzten Akkukapazität von portablen Mobiltelefonen ist es im Sinne einer möglichst langen Betriebsdauer wichtig, die Sendeleistung gering zu halten. Eine Reduktion um den Faktor 10 kann die Betriebsdauer beträchtlich verlängern.

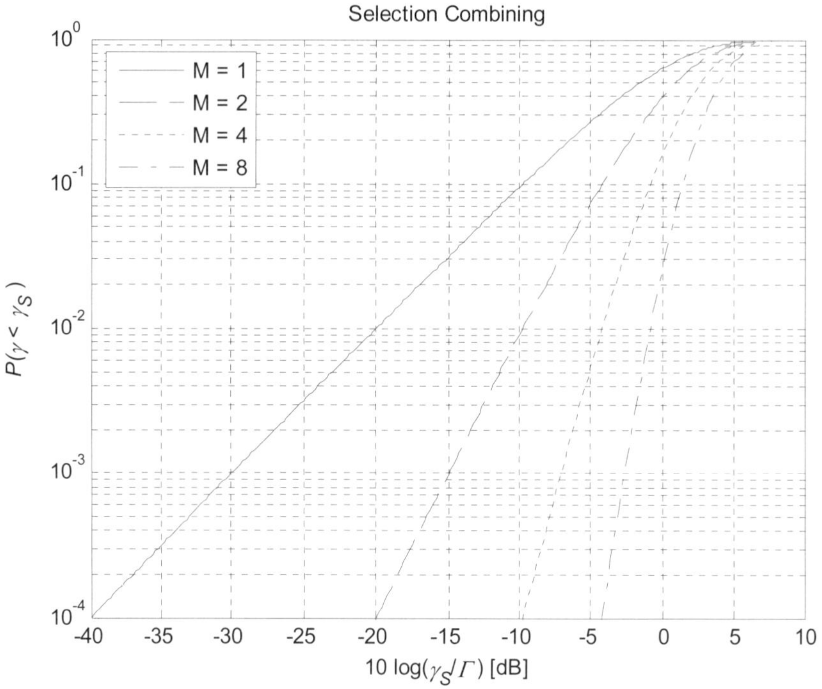

Bild 3.5.3: Dropout-Wahrscheinlichkeit für Selection Diversity

3.5.2 Switched Combining

Selection Combining führt zwar zu relativ guten Ergebnissen, ist aber wegen der nötigen M getrennten Empfänger sehr aufwendig zu implementieren. Switched Combining bietet hier einen Ausweg. Bei diesem Verfahren ist nur noch ein Empfänger nötig. Die Umschaltung zwischen den Antennen erfolgt vor dem Empfänger (siehe Bild 3.5.4).

Nimmt man eine Anordnung aus zwei Antennen an, wird das eine Antennensignal $r_1(t)$ solange zum Empfänger durchgeschaltet, bis es einen vorgegebenen Grenzwert A unterschreitet. Danach wird (blind) auf das zweite Signal $r_2(t)$ umgeschaltet - unabhängig vom momentanen Pegel dieses Signals. Man erhält so den Signalverlauf nach Bild 3.5.5.

Die Wahrscheinlichkeit, dass eines der Signale $r_i(t)$ kleiner als der Grenzwert A ist, ist nach Gl.(3.2.34)

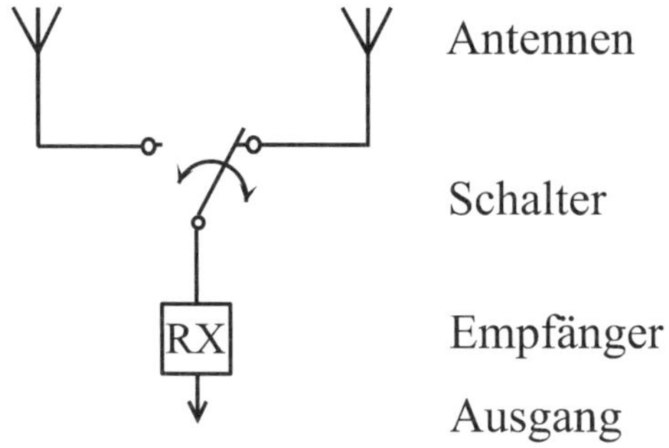

Bild 3.5.4: Switched Combining

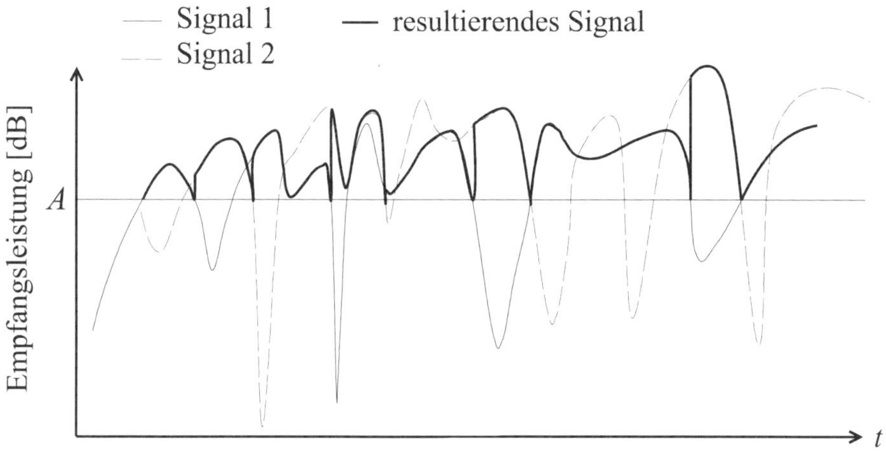

Bild 3.5.5: Mit Switched Combining empfangenes Fading-Signal

$$p(A) = P(r_i < A) = 1 - e^{-A^2/\Gamma}. \tag{3.5.3}$$

mit der mittleren Signalleistung Γ. Nach [LEE82] beträgt die Dropout-Wahrscheinlichkeit des kombinierten Signals $r(t)$

$$P(r < r_0) = \begin{cases} p(r_0) - p(A) + p(r_0)p(A) & ; \quad r_0 > A \\ p(r_0)p(A) & ; \quad r_0 \le A \end{cases} \quad . \tag{3.5.4}$$

Gl.(3.5.4) ist in Bild 3.5.6 für verschiedene Schwellwerte A dargestellt. Man erkennt, dass Switched Combining immer zu einer höheren Dropout-Wahrscheinlichkeit führt als Selection Combining. Lediglich am Schwellwert A weisen beide

Verfahren die gleichen Eigenschaften auf. Verbesserungen lassen sich evtl. durch eine adaptive Einstellung des Schwellwertes A erzielen.

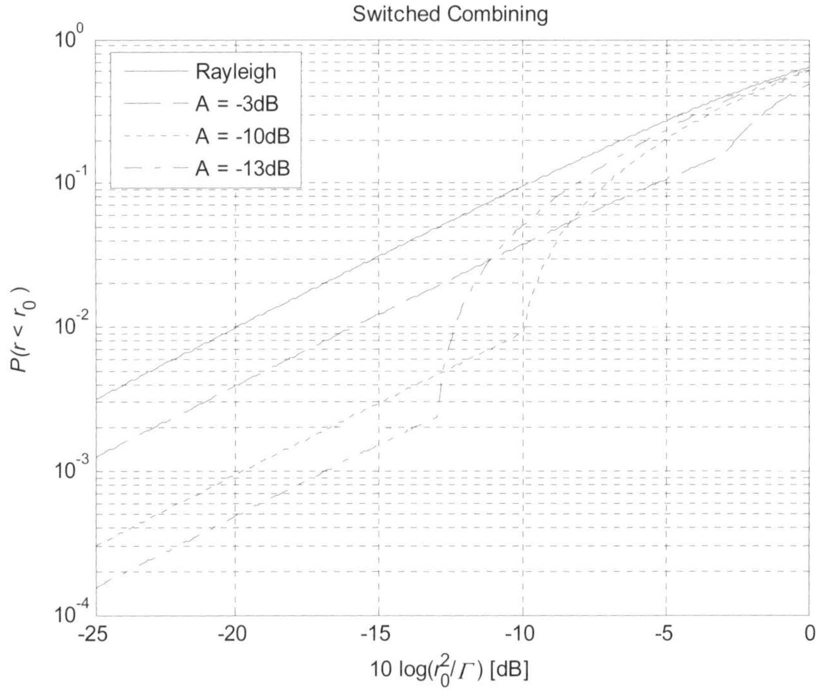

Bild 3.5.6: Dropout-Wahrscheinlichkeit bei Switched Combining

3.5.3 Maximal Ratio Combining

Maximal Ratio Combining ist die theoretisch beste, aber auch aufwendigste Möglichkeit, Fading-Signale zu kombinieren. Hierbei werden die M Einzelsignale gewichtet und phasenrichtig aufaddiert. Bild 3.5.7 zeigt das Prinzipschaltbild dieser Anordnung.

Mit den Gewichtungsfaktoren a_i ergibt sich für das Summensignal r am Ausgang des Summierers

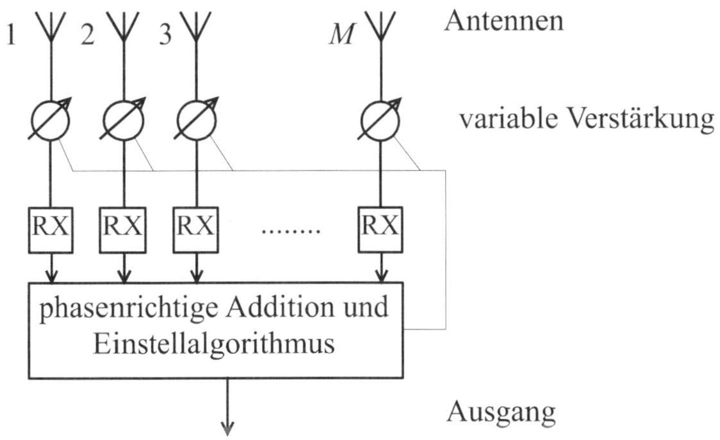

Bild 3.5.7: Maximal Ratio Combining

$$r = \sum_{i=1}^{M} a_i r_i \quad . \tag{3.5.5}$$

Die Rauschleistung beträgt

$$N_T = N \sum_{i=1}^{M} a_i^2 \quad , \tag{3.5.6}$$

wobei jede Antenne die gleiche Rauschleistung N liefert. Die a_i werden adaptiv so gewählt, dass gilt:

$$a_i^2 = \left(\frac{S}{N} \right)_i \quad . \tag{3.5.7}$$

$(S/N)_i$ ist hierbei das Signal-Rauschverhältnis des i-ten Kanals. Damit ergibt sich für das Signal-Rauschverhältnis am Ausgang des Maximal Ratio Summierers

$$\frac{S_T}{N_T} = \sum_{i=1}^{M} \left(\frac{S}{N} \right)_i \tag{3.5.8}$$

bzw. für $(S/N)_i = S/N \;\; \forall \; i \in [1,M]$ erhält man

$$\frac{S_T}{N_T} = M \cdot \frac{S}{N} \quad . \tag{3.5.9}$$

Das S/N verbessert sich also durch Maximal Ratio Combining um den Faktor M. Die r_i sind als komplexe Zeiger aufzufassen mit Realteil x_i und Imaginärteil y_i. Nach Abschnitt 3.2.4 sind x_i und y_i mittelwertfreie, unabhängige und gaußverteilte Zufallsvariablen. Die Verteilungsdichtefunktion der quadratischen Summe von $2M$ gaußverteilten Zufallsvariablen ist die χ^2-Verteilung [PAP84]. Damit ergibt sich für die Wahrscheinlichkeitsdichteverteilung von S_T/N_T

$$p\left(\frac{S_T}{N_T}\right) = \frac{1}{r_0}\left(\frac{r_0^2}{\Gamma}\right)\frac{e^{-\frac{r_0^2}{\Gamma}}}{(M-1)!} \, . \tag{3.5.10}$$

Aus Gl.(3.5.10) erhält man die Dropout-Wahrscheinlichkeit

$$P(r < r_0) = \int_0^{r_0^2/\Gamma} p\left(\frac{S_T}{N_T}\right) dr_0^2$$

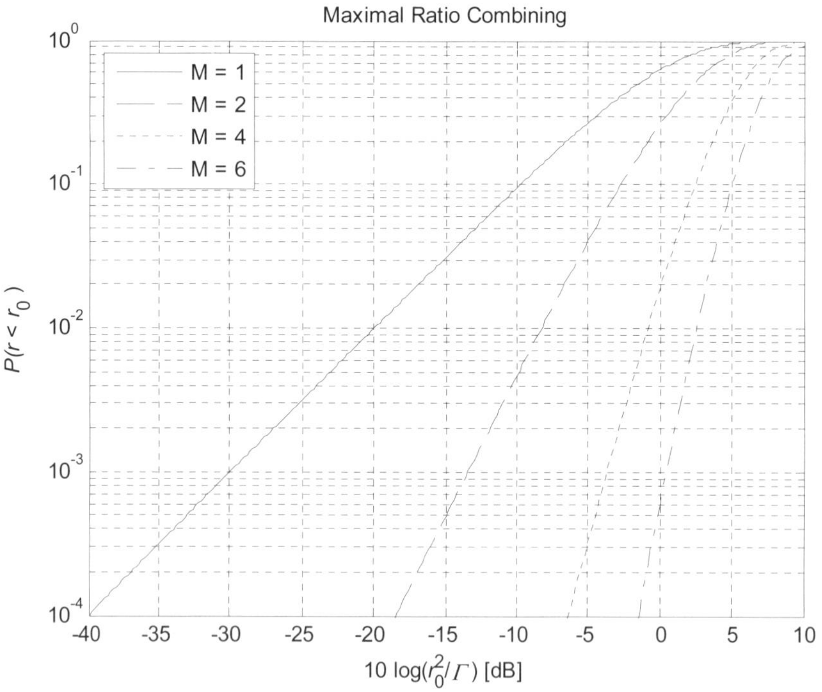

Bild 3.5.8: Dropout-Wahrscheinlichkeit bei Maximal Ratio Combining

$$P(r < r_0) = 1 - e^{-r_0^2/\Gamma} \sum_{i=1}^{M} \frac{\left(r_0^2/\Gamma\right)^{i-1}}{(i-1)!} \quad . \tag{3.5.11}$$

$P(r < r_0)$ ist in Bild 3.5.8 dargestellt. Betrachtet man auch hier wieder die 1 % Dropout-Wahrscheinlichkeitsmarke, findet man für $M = 2$ einen Gewinn von 11,5 dB bzw. bei $M = 4$ von 19 dB. Dies entspricht einer Verbesserung gegenüber Selection Combining von 1,5 bzw. 3 dB. Diese Verbesserung wird allerdings durch den höheren Aufwand der phasenrichtigen Summierer "erkauft".

3.5.4 Equal Gain Combining

Das Maximal Ratio Verfahren aus Abschnitt 3.5.3 liefert sehr gute Ergebnisse, ist jedoch aufgrund des komplexen Adaptionsalgorithmus sehr aufwendig zu implementieren. Eine gewisse Vereinfachung ergibt sich, wenn man die Koeffizienten a_i alle gleich 1 setzt. Equal Gain Combining erfordert für gleich gute Ergebnisse wie Maximal Ratio Combining etwa 1 dB mehr Signal/Rausch-Verhältnis.

3.6 Kanalmessung und Kanalsimulation

Um Mobilfunkübertragungssysteme entwickeln und testen zu können, ist es notwendig, reproduzierbare und genau spezifizierte Mehrwege-Fading-Übertragungskanäle zur Verfügung zu haben. Tests in realen Umgebungen sind starken statistischen Änderungen unterworfen, die vergleichende Messungen schwierig machen. Der Mobilfunkkanal ist immer von der Umgebung und vom Wetter beeinflußt, was auf ein und derselben Übertragungsstrecke stark unterschiedliche Kanalimpulsantworten hervorruft, wenn die Messungen zeitlich auseinander liegen. Es ist also wünschenswert, Untersuchungen im Labor unter genau bekannten Randbedingungen durchführen zu können. Man benötigt deshalb (Hardware- oder Software-) Kanalsimulatoren, die einen Fading-Kanal simulieren können. Nach Abschnitt 3.4.3 unterscheidet man zwischen nicht-frequenzselektiven und frequenzselektiven Kanälen, je nachdem, ob die zu übertragende Bandbreite kleiner oder größer als die Kohärenzbandbreite des Kanals ist.

3.6.1 Kanalmessung

Die einfachste Methode, um die Kanalimpulsantwort $h(t)$ zu messen, arbeitet im Zeitbereich und basiert auf der Aussendung sehr kurzer, steilflankiger Impulse und der anschließenden Registrierung der Empfangssignale. Mit dem Sendesignal $s(t) \approx \delta(t)$ (Dirac-Stoß) ergibt sich das Empfangssignal

$$r(t) \approx \delta(t) * h(t) = h(t) \qquad (3.6.1)$$

Praktisch ist es allerdings nicht möglich, Dirac-Stöße auszusenden, da es weder möglich ist, unendlich hohe und unendlich kurze Impulse zu erzeugen noch diese auszusenden. Ganz davon abgesehen, würde man eine unendlich große Bandbreite benötigen. Es ist allerdings möglich, sich dem Dirac-Impuls anzunähern und tatsächlich breitere Impulse auszusenden. Hierdurch sinkt allerdings die zeitliche Auflösbarkeit der Impulsantwort. Außerdem ist der Störabstand bei Messungen dieser Art gering.

Das Messverfahren lässt sich verbessern, wenn anstelle der Einzelimpulse eine pseudo-zufällige Sequenz (Pseudo-Noise- (PN-) Signal) ausgesendet wird. Hier wird der Zusammenhang, dass ein im Frequenzbereich breitbandiges Signal im Zeitbereich näherungsweise eine Deltafunktion ergibt, verwendet. Man macht sich dabei die sehr guten Autokorrelationseigenschaften von PN-Sequenzen zunutze. In Kanalmessgeräten, so genannten "**Channel Soundern**", werden üblicherweise durch linear rückgekoppelte Schieberegistergeneratoren erzeugte M-Sequenzen eingesetzt. PN-Sequenzen werden auch in der Spreizspektrumtechnik eingesetzt und noch ausgiebig in Abschnitt 7.4 behandelt. In einem Vorgriff auf Abschnitt 7.4 sei jedoch schon an dieser Stelle erwähnt, dass für die Autokorrelationsfunktion $\phi_{xx}(\tau)$ einer m-Sequenz $x(t)$ der Periodenlänge $n = 2^m - 1$ mit dem Takt T_c näherungsweise gilt

$$\phi_{xx}(t) \approx \begin{cases} 1 & ;\text{ für } \quad t = i \cdot n \cdot T_c \;;\; i = \ldots -1,-2,0,1,2,\ldots \\ -1/n & ;\text{ sonst} \end{cases} . \qquad (3.6.2)$$

Mit $n >> 1$ und $|t| < n \cdot T_c$ erhält man daher

$$\phi_{xx}(t) = x(t) * x^*(-t) \approx \delta(t). \qquad (3.6.3)$$

Ein Channel Sounder arbeitet so, dass das ausgesendete Signal $s(t) = x(t)$ nach der Übertragung über einen Kanal mit der Impulsantwort $h(t)$ im Empfänger mit dem Signal $x^*(-t)$ korreliert wird. Man erhält das Ausgangssignal

$$y(t) = x(t) * h(t) * x^*(-t) = \phi_{xx}(t) * h(t) \approx h(t) \quad . \tag{3.6.4}$$

Bild 3.6.1 zeigt ein vereinfachtes Blockschaltbild eines Channel Sounders (Sender und Empfänger). Die Genauigkeit der Kanalmessung wird u.a. maßgeblich durch die Eigenschaften der verwendeten PN-Sequenz und durch die Taktfrequenz $f_C = 1/T_C$ bestimmt.

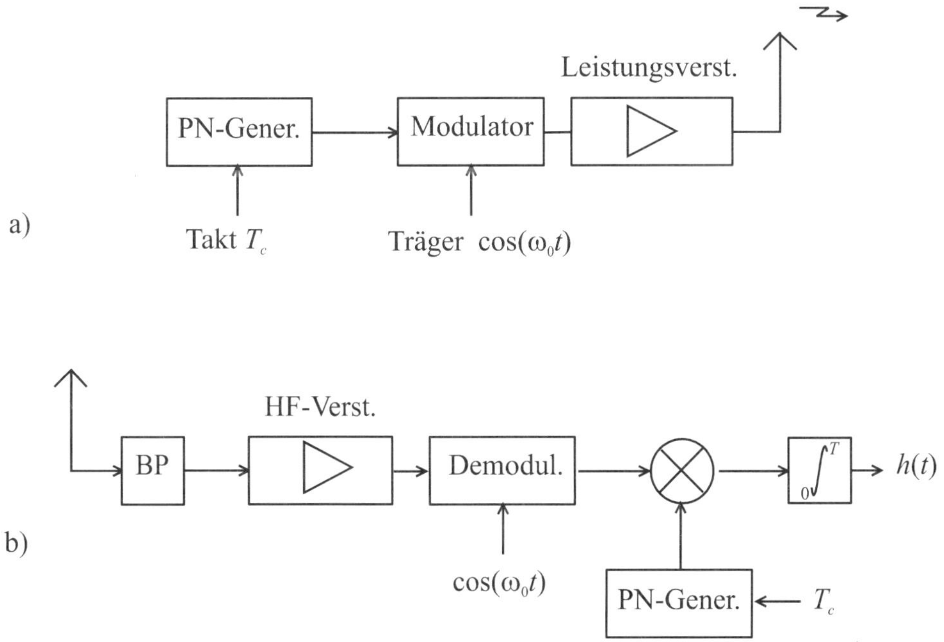

Bild 3.6.1: Vereinfachtes Blockschaltbild eines Channel Sounders, a) Sender, b) Empfänger

3.6.2 Simulation von nicht-frequenzselektiven Kanälen

Die Simulation eines nicht-frequenzselektiven Kanals, auch Schmalbandkanal genannt, erfordert die Generierung eines rayleigh- bzw. riceverteilten komplexen Rauschsignals mit definiertem Spektrum. Gemäß Abschnitt 3.2.4 lässt sich eine Rayleigh-Verteilung mit Hilfe zweier unkorrelierter weißer Gaußprozesse nachbilden. Die Herleitungen in Abschnitt 3.3.2 haben gezeigt, dass das empfangene Spektrum U-förmig verzerrt ist, wenn von gleichverteilten Reflexionskomponenten aus allen Richtungen $\alpha \in [0;2\pi)$ ausgegangen wird. Unter diesen Voraussetzungen kann man ein Modell für einen nicht-frequenzselektiven Kanal angeben. Bild 3.6.2 zeigt das Prinzipschaltbild eines Basisband-Schmalband-kanalsimulators. Das komplexe Sendesignal $s(t) = s_i(t) + \mathrm{j}\, s_q(t)$ wird mit dem komplexen Fading-Prozess multipliziert. Das Ergebnis ist ein komplexes, Fading-behaftetes Signal $r(t) = r_i(t) + \mathrm{j}\, r_q(t)$. Im Falle eines Rice-Kanals können die Direktkomponenten

$$\begin{aligned} I_R &= \sigma\sqrt{K}\cdot\cos\left[(\omega_C+\omega_D)t\right] \\ Q_R &= -\sigma\sqrt{K}\cdot\sin\left[(\omega_C+\omega_D)t\right] \end{aligned} \tag{3.6.5}$$

zugesetzt werden (vgl. Abschnitt 3.2.5). Hierbei ist $\omega_C = 2\pi f_C$ die Trägerfrequenz und $\omega_D = 2\pi f_D$ die Doppler-Verschiebung der Direktkomponente.

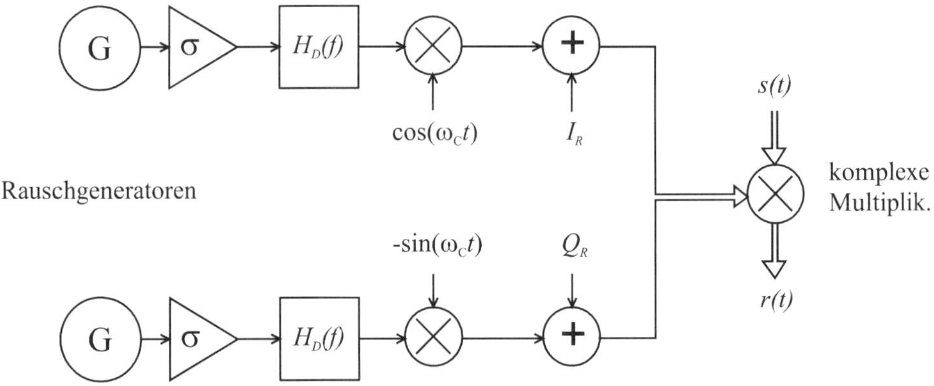

Bild 3.6.2: Modell eines Schmalband-Fadingsimulators

Die beiden Dopplerfilter müssen hierbei solche Übertragungsfunktionen $H_D(f)$ aufweisen, dass sich eine spektrale Leistungsdichte des Fading-Signals nach Gl.(3.3.8) ergibt. Man erhält daher für $H_D(f)$:

$$H_D(f) = \begin{cases} \dfrac{K}{\sqrt[4]{1-(f/f_m)^2}} & ; \quad |f| \le f_m \\ 0 & ; \quad |f| > f_m \end{cases} \tag{3.6.6}$$

mit der Konstanten $K = \sqrt{\frac{3}{4\pi}}$. Die Impulsantwort $h_D(t)$ der Dopplerfilter ergibt sich durch inverse Fouriertransformation von Gl.(3.6.6) zu

$$h_D(t) = \frac{J_{1/4}(2\pi f_m)}{\sqrt[4]{t}} \quad . \tag{3.6.7}$$

Es ist jedoch unmöglich, ein Filter zu bauen, welches exakt die Übertragungsfunktion aus Gl.(3.6.6) bzw. die Impulsantwort aus Gl.(3.6.7) aufweist. Es gibt allerdings verschiedene Möglichkeiten, sich dem exakten Verlauf sehr gut anzunähern. Eine solche Möglichkeit, die besonders für eine digitale Implementation geeignet ist, ist z.B. in [VER93] beschrieben und basiert auf einer Multiratenfilterung. Ein Verfahren aus [JAK74] bildet die Übertragungsfunktion $H_D(f)$ im Spektralbereich durch eine bestimmte Anzahl von diskreten Oszillator- "Stützstellen" nach. Die Genauigkeit der Approximation hängt von der Anzahl der Oszillatoren ab.

3.6.3 Simulation von frequenzselektiven Kanälen

Ein frequenzselektiver Kanal weist nach Abschnitt 3.4.2 ein Delay Spread auf, welches größer als die Dauer eines Datenbits ist. Daraus folgt, dass sich benachbarte Bits während der Übertragung gegenseitig beeinflussen können. Man bezeichnet diesen Effekt als Intersymbolinterferenz (ISI). ISI führt zu erhöhten Bitfehlerraten. Dies kann sogar so weit gehen, dass keine Informationsübertragung mehr möglich ist. Im Empfänger können solche Signalverzerrungen mit Hilfe von so genannten Entzerrern bzw. Equalizern wieder teilweise rückgängig gemacht werden. Hierzu versucht man, im Empfänger die Kanalimpulsantwort während einer Trainingssequenz mit bekanntem Bitmuster zu schätzen. Bei bekannter Impulsantwort des Übertragungskanals können dann Signalverzerrungen korrigiert werden.

Bild 3.6.3a zeigt eine typische Kanalimpulsantwort. Teilt man die Zeitachse in diskrete Bereiche auf (siehe Bild 3.6.3b) und addiert die in jeden Bereich fallenden Komponenten der Impulsantwort vektoriell auf, erhält man die diskrete Kanalimpulsantwort in Bild 3.6.3c. Da sehr kleine Impulse nur noch einen geringen Einfluß haben, führt man einen Schwellwert ein, ab dem die Einzelimpulse berücksichtigt werden (siehe Bild 3.6.3d).

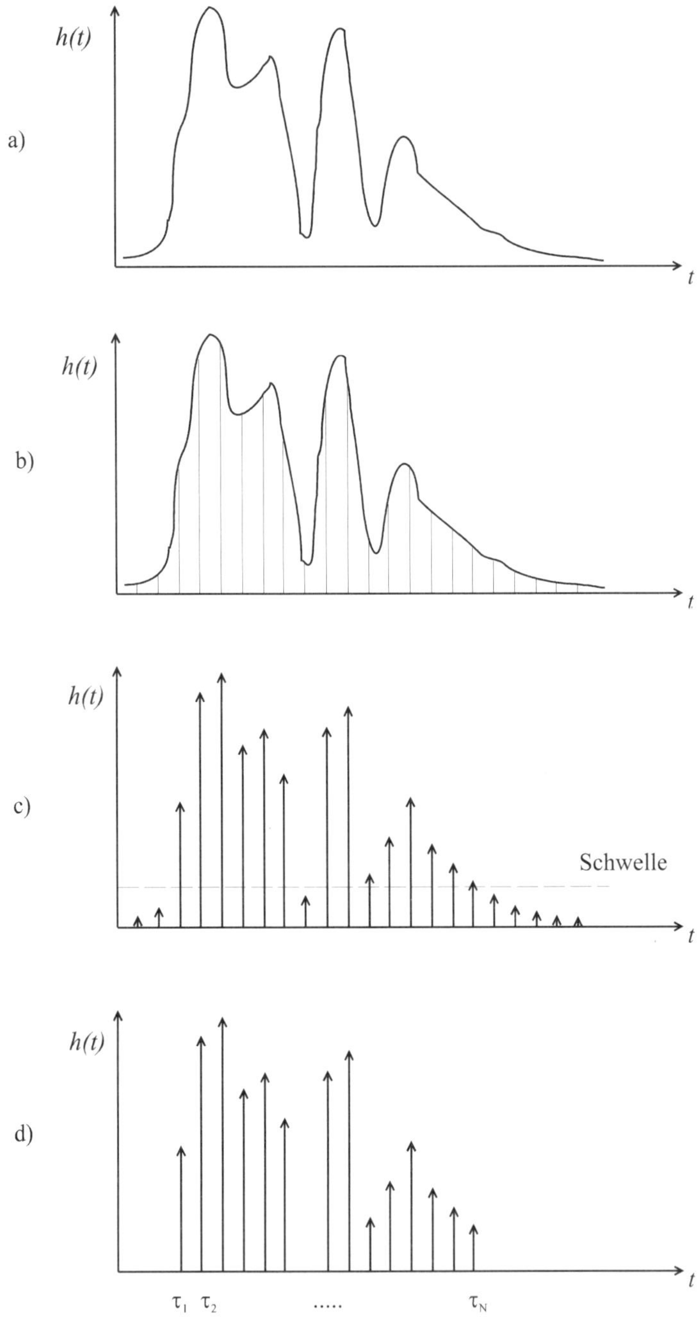

Bild 3.6.3: Impulsantwort eines Breitbandkanals

Jede der einzelnen Komponenten der Impulsantwort besitzt eine Phase φ_i und einen Betrag a_i, wobei die φ_i in [0;2π) gleichverteilt und die a_i rayleighverteilt sind. Für die komplexe, ins Basisband transformierte Impulsantwort $h(t)$ gilt daher:

$$h(t) = \sum_{i=1}^{N} a_i e^{j\varphi_i} \delta(t - \tau_i) = h_i(t) + j h_q(t) \tag{3.6.8}$$

mit

$$h_i(t) = \sum_{i=1}^{N} a_i \cos\varphi_i \delta(t - \tau_i) \tag{3.6.9}$$

und

$$h_q(t) = \sum_{i=1}^{N} a_i \sin\varphi_i \delta(t - \tau_i) \ . \tag{3.6.10}$$

Um die diskrete Basisband-Impulsantwort $h(t)$ des frequenzselektiven Kanals zu modellieren, sind demnach N einzelne Schmalbandmodelle nach Abschnitt 3.6.2 nötig. Das Empfangssignal $r(t)$ ergibt sich aus der Faltung des komplexen (Basisband-) Sendesignals $s(t)$ mit der komplexen Kanalimpulsantwort $h(t)$:

$$r(t) = s(t) * h(t) \quad . \tag{3.6.11}$$

Einsetzen der komplexen Komponenten von $s(t)$ und $h(t)$ ergibt

$$\begin{aligned} r(t) &= r_i(t) + \mathrm{j}\, r_q(t) \\ &= [s_i(t) + \mathrm{j}\, s_q(t)] * [h_i(t) + \mathrm{j}\, h_q(t)] \\ &= [s_i(t) * h_i(t) - s_q(t) * h_q(t)] + \mathrm{j}\, [s_i(t) * h_q(t) + s_q(t) * h_i(t)] \end{aligned} \tag{3.6.12}$$

Sowohl für $r_i(t)$ als auch für $r_q(t)$ sind N Verzögerungsglieder notwendig, deren Verzögerungszeiten den Abständen zwischen den τ_i entsprechen. Für den Fall von $s_i(t) * h_i(t)$ und $s_i(t) * h_q(t)$ sind die erforderlichen Operationen in Bild 3.6.4 wiedergegeben.

Die Dopplerfilter sind die gleichen wie in Abschnitt 3.6.2. Es können jedoch prinzipiell in jedem Zweig verschiedene maximale Dopplerfrequenzen auftreten. Die Rauschgeneratoren sind statistisch unabhängig und liefern weißes Gauß' sches Rauschen. Bild 3.6.4 lässt sich auch sehr gut für eine Software-Simulation verwenden. So lassen sich bestimmte Komponenten eines Mobilfunkübertragungssystems wie z.B. Modulationsverfahren, Equalizer oder Codierungsverfahren auf ihre Eigenschaften in Fading-Kanälen simulativ untersuchen und optimieren. Ein derartiger Kanalsimulator mit bis zu 12 Zweigen wird auch zum Endgerätetest und für die Abnahme von GSM-Endgeräten bzw. der Systemtechnik verwendet.

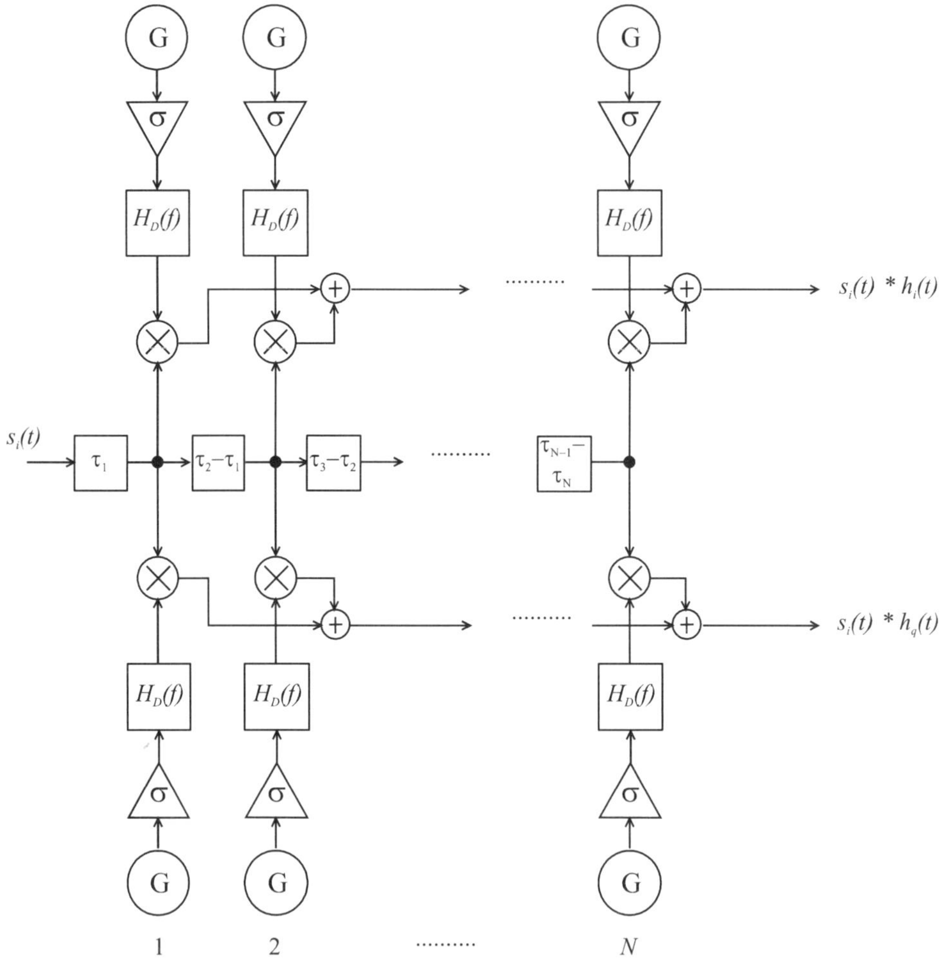

Bild 3.6.4: Breitband-Fadingsimulator: $s_i(t) * h_i(t)$ und $s_i(t) * h_q(t)$

4 Zellularer Netzaufbau

Zu Zeiten von Mobilfunksystemen der ersten Generation (z.B. die deutschen Netze A und B) stand der ökonomische Umgang mit der Ressource Spektrum nicht an erster Stelle der Entwicklungsziele. Es gab damals nicht genügend Mobilfunk-Nutzer, so dass Frequenzknappheit kein Thema war. Vielmehr wurde auf eine gute Netzabdeckung Wert gelegt. Heutzutage stellt sich die Situation anders dar. Die Teilnehmerzahl der unterschiedlichen Mobilfunknetze ist weltweit rapide angestiegen. Geeignetes und verfügbares Frequenzspektrum ist zu einem sehr knappen und wertvollen Gut geworden.

Das Konzept der zellularen Netze und die so mögliche Wiederverwendung von Übertragungsfrequenzen ist eine wesentliche Voraussetzung, um eine hohe Teilnehmerkapazität zu erreichen. Die gesamte zu versorgende Fläche wird dabei in kleinere Funkzonen, so genannte Funkzellen, unterteilt. Je kleiner die Funkzonen werden, desto mehr Mobilfunkteilnehmer können bei limitiertem Frequenzspektrum pro Fläche versorgt werden. Aber nicht nur eine hohe Systemkapazität ist der Grund für einen zellularen Netzaufbau, auch die entfernungsabhängige Dämpfung auf dem Ausbreitungsweg zwischen Sender und Empfänger begrenzt die Größe einer Funkzelle und macht in einem Mobilfunknetz den Wechsel zu einer anderen Zelle (sog. Handover) erforderlich.

Das Prinzip und die Techniken des zellularen Netzaufbaus werden in Abschnitt 4.1 beschrieben. Insbesondere das Verhältnis von Signal- zu Gleichkanalstörleistung aus anderen Funkzellen, der Gleichkanalstörabstand, spielt eine große Rolle und wird deshalb in Abschnitt 4.2 behandelt. Um die Teilnehmerkapazität von Mobilfunksystemen berechnen zu können, werden in Abschnitt 4.5 einige Betrachtungen aus der Verkehrs- und Bedientheorie angestellt. Nachdem die prinzipielle Funktionsweise von zellularen Netzen bekannt ist, wird im folgenden Abschnitt 4.6 die Vorgehensweise bei der praktischen Planung von zellularen Mobilfunknetzen erörtert. Die effektive Zuteilung der knappen Ressource Spektrum ist in vielen Mobilfunknetzen von großer Bedeutung. Abschnitt 4.7 behandelt daher die Grundlagen von statischer und dynamischer Kanalzuteilung.

4.1 Frequenz-Wiederverwendung

Bei der Ausbreitung elektromagnetischer Wellen im freien Raum nimmt im Fernfeld die Feldstärke linear und die Leistung quadratisch mit der Entfernung zum Sender ab (siehe Abschnitt 2.1). Aufgrund von topographischen Gegebenheiten, Bebauung, Bewuchs etc., sinkt die Empfangsleistung jedoch bei terrestrischen Funknetzen noch sehr viel schneller. Die mittlere Empfangsleistung ist näherungsweise proportional zu $r^{-\gamma}$, wobei r die Entfernung zwischen Sender und Empfänger und γ meist zwischen zwei und fünf liegt (siehe Abschnitt 2.5.1). Bei einer vorgegebenen maximalen Sendeleistung und einer bestimmten Mindestempfangsleistung für einen ausreichend guten Empfang ist damit die Größe einer Funkzone begrenzt.

Das Prinzip, das hinter einem zellularen Aufbau von Mobilfunknetzen steht, ist die absichtliche Begrenzung der Funkzone durch eine geringe Sendeleistung. Auf diese Weise lassen sich die knappen Sendefrequenzen in einer ausreichend großen Entfernung wiederverwenden, ohne dass sich die Kanäle gegenseitig störend beeinflussen. Zwei weit genug voneinander entfernte Mobilfunkteilnehmer können so beide gleichzeitig den gleichen Kanal benutzen.

In einem ebenen Gebiet mit um den Sender symmetrischen Wellenausbreitungsverhältnissen wäre die Funkzone durch einen Kreis begrenzt. In der Realität herrschen jedoch oft räumlich stark inhomogene Ausbreitungsbedingungen vor, die zu einer starken "Deformation" dieser Kreise führen. Bei vielen Untersuchungen in zellularen Netzen genügt eine grobe Näherung für die Funkzonengrenze. Von den drei Möglichkeiten, eine Ebene mit polygonalen Strukturen flächendeckend zu gliedern, dem gleichschenkligen Dreieck, dem Rechteck und dem Hexagon, nähert sich das Letztgenannte am besten dem Kreis an. Insbesondere weil mit Kreisen kein überlappungsfreies und lückenloses Muster aufgebaut werden kann, approximiert man die Funkzonen für theoretische Betrachtungen üblicherweise durch regelmäßige Hexagone [DON79].

Damit sich direkt benachbarte Zellen nicht gegenseitig stören, führt man so genannte "**Cluster**" von Zellen ein. Unter einem Cluster versteht man dabei eine Gruppe von N Zellen, auf die die zur Verfügung stehenden Kanäle aufgeteilt werden. Dabei kann N nur ganz bestimmte, diskrete Werte annehmen, die sich aus folgendem Zusammenhang ergeben

$$N = i^2 + ij + j^2 \quad \text{mit} \quad i, j \in \{0,1,2,3\ldots\} \tag{4.1.1}$$

Mögliche Werte für N sind damit 1,3,4,7,9,12,13,16,19... . Zur Herleitung von Gl. (4.1.1) soll zunächst ein neues, schiefwinkliges Koordinatensystem angegeben werden, welches den Umgang mit hexagonalen Mustern erleichtert. Dieses besteht aus zwei Achsen U und V, die sich unter einem Winkel von 60° schneiden (siehe Bild 4.1.1). Der Mittelpunkt eines jeden Hexagons lässt sich nun durch zwei ganzzahlige Koordinaten u und v beschreiben.

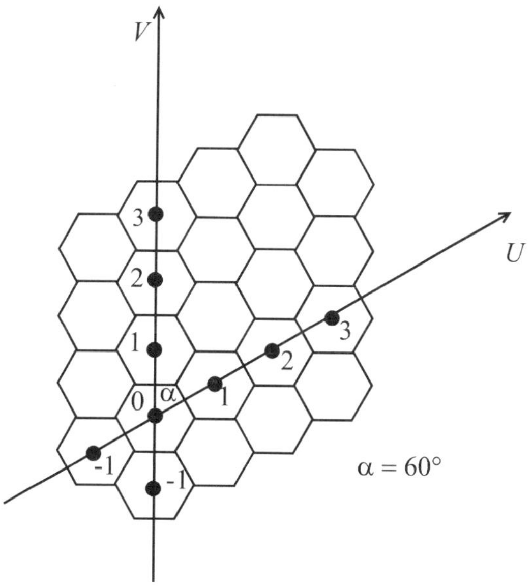

Bild 4.1.1: Angepasstes Koordinatensystem für hexagonale Zellstrukturen

In diesem neuen Koordinatensystem kann man die Entfernung d_{12} zwischen zwei Koordinatenpaaren (u_1,v_1) und (u_2,v_2) einfach mit Hilfe des Kosinussatzes berechnen

$$d_{12} = \sqrt{3} \cdot R \cdot \sqrt{(u_2 - u_1)^2 + (u_2 - u_1)(v_2 - v_1) + (v_2 - v_1)^2} \quad . \qquad (4.1.2)$$

Hierbei ist R der Zellradius, also die Entfernung von der Zellmitte zu einer Ecke.

Die Herleitung von Gl.(4.1.1) bedient sich eines heuristischen Ansatzes, indem jedes Cluster, also eine Gruppe von benachbarten Zellen, durch ein flächengleiches Sechseck umrahmt wird (siehe Bild 4.1.2). Die Mittelpunkte dieser neuen Hexagone (i,j) lassen sich nun, relativ zum zentralen Cluster, ebenfalls mit Hilfe des neu eingeführten Koordinatensystems angeben. Für die Entfernung D der neuen "Überhexagone" untereinander findet man analog zu Gl.(4.1.2):

$$D = \sqrt{3} \cdot R \cdot \sqrt{i^2 + ij + j^2} \quad . \qquad (4.1.3)$$

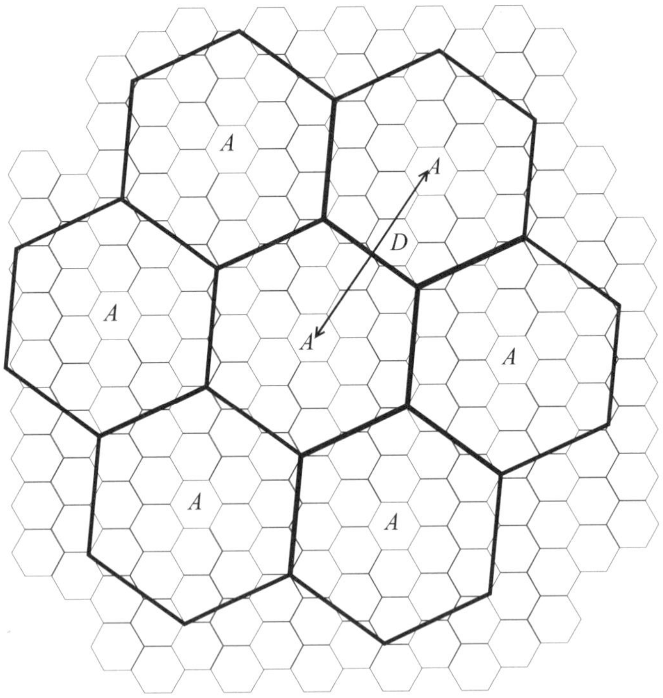

Bild 4.1.2: Zusammenfassen der Cluster-Zellen zu "Überhexagonen"

Die Anzahl der Zellen in diesem neuen "Überhexagon", also die Clustergröße, ergibt sich damit einfach aus dem Verhältnis der Flächen des "Überhexagons" A' und einer Zelle A. Die Fläche A eines Sechsecks mit dem Radius R beträgt

$$A = \frac{3}{2}\sqrt{3}R^2 \quad . \tag{4.1.4}$$

Damit erhält man für die Clustergröße N den einfachen Ausdruck

$$N = \frac{A'}{A} = \frac{\frac{3}{2}\sqrt{3}\left(\frac{D}{\sqrt{3}}\right)^2}{\frac{3}{2}\sqrt{3}R^2} \quad . \tag{4.1.5}$$

Nach Einsetzen von Gl.(4.1.3) in Gl.(4.1.5) folgt Gl.(4.1.1).

Der Vollständigkeit halber sei noch erwähnt, dass sich bei einem Modell mit quadratischen Zellen, die man z.B. oft in Büroumgebungen annehmen kann, andere Clustergrößen als bei hexagonalen Zellen ergeben. Man erhält für die Clustergröße N_q bei quadratischen Zellen

$$N_q = k^2 + l^2 \tag{4.1.6}$$

mit $k,l = 0,1,2,3,...$. Nähere Ausführungen hierzu und ein Vergleich zwischen hexagonalen und quadratischen Zellmustern finden sich in [COX82].

Durch die gewählte Geometrie besteht zwischen dem Zellradius R, der Clustergröße N und dem **Wiederverwendungsabstand** D ein Zusammenhang. Mit Gl.(4.1.1) in Gl.(4.1.3) erhält man

$$D = \sqrt{3N} \cdot R \quad . \tag{4.1.7}$$

Der Quotient D/R wird üblicherweise als normierter Wiederverwendungsabstand q bezeichnet:

$$q = D/R = \sqrt{3N} \, . \tag{4.1.8}$$

In Bild 4.1.3 ist beispielhaft das Zellmuster für die Clustergröße $N = 7$ mit jeweils einer Trägerfrequenz pro Zelle ($f_1..f_7$) abgebildet. Typische Clustergrößen in GSM-Netzen liegen bei $N = 7, 9, 12$.

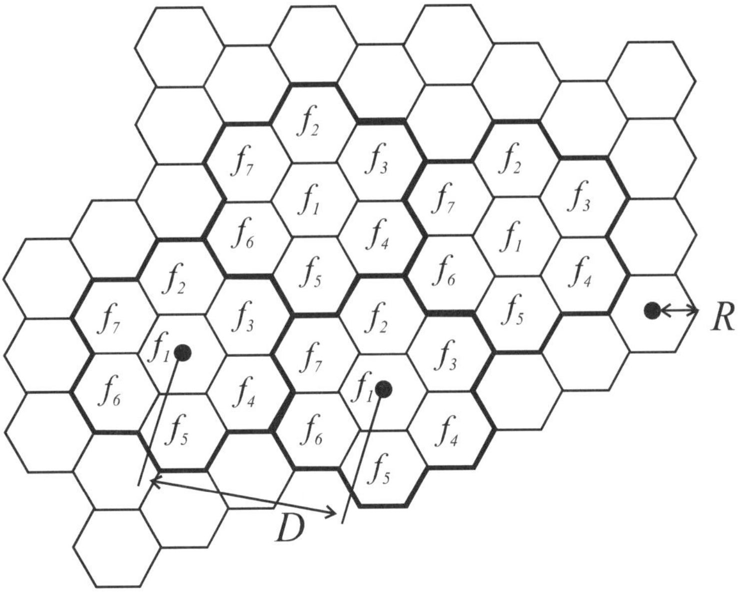

Bild 4.1.3: Zellstruktur für die Clustergröße $N = 7$

Damit sich die einzelnen Funkzellen möglichst wenig gegenseitig stören, ist ein ausreichend großer Wiederverwendungsabstand D erforderlich. Man erkennt aus Gl.(4.1.7), dass D für gegebene Zellgrößen nur durch größere Cluster vergrößert werden kann. Bei gegebenem Spektrum sinkt mit wachsender Clustergröße die Anzahl der Kanäle pro Zelle. Dies folgt unmittelbar daraus, dass die zur Verfügung stehenden Kanäle eines Clusters auf dessen Zellen verteilt werden müssen. Damit wird die Anzahl möglicher Funkteilnehmer pro Zelle kleiner.

Ein wesentliches Ziel beim Design von zellularen Mobilfunknetzen ist es jedoch, möglichst viele Teilnehmer mit möglichst kleinem Frequenzspektrum zu bedienen. Man möchte deshalb die Clustergröße klein halten. Je kleiner N allerdings wird, desto größer wird auch die Wahrscheinlichkeit, dass sich die Zellen gegenseitig stören, wie im folgenden Abschnitt noch gezeigt wird. Diese Gleichkanalstörungen (*engl.* Cochannel Interference) sind ein wesentlicher Faktor, der die Teilnehmerkapazität in zellularen Netzen begrenzt.

4.2 Gleichkanalstörabstand

4.2.1 Funkzellen mit omnidirektionaler Abstrahlung

Zunächst soll untersucht werden, wie groß die erwähnten Gleichkanalstöranteile in einem zellular aufgebauten Mobilfunknetz werden können, wenn die beteiligten Mobil- und Basisstationen mit omnidirektionalen (rundstrahlenden) Antennen ausgestattet sind.

In einem interferenzbegrenzten System (siehe Abschnitt 2.7.1) ist für die Verbindungsqualität das **Signal- zu Interferenzleistungsverhältnis *C/I*** (*engl.* C = Carrier, I = Interference), auch Gleichkanalstörabstand genannt, wichtig. Eine einfache Abschätzung für dieses Verhältnis lässt sich für ein homogenes Netz, in dem alle Basisstationen mit gleicher Leistung senden, leicht angeben. Der Einfachheit halber beschränken sich die folgenden Betrachtungen auf den Downlink, also die Übertragungsrichtung BS $\rightarrow$ MS. Die Empfangsleistung wird dabei als zu $r^{-\gamma}$ proportional angenommen (siehe Abschnitt 2.5).

$$\frac{C}{I} = \frac{r^{-\gamma}}{\sum_{i=1}^{K} d_i^{-\gamma}} \tag{4.2.1}$$

Hierbei bezeichnet K die Anzahl der Gleichkanalzellen (Cochannel Zellen) und d_i den Abstand von der i-ten Gleichkanalzelle zur betrachteten Mobilstation ($i = 1...K$). Die Mobilstation in der zentralen Referenzzelle befindet sich in der Entfernung r von ihrer Basisstation. Unabhängig von der Clustergröße hat jede Zelle immer genau sechs zugehörige nächste Gleichkanalzellen (siehe Bild 4.2.1). Ist $r = R$ (Zellrand) und $d_i >> r$ ($d_i \approx D$), lässt sich Gl.(4.2.1) vereinfachen. Man gelangt nun zu folgendem Ausdruck:

$$\frac{C}{I} = \frac{1}{6} q^{\gamma} \quad . \tag{4.2.2}$$

Es wurde dabei berücksichtigt, dass die stärksten Störungen durch die am nächsten gelegenen sechs Cochannel Zellen verursacht werden ($K = 6$). Der Einfluss der weiter entfernten Gleichkanalzellen kann vernachlässigt werden. Eine etwas genauere Rechnung geht von der Forderung $d_i \approx D$ ab und führt zu nachstehendem Ergebnis:

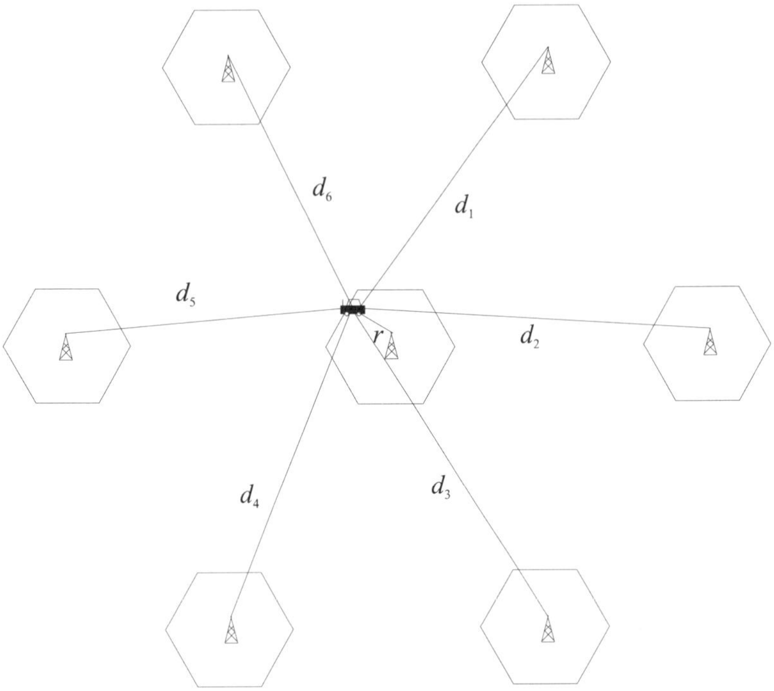

Bild 4.2.1: Gleichkanalinterferenz der sechs nächsten Gleichkanalzellen

$$\frac{C}{I} = \frac{R^{-\gamma}}{2(D-R)^{-\gamma} + 2D^{-\gamma} + 2(D+R)^{-\gamma}} = \frac{1}{2(q-1)^{-\gamma} + 2q^{-\gamma} + 2(q+1)^{-\gamma}} \quad . \tag{4.2.3}$$

In Gl.(4.2.1) wurden für die Entfernungen d_1 bis d_6 folgende Werte eingesetzt: $d_1 = d_4 = D$, $d_2 = d_3 = D + R$, $d_5 = d_6 = D - R$. Gl.(4.2.3) beschreibt also den ungünstigsten Fall, der in diesem Modell eintreten kann.

Aus den Gln.(4.2.1) - (4.2.3) ist ersichtlich, dass der Gleichkanalstörabstand nicht von der Sendeleistung abhängt wenn alle Stationen mit der gleichen Sendeleistung senden. Man könnte deshalb die Sendeleistung der Stationen so hoch wählen, dass sich immer ein ausreichend starker Empfangspegel bzw. ein ausreichend hohes C/N (*engl.* Carrier/Noise) ergibt, so dass Rauschen vernachlässigt werden kann. Aus naheliegenden praktischen Gründen kann die Sendeleistung aber natürlich nicht beliebig hoch gewählt werden.

Das C/I-Verhältnis ist demnach nur eine Funktion von der Clustergröße N. Das mindestens erforderliche C/I für eine ausreichende Verbindungsqualität hängt von dem gewählten Kanalzugriffsverfahren, dem Modulationsverfahren und der verwendeten Codierung ab und beträgt z.B. bei GSM ca. 9 dB. Aufgrund von Signalschwund (siehe Abschnitt 3.2) ist jedoch immer ein mehr oder weniger großer "Sicherheitsabstand" zu diesem minimalen Wert erforderlich. In GSM-Netzen gelten 15 dB Mindest-C/I als vorsichtiger Wert für die Auslegung des Systems. In Tabelle 4.2.1 sind die mit Gl.(4.2.2) und (4.2.3) ermittelten Gleichkanalstörabstände für verschiedene Clustergrößen aufgeführt. Man erkennt, dass der Unterschied zwischen den C/I-Werten nach Gl.(4.2.2) und Gl.(4.2.3) bei größeren Clustern geringer wird. Dies folgt daraus, dass D immer größer gegen R wird. Die mindestens benötigte Clustergröße liegt also aufgrund der C/I-Grenze fest. Damit liegt aber auch die Anzahl der Kanäle pro Zelle und folglich auch die maximale Teilnehmerzahl des Netzes fest.

Tabelle 4.2.1: Gleichkanalstörabstände (des Downlinks) verschiedener Clustergrößen ($\gamma = 4$)

Clustergröße	3	4	7	9	12	13
Gl.(4.2.2) C/I [dB]	11,3	13,8	18,7	20,9	23,3	24
Gl.(4.2.3) C/I [dB]	8	11,4	17,3	19,8	22,5	23,3

Eine wichtige Bedeutung der Gln.(4.2.2) und (4.2.3) ist, dass sie die Verbindung zwischen der Nachrichtenübertragungstechnik und dem zellularen Netzaufbau darstellen.

Die Clustergröße $N = 1$ wurde nicht aufgeführt, da hier der Gleichkanalstörabstand negative Werte annehmen kann und dieser Fall daher, außer in Spezialfällen von sehr interferenzfesten Systemen (siehe CDMA, Kapitel 7), selten realisiert werden kann.

Es soll an dieser Stelle nochmals darauf hingewiesen werden, dass die Gln.(4.2.1) - (4.2.3) Näherungen sind. In der Realität treten zusätzlich mitunter starke Fading/Abschattungseffekte auf, die den Gleichkanalstörabstand negativ beeinflussen können (siehe Kapitel 3). Für eine reale Planung ist es wichtig, diese Effekte zu berücksichtigen, um für ein gefordertes C/I eine bestimmte Versorgungswahrscheinlichkeit von z.B. 90 % oder 95 % zu garantieren (siehe auch Abschnitt 4.6.3).

4.2.2 Zellsektorisierung

Wie bereits im vorangegangenen Abschnitt gezeigt wurde, besitzt jede Zelle aufgrund der hexagonalen Struktur immer genau sechs nächste Gleichkanalzellen, von denen die am stärksten störenden Interferenzen hervorgerufen werden. Durch den Einsatz von Richtantennen an den Basisstationen lässt sich eine Zelle in Sektoren mit verschiedenen Kanalgruppen aufteilen. Dies hat zur Folge, dass weniger Gleichkanalstörer von der Basisstation "gesehen" werden und sie zudem selber weniger Störungen verursacht. Man verwendet in der Regel 120° oder 60° Sektorantennen und erhält damit die in Bild 4.2.2 gezeigte Situation für eine Clustergröße von $N = 7$.

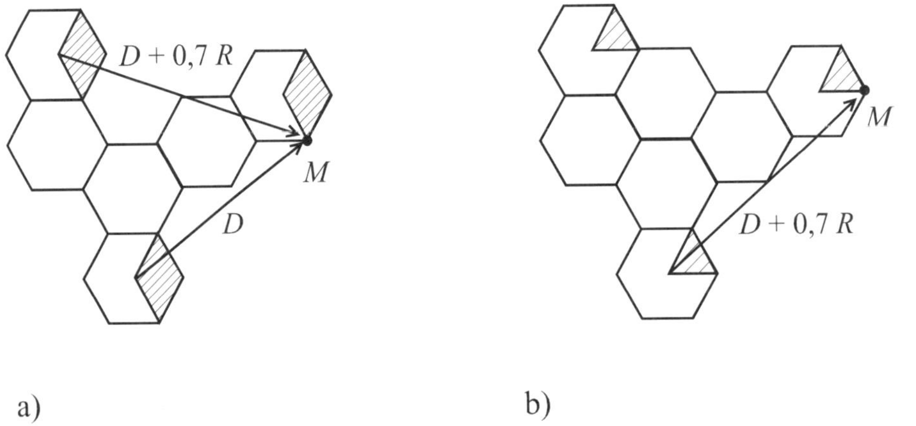

Bild 4.2.2: Zellstruktur bei Einsatz von 120° (a) und 60° (b) Sektorantennen in einem $N = 7$ Cluster

Werden Antennen mit einem ausreichend hohen Vor-Rückverhältnis ($>$ ca. 15 dB) verwendet, müssen nun im Drei-Sektor-Fall nur noch zwei Interferenz-Basisstationen bei der Berechnung des Gleichkanalstörabstands berücksichtigt werden. Es soll wieder der ungünstigste Fall untersucht werden ("worst case"), bei dem sich die Mobilstation am Zellrand (Position M) befindet. Zur besseren Übersicht werden die Entfernungen zu den Störern mit D und $D + 0,7\,R$ genähert. Man erhält damit folgendes Ergebnis für das C/I:

$$\frac{C}{I} = \frac{R^{-\gamma}}{(D+0,7R)^{-\gamma} + D^{-\gamma}} = \frac{1}{(q+0,7)^{-\gamma} + q^{-\gamma}} \quad . \tag{4.2.4}$$

Mit $q = \sqrt{3N} = \sqrt{21}$ und $\gamma = 4$ ergibt sich ein Gleichkanalstörabstand von 24,5 dB, also eine Verbesserung um ca. 7 dB gegenüber dem omnidirektionalen Fall.

Werden sechs Richtantennen pro Basisstation mit jeweils 60° Öffnungswinkel eingesetzt, muss nur noch eine Interferenzzelle berücksichtigt werden. Der Gleichkanalstörabstand ergibt sich im "worst case" zu

$$\frac{C}{I} = \frac{R^{-\gamma}}{(D+0{,}7R)^{-\gamma}} = (q+0{,}7)^{\gamma} \quad . \qquad (4.2.5)$$

Dies führt auf ein C/I-Verhältnis im $N = 7$ Cluster von 29 dB, also fast 12 dB Verbesserung gegenüber dem omnidirektionalen Fall.

Neben der Reduktion der Gleichkanalinterferenz entstehen durch den Einsatz von Sektorantennen an den Basisstationen auch Vorteile bei der Ausleuchtung des Zellgebiets (höherer Antennengewinn). Dem steht allerdings auch der, besonders im 60° Fall, verringerte Bündelgewinn durch die stärkere Unterteilung der Kanalgruppen gegenüber (siehe Abschnitt 4.5). Bei fest vorgegebenen Randbedingungen wie Modulationsverfahren, Topographie und Kanalanzahl muss demnach zwischen der Clustergröße und dem Grad der Sektorisierung abgewogen werden.

Die in den beiden letzten Abschnitten hergeleiteten C/I-Formeln bezogen sich immer auf leicht handhabbare "worst case" Situationen und berücksichtigten auch keine mobilfunktypischen Fading-Prozesse und Abschattungen, die den Gleichkanalstörabstand negativ beeinflussen können. Im Folgenden sind deshalb C/I-Ergebnisse angegeben, die mit Hilfe einer Computersimulation in einem mit Lognormal-Fading ($\sigma = 6$ dB) behafteten Mobilfunkkanal (siehe Abschnitt 3.2.8) ermittelt worden sind. Während der Simulation wurden je 2000 Mobilstationen gleichverteilt zufällig in der Referenzzelle plaziert und der jeweilige Gleichkanalstörabstand unter Berücksichtigung des Lognormal-Fadings berechnet. Tabelle 4.2.2 zeigt die ermittelten mittleren Gleichkanalstörabstände sowie den jeweiligen minimalen C/I-Wert, der bei 90 % der Mobilstationen erreicht wird.

Bei genauerer Betrachtung der Tabelle 4.2.2 fällt auf, dass bei der Clustergröße $N = 12$ im 120° sektorisierten Fall schlechtere Ergebnisse erzielt werden als mit dem $N = 9$ Cluster. Im Falle der 60° Sektorisierung ist das mittlere C/I sogar kleiner als im $N = 7$ Cluster. Dies liegt daran, dass im $N = 12$ Cluster bei der 120° Sektorisierung statt zwei nun drei Gleichkanalstörer wirksam werden und im Fall der 60° Sektoren statt einem Störer zwei.

Tabelle 4.2.2: Mittlere und 90 % *C/I*-Werte [dB] mit und ohne Sektorisierung, unter Berücksichtigung von Lognormal-Fading ($\sigma = 6$ dB) und $\gamma = 4$

Sek./Cluster	3 mittl./90 %	4 mittl./90 %	7 mittl./90 %	9 mittl./90 %	12 mittl./90 %
360°	18,3/5,7	20,7/8,1	25,6/12,8	27,8/14,5	30,4/17,9
120°	24,3/11,9	29,2/16,6	33,6/20,5	35,9/23,1	35,4/22,8
60°	27,4/14,5	34,9/20,8	39,0/25,5	40,7/27,1	38,1/24,7

4.3 Handover

Bewegt sich eine Mobilstation aus dem Versorgungsbereich ihrer Basisstation heraus, muss die Verbindung über eine andere Basisstation geführt werden. Ältere Mobilfunksysteme der ersten Generation wie z.B. das ehemalige deutsche B/B2-Netz boten nicht die Möglichkeit einer automatischen Umschaltung auf eine andere Basisstation. Wurde die Funkverbindung zum mobilen Teilnehmer schlechter, musste die Übertragung beendet und eine neue Verbindung zu einer anderen Basisstation aufgebaut werden. Spätere Systeme wie z.B. das C-Netz, erlaubten einen automatischen Wechsel der Funkzone, ohne dass die Qualität der laufenden Verbindung davon wesentlich störend beeinflußt wurde. Man bezeichnet diesen Vorgang als "Handover" oder synonym als "Handoff". Wenn für den Teilnehmer keine Verbindungsunterbrechung erkennbar ist, spricht man von einem "Seamless Handover" (nahtloser Handover).

Der Handover (HO) ist ein sehr zeitkritischer Vorgang in Mobilfunksystemen, da die Kontinuität laufender Verbindungen gewährleistet werden muss. Er hat einen bedeutenden Einfluß auf die Kapazität und die Leistungsfähigkeit zellularer Netze und besteht aus drei Phasen: Messung, Handover-Einleitung, Umschaltung zur Zielbasisstation.

Während der Mobilfunkübertragung werden ständig Messungen durchgeführt, um die Notwendigkeit eines Handover zu erkennen. Ein Handover-Algorithmus kann seine Entscheidung, ob und wann ein Wechsel der Funkzone erforderlich bzw. sinnvoll ist, von verschiedenen Kriterien abhängig machen. Neben der Empfangsleistung sind dies vor allem auch Qualitätskriterien wie Bitfehlerraten oder Störabstände. Zusätzlich kann die Entfernung von der momentanen Basisstation anhand der Signallaufzeit mit in die Entscheidungsfindung einfließen. Durch die in Kapitel 3 beschriebenen Fading-Prozesse ist der Empfangspegel einer Basis- bzw. Mobilstation oft sehr starken Schwankungen unterworfen. Dies kann die Ermittlung eines geeigneten Handover-Zeitpunkts sehr schwierig machen. Handover bedeuten einen hohen Steuer- und Signalisierungsaufwand im Netz und sollten deshalb nur dann erfolgen, wenn es nötig ist. Unnötige Handover, z.B. im Falle von nur kurzen Fadingeinbrüchen, sollen hingegen vermieden werden.

Nachdem der Handover-Algorithmus eine Handover-Entscheidung getroffen hat, werden im Netz die notwendigen Vorbereitungen getroffen. Dazu gehören die Durchschaltung von Festnetzverbindungen von der Mobilvermittlungsstelle zur neuen Basisstation und die Auswahl eines neuen, geeigneten Übertragungskanals. Weitere Aktionen bezüglich der Teilnehmer- bzw. Mobilitätsverwaltung können, je nach Mobilfunksystem, hinzukommen. Erst in der dritten Phase erfolgt dann die endgültige Umschaltung zur neuen Basisstation.

Je nachdem wie ein Handover-Algorithmus arbeitet und wo er angeordnet ist (Mobil- oder Basisstation), unterscheidet man zwischen netzgesteuertem HO (z.B. C-Netz), mobilstationsunterstütztem HO (z.B. GSM, UMTS) oder mobilstationsgesteuertem HO (z.B. DECT). Im erstgenannten Fall wird die Handover-Entscheidung ausschließlich von den Basisstationen anhand der eigenen Messergebnisse getroffen. Der HO wird vom Festnetz aus eingeleitet. Beim mobilstationsunterstützten HO wird der Wechsel der Basisstation zwar immer noch vom Festnetz aus eingeleitet, jedoch werden auch Messergebnisse von Seiten der Mobilstation in die Entscheidungsfindung einbezogen. Zu diesem Zweck werden in bestimmten Zeitabschnitten Messwerte von den Mobilstationen zu ihren Basisstationen übertragen. Diese Messtelegramme können auch, wie im Falle von GSM und UMTS (WCDMA, Interfrequenz Handover), Pegelmesswerte benachbarter Basisstationen beinhalten. Der mobilstationsgesteuerte HO wird von den Mobilstationen allein eingeleitet und durchgeführt.

Nach der Art, wie ein neuer Verbindungsweg aufgebaut wird und wie zwischen altem und neuem Weg umgeschaltet wird, lassen sich Handover-Vorgänge in drei verschiedene Klassen einteilen: HO mit festem Umschaltpunkt, HO mit variablem Umschaltpunkt und Soft-Handover. In Bild 4.3.1 sind die drei Prinzipien dargestellt.

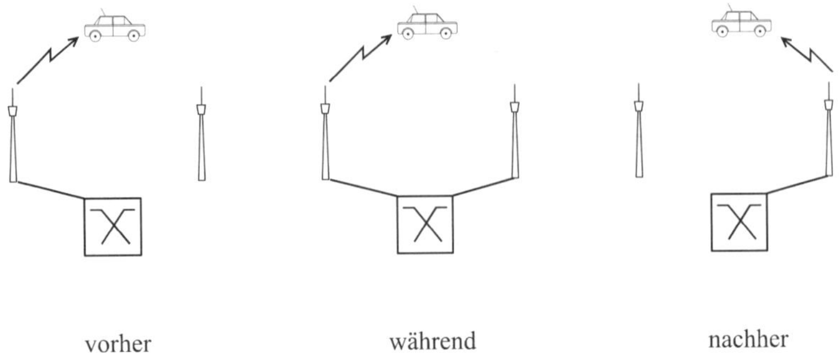

a) Handover mit festem Umschaltpunkt

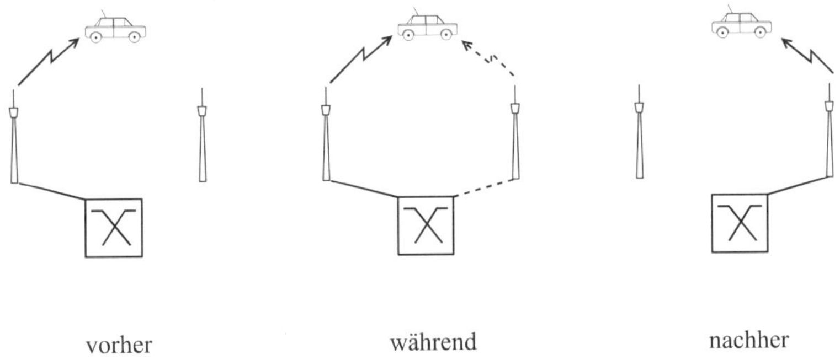

b) Handover mit variablem Umschaltpunkt

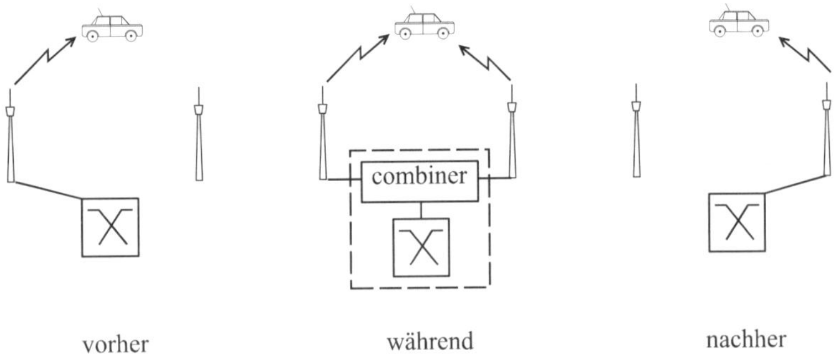

c) Soft-Handover

Bild 4.3.1: Handover-Strategien

Bei einem Handover mit festem Umschaltpunkt (siehe Bild 4.3.1a) wird vom Netz der Umschaltvorgang derart vorbereitet, dass bereits eine neue Leitung von der Mobilvermittlungsstelle zur neuen Basisstation durchgeschaltet wird, bevor die eigentliche Umschaltung erfolgt. Auf diese Weise kann die Verbindungsunterbrechung während des Handover-Vorgangs kurz gehalten werden; sie kann aber dennoch auftreten und sich z.B. als störendes "Knacken" bemerkbar machen. Nach dem Verbindungsaufbau zwischen der Vermittlungsstelle und der neuen Basisstation wird gleichzeitig auf den neuen Weg geschaltet, und es werden die Teilnehmerdaten umgeleitet. Ein Handover mit festem Umschaltpunkt ist meistens netzgesteuert; das Umschaltkommando auf einen neuen Kanal kommt in diesem Fall von der Mobilvermittlungsstelle. Ein Vorteil des HO mit festem Umschaltpunkt ist, dass zu jeder Zeit nur ein Kanal auf der Luftschnittstelle belegt wird.

Im Fall des Handover mit variablem Umschaltpunkt (siehe Bild 4.3.1b) wird die Mobilfunkverbindung für einen kurzen Zeitabschnitt gleichzeitig zu zwei Basisstationen geführt. Die alte Verbindung ist noch solange aktiv, bis alle nötigen Vorbereitungen zum endgültigen Handover beendet sind. Erst dann wird die bereits funktionierende, zweite Übertragungsstrecke aktiviert und die alte Verbindung gelöst. Die Mobilstation muss daher während des Handover-Vorgangs gleichzeitig auf zwei Kanälen senden und empfangen. Dieser Handover-Typus eignet sich deshalb besonders für Mobilfunksysteme auf Basis von Zeitmultiplexverfahren (siehe Abschnitt 7.3) und mobilstationsgesteuertem HO. Er wird z.B. im DECT-System eingesetzt.

Eine interessante Handover-Variante ist der Soft-HO (siehe Bild 4.3.1c). Ähnlich wie beim Handover mit variablem Umschaltpunkt besteht gleichzeitig eine Verbindung zu zwei Basisstationen. Hier werden jedoch beide Verbindungen benutzt, um einen gemeinsamen Datenstrom an der Mobilvermittlungsstelle zu erzeugen. Die Umschaltzeit spielt beim Soft-HO keine große Rolle. Es wird über einen längeren Zeitraum hinweg immer gerade das Signal ausgewählt, welches gerade am stärksten bzw. am wenigsten gestört ist. Das Prinzip des Soft-HO kann leicht dahingehend erweitert werden, dass die Mobilstation während der gesamten Verbindungsdauer mit zwei oder mehr Basisstationen gleichzeitig verbunden ist. Man nennt dieses Prinzip auch "Makro-Diversity" in Anlehnung an die bereits in Abschnitt 3.6 behandelten (Mikro-) Diversity Verfahren zur Verminderung von "Dropouts" durch Mehrwegeausbreitung (Fast Fading). Teilweise werden Makro-Diversity und Soft-Handover auch synonym verwendet. Makro-Diversity kann die Übertragungsqualität in Situationen mit Slow Fading deutlich steigern, da automatisch immer die Ausbreitungsrichtung ausgewählt wird, die am wenigsten abgeschattet ist. Da ständig Verbindung zu mehreren Basisstationen gehalten wird, ist eine entsprechend hohe Übertragungskapazität erforderlich. Soft-Handover ist ein wesentlicher Systembestandteil von UMTS [BEN02].

Ein weiterer Unterscheidungspunkt bei Handover-Verfahren betrifft den Signalisierungsweg über den der Handover eingeleitet wird: Es gibt rückwärts- und vorwärtsgesteuerte Handover. Im Fall des rückwärtsgesteuerten HO werden alle Informationen zwischen Mobil- und Basisstation, die den Handover-Vorgang betreffen, über die bisherige, alte Verbindung übertragen. Ein HO mit festem Umschaltpunkt ist daher immer rückwärtsgesteuert. Beim vorwärtsgesteuerten HO werden die relevanten Informationen bereits über die Luftschnittstelle zur neuen Zielbasisstation übertragen. Die notwendigen Schritte, wie der Verbindungsaufbau zur Mobilvermittlungsstelle, werden von der Zielbasisstation aus eingeleitet. Ein vorwärtsgesteuerter HO ist deshalb nur möglich, wenn die Kanalzuteilung von der Mobilstation aus gesteuert wird, wie es z.B. im DECT-System der Fall ist.

4.4 Mikrozellulare und hierarchische Zellstrukturen

Eine effektive Methode, um die Teilnehmerkapazität eines zellularen Mobilfunksystems bei konstanten spektralen Ressourcen beträchtlich zu erhöhen, ist die Verringerung des Zellradius. Pro Flächeneinheit hat man so eine höhere Übertragungsbandbreite zur Verfügung und kann mehr Teilnehmer versorgen. Besonders Orte mit sehr hohem Telefonverkehr, wie z.B. stark befahrene Straßen, Kreuzungen, Innenstadtbereiche usw. bieten sich für eine Mikrozell-Versorgung an. Von Mikrozellen spricht man bei Zellen mit Radien, die kleiner als etwa 1 km sind. Die Antennen von Mikrozell-Basisstationen sind gewöhnlich niedrig montiert (Straßenlampenhöhe), um den Ausleuchtungsbereich klein zu halten. Da zur Versorgung einer größeren Fläche mit Mikrozellen viele Basisstationen benötigt werden, ist der Aufbau eines mikrozellularen Netzes sehr teuer und daher nur bei besonders hohem Anrufaufkommen sinnvoll.

Ein weiteres Problem beim Betrieb eines mikrozellularen Netzes ist die relativ hohe Handover-Rate. Schnelle Mobilstationen bewegen sich in kurzer Zeit durch die kleinen Mikrozellen und verursachen so sehr viele Handover. Unter der Voraussetzung einer räumlich homogenen Teilnehmerverteilung in der Ebene ist die Anzahl der Teilnehmer T pro Zelle proportional zum Quadrat des Zellradius R:

$$T \sim R^2 \tag{4.4.1}$$

Die Handover-Wahrscheinlichkeit P_{HO} ist proportional zum Zellradius:

$$P_{HO} \sim R \tag{4.4.2}$$

Damit erhält man für die Handover-Rate R_{HO}, als Verhältnis der Handover-Vorgänge zur Teilnehmerzahl einer Zelle, folgenden Zusammenhang:

$$R_{HO} = \frac{P_{HO}}{T} \sim \frac{1}{R} \tag{4.4.3}$$

Die Handover-Rate ist also umgekehrt proportional zum Zellradius.

Mikrozell-Basisstationen arbeiten gewöhnlich mit geringen Sendeleistungen ($P <$ 1 W) und verwenden Antennen in geringer Höhe, üblicherweise zwischen etwa 5 und 15 m. So kann die Sendereichweite auf einen kleinen Bereich um die Basisstation begrenzt werden, und die verwendeten Kanäle können bald wiederverwendet werden. Aufgrund der geringen Zellgröße sind auch auf der Mobilstationsseite nur geringe Sendeleistungen erforderlich; dies wirkt sich sehr günstig auf die Betriebsdauer von portablen Mobiltelefonen ("Handys") aus.

Mikrozellulare Netze weisen eine hohe spektrale Effizienz auf und erlauben den Einsatz von geringen Sendeleistungen. In Gebieten mit räumlich stark heterogener Lastverteilung sind sie jedoch aufgrund der hohen Anzahl von Basisstationen nicht ökonomisch. Zudem bereiten die hohen Handover-Raten Probleme bei der Netzsteuerung und können die Dienstgüte vermindern. Einen Ausweg bieten hier hierarchische Zellstrukturen aus Mikrozellen, die von großen Makrozellen überdeckt werden. Bild 4.4.1 zeigt solch eine hybride Netzstruktur. Mit der Makrozelle kann leicht eine große Fläche abgedeckt werden. Da die Gebiete mit hoher Teilnehmerdichte in aller Regel örtlich begrenzt sind (sogenannte "Hotspots"), lassen sie sich leicht durch kleinere Mikrozellen oder sogar Picozellen mit Zellradien bis hinunter zu einigen 100 m versorgen.

Neben der guten Anpassung an die tatsächliche räumliche Lastverteilung bieten hierarchische Netze noch weitere Vorteile. So lässt sich die in reinen Mikrozellnetzen auftretende Handover-Problematik dadurch vermindern, indem schnell bewegliche Mobilstationen primär Kanäle aus den Makro-Schirmzellen zugeteilt bekommen. Ferner kann eine Senkung der Blockierrate im Netz erreicht werden, wenn es auch den Teilnehmern im Bereich der Mikrozellen erlaubt wird, bei voll ausgelasteten Mikrozellen auf Kanäle der übergeordneten Makrozelle auszuweichen. Man erhält so einen den dynamischen Kanalzuteilungsverfahren ähnlichen Effekt, der durch eine größere Flexibilität zu einer Kapazitätssteigerung des Netzes führt (Näheres hierzu wird in Abschnitt 4.7 behandelt).

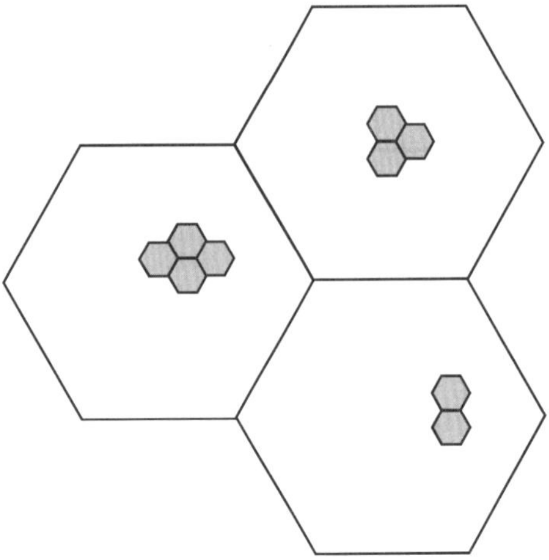

Bild 4.4.1: Hierarchische Zellstruktur

Hierarchische Zellstrukturen sind eine Kombination von Makrozellen, Mikrozellen und evtl. Picozellen. Da in den großen Makrozellen sehr viel höhere Sendeleistungen, sowohl an den Basisstationen wie auch bei den Mobilstationen, eingesetzt werden müssen als in den Mikrozellen, kann es in diesen zu einer großen Interferenzgefahr kommen. Die Mikrozellen selbst verursachen jedoch nur geringe Störungen in den Makrozellen außerhalb der eigenen Schirmzelle. In der Praxis ist deshalb eine Bandseparation zwischen den verschiedenen Zellstrukturen (Mikro- und Makrozellen) erforderlich, so dass sich zwei getrennte Netze ergeben. Dies ist jedoch mit Kapazitätseinbußen verbunden. Nur bei bestimmten Zellstrukturen und einer optimalen Sendeleistungseinstellung der Mikrozellen lässt sich die Bandseparation vermeiden [BEN95a].

4.5 Verkehrs- und Bedientheorie

In Kommunikationsnetzen wäre es in höchstem Maße unwirtschaftlich, wenn man jedem Netzteilnehmer exklusiv und auf Dauer Kanalkapazität zur Verfügung stellen würde. Deshalb bietet man nur einen mehr oder weniger großen Vorrat an Systemressourcen wie z.B. Funkkanälen, Vermittlungseinrichtungen oder Festnetzkanälen einer großen Anzahl von Netzteilnehmern gemeinsam an. Dies ist möglich, weil natürlich nicht alle Teilnehmer 24 Stunden am Tag ohne Unterbrechung telefonieren, sondern im Mittel nur wenige Minuten pro Stunde. Die Systemressourcen werden also auf die Teilnehmer in geeigneter Weise aufgeteilt. Daher kann es zu mehr oder weniger starken Beeinträchtigungen der Dienstgüte kommen, wie z.B. Wartezeiten oder Besetztzeichen. Es ist ein Netzplanungsziel, für eine vorgegebene Teilnehmerzahl die Ressourcen richtig zu bemessen, d.h., eine bestimmte Mindestdienstgüte nicht zu unterschreiten, aber gleichzeitig aus wirtschaftlichen Gründen nicht zuviel Kapazität einzusetzen.

Die Verkehrs- und Bedientheorie stellt für diesen Zweck die geeigneten Werkzeuge bereit. Bediensysteme sind abstrakte Modelle, welche zur Beschreibung des Ablaufgeschehens innerhalb realer Systeme (Nachrichtenvermittlungssysteme, Rechnersysteme, Nachrichten- bzw. Mobilfunknetze) geeignet sind. Komponenten eines Bediensystems sind:

- Ankunftsprozess der Bedienanforderungen
- Bedienprozess
- Struktur und Betriebsart des Bediensystems

Ankunfts- und Bedienprozesse werden im allgemeinen in Form von Wahrscheinlichkeitsverteilungsfunktionen für die zufallsabhängigen Interankunftsabstände t_A bzw. Bediendauern t_B vorgegeben. Struktur und Betriebsart eines Bediensystems beschreiben die Anzahl und Anordnung von Bedieneinheiten und Warteplätzen (z.B. bei paketvermittelten Netzknoten) sowie die Art und Weise der Abfertigung von Bedienanforderungen (z.B. Telefonanrufen).

Die Analyse des Ablaufgeschehens von Bediensystemen erfolgt mittels stochastischer Prozesse. Im folgenden werden nach einer Betrachtung der Ankunfts- und Bedienprozesse die zwei grundlegenden Modelle eines **Verlust**- und eines **Wartesystems** betrachtet.

Die theoretischen Grundlagen der Verkehrs- und Bedientheorie wurden bereits in den zwanziger Jahren des letzten Jahrhunderts von dem dänischen Mathematiker Anger Krarup Erlang (1878 - 1929) entwickelt. Es handelt sich hier um eine sehr vielseitige und erfolgreiche Theorie, die nicht nur im Bereich der Telekommunikation breite Anwendung gefunden hat.

4.5.1 Begriffe und Größen der Verkehrs- und Bedientheorie

4.5.1.1 Verkehrsangebot

Das Verkehrsangebot A im Sinne der Verkehrs- und Bedientheorie hat nichts mit dem Straßenverkehr, also der Bewegung von Kraftfahrzeugen zu tun, sondern ist als die relative Dauer einer Belegung pro Zeiteinheit definiert. Die Einheit des Verkehrs ist **Erlang** (abgekürzt **Erl**), in Gedenken an A.K. Erlang. Es handelt sich um eine dimensionslose, sogenannte Pseudoeinheit, d.h., Erl ist keine physikalische Einheit, sondern wurde aus ähnlichen Gründen wie z.B. dB oder Bit eingeführt, um anzuzeigen, dass es sich hier um eine verkehrstheoretische Größe handelt. Betrachtet man z.B. eine Leitung, die während 30 min pro Stunde belegt ist, so entspricht dies einem Verkehr von $A = 30$ min/60 min = 0,5 Erl. Ein typischer Wert für das Verkehrsangebot eines Mobilfunkteilnehmers ist z.B. 20 mErl, d.h., in 2 % der Zeit (72 s pro Std.) führt er ein Telefonat.

Bezeichnet man mit λ die mittlere Ankunftsrate und mit $1/\mu$ die mittlere Belegungsdauer, so ist A gegeben durch

$$A = \frac{\lambda}{\mu} \quad . \tag{4.5.1}$$

Das Verkehrsangebot ist demnach gleich der Anzahl von Ankünften während der Belegungsdauer. Bei einer einzigen Leitung entspricht A der Belegungswahrscheinlichkeit dieser Leitung.

4.5.1.2 Ankunftsprozess

Durch den Ankunftsprozess werden die statistischen Eigenschaften der Ankünfte in einem System beschrieben. Für Anwendungen in der Telefonvermittlungstechnik geht man von einer zufälligen und statistisch unabhängigen Generierung von Gesprächsankünften aus, d.h., jeder Netzteilnehmer telefoniert im Beobachtungszeitraum zu zufälligen Zeitpunkten und unabhängig von anderen Teilnehmern. Dies ist in der Realität nicht ganz so, denn wenn z.B. zwei Teilnehmer miteinander telefonieren, besteht natürlich eine Abhängigkeit zwischen diesen Gesprächen. Für eine große Zahl von Teilnehmern können diese Korrelationen jedoch vernachlässigt werden.

Es wird deshalb ein Modell zugrunde gelegt, in dem die Wahrscheinlichkeit, dass ein Anruf im Zeitintervall $(t, t + \Delta t]$ auftritt, $\lambda \cdot \Delta t$ beträgt, nicht von der Vergangenheit abhängt (gedächtnisloser Prozess) und konstant ist. Ferner kann man davon ausgehen, dass die Wahrscheinlichkeit, dass mehr als ein neuer Anruf in $(t, t + \Delta t]$ auftritt, für $\Delta t \rightarrow 0$ verschwindet.

Unter diesen Voraussetzungen soll die Wahrscheinlichkeit $p(k)$ berechnet werden, dass im Zeitraum $(0, T]$ k Ankünfte auftreten. Das Intervall $(0, T]$ wird zunächst nach Bild 4.5.1 in m kleinere Intervalle $\Delta t = T/m$ aufgeteilt. Die Wahrscheinlichkeit, dass in k dieser kleineren Intervalle Ankünfte auftreten, beträgt

$$(\lambda\,\Delta t)^k\,(1 - \lambda\,\Delta t)^{m-k} \quad \text{für} \quad \Delta t \to 0 \;.$$

Da es insgesamt $\binom{m}{k}$ Möglichkeiten gibt, k aus m Ereignissen auszuwählen, folgt für $p(k)$:

$$\begin{aligned} p(k) &= \lim_{m\to\infty}\binom{m}{k}\left(\frac{\lambda T}{m}\right)^k\left(1-\frac{\lambda T}{m}\right)^{m-k} \\ &= \lim_{m\to\infty}\frac{(\lambda T)^k}{k!}\left(1-\frac{\lambda T}{m}\right)^{m-k}\frac{m\cdot(m-1)\cdot\ldots\cdot(m-k+1)}{m^k} \\ &= \frac{(\lambda T)^k}{k!}\exp(-\lambda T) \end{aligned} \qquad (4.5.2)$$

mit

$$\lim_{m\to\infty}\left(1+\frac{x}{m}\right)^m = e^x \quad \text{und} \quad m >> k.$$

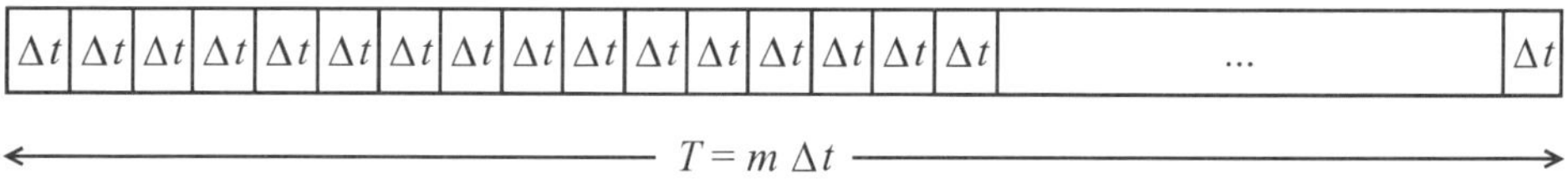

Bild 4.5.1: Unterteilung eines Intervalls T in m Teilintervalle

Gl.(4.5.2) beschreibt eine **Poisson-Verteilung** mit dem Mittelwert und der Varianz $\lambda\cdot T$. Die zeitunabhängige Konstante λ wird üblicherweise als Ankunftsrate bezeichnet.

Oft interessiert man sich in der Verkehrs- und Bedientheorie für die Zeit zwischen zwei Ankünften, die sogenannte Interankunftszeit t_A. Die Verteilungsfunktion der Interankunftszeit $F(t_A) = 1 - p(0)$, also die Wahrscheinlichkeit, dass im Intervall $(0, t_A]$ eine Ankunft generiert wird, berechnet sich mit Gl.(4.5.2) zu

$$F(t_A) = 1 - \exp(-\lambda t_A) \quad . \qquad (4.5.3)$$

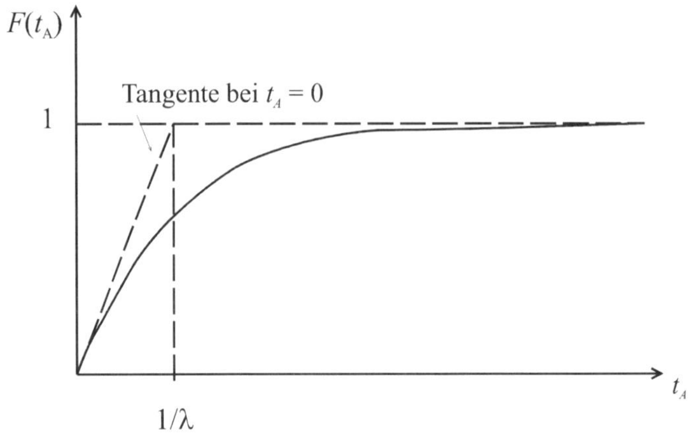

Bild 4.5.2: Verteilungsfunktion der Interankunftszeit t_A

Die Interankunftszeit t_A ist also negativ exponentiell verteilt. Gl.(4.5.3) ist in Bild 4.5.2 skizziert. Die Verteilungsdichtefunktion $f(t_A)$ der Interankunftszeit erhält man durch Differenzieren von Gl.(4.5.3):

$$f(t_A) = \frac{dF(t_A)}{dt_A} = \lambda \exp(-\lambda t_A) \quad . \tag{4.5.4}$$

Mittelwert $E\{T\}$, quadratischer Mittelwert $E\{T^2\}$ und Varianz $\sigma_T^{\,2}$ berechnen sich mit Gl.(4.5.4) wie folgt

$$E\{T\} = \int_0^\infty t_A f(t_A) dt_A = \frac{1}{\lambda} \tag{4.5.5}$$

$$E\{T^2\} = \int_0^\infty t_A^2 f(t_A) dt_A = \frac{2}{\lambda^2} \tag{4.5.6}$$

$$\sigma_T^2 = E\{T^2\} - (E\{T\})^2 = \frac{1}{\lambda^2} \quad . \tag{4.5.7}$$

Die negativ exponentielle Verteilungsfunktion besitzt die sogenannte Markoff-Eigenschaft (nach dem russischen Mathematiker A.A. Markoff, 1856 - 1922), d.h., es handelt sich um einen gedächtnislosen Prozess, dessen Vergangenheit sich nicht auf seine Zukunft auswirkt. Betrachtet man z.B. die Wahrscheinlichkeit $P(T \leq t_1 + t \mid T > t_1)$, dass ein Ereignis T vor Ablauf der Zeit $t_1 + t$ eintritt, unter der Voraussetzung, dass es bis zur Zeit t_1 noch nicht eingetreten ist, so gilt

$$P(T \le t_1 + t | T > t_1) = \frac{P((T \le t_1 + t) \cap (T > t_1))}{P(T > t_1)} = \frac{P(t_1 < T \le t + t_1)}{P(T > t_1)}$$

$$= \frac{[1 - \exp(-\lambda(t_1 + t))] - [1 - \exp(-\lambda t_1)]}{1 - [1 - \exp(-\lambda t_1)]}$$

$$= \frac{\exp(-\lambda t_1)[1 - \exp(-\lambda t)]}{\exp(-\lambda t_1)}$$

$$= 1 - \exp(-\lambda t)$$

Daraus folgt

$$P(T \le t_1 + t | T > t_1) = P(T \le t)$$

d.h., $P(T \le t_1 + t \mid T > t_1)$ ist unabhängig vom Zeitpunkt t_1. Die Vergangenheit des Prozesses wirkt sich demnach nicht auf seine Zukunft aus.

4.5.1.3 Bedienprozess

Der Bedienprozess beschreibt den Vorgang, der zur Abarbeitung einer Ankunft (z.B. eines Telefongesprächs) nötig ist. Im einfachsten Fall geht man davon aus, dass die Bedienzeit t_B zufällig ist, wie z.B. die Länge eines Telefongesprächs. Unter dieser Voraussetzung ist die Wahrscheinlichkeit, dass das Telefonat im Intervall $(t, t + \Delta t]$ zu Ende ist, unabhängig von t, gleich $\mu \cdot \Delta t$.

Die Verteilungsfunktion der Bedienzeit $F(t_B)$, also die Wahrscheinlichkeit, dass die Bedienzeit kleiner als t_B ist, kann ähnlich wie die Verteilungsfunktion der Ankunftszeit (Abschnitt 4.5.1.2) durch Unterteilung des Intervalls $(0, t_B]$ in m Teilintervalle der Größe $\Delta t = T/m$ ermittelt werden (siehe Bild 4.5.1). Man erhält daher für $F(t_B)$

$$F(t_B) = 1 - \lim_{m \to \infty} \left(1 - \frac{\mu t_B}{m}\right)^m = 1 - \exp(-\mu t_B) \quad . \tag{4.5.8}$$

Die Bedienzeit ist also ebenso wie die Interankunftszeit negativ exponentiell verteilt. Mittelwert, quadratischer Mittelwert und Varianz ergeben sich analog zu den Gln.(4.5.5) - (4.5.7). Gl.(4.5.8) steht in sehr guter Übereinstimmung zur Charakteristik des realen Telefonverkehrs und ist daher eine weit verbreitete Grundlage für die Berechnung von Telefonnetzen mit Hilfe der Verkehrs- und Bedientheorie.

4.5.1.4 Kendall'sche Notation

Die nach D.G. Kendall benannte Kurzschreibweise zur Klassifikation von Systemen der Verkehrs- und Bedientheorie hat folgende Form:

$$AP|BP|BE - OPT \quad .$$

Hierbei kennzeichnet AP den Ankunftsprozess, BP den Bedienprozess, BE ist die Anzahl der Bedieneinheiten und OPT sind optionale Kennzeichnungen/Angaben wie z.B. die Anzahl der Plätze im System (d.h. Warte- und Bedienplätze). Häufig verwendete Abkürzungen sind

M : Markoff-Prozess (negativ exponentielle Verteilung)
D : deterministischer Prozess
G : allgemeiner Prozess (General)

So kennzeichnet z.B. M|M|m - s ein System mit Markoff-Ankunfts- und Bedienprozessen, m Bedieneinheiten und s-m Warteplätzen.

4.5.2 Die Erlang'schen Formeln

4.5.2.1 Erlang'sche Verlustformel

Eine Funkzelle stellt sich im Sinne der Verkehrs- und Bedientheorie näherungsweise als ein M|M|m - Verlustsystem dar, d.h., der Ankunftsprozess unterliegt einer negativ exponentiellen Verteilungsfunktion (Markoff-Prozess), die Bediendauer (Länge eines Telefonats) ist ebenfalls negativ exponentiell verteilt, und in der Zelle seien m Funkkanäle verfügbar. Es stehen keine Warteplätze zur Verfügung, d.h., sind alle Funkkanäle belegt, werden alle weiteren Anrufer abgewiesen (Besetztzeichen) und müssen gegebenenfalls zu einem späteren Zeitpunkt einen neuen Versuch unternehmen. Im folgenden wird für dieses, in Bild 4.5.3 skizzierte System, die Erlang'sche Verlustformel abgeleitet.

Die Anzahl der sich im System befindlichen Ankünfte, also der laufenden Telefonate, werde mit k bezeichnet. $P_k(t)$ wird als die Wahrscheinlichkeit definiert, zum Zeitpunkt t k Anforderungen im System vorzufinden. Unter der Voraussetzung, dass ein Gleichgewichtszustand existiert, gilt

$$P_k(t) \rightarrow P_k \quad \text{für} \quad \frac{dP_k(t)}{dt} \rightarrow 0 \quad . \tag{4.5.9}$$

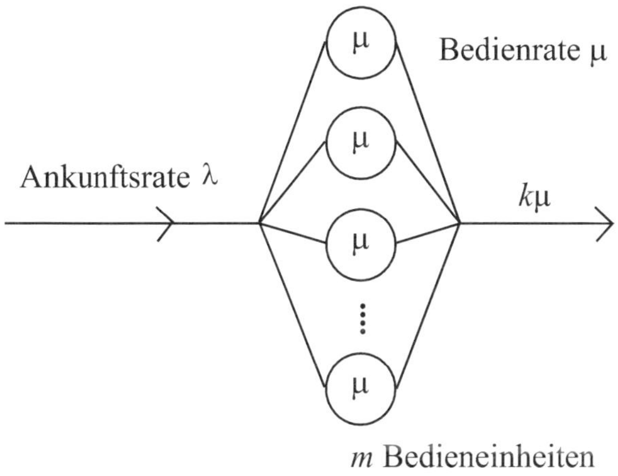

Bild 4.5.3: M|M|*m* - Verlustsystem

Man kann dann das Zustandsdiagramm nach Bild 4.5.4 aufstellen, in dem höhere Zustände mit der Ankunftsrate λ erreicht werden und niedrigere Zustände mit der Rate $k\mu$.

Stellt man für jeden Zustand die Gleichgewichtsbedingung auf, d.h. gilt Zufluß = Abfluß, findet man eine Rekursionsformel für die Zustandswahrscheinlichkeiten P_k

$$\lambda P_0 = \mu P_1 \tag{4.5.10}$$

$$\lambda P_{k-1} = k\mu P_k \tag{4.5.11}$$

$$P_k = \frac{\lambda}{k\mu} P_{k-1} \tag{4.5.12}$$

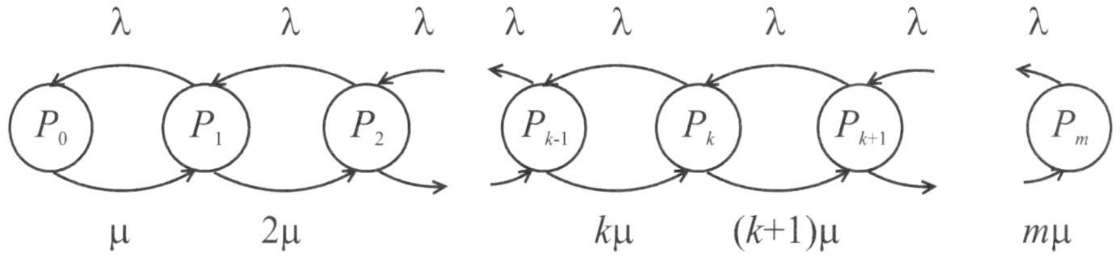

Bild 4.5.4: Zustandsdiagramm des M|M|m - Verlustsystems

Sukzessive Anwendung von Gl.(4.5.12) ergibt

$$P_k = \frac{A^k}{k!} P_0 \quad , \tag{4.5.13}$$

wobei $A = \lambda/\mu$ das Verkehrsangebot ist (siehe Abschnitt 4.5.1.1). Die einzige Unbekannte in Gl.(4.5.13) ist P_0, also die Wahrscheinlichkeit, dass das System leer ist. Da die Summe aller Zustandswahrscheinlichkeiten immer 1 ergeben muss, gilt

$$\sum_{i=0}^{m} P_i = 1 \quad . \tag{4.5.14}$$

Gl.(4.5.14) wird auch als Normalisierungsbedingung bezeichnet. Es folgt daher

$$P_0 \sum_{i=0}^{m} \frac{A^i}{i!} = 1 \tag{4.5.15}$$

bzw.

$$P_0 = \frac{1}{\sum_{i=0}^{m} \frac{A^i}{i!}} \quad . \tag{4.5.16}$$

Gl.(4.5.16) eingesetzt in Gl.(4.5.13) ergibt für die Zustandswahrscheinlichkeiten

$$P_k = \frac{\frac{A^k}{k!}}{\sum_{i=0}^{m} \frac{A^i}{i!}} \quad \forall\, k \in [0, m] \quad . \tag{4.5.17}$$

Gl.(4.5.17) ist die sogenannte Erlang-Verteilung. In der Regel interessiert den Netzplaner die Blockierungswahrscheinlichkeit B, also die Wahrscheinlichkeit, dass ein Anruf aus Mangel an verfügbaren Funkkanälen abgewiesen werden muss. Dies entspricht der Wahrscheinlichkeit, dass alle Kanäle belegt sind, also $B = P_m$. Man erhält so die **Erlang'sche Verlustformel** (auch **Erlang-B Formel** genannt):

$$B = \frac{\frac{A^m}{m!}}{\sum_{i=0}^{m} \frac{A^i}{i!}} \quad . \tag{4.5.18}$$

Gl.(4.5.18) ist in Bild 4.5.5 für verschiedene m als Funktion des Verkehrsangebots A dargestellt. Man erkennt gut die Nichtlinearität von Gl.(4.5.18). Diese ist der Grund dafür, dass Leitungen bzw. Funkkanäle in großen Bündeln wesentlich besser ausgenutzt werden als in kleinen. Betrachtet man z.B. die Kurve für $m = 2$, so wird bereits bei $A = 0{,}59$ Erl eine Blockierung von 10 % erreicht. Bei einer Verdopplung der Leitungen/Kanäle auf $m = 4$ wird hingegen erst bei $A = 2{,}05$ Erl die 10 % Marke erreicht. Eine Erhöhung der Anzahl der Bedieneinheiten führt also zu einer überproportionalen Erhöhung des möglichen Verkehrsangebots. Diesen Effekt bezeichnet man deshalb auch als "**Bündelgewinn**".

In der Praxis wird man für konkrete Designaufgaben die Blockierung nicht selbst nach Gl.(4.5.18) berechnen, sondern Tabellenwerke wie z.B. [SIE80] oder entsprechende Rechnerprogramme benutzen.

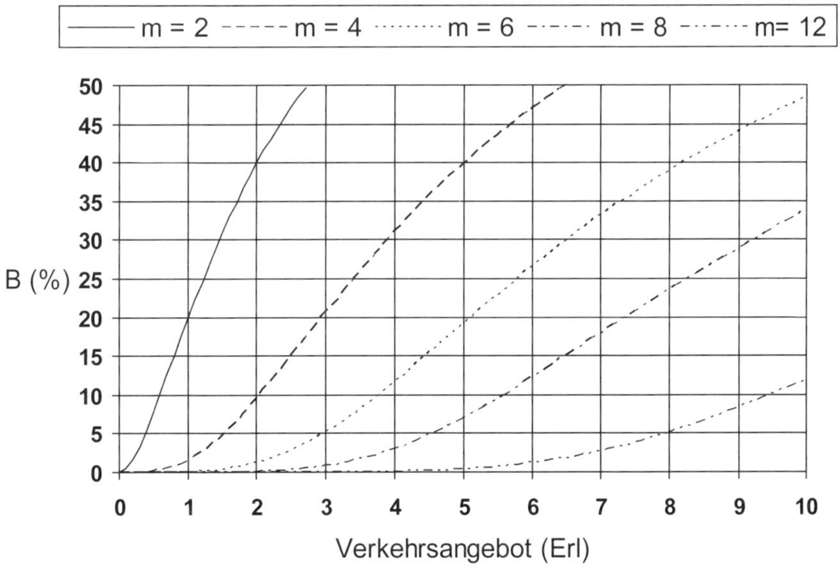

Bild 4.5.5: Blockierraten als Funktion des Verkehrsangebots für m Funkkanäle

Beispiel: Es befinden sich 40 Mobilstationen mit einem Verkehrsaufkommen von je 25 mErl in einer mit 3 Kanälen bestückten Funkzelle. Gesucht ist die Blockierung B.

Das gesamte Verkehrsangebot A berechnet sich zu 40·25 mErl = 1 Erl. Man erhält damit die Blockierungswahrscheinlichkeit

$$B = \frac{\frac{1^3}{3!}}{1 + 1 + \frac{1^2}{2!} + \frac{1^3}{3!}} = 0{,}0625 \ .$$

Die Wahrscheinlichkeit, dass ein Anruf abgewiesen werden muss, beträgt daher 6,25 %.

4.5.2.2 Erlang'sche Warteformel

Werden im Besetzt-Zustand die Anrufe nicht abgewiesen, sondern in eine Warteschlange eingereiht, spricht man von einem Wartesystem. Hier soll davon ausgegangen werden, dass immer genügend Warteplätze vorhanden sind, es also zu keinem Speicherüberlauf kommen kann (allgemeinere Fälle findet man z.B. in [KLE75]). Dieses System ist also ein $M|M|m - \infty$ Wartesystem. Besonders Anwendungen im Bereich der Datenkommunikation lassen sich gut durch dieses System beschreiben, da hier oft Pufferspeicher vorgesehen sind, in denen die Anforderungen ggf. warten können, wenn die Übertragungskapazität erschöpft ist. Auch zur Analyse von Handover-Vorgängen in Mobilfunknetzen ist das $M|M|m - \infty$ Wartesystem nützlich. Eine weitere Anwendung besteht darin, neuen Anrufswünschen über Warteschlangen Zugang zum Mobilfunksystem zu geben. Bild 4.5.6 zeigt dieses System in schematischer Darstellung.

Die Verlustwahrscheinlichkeit eines $M|M|m - \infty$ Wartesystems ist Null, da ja immer genügend Warteplätze vorhanden sind. In diesem System ist es von besonderem Interesse, die Wartewahrscheinlichkeit, die mittlere Wartezeit sowie die mittlere Warteschlangenlänge zu kennen. An diese Größen gelangt man mit prinzipiell den gleichen Schritten wie in Abschnitt 4.5.2.1. Zunächst wird wieder das Zustandsdiagramm benötigt. Hieraus werden dann durch Aufstellen der Gleichgewichtsbedingungen die Zustandswahrscheinlichkeiten P_k ermittelt, die ihrerseits zum Berechnen der gewünschten Größen herangezogen werden. In Bild 4.5.7 ist das Zustandsdiagramm des $M|M|m - \infty$ Wartesystems dargestellt.

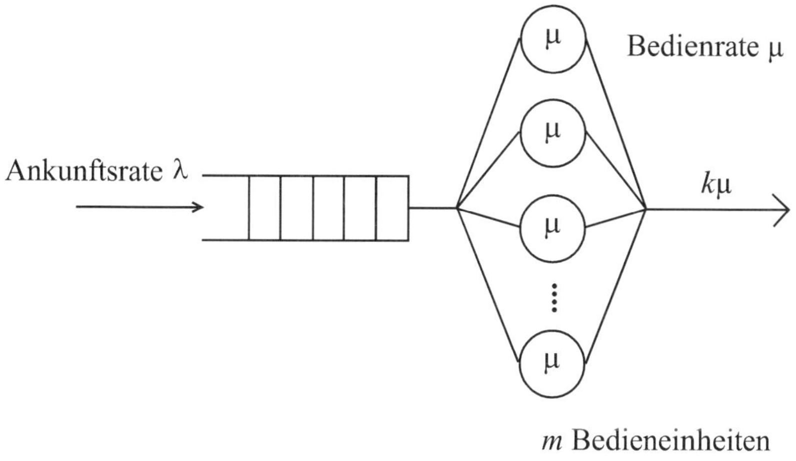

Bild 4.5.6: M|M|m - ∞ Wartesystem

Es fällt auf, dass es im Gegensatz zu Bild 4.5.4 unendlich ausgedehnt ist und die Bedienrate für $k > m$ den konstanten Wert $m \cdot \mu$ annimmt. Nach Aufstellen der Gleichgewichtsgleichungen für P_k erhält man

$$P_k = \begin{cases} \dfrac{A^k}{k!} \cdot P_0 & ; k < m \\ \dfrac{A^k}{m!} \cdot \dfrac{1}{m^{k-m}} \cdot P_0 & ; k \geq m \end{cases} \tag{4.5.19}$$

und analog zu Gl.(4.5.14)

$$\sum_{i=0}^{\infty} P_i = 1 \quad \Rightarrow \quad \sum_{i=0}^{m-1} \frac{A^i}{i!} \cdot P_0 + \sum_{i=m}^{\infty} \frac{A^i}{m!} \cdot \frac{1}{m^{i-m}} \cdot P_0 = 1$$

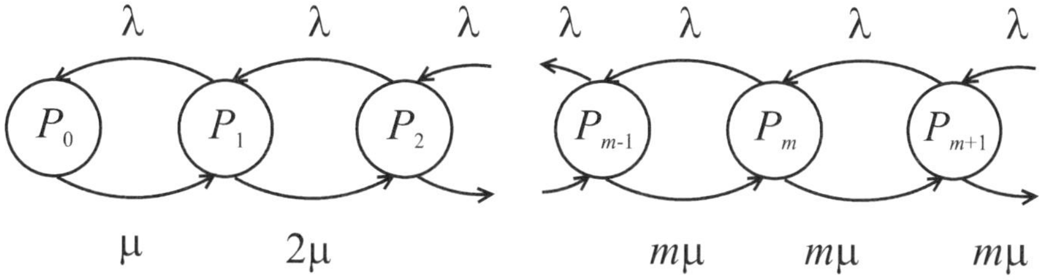

Bild 4.5.7: Zustandsdiagramm des M|M|m - ∞ Wartesystems

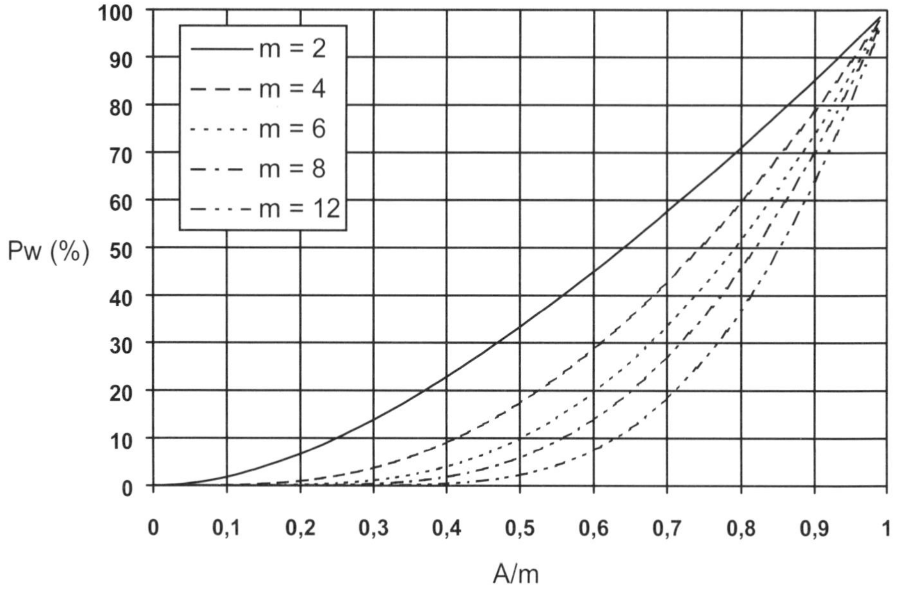

Bild 4.5.8: Wartewahrscheinlichkeit des M|M|m - ∞ Wartesystems als Funktion des Verkehrsangebots $A/(m$ Funkkanäle)

$$P_0 = \left(\sum_{i=0}^{m-1} \frac{A^i}{i!} + \frac{A^m}{m!} \sum_{j=0}^{\infty} (A/m)^j \right)^{-1}$$

$$P_0 = \left(\sum_{i=0}^{m-1} \frac{A^i}{i!} + \frac{A^m}{m!} \frac{m}{m-A} \right)^{-1} \quad \forall \; A < m \quad . \tag{4.5.20}$$

Die Bedingung $A < m$ ist die Stationaritätsbedingung für reine Wartesysteme. Im Falle $A > m$ würde die Warteschlange wegen dauernder Überlast unbegrenzt anwachsen. Die Wahrscheinlichkeit P_W, dass ein Anruf warten muss, ist gleich der Wahrscheinlichkeit, dass sich m oder mehr Anrufer im System befinden:

$$P_w = \sum_{k=m}^{\infty} P_k = \frac{\dfrac{A^m}{m!} \dfrac{m}{m-A}}{\sum_{i=0}^{m-1} \dfrac{A^i}{i!} + \dfrac{A^m}{m!} \dfrac{m}{m-A}} \tag{4.5.21}$$

Gl.(4.5.21) ist bekannt als **Erlang'sche Warteformel** oder **Erlang-C Formel**. P_W ist in Bild 4.5.8 als Funktion von A/m aufgetragen. Man stellt einen überproportionalen Anstieg der Systemkapazität für eine vorgegebene Wartewahrscheinlichkeit mit steigender Bündelgröße fest. Genau wie im M|M|m - Verlustsystem erhält man auch hier einen "Bündelgewinn".

4.5.3 Teilnehmerkapazität

Makrozellen mit fester Kanalzuteilung (FCA, *engl.* Fixed Channel Assignment, siehe auch Abschnitt 4.7.1) lassen sich im Sinne der Verkehrs- und Bedientheorie näherungsweise als M|M|m - Verlustsystem beschreiben, wobei m die Anzahl der der betrachteten Zelle zugeteilten Kanäle ist. Der Ausdruck Kanal ist hier allgemein als Ressource zur Verarbeitung einer Anforderung (Telefongespräch) zu betrachten. Es kann sich dabei z.B. um Frequenzkanäle eines FDMA-Systems, einen Zeitschlitz eines TDMA-Systems oder eine Kombination aus beidem handeln. Die bei einer vorgegebenen Blockiergrenze und Kanalzahl m pro Zelle tragbare Verkehrslast lässt sich mit Hilfe der Erlang-B Formel nach Gl.(4.5.18) berechnen bzw. entsprechenden Tabellenwerken entnehmen [SIE80].

Beispiel: Wir betrachten ein zellulares Mobilfunknetz, das über insgesamt 252 Kanäle verfügt, welche zu gleichen Teilen auf die Zellen aufgeteilt werden sollen. Die Wahrscheinlichkeit, dass ein neuer Anruf aufgrund fehlender Funkkanäle abgewiesen wird, soll höchstens 2 % betragen. Es wird ferner mit einer mittleren Gesprächsankunftsrate von $\lambda = 0{,}8$ Anrufen/Std. pro Teilnehmer und einer mittleren Gesprächsdauer von $\mu^{-1} = 3$ min. gerechnet. So erhält man ein Verkehrsangebot von $A = \lambda/\mu = 40$ mErl pro Teilnehmer. Für diese Bedingungen sind nachstehend die errechneten maximalen Teilnehmerzahlen pro Zelle und pro Cluster aufgelistet (siehe Tabelle 4.5.1).

Tabelle 4.5.1: Teilnehmerkapazitäten für verschiedene Clustergrößen

N	Kanalzahl/Zelle	Verkehr/Zelle	Tln./Zelle	Verk./Cluster	Verk./Kanal
3	84	72,5 Erl	1812	217,5 Erl	0,86 Erl
4	63	52,5 Erl	1312	210,0 Erl	0,83 Erl
7	36	27,3 Erl	682	191,1 Erl	0,76 Erl
9	28	20,2 Erl	505	181,8 Erl	0,72 Erl
12	21	14,0 Erl	350	168,0 Erl	0,66 Erl

Wie das Beispiel gezeigt hat, sinkt die maximale Teilnehmerzahl pro Zelle überproportional mit steigender Clustergröße N. Selbst die Teilnehmerzahl pro Cluster, in dem ja der gesamte Kanalvorrat verwendet wird, sinkt bei größeren Clustern. Der Effekt resultiert aus der Nichtlinearität der Erlang-B Formel, d.h., aus dem mit kleiner werdender Kanalzahl/Zelle sinkenden Bündelgewinn (siehe Abschnitt 4.5.1). Dies erkennt man auch am Verkehr pro Kanal.

Um die Erlang-B Formel nach Gl.(4.5.18) anwenden zu können, müssen sowohl der Interankunftsabstand t_A als auch die Bediendauer t_B negativ exponentiell verteilt sein (Markoff-Prozess). Bei einer großen Zelle (Makrozelle) ist diese Bedingung mit ausreichender Genauigkeit erfüllt. Mit kleinerem Zellradius wird der Einfluß von Handover-Vorgängen jedoch immer signifikanter. Dies hat zur Folge, dass die statistischen Eigenschaften von Ankunfts- und Bedienprozessen verändert werden. Dadurch, dass ein Fahrzeug eine Zelle verlassen kann, wird die Bediendauer, d.h. die Länge der Verbindung in der betreffenden Zelle, im Mittel kleiner. Gleichzeitig erzeugen durch Handover-Vorgänge in die Zelle gelangende Mobilstationen zusätzliche Ankünfte. Eine exakte, analytische Berechnung der Blockierraten in Mikrozellen oder gar Picozellen ist kaum möglich. Man kann jedoch meist auf Näherungslösungen zurückgreifen, wie z.B. eine leichte Modifikation der Ankunfts- und Bedienraten unter Beibehaltung der negativ exponentiellen Charakteristik [GUE87].

4.6 Planung von Mobilfunknetzen

Das Ziel der praktischen Funknetzplanung ist es, möglichst vielen Netzteilnehmern eine möglichst hohe Dienstgüte zu bieten, dabei allerdings vorgegebene Randbedingungen zu beachten. Zu diesen Randbedingungen gehören physikalische Gründe wie z.B. Wellenausbreitungseigenschaften, die Verfügbarkeit von Senderstandorten bzw. Grundstücken sowie ökonomische Gründe.

Die Dienstgüte in einem Mobilfunknetz setzt sich aus drei Hauptaspekten zusammen. Zunächst muss gewährleistet sein, dass der mobile Netzteilnehmer in dem abzudeckenden Gebiet mit einer bestimmten Wahrscheinlichkeit eine Basisstation erreichen kann. Man nennt dies die Versorgungswahrscheinlichkeit des betreffenden Gebiets. Mobilfunknetze werden oft für eine Versorgungswahrscheinlichkeit von 90 oder 95 % entworfen. Um eine bestimmte Versorgung zu garantieren, müssen die Basisstationen so plaziert werden, dass nahezu überall im abzudeckenden Gebiet ein bestimmter Mindestempfangspegel nicht unterschritten wird. Bei GSM-Handys beträgt dieser Wert z.B. - 102 dBm.

Weiterhin muss dafür gesorgt werden, dass die Gleich- und Nachbarkanalstörungen nicht zu groß sind. Selbst wenn die Versorgung eines Gebiets mit einer Basisstation gesichert ist, kann es trotzdem leicht vorkommen, dass die Interferenzen aus anderen Funkzellen keine ausreichende Verbindungsqualität zulassen. Aus diesem Grund ist es keinesfalls in allen Situationen gut, eine Basisstation immer an einem besonders exponierten Standort, wie z.B. auf einem hohen Berg, zu installieren. Dies kann je nach Gebiet zu starken Interferenzen führen und der Forderung nach einer hohen Dienstgüte zuwiderlaufen.

Ein weiterer Faktor, der für die Dienstgüte eine wesentliche Rolle spielt, ist die Blockierungswahrscheinlichkeit des Netzes (siehe Abschnitt 4.5). Dies ist die Wahrscheinlichkeit, dass ein Anruf aus Kapazitätsgründen abgewiesen wird, in der Regel, weil keine freien Funkkanäle an der betreffenden Basisstation mehr verfügbar sind. Aber nicht nur die Blockierungswahrscheinlichkeit für neue Anrufversuche ist entscheidend, auch die Abbruchrate bei Handover-Vorgängen, wenn eine Mobilstation bei laufender Verbindung in eine besetzte Funkzelle wechselt, ist von großer Bedeutung für die Dienstgüte.

Die Planung eines Mobilfunknetzes ist ein sehr komplexer Prozess, da viele untereinander abhängige Variablen darin involviert sind. Die heute eingesetzte, rechnergestützte Funknetzplanung verwendet umfangreiche Analyse- und Simulationswerkzeuge, die z.T. sehr schnelle Rechner erfordern. Die einzelnen Schritte zum Aufbau eines zelluaren Mobilfunknetzes sind in Bild 4.6.1 dargestellt.

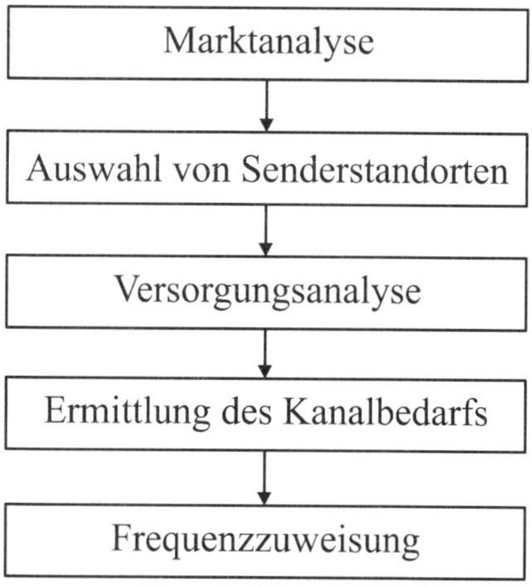

Bild 4.6.1: Planungsschritte beim Entwurf eines Mobilfunknetzes

4.6.1 Marktanalyse

Der erste Schritt beim Entwurf eines Mobilfunknetzes ist die Analyse des Kundenverhaltens bzw. eine Prognose über die Entwicklung der Teilnehmerzahlen sowie deren Wachstumsraten. Zusätzlich wird das zu versorgende Gebiet festgelegt, und die Anforderungen an die Versorgungswahrscheinlichkeit sowie die notwendige Netzkapazität werden bestimmt. Aus diesen Daten lassen sich bereits Aussagen zur Wirtschaftlichkeit bzw. Durchführbarkeit des geplanten Mobilfunknetzes treffen. Je genauer die Spezifikationen des künftigen Netzes an dieser Stelle ermittelt werden, desto exakter wird die Funknetzplanung durchgeführt werden können.

4.6.2 Auswahl von Senderstandorten

Nachdem das zu versorgende Gebiet feststeht, werden von regionalen Planern mögliche Basisstationsstandorte ermittelt. Bei der vorläufigen Entscheidung für einen Standort spielen nicht nur physikalische Gründe eine Rolle, auch die Verfügbarkeit des Standorts muss gewährleistet sein. Ein Netzbetreiber wird zunächst versuchen, die Basisstationen für ein neues Netz an schon bestehenden, eigenen Senderstandorten zu plazieren. Dies ist jedoch nicht immer durchführbar. In einem solchen Fall müssen die Möglichkeiten, verschiedene Standorte zu mieten, untersucht werden. Auch gesetzliche Auflagen (z.B. Landschaftsschutz) können bei der Auswahl eine Rolle spielen. Neben diesen Fragen müssen auch die Anbindungsmöglichkeiten an die Energieversorgung und Festnetzleitungen geklärt werden.

Den Regionalplanern stehen bei der Ermittlung eines potentiellen Standortes einfache Planungswerkzeuge zur Verfügung, mit denen sich bereits eine grobe Abschätzung des jeweiligen Versorgungsgebiets durchführen lässt.

4.6.3 Versorgungsanalyse

Die Versorgungsanalyse bildet einen umfangreichen und komplexen Schritt auf dem Weg zu einem neuen Mobilfunknetz. Die Netzbetreiber verwenden hierzu meist Ausbreitungsmodelle auf der Basis der Feldstärkemessreihen, z.B. von Okumura (siehe Abschnitt 2.5.2), die durch weitere, verfeinerte Korrekturfaktoren an die jeweilige Umgebung angepaßt werden. Exakte Ausbreitungsmodelle sind für die rechnergestützte Funknetzplanung unerläßlich. Deshalb werden die jeweiligen Modelle bei den Netzbetreibern ständig verbessert und verfeinert.

Die Grundlage für die Versorgungsanalyse bildet eine umfangreiche Topographiedatenbank des jeweiligen Gebiets. Diese Datenbank beinhaltet genaue Informationen über Höhe, Bebauung und Bewuchs (die sogenannte Morphostruktur) eines Pixels. Ein Pixel ist hierbei ein kleiner Geländeabschnitt, für den die mittlere Feldstärke (Medianwert) berechnet wird. Je nach Umgebung kann die Auflösung der Datenbanken bis hinunter in den Bereich einiger 10 m reichen. Da eine völlig exakte Vorausberechnung der Feldstärke aus Komplexitätsgründen nicht möglich ist (siehe Abschnitt 2.4), wird dem Medianwert zur Berücksichtigung von Slow-Fading eine Lognormal-Verteilung mit einer Standardabweichung σ zwischen etwa 2 dB und 10 dB überlagert. Der genaue Wert hängt von der Morphologie der Mobilstationsumgebung ab. Es kann so für jeden Pixel eine Wahrscheinlichkeit berechnet werden, mit der ein bestimmter Empfangspegel überschritten wird.

Manche Planungstools berücksichtigen zusätzlich Fast Fading durch Überlagerung einer Suzuki-Verteilung [SUZ77] zum Medianwert. Wie bereits in Abschnitt 3.2.8 erwähnt wurde, ist die Suzuki-Verteilung eine Kombination aus Slow- und Fast Fading Verteilungen, sie stellt eine Art "Rayleigh modulierte Lognormal-Verteilung" dar. Die Wahrscheinlichkeitsdichtefunktion $p(s)$ der Empfangsfeldstärke s mit dem Mittelwert μ ergibt sich so zu

$$p(s) = \int_0^\infty p_R(\sigma) p_L(\sigma, \alpha) d\sigma \quad . \tag{4.6.1}$$

Dabei ist $p_R(\sigma)$ die das Fast Fading beschreibende Rayleigh-Verteilung mit dem quadratischen Mittelwert $2\sigma^2$ und $p_L(\sigma,\alpha)$ die lognormalverteilte Slow Fading Komponente mit der Standardabweichung α. Mit den Gln.(3.2.30) und (3.2.57) erhält man aus Gl.(4.6.1)

$$p(s) = \int_0^\infty \frac{s}{\sigma^2} \exp\left(-\frac{s^2}{2\sigma^2}\right) \frac{20}{\sigma\alpha\sqrt{2\pi}\log 10} \exp\left(-\frac{(20\log\sigma - \mu)^2}{2\alpha^2}\right) d\sigma \quad . \tag{4.6.2}$$

Die Versorgungswahrscheinlichkeit $P_p(s > s_{\min})$ eines Pixels ergibt sich durch Integration von $p(s)$:

$$P_p(s > s_{\min}) = \int_{s_{\min}}^\infty p(s)\, ds \tag{4.6.3}$$

mit dem Mindestempfangspegel s_{min}. Gl.(4.6.3) gibt die lokale Versorgungswahrscheinlichkeit eines bestimmten Pixels i bei Einsatz von nur einer Basisstation an. Bei insgesamt N_B Basisstationen im Netz erhält man für die gesamte lokale Versorgungswahrscheinlichkeit $P_{Lo}(i)$ eines Pixels i:

$$P_{Lo}(i) = 1 - \prod_{\nu=1}^{N_B} \left[1 - P_p(s > s_{min})\right] \tag{4.6.4}$$

Die Versorgungswahrscheinlichkeit P_G eines Gebiets mit der Fläche F ergibt sich durch Mitteln von Gl.(4.6.4) über F:

$$P_G = \frac{1}{F} \sum_F F_i P_{Lo}(i) \tag{4.6.5}$$

F_i in Gl.(4.6.5) ist die Fläche des Pixels i. Oft ist auch eine Gewichtung der Versorgungswahrscheinlichkeit mit der Teilnehmerdichte $a(i)$ im Pixel i sinnvoll. Gebiete mit hoher Teilnehmerdichte gehen so stärker in das Ergebnis ein als solche mit geringer Teilnehmerdichte wie z.B. Waldgebiete. Man erhält dann

$$P_T = \frac{1}{A} \sum_F a(i) P_{Lo}(i)\,. \tag{4.6.6}$$

A ist das gesamte Verkehrsangebot im Gebiet F:

$$A = \sum_i a(i) \tag{4.6.7}$$

Mit ähnlichen Überlegungen müssen auch realitätsnahe Berechnungen der Interferenzsignale (siehe Abschnitt 4.2) durchgeführt werden.

4.6.4 Kanalbedarf

Mit Hilfe der Versorgungsanalyse kann jedem Pixel i im abzudeckenden Gebiet F mit der Zuordnungswahrscheinlichkeit $P_B(j,i)$ eine Basisstation $j \in [1, N_B]$ zugeordnet werden. In der Regel wird dies die Basisstation sein, die den höchsten Empfangspegel am Ort i liefert (Best Server Prinzip). Durch Aufsummieren der Verkehrswerte $a(i)$ aller Pixel im Einzugsbereich einer Basisstation erhält man das gesamte Verkehrsangebot einer Zelle j:

$$A_j = \sum_i P_B(j,i)a(i) \tag{4.6.8}$$

Der Kanalbedarf $K_C(j)$ einer Zelle j steht in direktem Zusammenhang zum Verkehrsangebot A_j:

$$K_C(j) = f(A_j) \tag{4.6.9}$$

Die Funktion $f(\cdot)$ ergibt sich aus der geforderten Dienstgüte, insbesondere aus der mittleren Blockierrate und der Handover-Rate. Je nachdem, um was für ein System im Sinne der Verkehrs- und Bedientheorie es sich handelt, wird man verschiedene Funktionen $f(\cdot)$ wählen. In großen Zellen wird üblicherweise die Erlang-B Formel nach Gl.(4.5.18) verwendet. Manche Planungswerkzeuge verarbeiten die Funktion $f(\cdot)$ in Form einer vor dem eigentlichen Planungsablauf berechneten Lookup-Tabelle, die einen tabellarischen Zusammenhang zwischen A_j und $K_C(j)$ herstellt.

4.6.5 Frequenzzuweisung

Aus der Versorgungsanalyse lassen sich auch Informationen zur Kompatibilität von Zellen entnehmen. Zwei Zellen werden als kompatibel bezeichnet, wenn beide den gleichen Kanal benutzen dürfen, ohne dass es zu unzulässig hohen Interferenzen kommt. Die Kompatibilitätsbeziehungen unter den Zellen eines Netzes lassen sich in Form einer Kompatibilitätsmatrix **C** darstellen. Die Elemente c_{ij} geben die Abstände in Kanalbandbreiten an, die zwei Kanäle in den Zellen i und j mindestens haben müssen. Es lassen sich so nicht nur Gleichkanalstörungen ($c_{ij} = 1$) berücksichtigen, sondern auch Nachbarkanalstörungen ($c_{ij} > 1$). Für das eindimensionale Zellmuster nach Bild 4.6.2 erhält man eine Kompatibilitätsmatrix **C** der Form

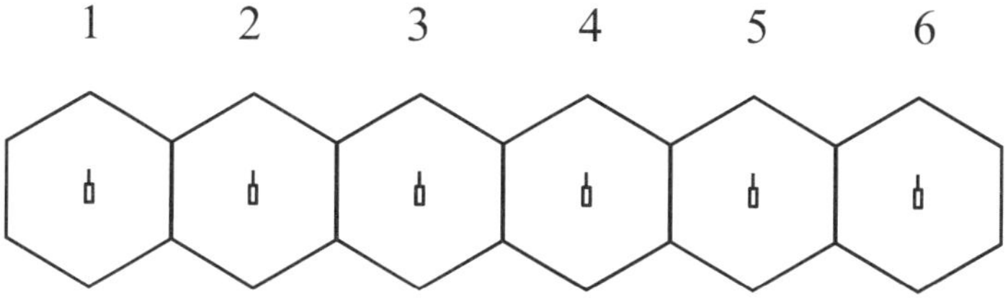

Bild 4.6.2: Eindimensionales Zellmuster

$$C = \begin{pmatrix} 1 & 1 & 0 & 0 & 0 & 0 \\ 1 & 1 & 1 & 0 & 0 & 0 \\ 0 & 1 & 1 & 1 & 0 & 0 \\ 0 & 0 & 1 & 1 & 1 & 0 \\ 0 & 0 & 0 & 1 & 1 & 1 \\ 0 & 0 & 0 & 0 & 1 & 1 \end{pmatrix} . \qquad (4.6.10)$$

Hierbei wurden Nachbarkanalstörungen vernachlässigt und ein Wiederverwendungsabstand von zwei Zellbreiten zugrundegelegt.

Nachdem der Kanalbedarf pro Zelle nach Gl.(4.6.9) ermittelt wurde, besteht nun das Problem darin, mit möglichst wenigen Kanälen/Frequenzen den Bedarf unter Berücksichtigung der Kompatibilitätsbedingungen und evtl. weiterer Forderungen, wie z.B. lokaler Frequenzverbote, zu erfüllen. Es handelt sich hierbei um ein rein kombinatorisches Problem. Eine exakte Lösung ist nur mit sehr hohem Rechenaufwand möglich. Der Aufwand nimmt exponentiell mit der Zellenanzahl zu, d.h., das Problem der Frequenzzuteilung ist nicht in "polynomialer Zeit" zu lösen (NP-vollständiges Problem, [HAL80]). Bei der Planung von Mobilfunknetzen verwendet man daher meist heuristische Algorithmen, die eine suboptimale Lösung in "polynomialer Zeit" erlauben.

4.7 Kanalzuteilungsverfahren

Nachdem einer Basisstation ein Verbindungswunsch seitens einer Mobilstation oder aus dem Festnetz mitgeteilt wurde, muss ein geeigneter Funkkanal sowohl für den Uplink als auch für den Downlink zugeteilt werden. Es gibt zwei prinzipielle Methoden der Kanalzuteilung, die statische (**FCA**, *engl.* **Fixed Channel Assignment**) und die dynamische (**DCA**, *engl.* **Dynamic Channel Assignment**). Bei beiden Methoden müssen die Randbedingungen, die durch Gleich- und Nachbarkanalstörer gegeben sind, bei der Kanalvergabe berücksichtigt werden. Wenn im folgenden von einem Kanal die Rede ist, muss es sich nicht notwendigerweise um einen Frequenzkanal handeln, es kann z.B. auch durchaus ein Zeitschlitz in einem Zeitmultiplexrahmen gemeint sein. Kanal dient hier lediglich als Ausdruck für die Ressource, die nötig ist, um den Bedarf einer Verbindung abzudecken.

4.7.1 Statische Kanalzuteilung

Die statische Kanalzuteilung (FCA) ist ein sehr einfaches Kanalzuteilungsverfahren. Die Menge der im gesamten System zur Verfügung stehenden Kanäle wird dabei in kleinere Gruppen unterteilt, wobei die Anzahl der Gruppen der in Abschnitt 4.1 erläuterten Clustergröße N entspricht. Im Wiederverwendungsabstand D können die Kanalgruppen erneut zugeteilt werden, ohne dass es zu störenden gegenseitigen Beeinflussungen kommt. Während des Netzbetriebs kann diese Zuteilung nicht dynamisch geändert werden. Sind alle zugeteilten Kanäle innerhalb einer Zelle belegt, gibt es keine Möglichkeit mehr, weitere Verbindungswünsche anzunehmen.

In großen Zellen (Makrozellen) mit Zellradien von 10 km und mehr kann die Blockierung, also die Wahrscheinlichkeit, dass eine neue Verbindung abgewiesen werden muss, mit der Erlang-B Formel nach Gl.(4.5.18) bei gegebenem Verkehrsangebot und gegebener Kanalzahl der Zelle berechnet werden. Ein FCA-System stellt sich also näherungsweise als $M|M|m$ - Verlustsystem dar. Wird der Zellradius kleiner, müssen die Einflüsse von Handover [HON86] und evtl. Rückwirkungen der Kanalbelegung auf den Ankunftsprozess berücksichtigt werden (Engset-Formel, siehe [KLE75]).

Viele heute betriebene, zellulare Mobilfunksysteme verwenden das FCA-Verfahren. Dies hat im wesentlichen zwei Gründe: Zum einen benötigt FCA nur eine moderate Ausrüstung der Basisstationen mit Sendern/Empfängern und nur wenig Steuerungsaufwand, zum anderen sind die heutigen Teilnehmerzahlen bzw. das Daetnverkehrsaufkommen zellularer Mobilfunknetze noch nicht so groß, dass dies angesichts des limitierten Frequenzspektrums ein Problem wäre. Stark steigende Teilnehmerzahlen werden es jedoch schon bald erforderlich machen, mit den knappen Frequenzressourcen sparsamer umzugehen und intelligentere, verkehrs- und/oder interferenzadaptive Kanalzuteilungsverfahren einzusetzen.

4.7.2 Dynamische Kanalzuteilung

Die erwarteten Teilnehmerzahlen für Mobilfunknetze, insbesondere der dritten und vierten Generation, erfordern eine deutliche Erhöhung der spektralen Effizienz solcher Systeme. Es gibt verschiedene Ansatzpunkte für Kapazitätssteigerungen die zum Teil auch kombiniert werden können, wie z.B. die Reduzierung der Übertragungsrate durch eine stärkere Datenkompression (z.B. "Half Rate Coder" bei der Sprachübertragung), die diskontinuierliche Übertragung ("DTX", *engl.* Discontinuous Transmission) und der Übergang von großen Makrozellen mit Zellradien von bis zu 35 km zu Mikrozellen oder gar Picozellen mit Radien bis in den Bereich von 100 m. So lassen sich die vorhandenen Funkkanäle sehr viel eher wiederverwenden.

Eine weitere, interessante Möglichkeit ist die dynamische Kanalzuteilung. Dieses Konzept ermöglicht die intelligente Verteilung der dem Netz zur Verfügung stehenden, limitierten spektralen Ressourcen und erlaubt eine dynamische Zuweisung von Übertragungskapazität an die Funkzellen. Da sich insbesondere kleinzellulare Netze durch eine stark inhomogene Lastverteilung auszeichnen, lässt sich so eine deutliche Erhöhung der Teilnehmerkapazität erzielen, wie folgendes einfache Beispiel zeigen soll (siehe Bild 4.7.1).

Es wird zunächst ein sehr einfaches Netz aus nur drei Zellen mit jeweils einem Funkkanal (K1, K2, K3) betrachtet. Solange sich nur eine aktive Mobilstation in einer Zelle aufhält, tritt keine Blockierung auf. Kommt jedoch ein weiterer Teilnehmer hinzu, muss er vom Netz abgewiesen werden, da in der betreffenden Zelle keine Ressourcen mehr zur Verfügung stehen, obgleich in einer Nachbarzelle evtl. noch freie Kanäle verfügbar sind. Das einfache FCA-Verfahren erlaubt daher nur eine sehr unvollkommene Ausschöpfung der Netzressourcen.

Das nächste Beispiel in Bild 4.7.2 zeigt die prinzipielle Vorgehensweise eines DCA-Verfahrens. Bei der gleichen Situation, wie sie für den FCA-Fall beschrieben wurde, lassen sich hier durch die dynamische Verteilung der Funkkanäle in der dritten Zelle beide Verbindungen aufbauen, es kommt also zu keiner Blokkierung. Der momentan nicht benötigte Kanal K2 aus der mittleren Zelle wird an die dritte Zelle "verliehen". Bei solchen Verteilungsvorgängen muss natürlich immer beachtetet werden, dass es zu keinen gegenseitigen Störungen aufgrund von zu geringen Gleichkanalstörabständen kommt und dass im System die hardwaremäßigen Voraussetzungen hierfür gegeben sind.

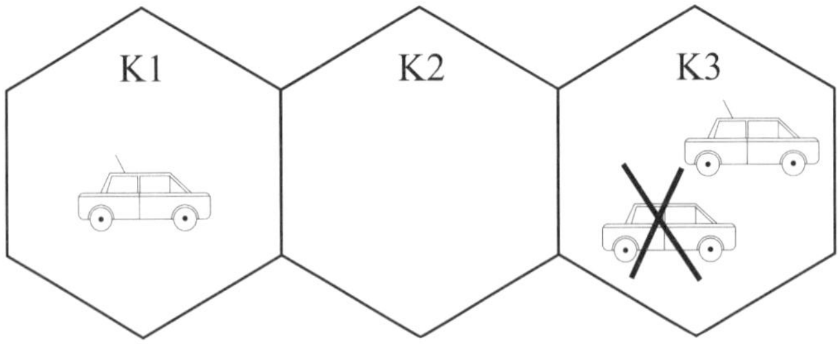

Bild 4.7.1: Prinzip der statischen Kanalzuteilung (FCA)

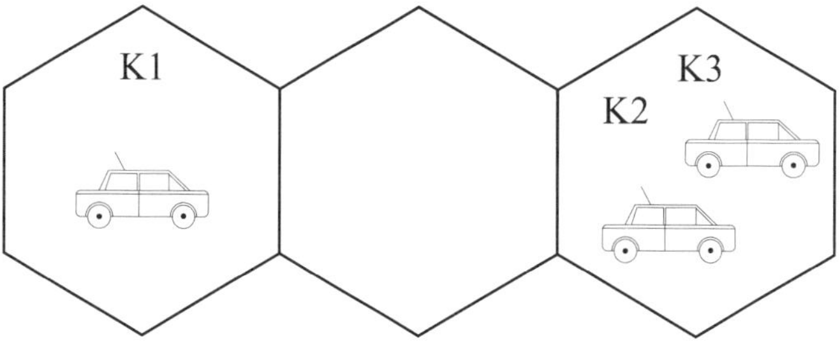

Bild 4.7.2: Funktionsweise eines dynamischen Kanalzuteilungsverfahrens (DCA)

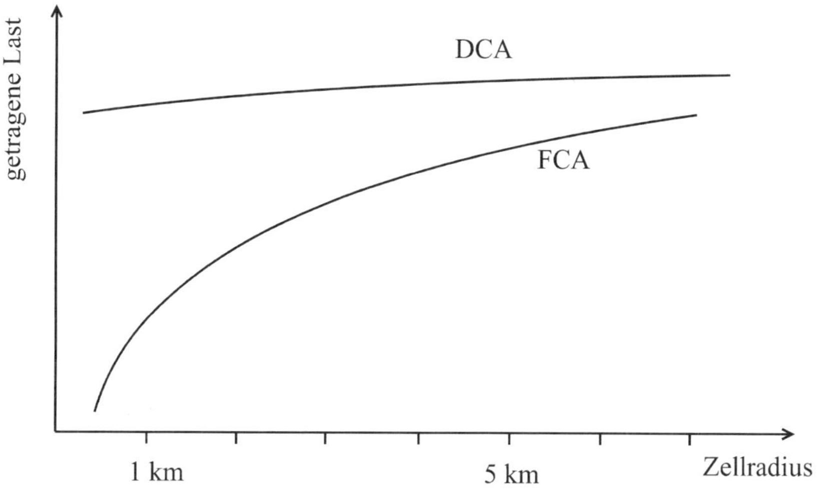

Bild 4.7.3: Zusammenhang zwischen getragener Last und Zellradius (konstante Teilnehmerzahl)

Besonders die mikro- und picozellularen Strukturen ermöglichen es, die prognostizierten Teilnehmerzahlen in Mobilfunknetzen unterzubringen. In solchen Netzen beobachtet man eine hochgradig inhomogene Lastverteilung, die sowohl schnellen Variationen (zeitliche Verkehrsänderungen, Änderungen der Interferenzsituation, häufige Handover-Vorgänge) als auch mittleren bzw. langsamen Variationen (Änderungen in der Zellumgebung, z.B. durch Witterungseinflüsse oder neue Gebäude, Erweiterungen des Netzes) unterworfen ist.

Statische Kanalzuteilungsverfahren ergeben bei diesen starken Variationen eine schlechtere spektrale Effizienz des Netzes. In Bild 4.7.3 ist der prinzipielle Zusammenhang zwischen Zellradius und getragener Last dargestellt. Man erkennt, dass sie im FCA-Fall mit geringer werdendem Zellradius abnimmt, während sich das adaptive DCA als sehr viel weniger vom Zellradius beeinflußt zeigt.

Dynamische Kanalzuteilungsverfahren lassen sich in drei Hauptgruppen unterteilen: **verkehrsadaptive-**, **signaladaptive-** und **interferenzadaptive** Verfahren. Die erstgenannte Gruppe erhöht die Netzkapazität durch eine flexiblere Vergabe der Kanäle im System in Abhängigkeit von der augenblicklichen, tatsächlichen Belastung der Zellen. Das Konzept der signaladaptiven Kanalzuteilungsverfahren basiert darauf, dass starke Signale einen größeren Interferenzleistungsanteil tolerieren können als schwache, denn entscheidend ist nicht die absolute Störleistung, sondern das Verhältnis von gewünschter Signalleistung C zur Interferenzleistung I. Mobilstationen in der Nähe ihrer Basisstation könnten deshalb mit einer kleineren Clustergröße mit entsprechend geringerem Wiederverwendungsabstand auskommen als solche, die sich am Rand einer Zelle befinden. Die dritte Gruppe sind die interferenzadaptiven DCA-Verfahren. Hier wird die Interferenzleistung auf den Kanälen mit in die Kanalzuteilungsentscheidung einbezogen. Es gibt auch noch Kombinationen aus den drei aufgeführten Verfahren. Nachstehend werden einige typische Vertreter dieser drei Gruppen beschrieben.

4.7.2.1 Verkehrsadaptive DCA-Verfahren

Die verkehrsadaptive Kanalzuteilung basiert auf einer im Netzplanungsprozess erstellten Kompatibilitätsmatrix. Unabhängig von der exakten Position einer Mobilstation in einer Zelle gibt die Kompatibilitätsmatrix Auskunft darüber, ob zwei Basisstationen kompatibel sind, also die gleichen Kanäle benutzen dürfen, ohne dass es zu übermäßigen Störungen durch Gleichkanalinterferenzen kommt. Um überall innerhalb einer Zelle eine ausreichend gute Verbindungsqualität zu gewährleisten, muss die Kompatibilitätsmatrix für den ungünstigsten Fall erstellt werden, d.h., wenn sich die Mobilstation am Zellrand befindet.

Das einfachste verkehrsadaptive DCA-Verfahren ist die "First Available" Strategie (FA) [COX72]. Hierbei wird zunächst geprüft, ob der zu vergebende Kanal bereits in der eigenen Basisstation benutzt wird. Wenn nicht, wird getestet, ob eine andere Basisstation, die näher als der erlaubte Wiederverwendungsabstand D nach Gl.(4.1.7) entfernt ist, den betreffenden Kanal benutzt. Erst nachdem so festgestellt wurde, ob Störungen zu erwarten sind, wird der betreffende Kanal zugeteilt oder auch nicht zugeteilt. Es wird dann der nächste Kanal des Gesamt-Kanalvorrats getestet. Erst wenn alle Tests negativ verlaufen, wird der Anruf abgewiesen. In [COX72] wurde für ein eindimensionales Zellmuster mit Hilfe einer Computersimulation gezeigt, dass sich bei einer homogenen Lastverteilung etwa 15 % mehr Teilnehmer im Netz unterbringen lassen, als es mit einem reinen FCA

Kanalzuteilungsverfahren möglich wäre. Bei heterogenen Lastverteilungen, wie sie in der Realität häufig auftreten, sind noch weit höhere DCA-Kapazitätsgewinne in der Größenordnung von bis zu einigen 100 % möglich.

Bei vielen DCA-Verfahren tritt im Hochlastbereich ein auf den ersten Blick sehr sonderbarer Effekt auf. Ab einem bestimmten Verkehrsangebot wird die Blockierrate der dynamischen Kanalzuteilungsverfahren höher als beim äquivalenten (gleiche Gesamtanzahl von Kanälen) statischen Zuteilungsverfahren. Dieser Zusammenhang ist in Bild 4.7.4 dargestellt. Die Erklärung für diesen Effekt liegt im statistischen Anrufverhalten in einem Netz. Dadurch, dass die Anrufeingänge räumlich und zeitlich statistisch verteilt erfolgen, sind bei vielen DCA-Kanalzuteilungsverfahren die Gleichkanalzellen im Mittel weiter voneinander entfernt als es der minimale Wiederverwendungsabstand erfordern würde. Bei FCA hingegen sind die Gleichkanalzellen immer entsprechend dem Mindestabstand angeordnet, es fehlt allerdings eine Adaptivität an temporär inhomogenen Lastsituationen. Dieser Nachteil wird jedoch bei sehr hoher Last in den Zellen und demnach hoher Blockierung immer geringer.

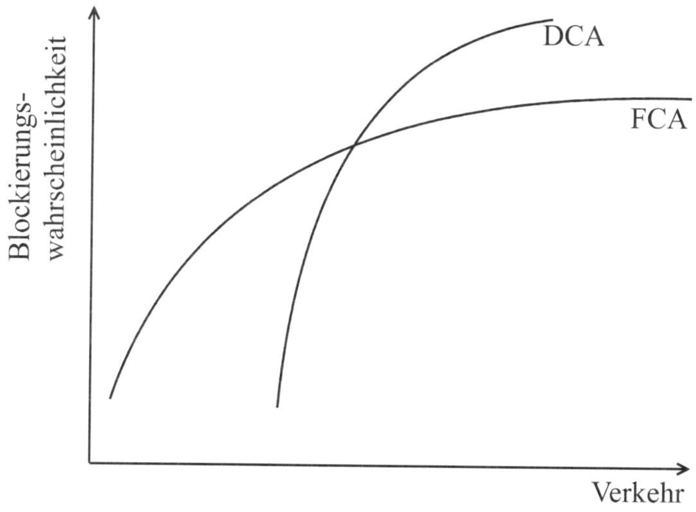

Bild 4.7.4: Zusammenhang zwischen angebotenem Verkehr und zugehöriger Blockierung bei statischer (FCA) und dynamischer (DCA) Kanalzuteilung

Dieses Verhalten lässt sich durch etwas verfeinerte Techniken verbessern. Das "Nearest Neighbour" (NN-) Verfahren versucht, den Abstand zu den Gleichkanalzellen zu minimieren, wobei allerdings der Mindestwiederverwendungsabstand D immer eingehalten werden muss. Wenn mehr als ein freier Kanal zur Verfügung steht, wird immer der mit dem geringsten Wiederverwendungsabstand ausgewählt, sofern er größer als *D* nach Gl.(4.1.7) ist. Das NN-Verfahren erreicht so bereits 25 % Laststeigerung bei homogener, mittlerer Lastverteilung gegenüber FCA [COX72]. Das prinzipielle Verhalten im Hochlastbereich nach Bild 4.7.4 bleibt jedoch erhalten.

Bereits in den 70er Jahren wurden sogenannte hybride Kanalzuteilungsverfahren ("HCA", *engl.* Hybrid Channel Assignment) vorgeschlagen, die die Vorteile von DCA im Niedriglastbereich mit denen von FCA im Hochlastbereich kombinieren sollten. Diese Verfahren arbeiten mit einem bestimmten, an die Zellen unter Beachtung des minimalen Wiederverwendungsabstandes fest zugeteilten Kanalkontingent und einem zusätzlichen "Pool" von Kanälen, aus denen sich alle Zellen gleichberechtigt bedienen dürfen, solange es die Interferenzsituation im Netz zulässt. Auf diese Weise lassen sich die DCA-Vorteile weiter in den Hochlastbereich ausdehnen [KAH78].

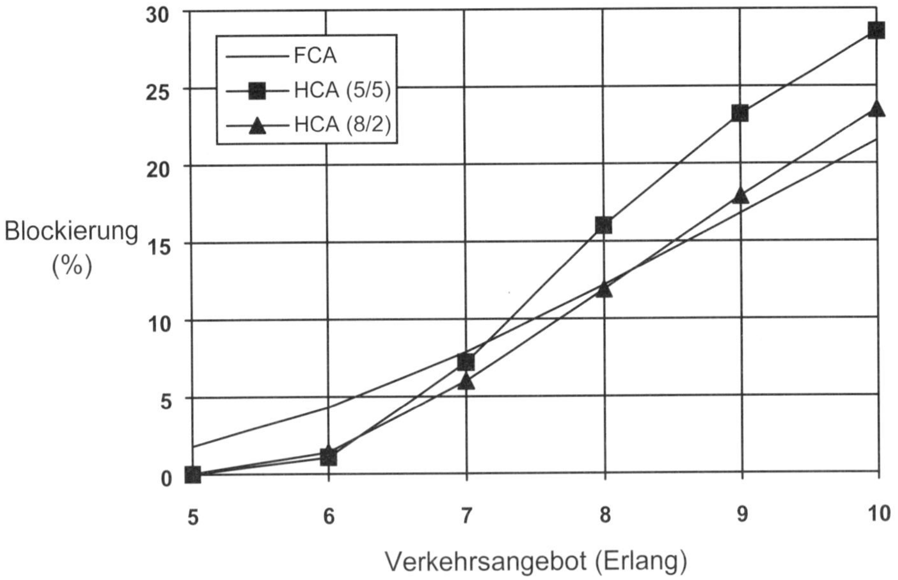

Bild 4.7.5: Blockierraten hybrider Kanalzuteilungsverfahren (HCA)

Bild 4.7.5 zeigt simulativ ermittelte Blockierraten in einem zweidimensionalen Netz aus hexagonalen Zellen, einer Clustergröße von $N = 7$ und insgesamt 70 Kanälen im System. Von den 10 statisch zugeteilten Kanälen pro Zelle des FCA-

Systems gibt das HCA (8/2) - Verfahren zwei Kanäle pro Zelle an den gemeinsamen "DCA-Pool" ab. Die Grundlast des Netzes wird von den verbleibenden acht Kanälen pro Zelle abgedeckt. Die dynamischen Kanäle führen zu einer größeren Flexibilität bei temporären Lastinhomogenitäten. Die größere Dynamik des HCA (5/5) - Systems führt im Niedriglastbereich zu einer sehr geringen Blockierrate, die jedoch bei Lasterhöhung schnell ansteigt.

Weitere Verbesserungen im Blockierverhalten von verkehrsadaptiven Kanalzuteilungsverfahren lassen sich durch Umordnen von Kanälen während des laufenden Betriebs durch Intrazell-Handover erzielen. So ist es bei den HCA-Verfahren sehr sinnvoll, die Gespräche auf den dynamischen Kanälen sobald wie möglich auf statische Kanäle umzuleiten, wenn diese frei werden [COX73].

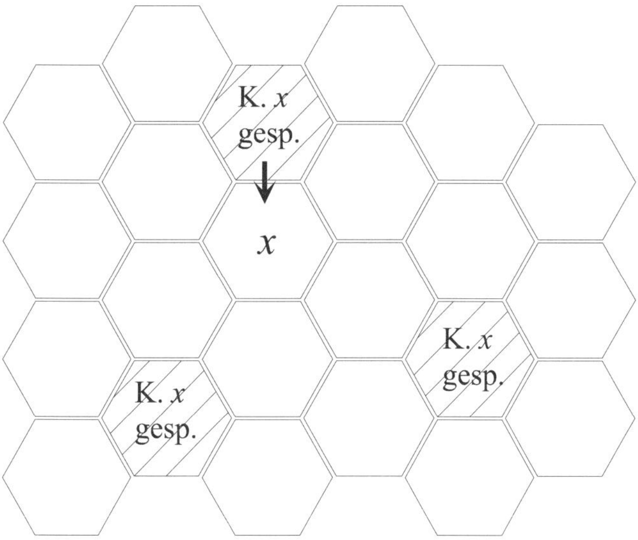

Bild 4.7.6: Prinzip des "Simple Borrowing"

Später wurden sogenannte "Borrowing" Verfahren diskutiert. Es handelt sich dabei um eine ganze Familie von Strategien, denen gemein ist, dass versucht wird, sich zusätzliche Kanäle von Nachbarzellen temporär zu borgen, wenn in der eigenen Zelle keine Kapazitäten mehr frei sind. Dieses Ausleihen ist natürlich nur dann erlaubt, wenn keine anderen Zellen hiervon negativ beeinflußt werden. Das einfachste dieser Verfahren, das "Simple Borrowing" (SB) leiht von der Nachbarzelle mit den meisten freien Kanälen dann einen Kanal aus, wenn der eigene

Vorrat erschöpft ist und in den entsprechenden Cochannel Zellen dieser Kanal nicht benutzt wird. Anschließend wird der Kanal in der ausleihenden Zelle und den vom Leihvorgang beeinflußten Cochannel Zellen der Spenderzelle gesperrt. Dies hat zur Folge, dass für diese eine Verbindung insgesamt vier Kanäle belegt werden (siehe Bild 4.7.6). Dennoch bietet bereits dieses einfache Verfahren, besonders bei inhomogener Verkehrsverteilung, Vorteile gegenüber der statischen Kanalzuteilung [AND73], [ENG73].

Das einfache SB-Verfahren lässt sich, ähnlich wie die HCA-Verfahren, durch Umordnung mittels Intrazell-Handover verbessern. In [ELN82] wird ein Verfahren namens "Borrowing with Channel Ordering" (BCO) beschrieben. Die nominellen, statisch zugeteilten Kanäle sind hierbei so geordnet, dass Kanäle mit niedriger Ordnungsnummer bevorzugt für eigene (lokale) Verbindungen benutzt werden, während die Kanäle höherer Ordnung zuerst verliehen werden. Endet eine lokale Verbindung auf einem Kanal mit niedriger Ordnungsnummer, wird das lokale Gespräch mit der höchsten Kanalnummer auf diesen Kanal umgeschaltet. Bild 4.7.7a) zeigt solch eine Situation für den Fall, dass insgesamt 10 Kanäle in der betreffenden Zelle nominell zugeteilt sind, von denen im Moment allerdings nur 8 benutzt werden. Wird ein lokales Gespräch in einer Zelle beendet, die zusätzliche Kanäle von einer Nachbarzelle geborgt hat, wird der geliehene Kanal mit der niedrigsten Ordnungsnummer zurückgegeben und die betreffende Verbindung auf den freiwerdenden eigenen Kanal umgeleitet.

In Bild 4.7.7b) ist die Kanalbelegung zweier Zellen skizziert. Zelle 1 hat dabei die Kanäle 1 bis 10 nominell zugeteilt bekommen und sich zusätzlich die beiden Kanäle 19 und 20 aus Zelle 2 mit den nominellen Kanälen 11 bis 20 geliehen. Die Verbindung auf Kanal 19 wird nun auf den freiwerdenden eigenen Kanal 7 umgeschaltet. Ebenso werden freiwerdende geliehene Kanäle hoher Ordnung sofort mit Verbindungen von geborgten Kanälen niedrigerer Ordnung besetzt (siehe Bild 4.7.7c). Durch diese ständigen Umordnungsprozesse werden die geliehenen Kanäle in der Spenderzelle sowie die beiden gesperrten Kanäle in den entsprechenden Gleichkanalzellen möglichst schnell wieder freigegeben.

Bei einer Blockierrate von 3 % erlaubt das BCO-Verfahren in einem zellularen Netz der Clustergröße N = 7 mit 70 Kanälen eine Laststeigerung von 30 %. Abhängig von der räumlichen Lastverteilung im Netz sind aber unter realen Bedingungen noch sehr viel größere Laststeigerungen möglich.

Der Kanalausleihvorgang der Borrowing-Verfahren lässt sich weiter verbessern. [ZHA89] gibt eine weitere Variante des BCO-Verfahrens an, bei der die Richtung, in die ein Kanal verliehen wird, bei der Cochannel-Sperrung berücksichtigt wird (BDCL, *engl.* Borrowing with Directional Channel Locking). In [SEK85]

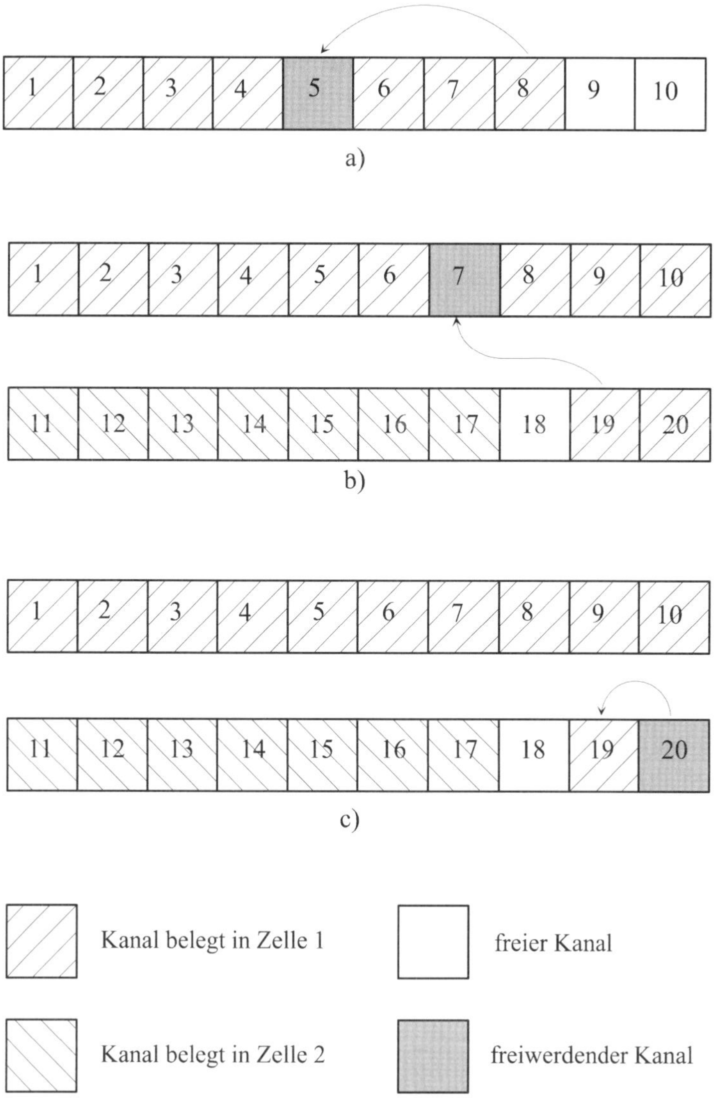

Bild 4.7.7: Funktionsweise des BCO-Verfahrens (Borrowing with Channel Ordering)

wird das "Forced Borrowing Channel Assignment" Verfahren (FBCA) beschrieben, welches den Ausleihvorgang über die erste Zellreihe der Nachbarzellen hinaus ausdehnt und so eine etwas gesteigerte Flexibilität ermöglicht. Eine ähnliche Richtung wie die HCA-Verfahren, nämlich die Abdeckung der Grundlast mit statisch festen Kanälen, geht ABCO (*engl.* Adaptive Borrowing with Channel

Ordering) [MAR92]. Gegenüber BCO bringen allerdings alle diese Verfahren nur mehr oder weniger leichte Kapazitätsgewinne, die jedoch z.T. mit relativ viel zusätzlichem Aufwand erkauft werden.

4.7.2.2 Signaladaptive DCA-Verfahren

Dadurch, dass die Kompatibilitätsmatrix für den ungünstigsten aller Fälle aufgestellt werden muss, d.h., wenn sich der mobile Teilnehmer am Zellrand befindet, weisen viele Verbindungen einen sehr viel höheren Gleichkanalstörabstand auf als eigentlich für eine ausreichend gute Verbindungsqualität nötig wäre. Mobilstationen, die sich in der Nähe ihrer Basisstation befinden, sind viel weniger anfällig für Gleichkanalstörungen als weiter entferntere Stationen. Der Wiederverwendungsabstand D könnte also bei Stationen im Zentrum einer Zelle geringer sein.

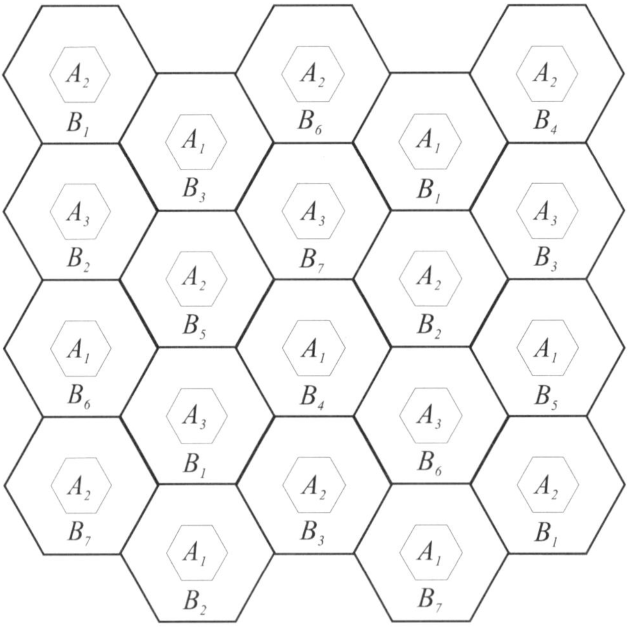

Bild 4.7.8: Reuse Partitioning mit $N_A = 3$ und $N_B = 7$

Das "Reuse Partitioning" Konzept nach [HAL83] überlagert eine Zellstruktur der Clustergröße $N_A = 3$ einem Netz mit der Clustergröße $N_B = 7$. Mobilstationen, die sich im Bereich der Zellen *A* befinden, dürfen sowohl den Kanalvorrat der *A*-Zellen, als auch den der *B*-Zellen benutzen, während Stationen im Bereich der B-Zellen nur deren Kanalvorrat verwenden dürfen (siehe Bild 4.7.8). Dieses Verfahren führt jedoch zu unterschiedlichen Blockierraten in den unterschiedlichen Zellbereichen; dies ist im allgemeinen nicht erwünscht. Verglichen mit einem reinen FCA-System der Clustergröße $N = 7$ lässt sich eine Kapazitätssteigerung des Netzes um ca. 30 % erzielen.

Theoretisch lässt sich das Reuse Partitioning Konzept noch weiter verbessern, indem die Zellen noch weiter unterteilt werden; jedoch steigt die Intrazell-Handover-Rate dann sehr stark, so dass diese Systeme nicht mehr praktikabel sind. Für den Grenzfall einer unendlich feinen Unterteilung erhält man nach [ZAN93] einen Kapazitätsgewinn von etwa 100 %.

"Directed Retry" (DR) [EKL86] ist ein weiteres Verfahren, welches einen Schritt in Richtung einer besseren Ausnutzung der Funkfeldeigenschaften macht. DR hat zum Hintergrund, dass in weiten Bereichen einer Zelle nicht nur die eigene Basisstation zu empfangen ist, sondern auch noch einige Nachbar-BS. Wenn nun festgestellt wird, dass in der eigenen BS keine Kapazitäten mehr zur Verfügung stehen, um den neuen Verbindungswunsch anzunehmen, wird die MS angewiesen, die Feldstärke der Pilot- bzw. BCCH-Signale (GSM/UMTS) von umliegenden BSs zu messen. Bei diesen Pilotsignalen handelt es sich üblicherweise um Signale konstanter, bekannter Sendeleistung. Wenn sich ein ausreichend starker Pegel findet, wird es der MS erlaubt, sich in der betreffenden anderen BS einzubuchen - immer vorausgesetzt natürlich, dass dort noch Ressourcen frei sind. Problematisch bei diesem Verfahren ist, dass die Zellgrenzen praktisch vergrößert werden und die Interferenzgefahr so zunimmt.

4.7.2.3 Interferenzadaptive DCA-Verfahren

Die dritte Klasse von Kanalzuteilungsverfahren bilden die interferenzadaptiven Verfahren. Die Kanalzuteilungsentscheidungen werden hier direkt aufgrund von Online-Messungen des Interferenzpegels getroffen. Man unterscheidet zentral gesteuerte Verfahren mit einer zentralen Kontrollinstanz und dezentrale Verfahren, bei denen die Basis- bzw. Mobilstationen unabhängig voneinander ihre Entscheidungen treffen. Letzteres findet z.B. bei DECT-Schnurlostelefonen und manchen WLAN-Systemen (IEEE 802.11a) Verwendung.

Mit den zentral gesteuerten Verfahren lassen sich die größten Kapazitätsgewinne erzielen. Die Mobilstationen messen hierbei ständig den Pfadverlust zu mehreren Basisstationen und senden die Messergebnisse zu einem zentralen Steuerrechner. Dieser wählt einen Kanal danach aus, dass einerseits ein ausreichend großer Gleichkanalstörabstand auf der gewünschten neuen Verbindung gewährleistet ist, andererseits aber durch die Kanalvergabe andere Verbindungen nicht störend beeinflußt werden. In [NET89] wurde gezeigt, dass sich, je nach Implementierungsaufwand, Kapazitätsgewinne zwischen 100 % und 300 % mit diesen Verfahren erzielen lassen.

Zentral gesteuerte Kanalzuteilungsverfahren erfordern einen hohen Signalisierungsaufwand zwischen den Basisstationen und dem Zentralrechner, der zusätzlich eine sehr hohe Rechenleistung erbringen muss. Wünschenswert ist deshalb eine dezentrale Arbeitsweise des Kanalzuteilungsalgorithmus. Die Kanäle werden aufgrund von Interferenzmessungen auf den momentan in der eigenen Zelle nicht benutzten Kanälen vergeben. Dadurch, dass nur die Messergebnisse in der eigenen Zelle bekannt sind, besteht bei einer Kanalvergabe immer die Gefahr, dass Verbindungen in anderen Zellen hiervon beeinträchtigt werden.

In [BEC89] wird diese Gefahr durch entsprechend hohe Schwellwerte bei der Kanalvergabe vermindert, jedoch um den Preis, dass dann kaum noch ein Kapazitätsgewinn gegenüber einem FCA-System erzielt wird. Es bleibt jedoch die Flexibilität eines dezentralen Kanalzuteilungsverfahrens ohne eine erforderliche Frequenzvorplanung. Außerdem erlaubt es eine erheblich verbesserte Adaptivität an Lastinhomogenitäten im Netz. Besonders in Mikrozellnetzen ist es ein wichtiger Vorteil, keine Frequenzvorplanung wie sie bei FCA erforderlich ist, zu benötigen. Zudem sind die Ausbreitungsverhältnisse in Mikrozellnetzen mitunter starken zeitlichen Veränderungen unterworfen. Gleichfalls führt die hohe relative Teilnehmermobilität in diesen Netzen zu starken Lastinhomogenitäten, die durch ein FCA-System nicht aufgefangen werden können.

Einen anderen Weg zur Verminderung der Interferenzgefahr von dezentralen, interferenzadaptiven Kanalzuteilungsverfahren geht das "Channel Segregation" Verfahren [FUR87]. Erfolg oder Mißerfolg einer vorhergehenden Kanalzuteilungsentscheidung in dem Sinne, ob es zu Störungen während dieser Verbindung kam oder nicht, werden bei einer zukünftigen Kanalvergabe berücksichtigt. Mit der Zeit bildet sich so ein stabiles, FCA-ähnliches, Wiederverwendungsmuster heraus. Der Vorteil hierbei ist, dass ebenfalls keine Frequenzvorplanung mehr benötigt wird. Aufgrund des starren Wiederverwendungsmusters lässt sich mit Channel Segregation jedoch ebenfalls kein hoher Kapazitätsgewinn gegenüber einem FCA-System erreichen.

In den CS+-Verfahren nach [BEN95b], [BEN96a] werden zu hohe C/I-Schwellwerte bei der Kanalzuteilung, die einen Kapazitätsgewinn verhindern, durch einen lernfähigen Algorithmus deutlich reduziert. Je nach Lastsituation lassen sich so auch mit einem vollkommen dezentralen, adaptiven Kanalzuteilungsverfahren Kapazitätsgewinne von über 100 % erzielen.

4.8 Spektrale Effizienz von Mobilfunksystemen

Die Teilnehmerkapazität von Mobilfunksystemen wird durch das zur Verfügung stehende Frequenzspektrum begrenzt, dieses ist jedoch nicht beliebig erweiterbar. Die für die Mobilfunkübertragung nutzbaren Frequenzbänder im VHF- und UHF-Bereich müssen mit anderen Funknetzen wie Rundfunk, Betriebsfunk, militärischen Funknetzen, etc. geteilt werden. Weiteres verfügbares Spektrum ist nur bei höheren Frequenzen zu finden, allerdings um den Preis einer höheren Ausbreitungsdämpfung (siehe Kapitel 2).

Die Entwicklung der Mobilfunkteilnehmerzahlen macht deutlich, dass große Anstrengungen unternommen werden müssen, damit es nicht zu Kapazitätsengpässen kommt. Es ist daher erforderlich, das vorhandene Spektrum möglichst gut auszunutzen. Zum Vergleich und zur Bewertung wurde deshalb die spektrale Effizienz von Mobilfunksystemen η_M eingeführt. η_M hängt von vier wesentlichen Faktoren ab: Der Clustergröße N, der Zellfläche A und dem getragenen Verkehr V bei einer Bandbreite B pro Zelle. Man definiert daher

$$\eta_M = \frac{V}{N \cdot B \cdot A} \quad . \tag{4.8.1}$$

η_M wird üblicherweise in der Einheit Erlang/MHz/km^2 angegeben und ist ein Maß für den bei einer vorgegebenen Bandbreite in einem bestimmten Gebiet tragbaren Verkehr. In der technischen Literatur finden sich noch weitere Definitionen für die spektrale Effizienz von Mobilfunksystemen wie z.B. Kanäle/MHz/Zelle, Bitrate/MHz, etc. Ansatzpunkte zur Steigerung der spektralen Effizienz lassen sich aus Gl.(4.8.1) ablesen und werden in den folgenden Abschnitten behandelt.

4.8.1 Clustergröße

Die spektrale Effizienz eines Mobilfunksystems η_M ist umgekehrt proportional zur Clustergröße N. Wie bereits in Abschnitt 4.2.1 gezeigt wurde, hängt die Clustergröße vom für eine ausreichend gute Verbindungsqualität erforderlichen Gleichkanalstörabstand $(C/I)_{\min}$ ab. Mit den Gln.(4.1.8) und (4.2.2) erhält man

$$N = \frac{1}{3}\left[6\left(\frac{C}{I}\right)_{\min}\right]^{2/\gamma} \qquad (4.8.2)$$

wobei γ der Ausbreitungsexponent ist (N muss auf einen diskreten Wert nach Gl.(4.1.1) aufgerundet werden). In Abschnitt 2.5 wurde gezeigt, dass γ meist in der Nähe von 4 liegt (je nach Ausbreitungsumgebung). In diesem Fall findet man für die spektrale Effizienz η_M

$$\eta_M \sim \sqrt{\left(\frac{C}{I}\right)_{\min}}^{\,-1} \quad . \qquad (4.8.3)$$

Im Sinne einer möglichst hohen spektralen Effizienz ist es also günstig, ein möglichst niedriges $(C/I)_{\min}$ anzustreben.

Der mindestens erforderliche Gleichkanalstörabstand hängt von verschiedenen Faktoren ab, dazu zählen in erster Linie das Modulationsverfahren und die Kanalcodierung. Breitbandige Modulationsverfahren weisen oft eine geringere Anfälligkeit bezüglich Gleichkanalinterferenz auf als schmalbandigere Verfahren. Dies muss besonders im Zusammenhang mit der Bandbreite pro Zelle gesehen werden, wie später noch gezeigt wird. Das erforderliche $(C/I)_{\min}$ eines Modulationsverfahrens kann immer nur für einen bestimmten vorgegebenen Basisband-Signal-Rauschabstand S/N bzw. für eine bestimmte Bitfehlerrate (BER) ermittelt werden. Für Frequenzmodulation stellt man beispielsweise fest, dass die Auswirkungen von Gleichkanalinterferenz mit der dritten Potenz des Modulationsindex (siehe Abschnitt 5.1.2) abnehmen [JAK74]. Die benötigte Bandbreite eines FM-Signals steigt linear mit dem Modulationsindex.

Die bei digitalen Modulationsverfahren maximal zulässige Bitfehlerrate richtet sich nach den Diensteanforderungen und dem daraus resultierenden Kanalcodierungsaufwand zum Fehlerschutz. Im Fall von Sprachübertragungen hängen die Anforderungen an die Bitfehlerrate (bzw. genauer unter Berücksichtigung der Verteilung der Fehler) vom verwendeten Sprachcoder ab und damit auch von subjektiven Qualitätsbeurteilungen (MOS, *engl.* Mean Opinion Score). Im Fall des GSM-Systems werden beispielsweise 9 dB $(C/I)_{\text{min}}$ benötigt.

Die Resistenz einer Mobilfunkübertragung gegenüber Gleichkanalinterferenz lässt sich zusätzlich durch die in Abschnitt 3.6 beschriebenen Diversity-Verfahren steigern.

Neben der Wahl eines geeigneten Modulations- und Kanalcodierungsverfahrens spielen weitere Aspekte eine Rolle. Jede Technik, die zu einer Verringerung von Gleichkanalinterferenz beiträgt, kann zu kleineren Clustern führen.

Eine Technik, die bereits bei GSM und UMTS angewendet wird, ist die diskontinuierliche Übertragung (DTX, *engl.* Discontinuous Transmission). Hier wird nur während der tatsächlichen Sprechzeit der Sender eingeschaltet. Da dies bei einem typischen Telefongespräch in weniger als der Hälfte der Zeit der Fall ist, kommt dies erstens der Betriebsdauer des mobilen Endgeräts (Akkukapazität) zu gute, und zweitens wird bei Kombination mit SFH (*engl.* Slow Frequency Hopping, siehe Abschnitt 7.4.1.2) der mittlere Interferenzpegel im Netz um ca. 3 dB gesenkt.

Die mittlere Interferenzleistung kann auch wirkungsvoll durch den Einsatz von Algorithmen zur adaptiven Sendeleistungsregelung reduziert werden. So muss eine Mobilstation, die sich in der Nähe ihrer Basisstation befindet, weit weniger Sendeleistung aufwenden als eine Mobilstation am Zellrand. Es macht also Sinn, die Sendeleistung einer Mobilstation in Abhängigkeit des Pfadverlusts zu ihrer Basisstation zu regeln. Hierbei muss jedoch beachtet werden, dass nicht die absolute Interferenzleistung von Bedeutung ist, sondern der Gleichkanalstörabstand, also das Verhältnis aus gewünschter Signalleistung zur Störleistung. Eine Mobilstation mit reduzierter Sendeleistung erzeugt deshalb zwar weniger Interferenz im Netz, ist auf der anderen Seite selbst aber auch anfälliger für Gleichkanalstörungen. Trotzdem kann die Dropout-Wahrscheinlichkeit infolge zu geringen (C/I)s mit rein pfadverlust-adaptiven Algorithmen zur Sendeleistungsregelung um typischerweise einige zehn Prozent gegenüber Systemen mit konstanter Sendeleistung reduziert werden. Mit qualitäts-adaptiven Algorithmen sind jedoch noch weit größere Verbesserungen möglich, die zu einer beträchtlichen Verringerung der erforderlichen Clustergröße und damit zu einer Steigerung von η_M führen. Quasi "nebenbei" sorgt eine Regelung der Sendeleistung auch für eine längere Betriebsdauer der Endgeräte aufgrund des im Mittel geringeren Stromverbrauchs.

Die in Abschnitt 4.2.2 vorgestellte Zell-Sektorisierung führt ebenfalls zu einer Verbesserung der Interferenzsituation, da durch die Richtwirkung der BS-Antennen weniger Störsignale empfangen werden und auch weniger Störungen verursacht werden. Eine Sektorisierung kann daher eine Verringerung der Clustergröße ermöglichen. Es muss allerdings auch berücksichtigt werden, dass Sektorisierung in typischerweise drei oder sechs Sektoren eine weitere Aufteilung des gesamten zur Verfügung stehenden Kanalvorrats bedeutet. Wie schon in Abschnitt 4.5.1 gezeigt wurde, bedeutet dies einen geringeren "Bündelgewinn". Dieser Effekt kann jedoch durch die mögliche Verkleinerung der Clustergröße ausgeglichen werden [CHA92]. Eine weitere interessante Technik zur Steigerung der Teilnehmerkapazität ist das in Abschnitt 7.6 behandelte SDMA-Verfahren.

4.8.2 Bandbreite

Wie aus Gl.(4.8.1) ersichtlich ist, ist die spektrale Effizienz eines Mobilfunksystems η_M umgekehrt proportional zur benötigten Bandbreite B innerhalb einer Zelle. Durch eine Reduktion der nötigen Bandbreite bzw. Übertragungsrate pro Kanal kann die Zahl der Teilnehmerkanäle bei konstanter Gesamtbandbreite erhöht werden.

In analogen (FDMA-) Mobilfunksystemen lässt sich die Bandbreite pro Träger durch zwei prinzipielle Methoden verringern. Zum einen kann die Basisbandbreite reduziert werden. Hier bietet sich allerdings nicht sehr viel Spielraum, denn zu geringe Grenzfrequenzen wirken sich ab einem bestimmten Punkt (ca. 3 kHz) sehr negativ auf die Sprachverständlichkeit aus. Ein anderer Weg ist die Wahl eines schmalbandigen Modulationsverfahrens wie z.B. SSB oder FM mit geringem Modulationsindex. Auf den ersten Blick scheint es sogar sehr verlockend, solche Verfahren einzusetzen; ein mit SSB modulierter Träger benötigt bei einer NF-Bandbreite von 3 kHz schließlich nur 3 kHz HF-Bandbreite. Ein Nachteil der schmalbandigen Verfahren ist jedoch, dass hohe Gleichkanalstörabstände eingehalten werden müssen. Speziell bei SSB tritt der extreme Fall auf, dass der im Basisband geforderte Signal-Rauschabstand (S/N) auch in der HF-Lage an Gleichkanalstörabstand mindestens vorhanden sein muss. Fordert man ein S/N von z.B. 40 dB würde dies auch einem $(C/I)_{\min}$ von 40 dB entsprechen. Nach Gl.(4.8.2) resultiert daraus eine theoretische Clustergröße von $N = 81{,}6$ - ein Wert, der ein hoch kapazitives Mobilfunksystem undenkbar macht.

In digitalen Mobilfunksystemen spielt die Datenkompression bei der Reduktion der relativen Teilnehmerbandbreite eine große Rolle. Die durch Kompression gewonnene Übertragungskapazität kann in einem TDMA-System zu mehr Zeitschlitzen und damit Teilnehmerkanälen pro Übertragungsrahmen bei gleicher Bandbreite führen. Mit dieser Technik lassen sich z.B. im GSM-System durch den Einsatz des 5,6 kbit/s Halfrate-Coders die Kapazität des Systems und die spektrale Effizienz verdoppeln. Die zusätzliche Übertragungskapazität kann aber auch für einen erhöhten Fehlerschutz durch aufwendigere Kanalcodierungsverfahren genutzt werden. Dies kann dann wiederum zu einem niedrigeren Mindest-Gleichkanalstörabstand $(C/I)_{\mathrm{min}}$ führen und unter Umständen eine geringere Clustergröße ermöglichen. Im UMTS-Mobilfunksystem wird beispielswiese durch den Einsatz eines Sprachcoders mit variabler Bitrate (AMR, *engl.* Adaptive Multirate Codec) in Verbindung mit dem CDMA-Vielfachzugriffsverfahren (siehe Abschnitt 7.4) eine Clustergröße von $N = 1$ erreicht werden.

Ein weiterer wichtiger Punkt bei der Bandbreitenbetrachtung eines Mobilfunksystems ist der "Overhead", der nicht oder nicht unmittelbar zur Nutzdatenübertragung verwendet werden kann. Hier sind zunächst Schutzbänder und -zeiten zu nennen. Neben der Übertragungsbandbreite wird der HF-Kanalabstand (Trägerabstand) auch durch die endliche Flankensteilheit von Sende- und Empfangsfiltern bestimmt. Diese Filter sind u.a. für eine Unterdrückung von Nachbarkanalstörungen (*engl.* "Adjacent Channel Interference") erforderlich. Schutzzeiten (siehe Abschnitt 7.3.2) sind bei TDMA-Mobilfunksystemen erforderlich, um die unterschiedliche Laufzeit von unterschiedlich weit entfernten Mobilfunkstationen auszugleichen. Ohne Schutzzeiten kann es zum Übersprechen benachbarter Zeitschlitze kommen. Hierfür werden z.B. beim GSM-System 5,3 % der Übertragungszeit verwendet. Weiterer Overhead entsteht durch Trainingssequenzen, die für adaptive Equalizer zur Kanalentzerrung benötigt werden. Besonders bei hohen Übertragungsraten ist der Einfluß dieser Sequenzen nicht zu unterschätzen, GSM verwendet hierfür beispielsweise 16,6 % der gesamten Übertragungskapazität eines TDMA-Rahmens.

Ein Mobilfunksystem benötigt auch mehr oder weniger viel Übertragungskapazität für den Signalisierungsverkehr. Über Signalisierungskanäle werden eine Vielzahl von unterschiedlichen Informationen zwischen Mobil- und Basisstation ausgetauscht. Hierzu zählen Messwerte, Steuer- und Regelanweisungen sowohl während laufender Verbindungen als auch beim Verbindungsauf- und -abbau und dem "Standby-"Betrieb.

In digitalen Mobilfunksystemen macht der (notwendige) Kanalcodierungsaufwand einen beträchtlichen Anteil an der gesamten Übertragungskapazität aus. Dies kann sogar mehr als die Hälfte ausmachen. Andererseits muss berücksichtigt werden, dass erst durch leistungsfähige Kanalcodierungsverfahren die für kleine Clustergrößen und hoch qualitative Mobilfunkübertragungen erforderliche Unempfindlichkeit gegen Störungen ermöglicht wird.

4.8.3 Getragener Verkehr

Der für die Nutzdaten in einer Zelle verfügbare Kanalvorrat kann von einem Mobilfunksystem mehr oder weniger gut ausgenutzt werden. Im einfachsten Fall der Kanalzuteilung, der statischen Kanalzuteilung (FCA, siehe Abschnitt 4.7.1) wird jedem Mobilfunkteilnehmer für die Dauer der gesamten Verbindung ein Kanal aus dem Kanalvorrat der Zelle zugeteilt. Ist kein freier Kanal mehr verfügbar, wird die Verbindung abgewiesen (blockiert). Für eine bestimmte Kanalzahl und bei einem bestimmten Verkehrsangebot A_c lässt sich mit Gl.(4.5.18), der Erlang-B Formel (M|M|m), die Blockierwahrscheinlichkeit P_B berechnen. Der getragene Verkehr V ergibt sich dann aus

$$V = \left(1 - P_B\right) \cdot A_c \quad . \tag{4.8.4}$$

Erlaubt man einem Anrufer in einer Warteschlange zu warten, bis ein Kanal frei wird, kann die Kanalausnutzung bzw. der getragene Verkehr gesteigert werden, da kurze Totzeiten bei der Kanalbelegung, wie sie in Erlang-B Systemen auftreten, weitgehend vermieden werden. Durch den Warteschlangenbetrieb wird im Hochlastbereich immer sofort ein frei werdender Kanal belegt. Wie in Abschnitt 4.5.2 erläutert wurde, treten in einem Erlang-C System (M|M|m - ∞) keine Blokkierungen mehr auf, dafür allerdings Wartezeiten, die mit der Erlang-C Formel nach Gl.(4.5.21) berechnet werden können.

Im Zusammenhang mit Paketzugriffsverfahren (siehe Abschnitt 7.5) besteht die Möglichkeit einer aktivitätsgesteuerten Kanalvergabe. Da nur während etwa 45 % eines typischen Telefongesprächs von einem Teilnehmer wirklich gesprochen wird, kann im Rest der Zeit der Übertragungskanal durch andere Nutzer belegt werden. Man erreicht so bei der Kanalausnutzung einen statistischen Multiplex-Gewinn von ca. einem Faktor zwei, d.h., mit der zur Verfügung stehenden Kanalzahl kann in etwa der doppelte Verkehr V getragen werden.

Mit dynamischen Kanalzuteilungsverfahren (siehe Abschnitt 4.7.2) können räumliche Lastinhomogenitäten in einem zellularen Netz aufgefangen werden. Funkzellen können dabei unter bestimmten Bedingungen auch auf die Kanäle ihrer Nachbarzellen zugreifen. Temporäre Kapazitätsengpässe können so deutlich gemindert werden, der getragene Verkehr pro Zelle steigt. Bei vielen DCA-Verfahren kann die funkzellenbezogene spektrale Effizienz η_M nach Gl.(4.8.1) nicht direkt verwendet werden, da keine zellindividuelle Kanalzuordnung mehr erfolgt. In diesen Fällen findet auch keine unmittelbare Clusterbildung mehr statt; hier muss die Berechnung von η_M auf das gesamte mit DCA versorgte Gebiet der Fläche A_{ges} und der Gesamtbandbreite B_{ges} ausgedehnt werden. Man erhält

$$\eta_{M,DCA} = \frac{V_{ges}}{B_{ges} \cdot A_{ges}} \quad . \qquad (4.8.5)$$

4.8.4 Zellfläche

Unabhängig von den genauen technischen Parametern eines Mobilfunksystems stellt die Verringerung des Zellradius bzw. der Zellfläche A eine sehr wirksame Möglichkeit zur Erhöhung der spektralen Effizienz η_M dar, da η_M umgekehrt proportional zu A ist. Wie bereits in Abschnitt 4.4 erläutert wurde, können beim Einsatz von Mikrozellnetzen Probleme durch erhöhte Handover-Raten auftreten. Mikrozellnetze erfordern daher sehr leistungsfähige Handover-Algorithmen.

Auch bereitet die nur schwer im voraus berechenbare Wellenausbreitungssituation bei der Funknetzplanung für mikrozellulare Netze große Probleme. Zusätzlich sind diese Netze von starken räumlichen Lastinhomogenitäten geprägt, da eine Lastmittelung über die Zellfläche kaum noch auftritt. Diese beiden zuletzt genannten Schwierigkeiten lassen sich durch den Einsatz von DCA-Verfahren umgehen.

Mit mikrozellularen Netzen sind hohe Kosten verbunden, da viele Basisstationen einschließlich Antennenträger, Strom- und Festnetzanschluß installiert und gewartet werden müssen. Besonders interessant sind auch die in Abschnitt 4.4 beschriebenen hierarchischen Zellsysteme, die viele der angesprochenen Probleme mindern können. Es folgen einige Beispiele zur Ermittlung der spektralen Effizienz η_M.

Beispiel 4.8.1: Wir betrachten ein schmalbandiges FDMA-Mobilfunksystem mit einer Kanalbandbreite von 7,5 kHz. Einschließlich eines Fading-"Sicherheitsabstandes" von 7 dB werden mindestens 30 dB Gleichkanalstörabstand für eine gute Übertragungsqualität benötigt. Für Up- und Downlink steht eine Bandbreite von jeweils 4,86 MHz zur Verfügung. Das System sei so ausgelegt, dass in jeder Zelle ein Organisationskanal vorhanden sein muss, der neben Signalisierungsaufgaben wie z.B. Paging auch als Pilot-Träger dient. Es wird eine zulässige mittlere Blockierungswahrscheinlichkeit P_B von 2 % erlaubt. Der geplante Radius einer (hexagonalen) Zelle betrage 3 km. Gesucht ist die spektrale Effizienz η_M dieses Systems.

Zunächst wird die erforderliche Clustergröße ermittelt. Mit Gl.(4.8.2) erhält man ein theoretisches N von 25,8. Bei einem hexagonalen Zellaufbau ergibt sich nach Gl.(4.1.1) die nächst mögliche Clustergröße zu $N = 27$ (mit $i = j = 3$). Innerhalb der Bandbreite von jeweils 4,86 MHz für Up- und Downlink lassen sich 648 FDMA-Kanäle unterbringen; dies entspricht 24 pro Zelle bei der gewählten Clustergröße von $N = 27$. Abzüglich einem Organisationskanal verbleiben 23 Verkehrskanäle pro Zelle. Eine Mobilfunkzelle kann näherungsweise durch ein M|M|m - Verlustsystem beschrieben werden. Man erhält bei einer Blockierrate von 2 % und 23 Kanälen ein zulässiges Verkehrsangebot von $A_c = 15{,}8$ Erlang [SIE80] bzw. mit Gl.(4.8.4) einen getragenen Verkehr V von 15,5 Erlang. Pro Zelle ist eine Bandbreite von $B = 2 \cdot 24 \cdot 7{,}5\ \text{kHz} = 360\ \text{kHz}$ erforderlich. Die Fläche einer hexagonalen Zelle mit dem Radius R beträgt

$$A = \frac{3}{2}\sqrt{3} \cdot R^2 = 23{,}4\ \text{km}^2 .$$

Damit ergibt sich die spektrale Effizienz η_M des Systems zu

$$\eta_M = \frac{15{,}5\ \text{Erl}}{27 \cdot 0{,}36\ \text{MHz} \cdot 23{,}4\ \text{km}^2} = 68{,}1\ \text{mErl/MHz/km}^2 .$$

Beispiel 4.8.2: Ein TDMA/FDMA-Mobilfunksystem verwendet Träger mit einem Kanalabstand von 200 kHz und 8 Zeitschlitzen pro Übertragungsrahmen. Es wird wie im vorherigen Beispiel das FDD-Richtungstrennverfahren eingesetzt. Im Uplink und im Downlink stehen jeweils 16,8 MHz Bandbreite zur Verfügung. Aufgrund des Modulations- und Kanalcodierungsverfahrens benötigt das Übertragungssystem 9 dB Mindest-Gleichkanalstörabstand. Es wird ebenfalls eine Systemreserve von 7 dB eingeplant, so dass sich ein $(C/I)_{\min}$ von 16 dB ergibt. In jeder Zelle wird ein Zeitschlitz für Pilot- und Signalisierungsfunktionen reserviert. Der Zellradius ist der gleiche wie in Beispiel 4.8.1 (3 km). Die zulässige Blockierungswahrscheinlichkeit betrage ebenfalls wieder $P_B = 2\ \%$.

Mit $(C/I)_{\min} = 16$ dB erhält man aus Gl.(4.8.2) ein theoretisches N von 5,15, so dass nach Gl.(4.1.1) ($i = 2$, $j = 1$) Cluster der Größe $N = 7$ gewählt werden müssen ($C/I = 18{,}7$ dB nach Gl.(4.2.2)). Es ergeben sich daraus 12 Träger pro Zelle, also zusammen 96 Zeitschlitze, von denen einer als Pilotkanal dient. Mit 95 Verkehrskanälen und einer zulässigen mittleren Blockierung von 2 % können $V = 81{,}4$ Erlang Verkehr getragen werden [SIE80] (Gl.(4.8.4)). Die Bandbreite pro Zelle beträgt $B = 2 \cdot 12 \cdot 200\ \text{kHz} = 4{,}8\ \text{MHz}$. Man berechnet daher die spektrale Effizienz η_M des Systems zu

$$\eta_M = \frac{81{,}4\ \text{Erl}}{7 \cdot 4{,}8\ \text{MHz} \cdot 23{,}4\ \text{km}^2} = 103{,}5\ \text{mErl/MHz/km}^2 .$$

Beispiel 4.8.3: Das Mobilfunksystem aus Beispiel 4.8.2 soll nun mit einer 120° Zell-Sektorisierung betrieben werden. Pro Sektor ist ein eigener Pilotkanal erforderlich.

Bei einer Clustergröße von $N = 4$ und 120° Sektorisierung treten nur noch zwei statt sechs nächster Gleichkanalzellen auf. Der entsprechende Gleichkanalstörabstand berechnet sich daher zu $C/I = 1/2 \cdot q^4 = 18{,}6$ dB mit $q = (3 \cdot N)^{1/2}$. Dies entspricht fast genau dem Wert aus dem vorherigen, omnidirektionalen Fall. Pro Sektor stehen nun 7 Träger mit einem Pilot- bzw. Signalisierungs-Zeitschlitz und 55 Verkehrskanälen zur Verfügung. Bei 55 Kanälen und einer zulässigen Blokkierung von 2 % erhält man $V = 44$ Erlang. Die Bandbreite pro Zelle beträgt $B = 2 \cdot 3 \cdot 7 \cdot 0{,}2$ MHz $= 8{,}4$ MHz. Für die spektrale Effizienz η_M des sektorisierten Systems ermittelt man daher

$$\eta_M = \frac{3 \cdot 44\,\text{Erl}}{4 \cdot 8{,}4\,\text{MHz} \cdot 23{,}4\,\text{km}^2} = 167{,}9\,\text{mErl/MHz/km}^2 \;.$$

Wie aus einem Vergleich mit dem nicht-sektorisierten System aus Beispiel 4.8.2 ersichtlich ist, führt die Sektorisierung in diesem konkreten Fall zu einer Steigerung der spektralen Effizienz. Dies mus allerdings nicht in jedem Fall so sein, denn durch die Sektorisierung muss mehr Signalisierungskapazität (Pilotsignale, etc.) bereitgestellt werden und zusätzlich verringert sich der Bündelgewinn durch eine stärkere Unterteilung des gesamten System-Kanalvorrats. Bei der den Beispielen 4.8.2 und 4.8.3 zugrunde gelegten hohen Kanalzahl bzw. Bandbreite spielt der etwas geringere Bündelgewinn nach einer Sektorisierung jedoch keine signifikante Rolle, denn die Kanalbündel sind auch nach der Sektorisierung bzw. Unterteilung immer noch sehr groß.

5 Modulationsverfahren

Unter Modulation im Kontext der drahtlosen Übertragungstechnik versteht man allgemein die Veränderung eines sinusförmigen Trägersignals in Abhängigkeit eines modulierenden Nachrichten- bzw. Basisbandsignals wie z.B. Sprache oder Daten. Die Frequenz des Trägersignals ist i. Allg. wesentlich größer als die höchste im Nachrichtensignal vorkommende Frequenzkomponente. Die für die Mobilfunkübertragung geeigneten Trägerfrequenzen liegen vorwiegend im VHF- (*engl.* Very High Frequency, 30 MHz bis 300 MHz) und UHF- (*engl.* Ultra High Frequency, 300 MHz bis 3 GHz) Bereich. Wie bereits aus Kapitel 2 bekannt ist, nimmt die Dämpfung des Funkkanals mit steigender Übertragungsfrequenz zu, und es wird so immer schwerer, eine flächendeckende Funkversorgung bereitzustellen. Andererseits ist heute fast nur noch bei höheren Trägerfrequenzbereichen ausreichend Übertragungsbandbreite für neue Funksysteme verfügbar.

Je nachdem, ob das Nachrichtensignal in analoger oder digitaler Form dem hochfrequenten Träger aufmoduliert wird, spricht man von analogen oder digitalen Modulationsverfahren. In jedem Fall ist aber das fertig modulierte Signal ein analoges Signal. Moderne Mobilfunksysteme verwenden heute ausschließlich digitale Modulationsverfahren. Aus diesem Grund sollen hier die Grundlagen der analogen Modulationsverfahren nur knapp und nur soweit, wie es zum Verständnis der komplexeren digitalen Modulationsverfahren notwendig ist, behandelt werden. Weitergehende Informationen zu diesem Thema findet der interessierte Leser z.B. in [KAM04].

Die Gründe für die Wahl von digitalen Modulationsverfahren für moderne Mobilfunknetze sind hauptsächlich in einer hohen Bandbreiteneffizienz, einer günstigen Leistungsbilanz (besonders bei portablen Endgeräten), hoher Stör-/Interferenzfestigkeit und nicht zuletzt sehr günstigen Implementierungseigenschaften mittels digitaler Signalverarbeitung zu finden. In Abschnitt 5.2 werden verschiedene digitale Modulationsverfahren vorgestellt. Die für digitale Mobilfunksysteme relevanten und interessanten Details werden ausführlicher behandelt als andere. Insbesondere für die mobile Übertragung von hohen und sehr hohen Datenraten sind Mehrträger-Modulationsverfahren sehr interessant. Deshalb werden in Abschnitt 5.2.6 die Grundlagen solcher Modulationssysteme behandelt. In den Abschnitten 5.3 und 5.4 wird schließlich das Bitfehlerverhalten digitaler Modulationsverfahren in Kanälen mit additivem Gauß'schem Rauschen bzw. mit zusätzlichem (multiplikativem) schnellem Signalschwund untersucht und diskutiert. Den Abschluss dieses Kapitels bildet eine Einführung in die Technik der Kanalentzerrung zur Korrcktur dcr im Mobilfunkkanal entstehenden Intersymbolinterferenz durch Mehrwegeausbreitung.

5.1 Analoge Modulationsverfahren

Es gibt prinzipiell drei Möglichkeiten, einem sinusförmigem Trägersignal ein Nachrichtensignal aufzuprägen. Je nachdem, ob die Amplitude, die Frequenz oder die Phasenlage durch die zu übertragende analoge Schwingung verändert wird, handelt es sich um Amplituden- (AM), Frequenz- (FM) oder Phasenmodulation (PM). Die beiden letzteren fasst man oft unter dem Begriff Winkelmodulation zusammen, da in beiden Fällen nur das Argument einer Sinus- oder Kosinusfunktion verändert wird. Analoge Modulationsverfahren (besonders FM) wurden in den Mobilfunksystemen der ersten Generation (in Deutschland A-/B-/C-Netze) eingesetzt. Derzeit finden sich analoge Modulationsverfahren noch in Rundfunknetzen (AM im LW-/MW-/KW-Rundfunk, FM auf UKW), werden aber auch hier bereits langsam durch digitale Verfahren ersetzt (u.a. DAB, *engl.* Digital Audio Broadcasting, DVB, *engl.* Digital Video Broadcasting).

5.1.1 Amplitudenmodulation

Bei der Amplitudenmodulation wird ein niederfrequentes, analoges Basisbandsignal $u_{NF}(t)$ (NF: Niederfrequenz) bzw. Signalgemisch (z.B. Sprache, Musik etc.) der Grenzfrequenz $f_g = B_{NF}$ durch Amplitudenänderungen einem sinusförmigem Trägersignal $u_T(t)$ aufgeprägt. Das Basisband- bzw. Nachrichtensignal werde zunächst als mittelwertfrei angenommen und im folgenden in einer dimensionslosen und auf seinen Maximalwert normierten Form $v(t) \in [-1; 1]$ verwendet, d.h.

$$v(t) = \frac{u_{NF}(t)}{\max|u_{NF}(t)|}. \tag{5.1.1}$$

Als Trägersignal $u_T(t)$ wird eine Kosinusschwingung mit der Amplitude $\hat{u}_T$, Frequenz $f_0 = \omega_0/(2\pi)$ und einer beliebigen Phasenlage φ_0 angesetzt

$$u_T(t) = \hat{u}_T \cdot \cos(\omega_0 t + \varphi_0). \tag{5.1.2}$$

Werden beide Signale mit einander multipliziert (siehe Bild 5.1.1), entsteht ein sogenanntes Doppelseitenband-AM-Signal $u_{DSB}(t)$ mit unterdrücktem Träger

$$u_{DSB}(t) = v(t) \cdot u_T(t) = \hat{u}_T \cdot v(t) \cdot \cos(\omega_0 t + \varphi_0). \tag{5.1.3}$$

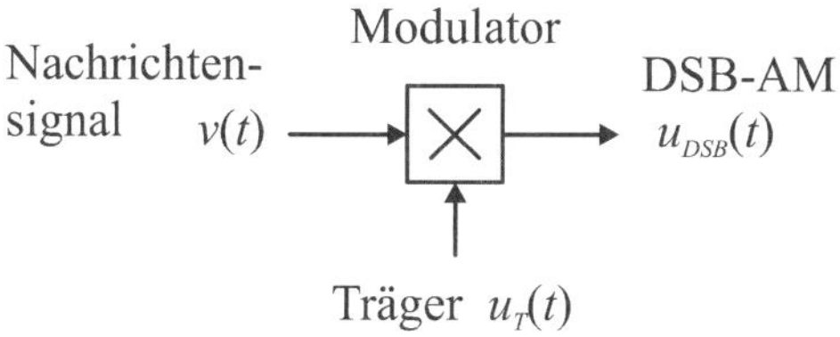

Bild 5.1.1: Prinzip eines DSB-AM-Modulators

Die Bezeichnung "unterdrückter Träger" bezieht sich darauf, dass im Spektrum des DSB-AM-Signals kein Anteil bei der Frequenz f_0 vorhanden ist, falls, wie oben angenommen wurde, $v(t)$ mittelwertfrei ist. Besteht das modulierende Signal $u_{NF}(t)$ beispielsweise nur aus einer monofrequenten Schwingung der Frequenz $f_m = \omega_m/(2\pi)$, also

$$u_{NF}(t) = \hat{u}_{NF} \cdot \cos(\omega_m t) \quad \text{bzw.} \quad v(t) = \cos(\omega_m t), \tag{5.1.4}$$

und setzen wir beim Trägersignal o.B.d.A. $\varphi_0 = 0$, ergibt sich mit Gl.(5.1.3):

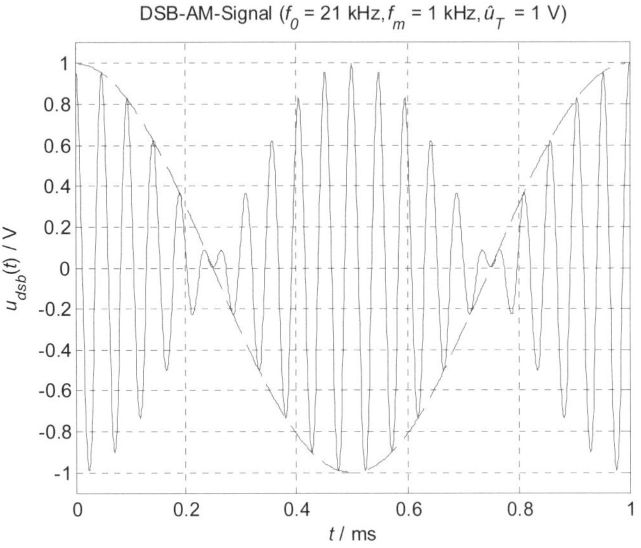

Bild 5.1.2: DSB-AM-Signal mit unterdrücktem Träger (Zeitverlauf)

$$u_{DSB}(t) = \hat{u}_T \cdot \cos(\omega_m t) \cdot \cos(\omega_0 t)$$

$$u_{DSB}(t) = \frac{1}{2}\hat{u}_T \cdot [\cos((\omega_0 - \omega_m)t) + \cos((\omega_0 + \omega_m)t)]. \quad (5.1.5)$$

Aus Gl.(5.1.5) wird ersichtlich, dass das Spektrum des DSB-AM-Signals aus zwei Spektrallinien an den Stellen $f_0 \pm f_m$ besteht. Die Trägerfrequenz selbst, f_0, tritt nicht in Erscheinung. Bild 5.1.2 zeigt ein DSB-AM-Signal mit unterdrücktem Träger, welches aus einem monofrequenten Nachrichtensignal hervorgegangen ist. Man beachte die 180° Phasenänderung von $u_{DSB}(t)$ an den Stellen, an denen sich die Polarität von $v(t)$ (gestrichelte Linie) umkehrt.

Das Spektrum von $u_{DSB}(t)$ ergibt sich durch Fourier-Transformation von Gl. (5.1.3) ($*$: Faltungsoperator) zu

$$\begin{aligned} U_{DSB}(f) &= \frac{\hat{u}_T}{2} \cdot V(f) * [\delta(f - f_0) + \delta(f + f_0)] \\ &= \frac{\hat{u}_T}{2} \cdot [V(f - f_0) + V(f + f_0)] \end{aligned} \quad . \quad (5.1.6)$$

Durch den Modulationsvorgang wird also das Basisbandspektrum $V(f)$ um f_0 nach rechts bzw. links verschoben. Bild 5.1.6 a) zeigt den Zusammenhang in schematischer Darstellung. In Bild 5.1.6 wurde beispielhaft für $V(f)$ ein reelles Spektrum mit der unteren Grenzfrequenz f_{gu} = 300 Hz und der oberen Grenzfrequenz f_{go} = 4,5 kHz angenommen, so wie es z.B. beim MW-Rundfunk vorliegt.

Zur Demodulation des DSB-AM-Signals wird im Empfänger eine erneute Mischung mit der Trägerschwingung $\cos(\omega_0 t + \Delta\varphi)$ durchgeführt (siehe Bild 5.1.3). Hierduch wird das Nachrichtensignal wieder in die Basisbandlage verschoben. $\Delta\varphi$ bezeichnet einen als konstant angenommenen Phasenunterschied zwischen Sende- und Empfangsoszillator. Zum besseren Verständnis verwenden wir zunächst wieder das modulierende Nachrichtensignal nach Gl.(5.1.4) bzw. das DSB-AM-Signal nach Gl.(5.1.5).

$$\begin{aligned} u_1(t) &= u_{DSB}(t)\cdot\cos(\omega_0 t + \Delta\varphi) \\ &= \frac{1}{2}\hat{u}_T \cdot [\cos((\omega_0 - \omega_m)t) + \cos((\omega_0 + \omega_m)t)]\cdot\cos(\omega_0 t + \Delta\varphi) \\ u_1(t) &= \frac{1}{2}\hat{u}_T \cos(\omega_m t)\cdot\cos(\Delta\varphi) \\ &+ \frac{1}{4}\hat{u}_T \cdot [\cos((2\omega_0 - \omega_m)t + \Delta\varphi) + \cos((2\omega_0 + \omega_m)t + \Delta\varphi)] \end{aligned} \tag{5.1.7}$$

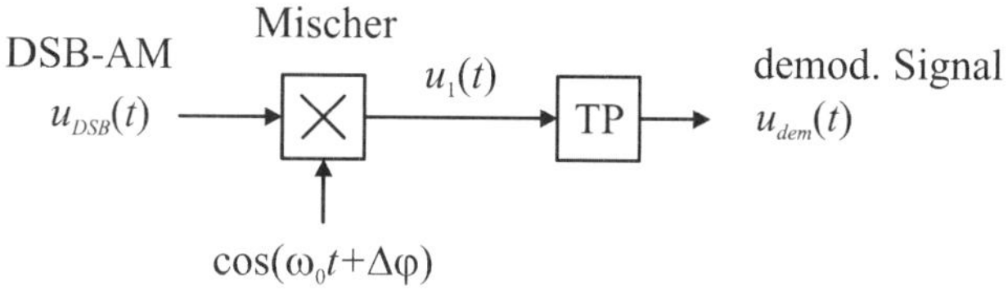

Bild 5.1.3: DSB-AM-Demodulation (Synchrondemodulator: $\Delta\varphi = 0$)

Wie aus Gl.(5.1.7) ersichtlich ist, weist das Mischprodukt neben der Frequenz des Nachrichtensignals auch noch Komponenten bei der doppelten Trägerfrequenz $2f_0$ auf. Da üblicherweise die Trägerfrequenz f_0 sehr viel größer als die obere Grenzfrequenz des modulierenden Signals ist, lassen sich die beiden Mischprodukte $2f_0 \pm f_m$ leicht duch Tiefpassfilterung eliminieren. Übrig bleibt das demodulierte Signal

$$u_{dem}(t) = \frac{1}{2}\hat{u}_T \cos(\Delta\varphi)\cdot\cos(\omega_m t) \sim u_{NF}(t), \tag{5.1.8}$$

welches bis auf einen konstanten Amplitudenfaktor dem gesendeten Nachrichtensignal entspricht. Aus Gl.(5.1.8) erkennt man, dass die Amplitude des demodulierten NF-Signals direkt proportional zum Kosinus des Phasenfehlers des Empfangsoszillators ist. Das maximale Ausgangssignal ergibt sich nur bei $\Delta\varphi = 0$, d.h. bei exakter Synchronität zwischen Sende- und Empfangsoszillator. Bei $\Delta\varphi = \pi/2$ verschwindet das Ausgangssignal sogar vollständig. Die Multiplikation bzw. Mischung auf der Empfangsseite muss deshalb mit einem phasensynchronen Trägersignal erfolgen. Der Träger muss dazu, z.B. mit einer Phasenregelschleife (PLL, *engl.* Phase Locked Loop), aus dem Empfangssignal zurückgewonnen werden, was den Schaltungsaufwand auf der Empfangsseite erhöht.

Der Demodulationsprozess lässt sich erheblich vereinfachen, wenn dem modulierenden Signal $v(t)$ ein Gleichanteil überlagert wird. Dadurch erscheint im Spektrum des Sendesignals eine weitere Signalkomponente mit der Trägerfrequenz f_0. Auf diese Weise wird dem Empfänger die Phasenreferenz des Senders quasi direkt mitgeteilt. Nach der Mischung mit $u_T(t)$ entsteht ein sogenanntes Doppelseitenbandsignal mit Träger.

$$u_{DSB}(t) = [1 + m \cdot v(t)] \cdot u_T(t) = \hat{u}_T \cdot [1 + m \cdot v(t)] \cdot \cos(\omega_0 t) \qquad (5.1.9)$$

Der Einfachheit halber wurde wieder o.B.d.A. $\varphi_0 = 0$ gesetzt. Die Größe m in Gl.(5.1.9) bezeichnet den sogenannten Modulationsgrad und gibt an, wie stark das modulierende Nachrichtensignal $v(t)$ im DSB-AM-Signal enthalten ist.

Das Spektrum des DSB-AM-Signals mit Trägerzusatz erhält man durch Fourier-Transformation von Gl.(5.1.9)

$$\begin{aligned} U_{DSB}(f) &= \frac{\hat{u}_T}{2} \cdot [1 + m \cdot V(f)] * [\delta(f - f_0) + \delta(f + f_0)] \\ &= \frac{\hat{u}_T}{2} \cdot [\delta(f - f_0) + m \cdot V(f - f_0) + \delta(f + f_0) + m \cdot V(f + f_0)] \end{aligned} \quad . \qquad (5.1.10)$$

Bild 5.1.6 b) zeigt die entsprechenden Spektren in schematischer Darstellung am Beispiel eines Musiksignals als NF-Signal. Nehmen wir als modulierendes Nachrichtensignal wieder die Kosinusschwingung nach Gl.(5.1.4), erhalten wir für das DSB-AM-Sendesignal mit Träger

$$u_{DSB}(t) = \hat{u}_T \cdot [1 + m \cdot \cos(\omega_m t)] \cdot \cos(\omega_0 t)$$

$$u_{DSB}(t) = \hat{u}_T \cdot \left[\frac{m}{2}\cos((\omega_0 - \omega_m)t) + \cos(\omega_0 t) + \frac{m}{2}\cos((\omega_0 + \omega_m)t)\right]. \qquad (5.1.11)$$

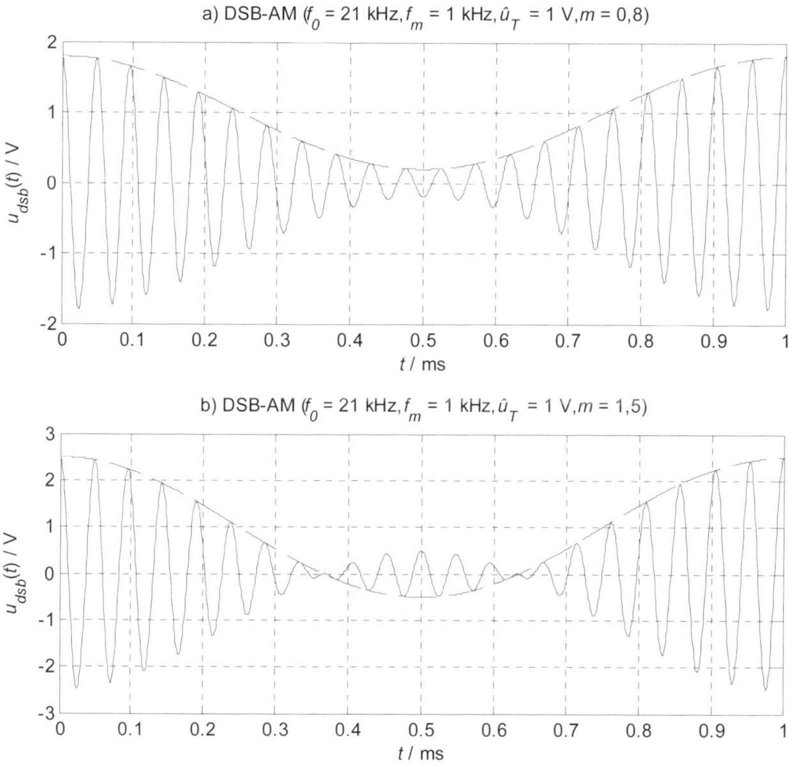

Bild 5.1.4: DSB-AM-Signal mit Träger (Zeitverlauf, a) $m = 0{,}8$; b) $m = 1{,}5$)

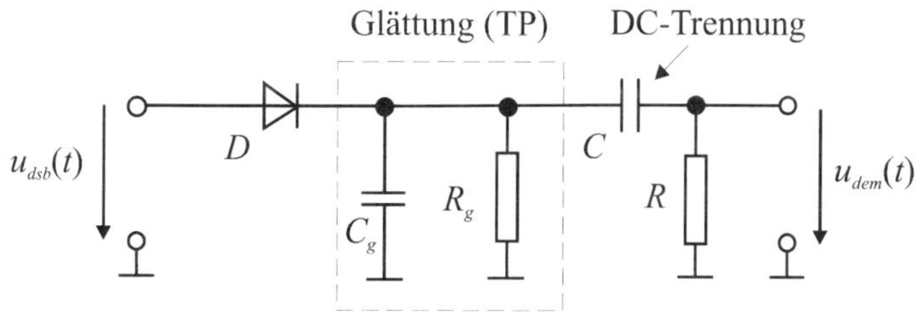

Bild 5.1.5: Hüllkurvendemodulation eines DSB-AM-Signals ($m < 1$)

Bild 5.1.4 zeigt zwei entsprechende Signale; einmal für $m = 0{,}8$ (a) und einmal mit $m = 1{,}5$ (b). Im Fall $m < 1$ wird aus Bild 5.1.4 a) eine sehr einfache Möglichkeit zur Demodulation des DSB-Signals ersichtlich: Die Hüllkurve des Sendesignals folgt genau dem modulierenden Nachrichtensignal $u_{NF}(t)$. Es reicht also aus, das HF-Signal gleichzurichten, zu glätten und vom durch den Trägerzusatz hervorgerufenen Gleichanteil zu befreien. Eine sehr einfache Möglichkeit zur Hüllkurvendemodulation eines DSB-AM-Signals mit $m < 1$ ist in Bild 5.1.5 angegeben.

Im Fall $m > 1$ spricht man von "Übermodulation". Es kommt dann wieder zu der bereits bei der DSB-AM mit unterdrücktem Träger (siehe Bild 5.1.2) beobachteten 180° Phasenänderung wenn der Term $1+m\cdot v(t)$ seine Polarität ändert. Eine einfache Hüllkurvendemodulation nach Bild 5.1.5 gelingt jetzt nicht mehr. Es käme zu sehr starken Signalverzerrungen. Ein übermoduliertes DSB-AM-Signal muss wieder nach Art der DSB-AM ohne Träger durch Mischung mit einem phasensynchronen Trägersignal demoduliert werden. Der empfangsseitige Schaltungsaufwand ist also deutlich höher.

Da bei der DSB-AM mit Träger zusätzlich zur Nutzinformation in den beiden Seitenbändern der Träger übertragen wird, welcher ja keine Information überträgt, ist die Leistungsbilanz des AM-Signals sehr ungünstig. Bildet man das Verhältnis α von Trägerleistung zur Gesamtleistung, so erhält man

$$\alpha = \frac{\hat{u}_T^2/2}{\hat{u}_T^2/2 + 2\cdot\hat{u}_T^2/2\cdot m^2/4} = \frac{2}{2+m^2} \tag{5.1.12}$$

d.h., selbst bei einem Modulationsgrad von $m = 1$ müssen 2/3 der Sendeleistung für die Übertragung des aus informationstechnischer Sicht überflüssigen Trägers aufgewendet werden.

Sowohl das DSB-AM-Signal mit unterdrücktem Träger als auch das DSB-AM-Signal mit Trägerzusatz beinhaltet das Nachrichtensignal doppelt, einmal in inverser Lage unterhalb der Trägerfrequenz und einmal in Normallage oberhalb von f_0. Es wird daher die doppelte Bandbreite als eigentlich erforderlich wäre benötigt. Bei der Einseitenbandmodulation ohne Träger (ESB bzw. *engl.* SSB = Single Sideband) wird eines dieser Seitenbänder weggefiltert oder durch eine besondere Modulationstechnik (Phasenmethode, s. z.B. [KAM04]) dafür gesorgt, dass es gar nicht erst entsteht, so dass die volle Sendeleistung dem Nutzsignal zugute kommt. Zusätzlich wird nur noch die halbe Bandbreite eines DSB-AM-Signals benötigt. Man unterscheidet OSB- (Oberes Seitenband) und USB- (Unteres Seitenband) Modulation. Bild 5.1.6 c) und d) zeigt die entsprechenden Signalspektren für das bereits bei DSB-AM verwendete Beispiel.

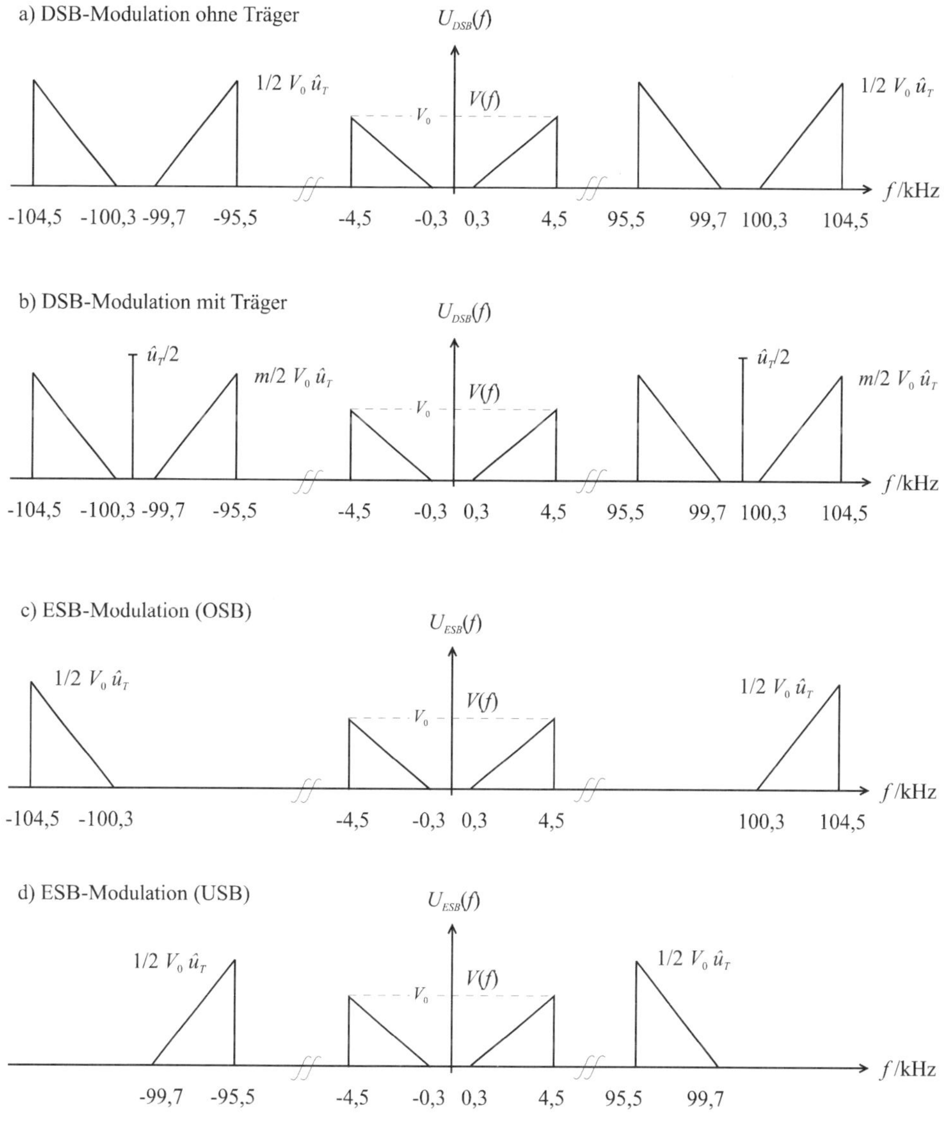

Bild 5.1.6: Spektren v. AM-Signalen (f_0 = 100 kHz, f_{go} = 0,3 kHz, f_{go} = 4,5 kHz)

Da die Information bei der Amplitudenmodulation in der Amplitude des Sendesignals enthalten ist, machen sich Signalschwankungen, wie sie im Mobilfunk durch Signalschwund (siehe Kapitel 3) hervorgerufen werden, sehr störend bemerkbar. Die analoge Amplitudenmodulation ist u.a. deshalb für die Mobilfunkübertragung nicht besonders geeignet.

5.1.2 Winkelmodulation

Neben der Möglichkeit, die Amplitude des Trägersignals mit dem modulierenden Nachrichtensignal $u_{NF}(t)$ bzw. $v(t)$ nach Gl.(5.1.1) zu beeinflussen, kann auch das Argument $\psi(t)$ der Trägerschwingung

$$u_T(t) = \hat{u}_T \cdot \cos\psi(t) = \hat{u}_T \cdot \cos[\omega_0 t + \varphi(t)] \tag{5.1.13}$$

in Abhängigkeit von der zu übertragenden Information verändert werden. Die Winkelmodulation ist deshalb im Gegensatz zur Amplitudenmodulation eine nichtlineare Modulationsform. Bei der Phasenmodulation (PM) weicht die Momentanphase $\psi_{PM}(t)$ um einen zum modulierenden Signal proportionalen Betrag von der Momentanphase $\omega_0 t$ der Trägerschwingung ab. Die Argumentfunktion lautet daher

$$\psi_{PM}(t) = 2\pi f_0 t + \Delta\Phi \cdot v(t) \tag{5.1.14}$$

bzw. für das PM-Sendesignal erhält man

$$u_{PM}(t) = \hat{u}_T \cdot \cos[2\pi f_0 t + \Delta\Phi \cdot v(t)] \tag{5.1.15}$$

mit dem Phasenhub $\Delta\Phi$, welcher die maximale Abweichung von der Phase des unmodulierten Trägers darstellt. $\Delta\Phi$ hat großen Einfluß auf die Bandbreite des PM-Signals sowie das Signal-/Rauschverhältnis des demodulierten NF-Nachrichtensignals.

Wird nicht der Phasenwinkel $\psi(t)$, sondern die Augenblicks- bzw. Momentanfrequenz $f(t)$ des Trägersignals um die Mittenfrequenz f_0 durch das modulierende Signal verändert, erhält man eine Frequenzmodulation (FM). Der Verlauf der Momentanfrequenz des FM-Sendesignals ist daher

$$f_{FM}(t) = f_0 + \Delta F \cdot v(t) \tag{5.1.16}$$

mit dem Frequenzhub ΔF, der die maximale Abweichung der Momentanfrequenz von der Mittenfrequenz f_0 angibt. Da zwischen Phase $\psi(t)$ und Frequenz $f(t)$ einer Schwingung der Zusammenhang

$$\psi(t) = 2\pi \int_0^t f(\tau)\, d\tau \qquad (5.1.17)$$

besteht, erhält man für die Momentanphase des FM-Sendesignals

$$\psi_{FM}(t) = 2\pi f_0 t + 2\pi \Delta F \int_0^t v(\tau) d\tau \qquad (5.1.18)$$

bzw. das FM-Sendesignal

$$u_{FM}(t) = \hat{u}_T \cdot \cos\left(2\pi f_0 t + 2\pi \Delta F \int_0^t v(\tau) d\tau \right) \quad . \qquad (5.1.19)$$

Die Gln. (5.1.15) und (5.1.19) sind sich sehr ähnlich. Der Unterschied zwischen Phasen- und Frequenzmodulation besteht nur darin, dass bei letzterer die Phasenänderung proportional zum Integral des modulierenden Signals $v(t)$ ist, während sie bei der PM direkt proportional zu $v(t)$ ist. Ein FM-Modulator lässt sich also aus einem PM-Modulator mit vorgeschaltetem Integrator realisieren. Ebenso ist ein PM-Modulator äquivalent zu einem FM-Modulator mit vorgeschaltetem Differenzierglied (siehe Bild 5.1.7).

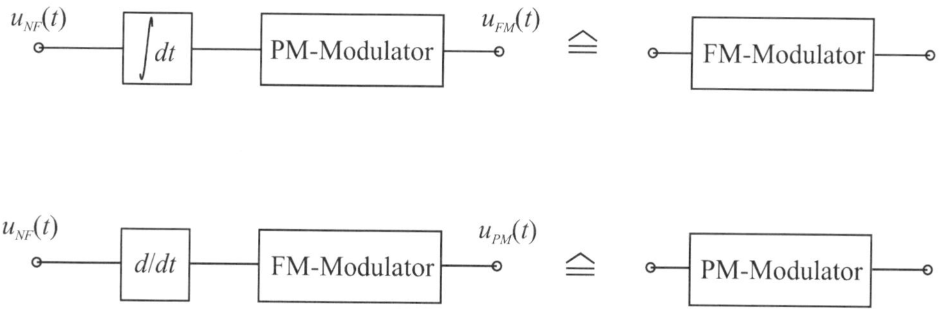

Bild 5.1.7: Zusammenhang zwischen PM- und FM-Modulation

In Bild 5.1.8 sind die Zeitverläufe eines PM- und eines FM-Sendesignals dargestellt, wobei für das modulierende Nachrichtensignal eine Kosinusschwingung verwendet wurde. Es wird deutlich, dass die Momentanfrequenz $f_{PM}(t)$ dann am größten bzw. am kleinsten ist, wenn die Steilheit von $v(t)$ maximal bzw. minimal ist; in Bild

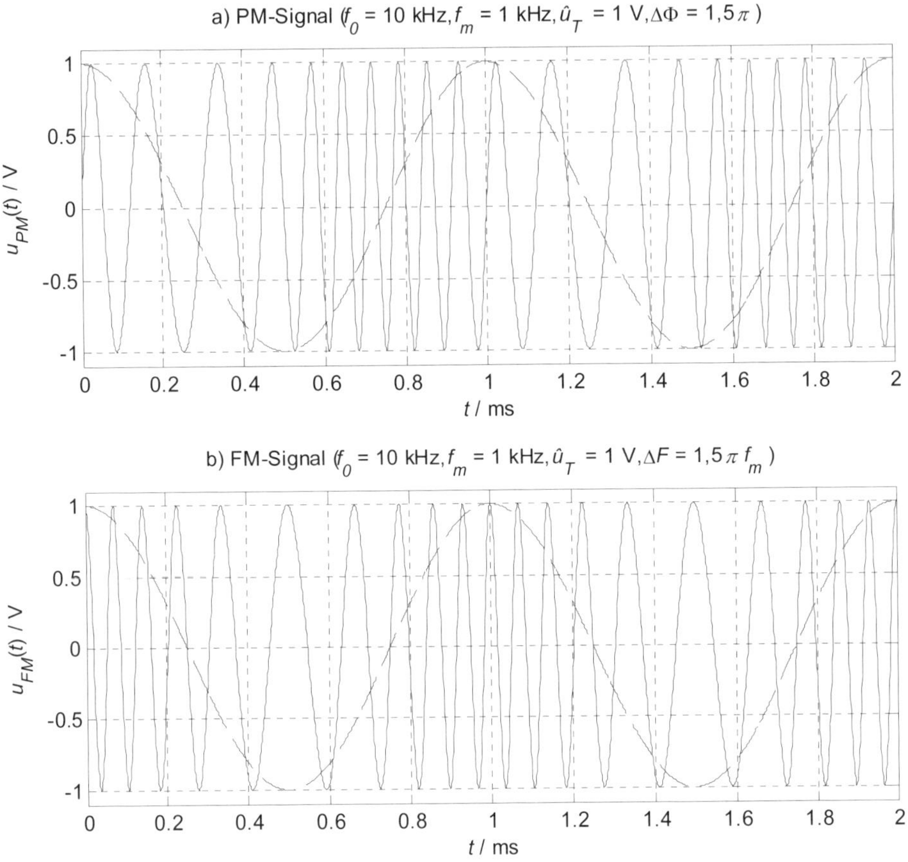

Bild 5.1.8: PM- und FM-Sendesignal für $v(t) = \cos(2\pi f_m t)$

5.1.8a) also zu Zeiten des Nulldurchgangs von $v(t)$. Bei der Frequenzmodulation hingegen tritt die maximale bzw. minimale Momentanfrequenz $f_{FM}(t)$ dann auf, wenn $v(t)$ maximal bzw. minimal ist (siehe Bild 5.1.8 b).

FM- und PM-Modulation sind sich zwar im Prinzip sehr ähnlich, dennoch bietet FM bei der Demodulation hinsichtlich des Signal-/Rauschabstands Vorteile gegenüber der PM. Daher wird in praktischen Übertragungssystemen meistens FM gegenüber PM bevorzugt.

Ein FM-Modulator kann mit Hilfe eines spannungsgesteuerten Oszillators (VCO, *engl.* Voltage Controlled Oscillator) einfach hergestellt werden, wenn die Steuerspannung dem modulierenden NF-Signal entspricht. Zur Demodulation werden heute meist Phasenregelschleifen (PLL, *engl.* Phase Locked Loop) eingesetzt. Das demodulierte Signal kann hierbei aus der Nachregelspannung der PLL entnommen werden.

Die Berechnung des Spektrums von winkelmodulierten Signalen ist relativ aufwendig und gelingt auch nur in einigen Spezialfällen wie z.B. dem kosinusförmigen NF-Signal nach Gl.(5.1.4). In diesem Fall ergibt sich ein PM-Sendesignal

$$u_{PM}(t) = \hat{u}_T \cdot \cos\left[2\pi f_0 t + \Delta\Phi \cdot \cos(2\pi f_m t)\right] \qquad (5.1.20)$$

bzw. ein FM-Sendesignal der Form

$$u_{FM}(t) = \hat{u}_T \cdot \cos\left[2\pi f_0 t + \eta \cdot \sin(2\pi f_m t)\right] \qquad (5.1.21)$$

mit dem Modulationsindex

$$\eta = \frac{\Delta F}{f_m}. \qquad (5.1.22)$$

Exemplarisch soll in Folgendem das Spektrum des FM-Signals nach Gl.(5.1.21) berechnet werden. Das Spektrum eines entsprechenden PM-Signals lässt sich in ähnlicher Weise bestimmen. Das FM-Signal nach Gl.(5.1.21) kann auch durch Realteilbildung seines zugehörigen analytischen Signals bestimmt werden, d.h.

$$u_{FM}(t) = \mathrm{Re}\left\{\hat{u}_T \cdot e^{j2\pi f_0 t} \cdot e^{j\eta \sin 2\pi f_m t}\right\}. \qquad (5.1.23)$$

Da die Sinusfunktion mit $T_m = 1/f_m$ periodisch ist, ist auch $e^{j\eta \sin 2\pi f_m t}$ periodisch und kann deshalb in eine Fourierreihe entwickelt werden:

$$e^{j\eta \sin 2\pi f_m t} = \sum_{n=-\infty}^{\infty} c_n \cdot e^{j2\pi n f_m t}. \qquad (5.1.24)$$

Die komplexen Fourier-Koeffizienten c_n berechnen sich mit

$$c_n = \frac{1}{T_m} \int_0^{T_m} e^{j\eta \sin 2\pi f_m t} \, e^{-jn2\pi f_m t} \, dt \qquad (5.1.25)$$

nach der Substitution $z \equiv 2\pi f_m t$ zu

$$c_n = \frac{1}{2\pi} \int_0^{2\pi} e^{j(\eta \sin z - nz)} \, dz = J_n(\eta). \qquad (5.1.26)$$

$J_n(\eta)$ bezeichnet eine Besselfunktion der ersten Art, n-ter Ordnung, mit der Eigenschaft

$$J_{-n}(\eta) = (-1)^n J_n(\eta). \tag{5.1.27}$$

Aus Gl.(5.1.26) in Gl.(5.1.24) erhält man

$$e^{j\eta \sin 2\pi f_m t} = \sum_{n=-\infty}^{\infty} J_n(\eta) \cdot e^{j2\pi n f_m t} \tag{5.1.28}$$

und

$$u_{FM}(t) = \mathrm{Re}\left\{ \hat{u}_T \cdot \sum_{n=-\infty}^{\infty} J_n(\eta)\, e^{j2\pi n f_m t}\; e^{j2\pi f_0 t} \right\} \tag{5.1.29}$$

bzw.

$$u_{FM}(t) = \hat{u}_T \cdot \sum_{n=-\infty}^{\infty} J_n(\eta) \cos(2\pi f_0 t + n \cdot 2\pi f_m t). \tag{5.1.30}$$

Bei einem kosinusförmigem NF-Signal besteht das FM-Sendesignal demnach aus einer unendlichen Reihe von Kosinusschwingungen der Frequenzen $f_0 \pm n\, f_m$. Die Amplituden der einzelnen Schwingungen berechnen sich aus den zugehörigen Besselfunktionen $J_n(\eta)$. Aus Gl.(5.1.30) wird deutlich, dass das FM-Spektrum theoretische unendlich ausgedehnt ist. Tatsächlich werden die $J_n(\eta)$ aber für etwa $n > \eta$ schnell sehr klein und können vernachlässigt werden, wie aus Bild 5.1.9 ersichtlich ist. Bild 5.1.10 zeigt beispielhaft das Spektrum eines FM-Signals mit kosinusförmigem Modulationssignal und $\eta = 1$ (a) bzw. $\eta = 5$ (b).

Bei sehr schmalbandiger FM-Modulation mit $\eta << 1$ sind praktisch nur noch die Spektrallinien erster Ordnung ($n = 1$) von Bedeutung. Das FM-Signal hat nun sehr große Ähnlichkeit mit einem DSB-AM-Signal mit Trägerzusatz aus Abschnitt 5.1.1. Im Gegensatz zum DSB-AM-Signal besteht beim FM-Signal jedoch ein Phasenunterschied von 180° zwischen den beiden Seitenbändern (siehe Gl.(5.1.27)). Schmalband-FM wird bzw. wurde auch in analogen Mobilfunknetzen eingesetzt, wenn der Kanalabstand klein ist (z.B. 12,5 kHz oder 25 kHz).

Das FM-Spektrum ist theoretisch unendlich ausgedehnt, eine Bandbreitenangabe ist daher immer definitionsabhängig. In vielen praktischen Anwendungen werden die Spektrallinien noch solange bei der Bandbreitenangabe berücksichtigt, bis deren Leistung kleiner als 1 % der unmodulierten Trägerleistung wird, d.h. bis $J_n(\eta) < 0{,}1$. Eine einfache Formel zur Bestimmung der Bandbreite B_{FM} für diesen Fall wurde von J.R. Carson und T.C. Fry angegeben [CAR37]:

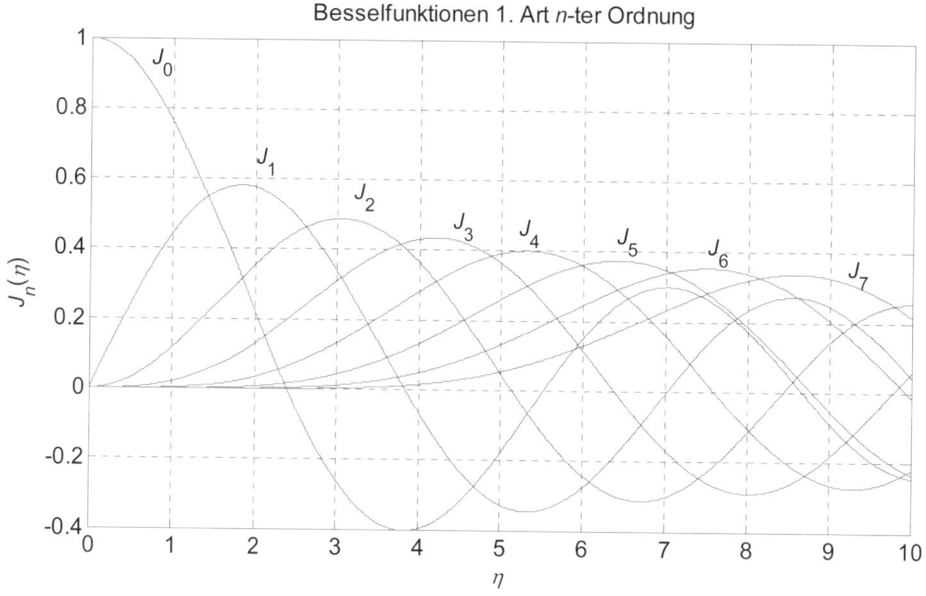

Bild 5.1.9: Verlauf der Besselfunktionen erster Art, n-ter Ordnung $J_n(\eta)$

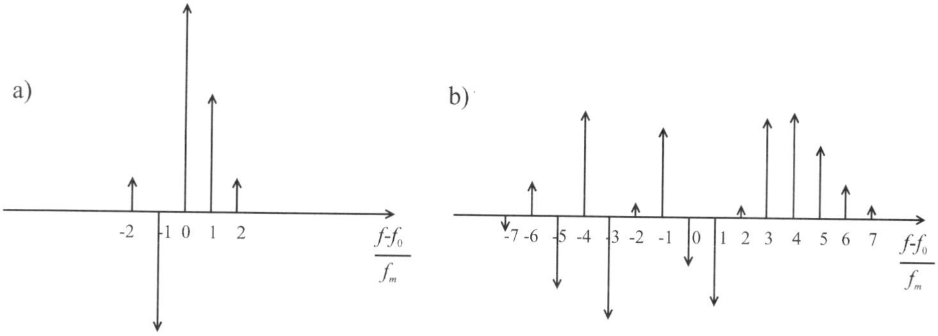

Bild 5.1.10: Spektrum von FM-Signalen mit $\eta = 1$ (a) und $\eta = 5$ (b)

$$B_{FM} = 2 f_m (\eta + 1). \tag{5.1.31}$$

In Gl.(5.1.31) werden alle $J_n(\eta)$, die kleiner als ca. 0,1...0,13 sind, vernachlässigt. Sie gilt außerdem genau genommen nur für sinusförmige modulierende NF-Signale, wird in der Praxis jedoch auch bei nicht-sinusförmiger Modulation angewendet. Hierbei wird dann für f_m die größte im Modulationssignal vorkommende

Frequenz eingesetzt. Es werden nur die Spektrallinien bis zur Ordnung $n = \eta$ berücksichtigt.

Da die Information bei FM-Modulation nicht in der Amplitude des Signals enthalten ist, sondern in der Frequenz, wirken sich Schwankungen der Signalamplitude schwächer auf das demodulierte Signal aus als bei der AM-Modulation. Frequenzmodulation wird bzw. wurde daher häufig in analogen Mobilfunknetzen wie z.B. dem inzwischen abgeschalteten deutschen C-Netz eingesetzt.

5.2 Digitale Modulationsverfahren

Genau wie bei den analogen Modulationsverfahren aus Abschnitt 5.1 gibt es auch bei den digitalen Modulationsverfahren prinzipiell wieder drei Möglichkeiten, dem Trägersignal ein, diesmal in digitaler Form vorliegendes, Nachrichtensignal aufzuprägen. Man spricht hier analog zu Abschnitt 5.1 von Amplituden-, Frequenz- oder Phasenumtastung. Zusätzlich gibt es allerdings noch interessante Kombinationen aus den grundlegenden Umtastverfahren.

5.2.1 Amplitudenumtastung

Die Amplitude eines sinusförmigen Trägersignals wird in Abhängigkeit von der zu übertragenden digitalen Information zwischen zwei oder mehreren diskreten Stufen umgeschaltet. Ein amplitudenumgetastetes Signal $u_{ASK}(t)$ (ASK, *engl.* Amplitude Shift Keying) kann deshalb wie folgt geschrieben werden

$$u_{ASK}(t) = \hat{u}_T \cdot x(t) \cdot \cos(\omega_0 t + \varphi_0) \quad . \tag{5.2.1}$$

Man erkennt sofort die Ähnlichkeit zu Gl.(5.1.3). In der Tat handelt es sich hier um ein DSB-AM-Signal mit unterdrücktem Träger. In Gl.(5.2.1) stellt allerdings $x(t)$ kein analoges NF-Signal sondern ein Basisband-PAM-Signal (<u>P</u>uls<u>a</u>mplitudenmodulation) der Form

$$x(t) = \sum_k d(k) \cdot g(t - kT) \tag{5.2.2}$$

dar. Hierin bezeichnet $g(t)$ den sogenannten Sendegrundimpuls; im einfachsten Fall einen Rechteckimpuls, d.h.

$$g(t) = rect\left(\frac{t - T/2}{T}\right), \tag{5.2.3}$$

mit der Symboldauer T. Rechteckförmige Sendeimpulse sind für eine Funkübertragung allerdings nicht geeignet, denn sie würden eine unendliche Sendebandbreite erfordern. Die jeweiligen Datensymbole $d(k)$ sind wert- und zeitdiskrete Amplitudenwerte, hinter denen sich letztlich die zu übertragenden Datenbits verbergen. Die PAM ermöglicht es, mehrere Datenbits mit der Bitdauer T_b zu Symbolen der Dauer T zusammenzufassen und gemeinsam als einen sie repräsentierenden Amplitudenwert darzustellen. Auf diese Weise können mehrere Datenbits gewissermaßen parallel in einem Schritt übertragen werden.

Werden m Datenbits pro Symbol verwendet, benötigt man zur Darstellung demnach $M = 2^m$ Amplitudenstufen. Bild 5.2.1 zeigt als Beispiel ein PAM-Signal aus $m = 2$ Bits/Symbol, also vier nötigen Amplitudenstufen (0, 1, 2, 3). Als Sendegrundimpuls bzw. Impulsantwort des Sendefilters $g(t)$ wurde ein Rechteckimpuls nach Gl.(5.2.3) verwendet.

In Bild 5.2.2 ist die prinzipielle Vorgehensweise zur Erzeugung eines Basisband-PAM-Signals $x(t)$ gezeigt. Der serielle, binäre Datenstrom b_i mit der Bitrate $1/T_b$ wird zunächst in m Bit breite Symbolworte parallelisiert. Diese wiederum dienen zur Adressierung eines Symbolzuordners ("Look-Up" Tabelle bzw. ROM) in dem zu jedem Symbolwort ein definierter Amplitudenwert $d(k)$ hinterlegt ist. Im Prinzip kann hier jede beliebige Zuordnung gemacht werden, solange sie eindeutig ist. In praktischen Systemen wird in der Regel eine Gray-Codierung vorgenommen, d.h., amplitudenmäßig benachbarte Symbole unterscheiden sich nur in einem Bit. Dies hat Vorteile hinsichtlich der Bitfehlerrate in gestörten Übertragungskanälen wie später noch gezeigt wird. Aus der Folge von Datensymbolen $d(k)$ werden durch Filterung mit der Impulsantwort $g(t)$ Sendeimpulse bzw. das Basisband-PAM-Signal $x(t)$, welches dann noch einem DSB-AM-Modulator nach Abschnitt 5.1.1 zugeführt wird (siehe Bild 5.2.3). Das Impulsformerfilter kann entweder als digitales Filter ausgeführt sein, oder aber die als Impulsfolge vorliegenden $d(k)$ werden zunächst D/A gewandelt und dann analog gefiltert (siehe Bild 5.2.2).

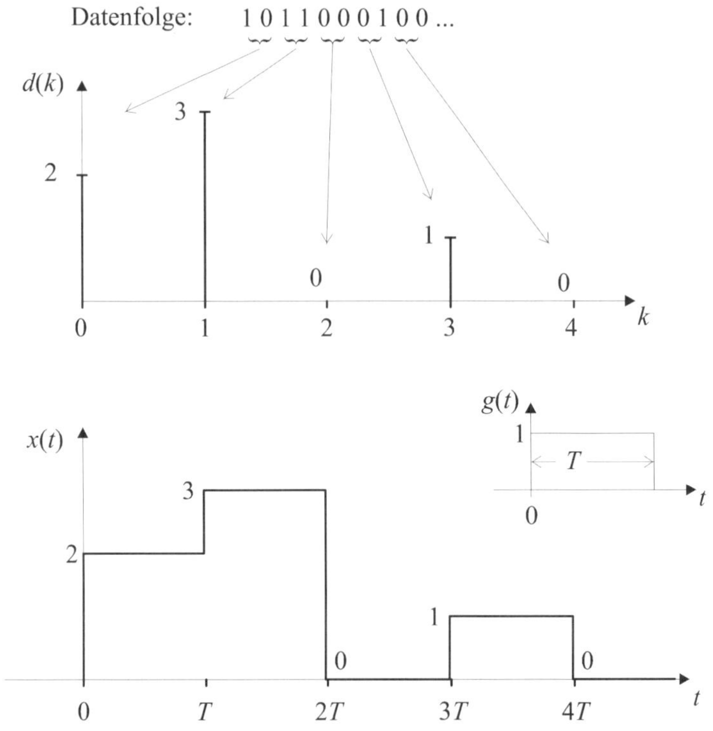

Bild 5.2.1: Beispiel eines Basisband-PAM-Signals für $m = 2$ Bits/Symbol

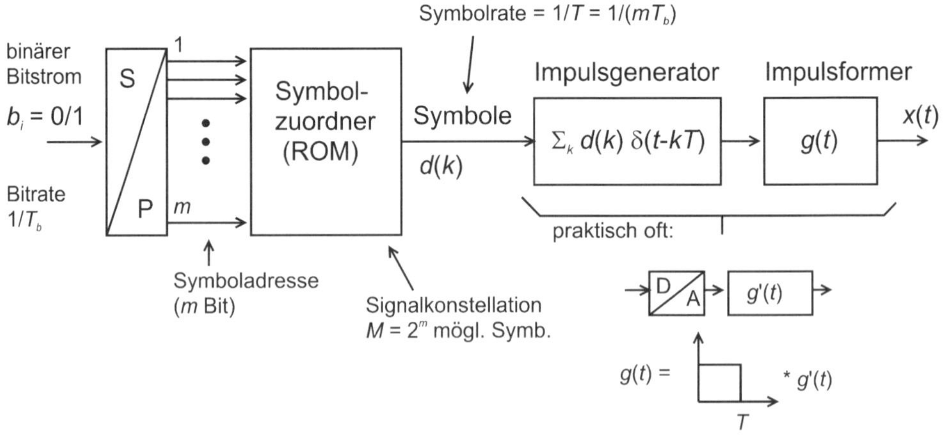

Bild 5.2.2: Erzeugung eines Basisband-PAM-Signals

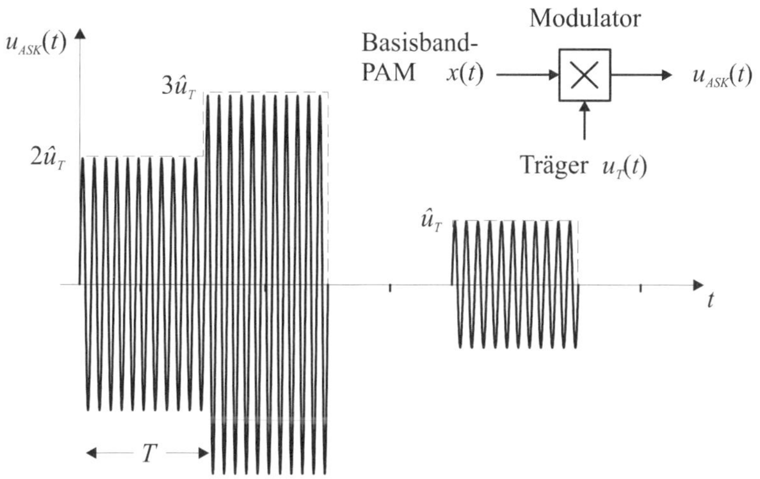

Bild 5.2.3: *M*-ASK-Sendesignal (hier $M = 4$) für das Basisband-PAM-Signal nach Bild 5.2.1

Analog zu Gl.(5.1.6) erhält man das Spektrum eines ASK-Signals:

$$U_{ASK}(f) = \frac{\hat{u}_T}{2} \cdot [X(f - f_0) + X(f + f_0)] \quad . \tag{5.2.4}$$

Das Spektrum des Basisband-PAM-Signals $X(f)$ wird also lediglich im Frequenzbereich um die Trägerfrequenz f_0 verschoben. Für das Leistungsdichtespektrum (LDS) des ASK-Signals ergibt sich

$$\Phi_{uu}(f) = |U_{ASK}(f)|^2 = \frac{\hat{u}_T^2}{4}[\Phi_{xx}(f - f_0) + \Phi_{xx}(f + f_0)] \tag{5.2.5}$$

mit dem Leistungsdichtespektrum $\Phi_{xx}(f)$ des Basisband-PAM-Signals nach Gl.(5.2.2). Es ist zu bedenken, dass die Folge der Datensymbole $d(k)$ ein Zufallsprozess ist, der in Folgendem als stationär angenommen wird, mit dem linearen Mittelwert

$$E\{d(k)\} = \mu_d \tag{5.2.6}$$

und der Varianz

$$E\{[d(k) - \mu_d]^2\} = \sigma_d \, . \tag{5.2.7}$$

Somit ist auch $x(t)$ ein Zufallsprozess. Es kann deshalb nur ein mittleres Leistungsdichtespektrum angegeben werden, welches aus der Autokorrelationsfunktion

$$\varphi_{xx}(t,\tau) = E\{x(t)\cdot x(t+\tau)\} \tag{5.2.8}$$

nach Mittelung über T und anschließender Fourier-Transformation (Wiener-Khintchine Theorem) berechnet werden kann. Es lässt sich zeigen, dass sich im Fall unkorrelierter Sendedaten für das LDS eines Basisband-PAM-Signals nach Gl.(5.2.2) ergibt

$$\Phi_{xx}(f) = \frac{\sigma_d^2}{T}|G(f)|^2 + \left(\frac{\mu_d}{T}\right)^2 \sum_{\nu=-\infty}^{\infty} \left|G\left(\frac{\nu}{T}\right)\right|^2 \cdot \delta\left(f - \frac{\nu}{T}\right) \tag{5.2.9}$$

mit der Übertragungsfunktion des Sendefilters $G(f)$ bzw. der Leistungsübertragungsfunktion $|G(f)|^2$. Das LDS nach Gl.(5.2.9) besteht aus einem kontinuierlichen Anteil (1. Term) und einem diskreten Anteil (2. Summenterm), der allerdings nur bei mittelwertbehafteten PAM-Signalen auftritt.

Die Wahl des Sendegrundimpulses $g(t)$ hat also entscheidenden Einfluß auf das Sendespektrum. Sprunghafte Änderungen der Sendeamplitude, wie sie z.B. bei der Rechteck-Impulsform nach Gl.(5.2.3) auftreten, führen naturgemäß zu einem unendlich ausgedehnten Sendespektrum und sind deshalb bei einer Funkübertragung unbedingt zu vermeiden. Alle zeitlich begrenzten Sendegrundimpulse fallen daher theoretisch unter diese Kategorie. Natürlich muss letztlich in praktischen Übertragungssystemen immer eine Zeitbegrenzung der Grundimpulse vorhanden sein. Man kann jedoch durch einen mehr oder weniger stark ausgeprägten Tiefpass-Charakter des Sendefilters dafür sorgen, dass nicht übermäßig viel Sendebandbreite beansprucht wird.

Das Rechteck-Sendefilter nach Gl.(5.2.3) besitzt die Leistungsübertragungsfunktion

$$|G(f)|^2 = T^2 \cdot \left[\frac{\sin(\pi f T)}{\pi f T}\right]^2 = T^2 \cdot si^2(\pi f T) \tag{5.2.10}$$

und ist damit im Frequenzbereich unendlich ausgedeht und führt deshalb auch zu einem unendlich ausgedehnten ASK-Sendespektrum.

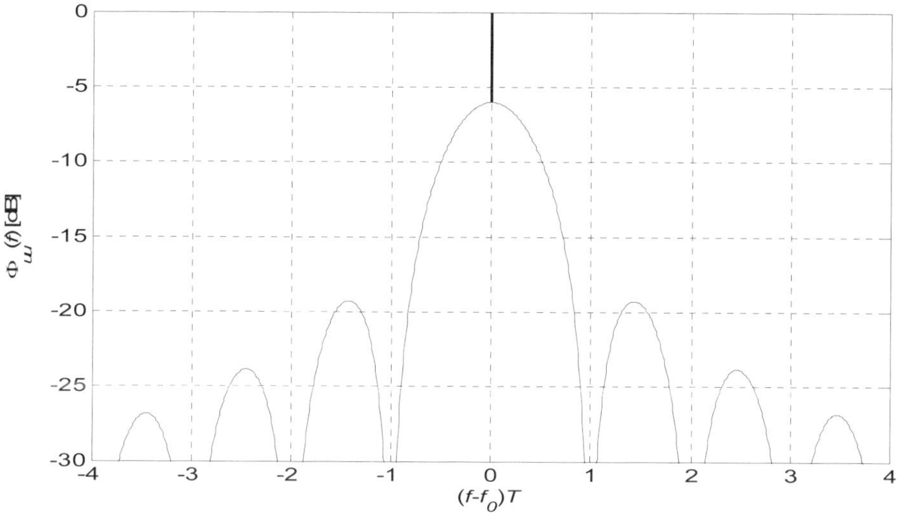

Bild 5.2.4: Leistungsdichtespektrum eines 2-ASK-Sendesignals

In Bild 5.2.4 ist das LDS eines 2-ASK-Sendesignals nach Gl.(5.2.5) und Gl.(5.2.9) mit der Symbolkonstellation log. "0" → 0 und log. "1" → 1 (auch als OOK-Modulation bezeichnet, *engl.* On-Off-Keying) und Rechteck-Sendegrundimpuls nach Gl.(5.2.3) dargestellt. Deutlich erkennbar ist die diskrete Spektrallinie an der Stelle $f = f_0$, welche aus dem Gleichanteil des Basisband-PAM-Signals von $\mu_d = 0{,}5$ resultiert ("0" und "1" seien gleich wahrscheinlich). Ebenfalls deutlich erkennbar sind die spektralen Nebenzipfel, die bei einer tatsächlichen Aussendung Nachbarkanäle stören würden.

Bei der Wahl der Sendegrundimpulse $g(t)$ ist zu beachten, dass diese die 1. Nyquist-Bedingung einhalten sollten, d.h., dass es im Abtastzeitpunkt des Empfängers ($t = kT$) nicht zu einer gegenseitigen Beeinflussung (Intersymbolinterferenz, ISI) der Sendesymbole kommt [WEI02]. Für die Abtastung im Empfänger ist die gesamte resultierende Signalform, die sich nach Übertragungung durch das Sendefilter $g(t)$, den Kanal und das Empfangsfilter $c(t)$ ergibt relevant.

Wenn wir zunächst einen idealen Übertragungskanal oder aber einen idealen Kanalentzerrer (siehe Abschnitt 5.5) voraussetzen, kann der Einfluß der Kanalimpulsantwort auf den Empfangsimpuls vernachlässigt werden, so dass sich die Impulsform vor dem Abtaster aus der Faltung der Impulsantworten von Sende- und Empfangsfilter ergibt (Kettenschaltung zweier Filter, siehe Bild 5.2.5).

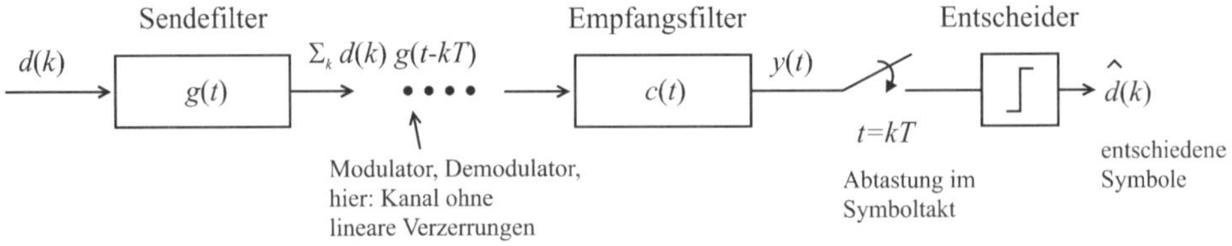

Bild 5.2.5: ASK-Übertragungskette

Das Empfangssignal vor dem Abtaster ergibt sich mit Gl.(5.2.2) zu

$$y(t) = x(t) * c(t) = \sum_k d(k)\, g(t - kT) * c(t)\,. \qquad (5.2.11)$$

Soll das Signal-/Rauschverhältnis vor dem Abtaster maximiert werden, muss das Empfangsfilter ein sog. "Matched Filter" sein [KAM04], d.h. für seine Impulsantwort muss gelten

$$c(t) = g^*(-t)\,. \qquad (5.2.12)$$

Die Impulsantwort des Empfangsfilters muss also zeitlich gespiegelt und konjugiert komplex zum Sendefilter sein. Für die resultierende Impulsantwort des Übertragungssystems aus Sende- und Empfangsfilter erhält man so

$$g(t) * c(t) = g(t) * g^*(-t) = \varphi_{gg}(t) \qquad (5.2.13)$$

mit der Autokorrelationsfunktion (AKF) des Sendegrundimpulses $\varphi_{gg}(t)$, so dass sich für das Empfangssignal nach ASK- bzw. DSB-AM-Modulation/-Demodulation ergibt:

$$y(t) = \sum_k d(k) \cdot \varphi_{gg}(t - kT) \qquad (5.2.14)$$

Es besteht aus einer Hintereinanderreihung von mit den Datensymbolen $d(k)$ gewichteten Autokorrelationsfunktionen des Sendegrundimpulses. Solange im Abtastzeitpunkt $t = kT$ nur eine der AKFs, nämlich $\varphi_{gg}(0)$, vorhanden ist, kommt es zu keiner Intersymbolinterferenz. Genau dies wird durch die 1. Nyquist-Bedingung ausgedrückt:

$$\varphi_{gg}(\lambda T) = 0 \quad \text{für } \lambda = \pm 1, \pm 2, \pm 3, \ldots \qquad (5.2.15)$$

Bei allen auf die Symboldauer T begrenzten Sendegrundimpulsen wird die 1. Nyquist-Bedingung erfüllt, allerdings haben alle diese Impulse, wie oben bereits behandelt, ein unendlich ausgedehntes Sendespektrum zur Folge und sind deshalb ungeeignet. Gefragt ist also nach einem Sendegrundimpuls der sowohl die 1. Nyquist-Bedingung erfüllt, als auch ein begrenztes LDS aufweist. Bei vielen, insbesondere drahtlosen, Übertragungssystemen verwendet man sog. "Wurzel-Kosinus-Roll-Off" Charakteristiken als Sende- und Empfangsfilter. Die Leistungsübertragungsfunktion ist

$$|G(f)|^2 = \begin{cases} 1 & ; |f| < \dfrac{1-\alpha}{2T} \\ \dfrac{1}{2}\left[1+\cos\left(\dfrac{\pi|f|T}{\alpha} - \dfrac{\pi(1-\alpha)}{2\alpha}\right)\right] & ; \dfrac{1-\alpha}{2T} \le |f| < \dfrac{1+\alpha}{2T} \\ 0 & ; |f| \ge \dfrac{1+\alpha}{2T} \end{cases} \qquad (5.2.16)$$

bzw. die Impulsantwort

$$g(t) = \frac{4\alpha \dfrac{t}{T}\cos\left[\pi(1+\alpha)\dfrac{t}{T}\right] + \sin\left[\pi(1-\alpha)\dfrac{t}{T}\right]}{\left[1-\left(4\alpha\dfrac{t}{T}\right)^2\right]\pi\, t} \qquad (5.2.17)$$

mit dem "Roll-Off-Faktor" α welcher die Flankensteilheit des Filters bzw. die Bandbreite des Sendesignals bestimmt. In Bild 5.2.6 ist $|G(f)|^2$ nach Gl. (5.2.16) für verschiedene "Roll-Off-Faktoren" dargestellt. Der Grenzfall $\alpha = 0$ entspricht dem (nicht realisierbaren) idealen Tiefpass. Die Bandbreite des ASK-Sendesignals lässt sich über α steuern und beträgt

$$B_{ASK} = 2\cdot\frac{1}{2T}(1+\alpha) = \frac{1+\alpha}{T}\,. \qquad (5.2.18)$$

Bild 5.2.17 zeigt die AKF des Wurzel-Kosinus-Roll-Off Sendegrundimpulses für verschiedene α. Nach Gl.(5.2.14) ist dies zugleich die Signalform $y(t)$, die sich bei einer Matched-Filterung vor dem Abtaster ergibt. Werden mehrere Datensymbole übertragen, überlagern sich die AKFs der Sendegrundimpulse entsprechend Gl.(5.2.14) vor dem Abtaster. Bild 5.2.18 zeigt zum Beispiel $y(t)$ für ein 2-ASK-Sendesignal und die übertragene Bitfolge $d(k) = \{1\ 0\ 1\ 1\ 0\ 1\}$. Als Sende- bzw. Empfangsfilter wurde ein Wurzel-Kosinus-Roll-Off Filter mit $\alpha = 1$ verwendet.

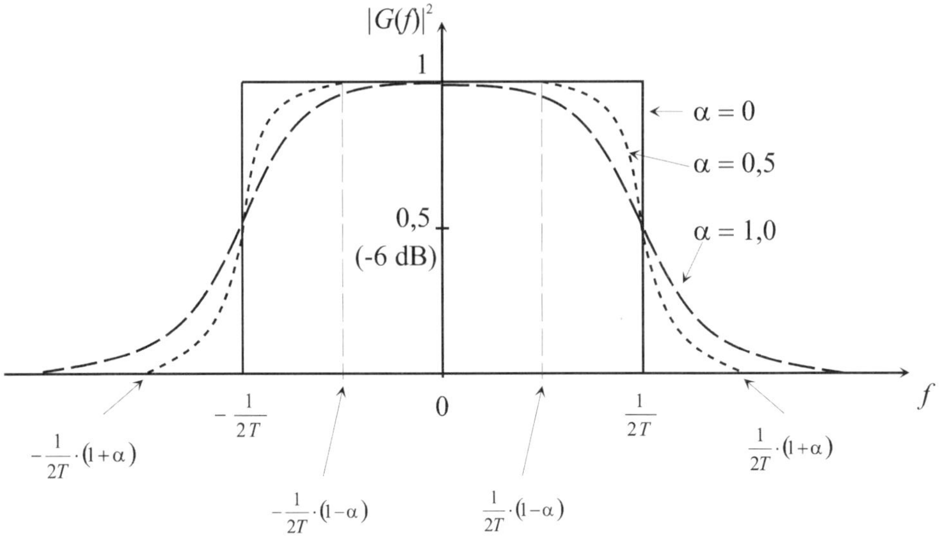

Bild 5.2.16: Leistungsübertragungsfunktion des Wurzel-Kosinus-Roll-Off Filters

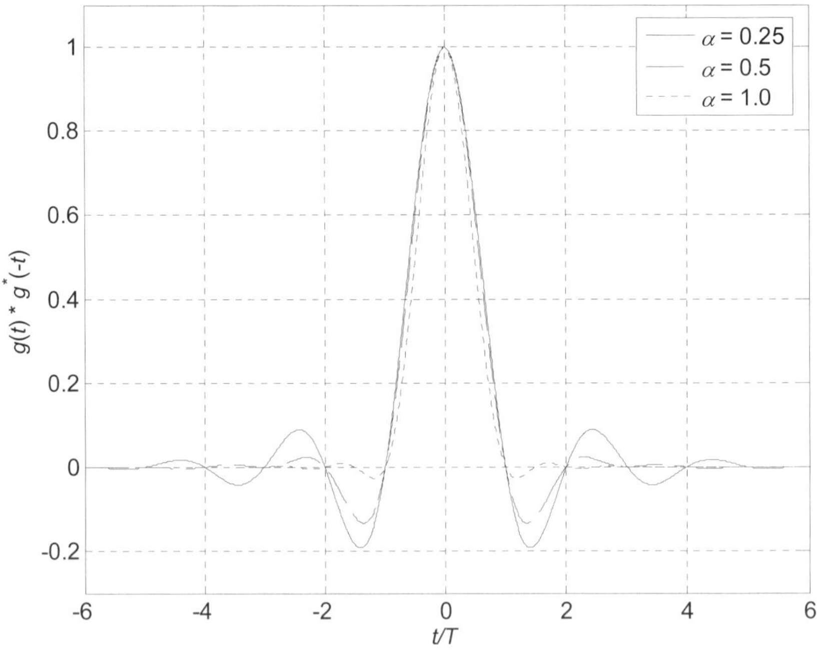

Bild 5.2.17: AKF des Wurzel-Kosinus-Roll-Off Impulses

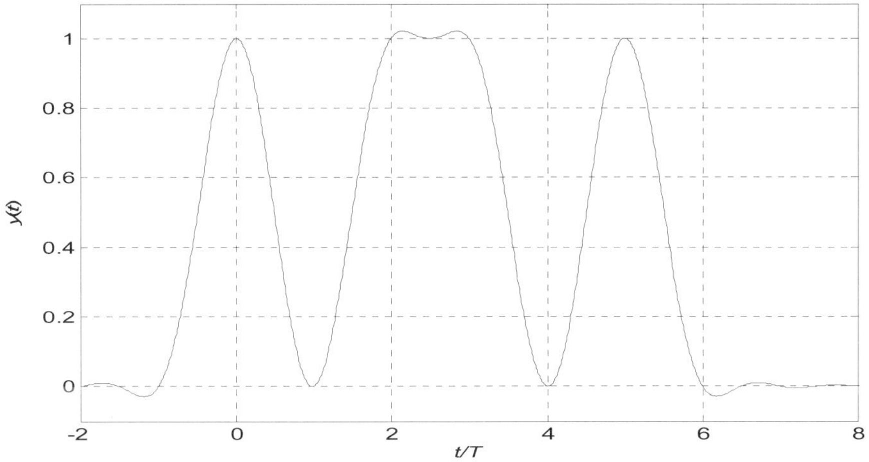

Bild 5.2.18: 2-ASK-Signal $y(t)$ vor Abtaster für die Bitfolge $d(k) = \{1\ 0\ 1\ 1\ 0\ 1\}$ und $\alpha = 1{,}0$

Man erkennt aus Bild 5.2.18, dass keine Intersymbolinterferenz auftritt, weil in den Abtastzeitpunkten $t = kT$ nur die zum k-ten Bit gehörende Amplitude auftritt und die Datenfolge daher problemlos dekodiert werden kann.

5.2.2 Frequenzumtastung

Während bei der Amplitudenumtastung die Amplitude einer Trägerschwingung durch das modulierende Digitalsignal verändert wurde, die Frequenz jedoch konstant blieb, ist es bei der Frequenzumtastung (FSK, *engl.* Frequency Shift Keying) genau umgekehrt, die Information ist in der Frequenz enthalten. Wie bei der ASK auch, werden wieder m Datenbits zu einem Basisband-PAM-Symbol $x(t)$ nach Gl.(5.2.2) der Dauer $T = m\ T_b$ zusammengefasst, jetzt aber durch $M = 2^m$ verschiedene Frequenzen eines Sinusträgers nach Gl.(5.1.13) im Modulationsintervall T gekennzeichnet. So wie die digitale ASK-Modulation im Grunde nur eine DSB-AM ist, bei der das analoge NF-Signal durch ein Basisband-PAM-Signal ersetzt wird, so ist die digitale FSK-Modulation im Grunde eine digitale FM, bei der ebenfalls das analoge Nachrichtensignal durch ein Basisband-PAM-Signal ersetzt wird. Analog zu Gl.(5.1.16) erhält man so den Verlauf der Augenblicksfrequenz

$$f_{FSK}(t) = f_0 + \Delta F \cdot x(t) \tag{5.2.19}$$

mit dem Frequenzhub ΔF bzw. nach Gl.(5.1.17) den Verlauf der Momentanphase des Sendesignals

$$\psi_{FSK}(t) = 2\pi\, f_0\, t + 2\pi\, \Delta F \int_0^t x(\tau)\, d\tau\,. \tag{5.2.20}$$

Entsprechend der analogen FM definiert man als Kenngröße den Modulationsindex

$$\eta = 2\, \Delta F\, T \quad . \tag{5.2.21}$$

Bild 5.2.19 zeigt ein M-FSK-Sendesignal für $M = 2$ und das zugehörige Basisband-Signal $x(t)$ mit der Symbolkonstellation log."0" $\rightarrow d = -1$, log."1" $\rightarrow d = +1$ und einem Rechteck-Grundimpuls nach Gl.(5.2.3). Die Augenblicksfrequenz des Sendesignals springt zwischen $f_0 - \Delta F$ und $f_0 + \Delta F$.

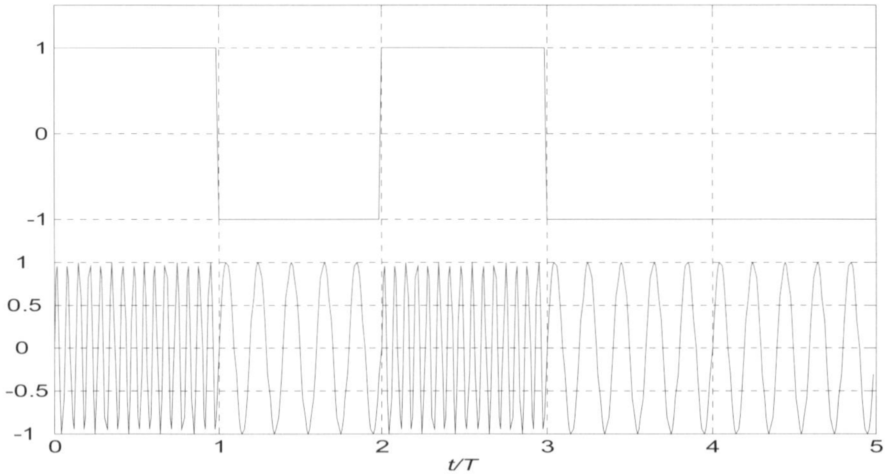

Bild 5.2.19: 2-FSK-Sendesignal (unten) und zugehöriges Basisbandsignal $x(t)$ (oben), $f_0 = 10/T$, $\Delta F = 5/T$, $\hat{u}_T = 1$ V

Die Umtastung von einer Frequenz zur anderen könnte im Prinzip z.B. durch Auswahl eines von M Oszillatoren durch die $m = \mathrm{ld}(M)$ Datenbits eines Symbols erfolgen. Der i-te Oszillator schwingt dabei auf der Frequenz f_i. Das abrupte Umschalten von einer Frequenz zur anderen führt jedoch zu relativ hohen spektralen Seitenbändern, wodurch eine hohe Bandbreite durch das Sendesignal belegt wird und deshalb in der Praxis so nicht verwendet wird.

Phasensprünge können dadurch vermieden werden, dass nur ein Oszillator benutzt wird, der dann allerdings schnell von einer Frequenz zur anderen umgestimmt wird. Man erhält so kontinuierliche Phasenänderungen beim Wechsel zweier Symbole. Dieses Verfahren wird als CPFSK (*engl.* Continuous Phase Frequency Shift Keying) bezeichnet.

In Bild 5.2.20 ist das Modulator-Prinzip eines *M*-CPFSK-Senders dargestellt. Das Basisbandsignal $x(t)$ stellt das Steuersignal für einen spannungsgesteuerten Oszillator dar, bei dem die Ausgangsfrequenz in Abhängigkeit einer angelegten Steuerspannung verändert werden kann. Praktisch ist ein VCO ein Oszillator, bei dem die Resonanzfrequenz des frequenzbestimmenden Schwingkreises durch eine Kapazitätsdiode ("Varicap-Diode") verändert werden kann. Da sowohl die Induktivität als auch die Kapazität des Schwingkreises Energiespeicher sind, kann eine sprunghafte Änderung der Frequenz durch eine sprunghafte Änderung der Steuerspannung nicht erreicht werden. Die Übergänge von einem Frequenzzustand zu einem anderen verlaufen phasenkontinuierlich, daher der Name CPFSK. Anders als bei der ASK kann deshalb ein Rechteck-Grundimpuls bei der Erzeugung des Basisband-PAM-Signals verwendet werden. Bei der Demodulation des *M*-CPFSK-Signals kann im Prinzip wie bei der analogen FM vorgegangen werden, d.h. z.B. mittels einer PLL.

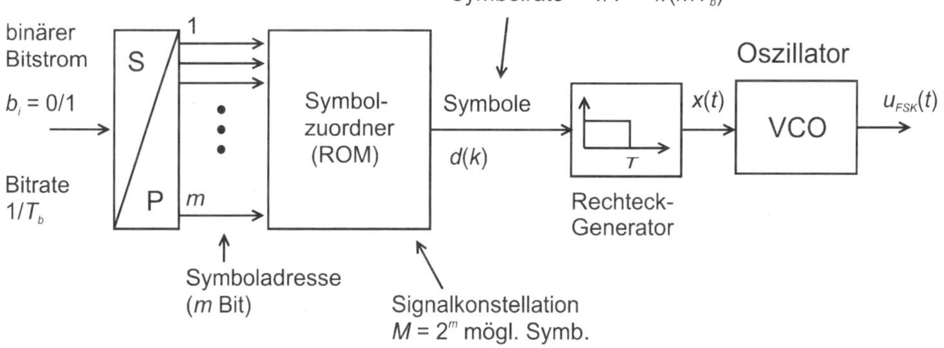

Bild 5.2.20: *M*-CPFSK Modulator-Prinzip
(VCO, *engl.* Voltage Controlled Oscillator)

Genau wie die analoge FM ist auch M-FSK bzw. M-CPFSK eine nichtlinieare Modulationsform, und das Sendespektrum ist theoretisch nicht bandbegrenzt. Eine exakte analytische Berechnungsmöglichkeit für das LDS besteht anders als bei der linearen ASK-Modulation nicht. Es bietet sich hier daher eine simulative Vorgehensweise an. Hierzu wird das Sendesignal als Abtastfolge mit Hilfe eines Rechenprogramms erzeugt. Anschließend wird die FFT (*engl.* Fast Fourier Transformation) berechnet und grafisch dargestellt. In Bild 5.2.21 wurde dies für ein 2-FSK-Sendesignal mit $\eta = 0{,}7$ durchgeführt. Man erkennt die beträchtliche (theor. unendliche) spektrale Ausdehnung. Genau wie bei einem analogen FM-Signal fällt das Spektrum jedoch ab ca. $(1 + \eta)/T$ Abstand von der Mittenfrequenz f_0 deutlich ab.

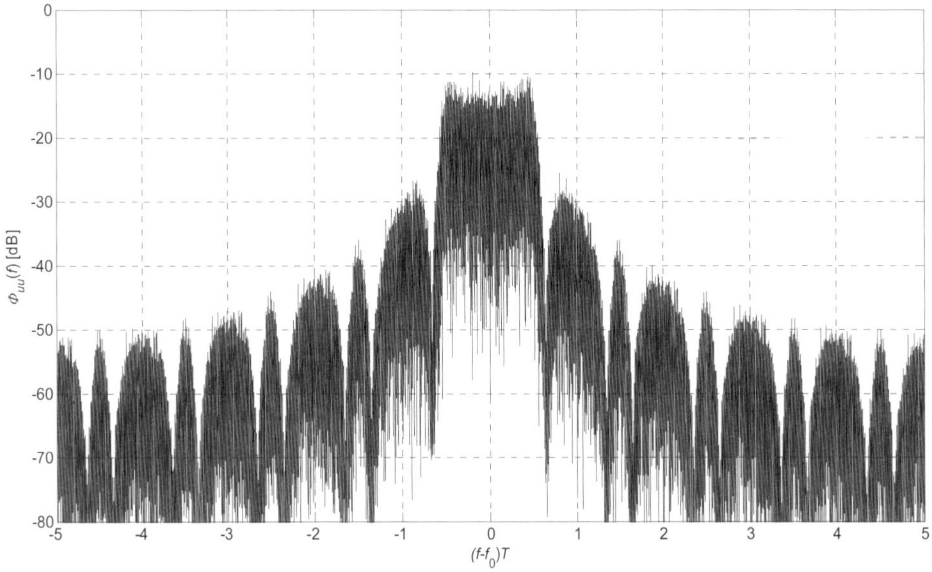

Bild 5.2.21: LDS eines 2-CPFSK-Signals (binäre CPFSK) mit $\eta = 0{,}7$.

5.2.3 Phasenumtastung

Ein digitales Nachrichtensignal kann auch durch die Phasenlage eines Trägersignals repräsentiert werden. Hierzu wird die Phasenalge des HF-Trägers zwischen diskreten Stufen φ_i je nach anliegendem Datensymbol umgeschaltet. PSK-Modulation (*engl.* Phase Shift Keying) wird heute in sehr vielen Bereichen eingesetzt.

Anwendungen reichen von Richtfunk, Satellitenfunk bis zu digitalen Mobilfunksystemen. Wie bereits bei ASK und FSK gesehen, werden auch bei der PSK wieder m Datenbits zu einem von $M = 2^m$ Symbolen zusammengefasst. Jedes Symbol i wird danach mit einem zugeordneten Signal $u_i(t)$ dargestellt:

$$u_i(t) = \hat{u}_T \cdot \cos(2\pi f_0 t + \varphi_i) \qquad ; i = 1, 2, \ldots M \tag{5.2.22}$$

während des Modulationsintervalls des k-ten Symbols $k\,T \leq t < (k+1)\,T$. Es ist zu bedenken, dass aus Gründen der Eindeutigkeit, die φ_i nur zwischen 0° und 360° verteilt werden können. Bei einer äquidistanten Verteilung gilt deshalb

$$\varphi_i = \frac{2\pi}{M} \cdot i + \lambda \qquad ; i = 1, 2, \ldots M\,. \tag{5.2.23}$$

mit einem beliebigen Phasen-Offset λ, der häufig zu 0 oder $\pi/4$ gewählt wird. Gl.(5.2.22) kann mit Hilfe von Additionstheoremen leicht umgeschrieben werden

in
$$u_i(t) = \hat{u}_T \cos(2\pi f_0 t)\cos\varphi_i - \hat{u}_T \sin(2\pi f_0 t)\sin\varphi_i \tag{5.2.24}$$

bzw.
$$u_i(t) = I_i \cdot \hat{u}_T \cos(2\pi f_0 t) - Q_i \cdot \hat{u}_T \sin(2\pi f_0 t) \tag{5.2.25}$$

mit den sog. Quadraturkomponenten

$$I_i = \cos\varphi_i \quad \text{und} \quad Q_i = \sin\varphi_i \quad . \tag{5.2.26}$$

I_i wird auch als Inphase-Komponente und Q_i als Quadraturphase-Komponente bezeichnet. Aus Gl.(5.2.25) kann eine Prinzipschaltung zur Realisierung einer PSK-Modulation abgeleitet werden (siehe Bild 5.2.22). Die dargestellte Schaltung wird auch als Quadraturmodulator bezeichnet. Durch die richtige Wahl der Quadraturkomponenten I_i bzw. Q_i kann jede beliebige Phasenlage erzeugt werden. Der Umwerter (z.B. als ROM mit nachgeschaltetem D/A-Wandler realisiert) in Bild 5.2.22 gibt für ein anliegendes $m = \mathrm{ld}(M)$ Bit breites Daten- bzw. Symbolwort die beiden zugehörigen Signale $I_i = \cos(\varphi_i)$ und $Q_i = \sin(\varphi_i)$ zu den Zeiten $t = kT$ aus.

Da beim Übergang von einem Symbol zum nächsten keine abrupten Phasensprünge entstehen dürfen - dies würde ein unendlich ausgedehntes Sendespektrum hervorrufen - findet vor der eigentlichen Quadraturmischung mit $\cos(\omega_0 t)$ bzw. $-\sin(\omega_0 t)$ eine Impulsformung bzw. Tiefpaßfilterung mit der Impulsantwort $g(t)$ statt, so dass sich eine zeitkontinuierliche Inphase- und Quadraturphase-Komponente der Form

$$I(t) = \sum_k I_i(kT) \cdot g(t - kT) \tag{5.2.27}$$

bzw.

$$Q(t) = \sum_k Q_i(kT) \cdot g(t - kT) \tag{5.2.28}$$

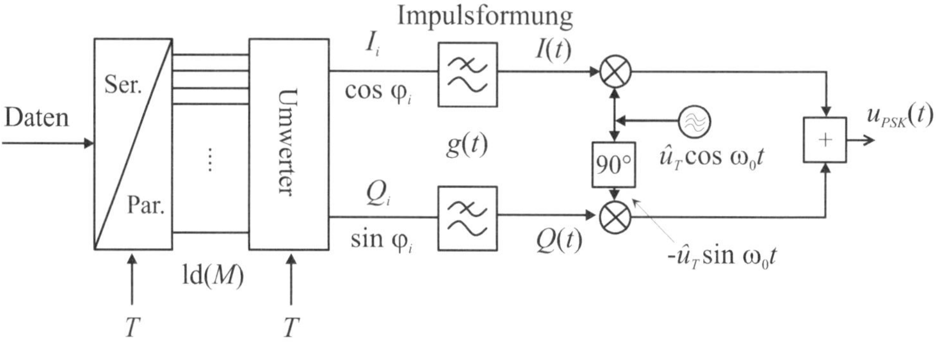

Bild 5.2.22: *M*-PSK-Modulator (Prinzipschaltung, Quadratur-Modulator)

ergibt. Bei genauerer Betrachtung von Bild 5.2.22 zeigt sich eine Verwandschaft mit dem ASK-Sender aus Abschnitt 5.2.1. Die Quadraturkomponenten $I(t)$ bzw. $Q(t)$ können als Basisband-PAM-Signale $x(t)$ (s. Gl.(5.2.2) aufgefasst werden. Sie werden allerdings speziell so gewählt, dass sich eine PAM-Symbolkonstellation ergibt, die $\cos(\varphi_i)$ bzw. $\sin(\varphi_i)$ entspricht. Der Quadraturmodulator besteht also lediglich aus zwei ASK- bzw- DSB-AM-Modulatoren, die einmal mit dem Trägersignal $\hat{u}_T \cos(\omega_0 t)$ und einmal mit dem um 90° versetzten Quadratur-Trägersignal $-\hat{u}_T \sin(\omega_0 t)$ arbeiten.

Der einfachste Fall einer *M*-PSK-Modulation ist 2-PSK, auch BPSK (*engl.* Binary Phase Shift Keying) genannt. Hier tastet das modulierende Digitalsignal die Trägerphase entweder auf 0° (logisch "1") oder auf 180° (logisch "0"). Dieser Fall ist in Bild 5.2.23 dargestellt. Als Impulsformerfilter wurde das Rechteck-Filter nach Gl.(5.2.3) verwendet. Deutlich sind die 180° Phasensprünge zu den Bitwechselzeiten erkennbar. Abrupte Signaländerungen im Zeitverlauf führen immer zu einem breiten Sendespektrum und sind deshalb unbedingt zu vermeiden. Man verwendet daher meistens die bereits aus Abschnitt 5.2.1 (ASK) bekannten "Wurzel-Kosinus-Roll-Off" Filter nach Gl.(5.2.17).

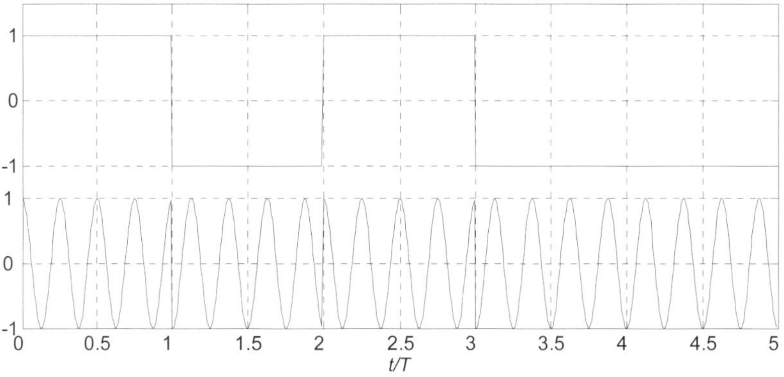

Bild 5.2.23: BPSK-Sendesignal (unten) und zugehöriges Basisbandsignal $I(t)$ (oben), $f_0 = 4/T$, $\hat{u}_T = 1$ V, $\lambda = 0$, $Q(t) = 0$

Die Quadraturkomponenten $I(t)$ bzw. $Q(t)$ können nach Art eines ASK-Empfängers demoduliert, gefiltert und abgetastet werden, um schließlich die zeitdiskreten I_i bzw. Q_i zu bekommen, die dann nur noch wieder in die ursprünglichen zugehörigen Datenbits konvertiert werden müssen. Bild 5.2.24 zeigt einen entsprechenden Quadratur-Demodulator.

Das M-PSK-Sendesignal erhält man nach Quadraturmischung der beiden Quadratursignale $I(t)$ bzw. $Q(t)$:

$$u_{PSK}(t) = I(t) \cdot \hat{u}_T \cos(\omega_0 t) - Q(t) \cdot \hat{u}_T \sin(\omega_0 t) \tag{5.2.29}$$

mit dem Spektrum

$$U_{PSK}(f) = \frac{\hat{u}_T}{2} \underbrace{\left[S_I(f - f_0) + S_I(f + f_0)\right]}_{\text{Realteil}} + j \frac{\hat{u}_T}{2} \underbrace{\left[S_Q(f - f_0) - S_Q(f + f_0)\right]}_{\text{Imaginärteil}}. \tag{5.2.30}$$

$S_I(f)$ bzw. $S_Q(f)$ bezeichnen die Spektren der Quadraturkomponenten $I(t)$ bzw. $Q(t)$. Auf der Empfangsseite findet zunächst eine erneute Quadraturmischung wie folgt statt:

$$v_I(t) = u_{PSK}(t) \cdot 2\cos(2\pi f_0 t) \tag{5.2.31}$$

bzw. $V_I(f) = U_{PSK}(f - f_0) + U_{PSK}(f + f_0)$

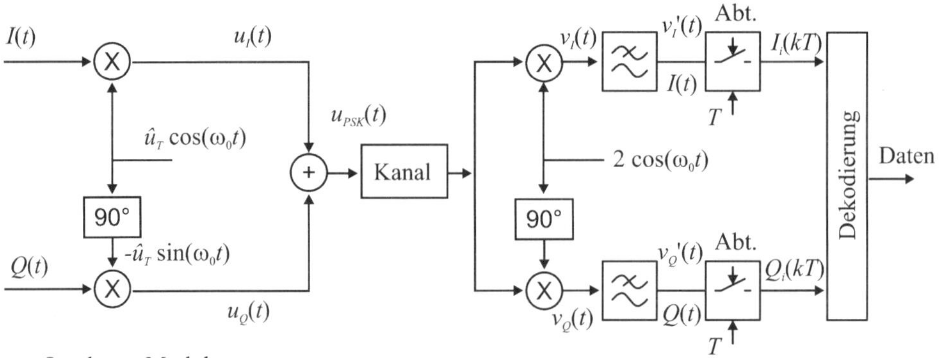

Bild 5.2.24: Quadratur-Modulator und -Demodulator

$$V_I(f)=\frac{\hat{u}_T}{2}\left[S_I(f-2f_0)+2S_I(f)+S_I(f+2f_0)\right]+ \\ +j\frac{\hat{u}_T}{2}\left[S_Q(f-2f_0)-S_Q(f+2f_0)\right] \tag{5.2.32}$$

und $$v_Q(t)=-u_{PSK}(t)\cdot 2\sin(2\pi f_0 t) \tag{5.2.33}$$

bzw. $$V_Q(f)=j\left[U_{PSK}(f-f_0)-U_{PSK}(f+f_0)\right]$$

$$V_Q(f)=j\frac{\hat{u}_T}{2}\left[S_I(f-2f_0)-S_I(f+2f_0)\right]+ \\ -\frac{\hat{u}_T}{2}\left[S_Q(f-2f_0)-2S_Q(f)+S_Q(f+2f_0)\right]. \tag{5.2.34}$$

Die nachfolgende "Matched-" Filterung eliminiert aufgrund des Tiefpaß-Charakters der Impulsformerfilter die Mischprodukte bei der doppelten Trägerfrequenz, so dass schließlich bis auf einen konstanten Amplitudenfaktor $\hat{u}_T$ die Quadraturkomponenten $I(t)$ bzw. $Q(t)$ übrig bleiben.

$$V_I'(f)=\hat{u}_T S_I(f) \quad \circ\!-\!\bullet \quad v_I'(t)=\hat{u}_T I(t)\sim I(t) \tag{5.2.35}$$

$$V_Q'(f)=\hat{u}_T S_Q(f) \quad \circ\!-\!\bullet \quad v_Q'(t)=\hat{u}_T Q(t)\sim Q(t) \tag{5.2.36}$$

Die sich anschließende Abtastung mit dem Symboltakt $t = kT$ ergibt wieder die zeitdiskreten Quadraturkomponenten nach Gl.(5.2.26).

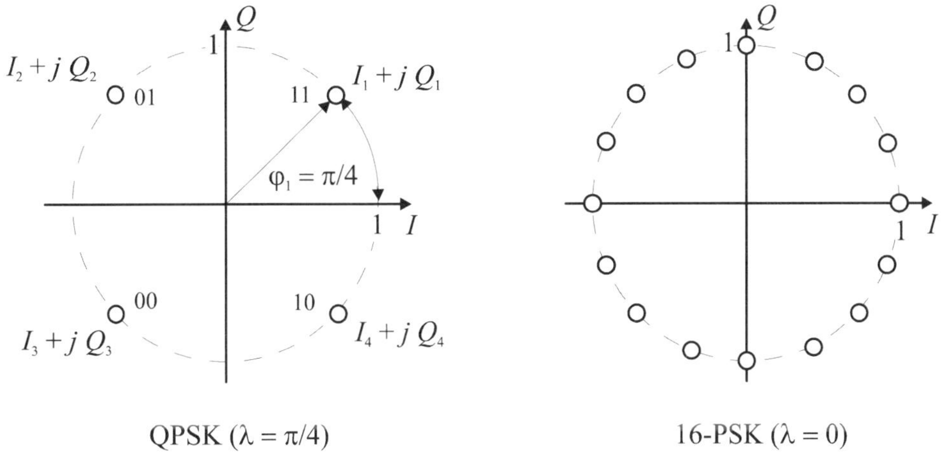

Bild 5.2.25: I/Q-Diagramme (links: QPSK bzw. 4-PSK, rechts: 16-PSK)

Mit dem Quadratur-Modulator lassen sich also zwei Basisbandsignale unabhängig voneinander auf einer gemeinsamen Trägerfrequenz übertragen und anschließend wieder demodulieren. Die beiden Quadraturkomponenten I_i bzw. $I(t)$ und Q_i bzw. $Q(t)$ können auch als Real- und Imaginärteil eines komplexen Zeigers betrachtet werden. Dies führt uns zu einer sehr gebräuchlichen Darstellungsmöglichkeit für I/Q-Signale, dem I/Q-Diagramm, bei dem auf der horizontalen Achse der Inphase-Anteil (I) und auf der vertikalen Achse der Quadraturphase-Anteil (Q) eines I/Q-Signals aufgetragen wird. Bild 5.2.25 zeigt z.B. die I/Q-Diagramme von 4-PSK (auch QPSK, *engl.* Quadrature Phase Shift Keying) und 16-PSK. Jeder Konstellationspunkt repräsentiert im QPSK-Fall zwei Datenbits und im 16-PSK-Fall ld(16) = 4 Datenbits. In Bild 5.2.25 wurde eine mögliche Zuordnung von je zwei Datenbits auf die vier QPSK-Konstellationspunkte eingezeichnet.

Bei allen PSK-Modulationsverfahren ist der Betrag des komplexen Zeigers $I_i + jQ_i = 1$ = konstant. Dies gilt jedoch nicht für den Zeitverlauf $I(t) + jQ(t)$, wenn eine Bandbegrenzung durch Impulsformerfilter im I- bzw. Q-Sendezweig vorgenommen wird, denn nun benötigt der Sender eine gewisse Zeit, um von einem Zustand im I/Q-Diagramm zum nächsten zu kommen. Bild 5.2.26 zeigt die entsprechenden Übergänge, wenn ein QPSK-Sender mit einem zufälligen Bitmuster angesteuert wird und eine Wurzel-Kosinus-Roll-Off-Filterung mit $\alpha = 0{,}5$ eingesetzt wird. Wie Bild 5.2.26 b) zeigt, treten erhebliche Schwankungen der Signalamplitude auf. Soll ein (Q)PSK-Signal verzerrungsfrei übertragen werden, ist deshalb ein linear arbeitender Sender, insbes. Leistungsverstärker, erforderlich.

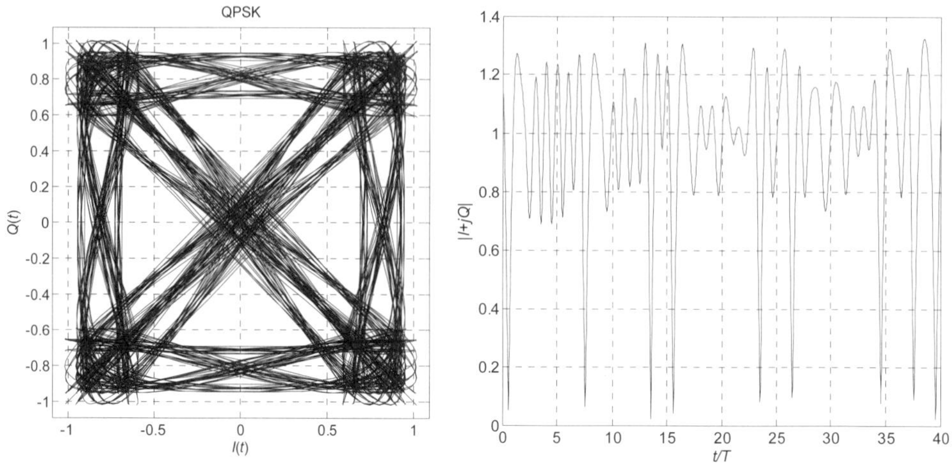

a) I/Q-Diagramm b) Zeitverlauf der Betragseinhüllenden

Bild 5.2.26: QPSK mit Bandbegrenzung (Wurzel-Kos.-Roll-Off-Filter, $\alpha = 0{,}5$)

Diese Amplitudeneinbrüche führen in nichtlinearen Verstärkerstufen zur Bildung von Intermodulationsprodukten und damit zu Nachbarkanalstörungen. In Systemen mit begrenztem Energievorrat, wie Mobilfunkgeräten (Akkukapazität) oder Satelliten (Solarzellen), ist es vorteilhaft, die Komponenten mit großem Energieverbrauch mit möglichst hohem Wirkungsgrad zu betreiben. Da zu diesen Komponenten in aller Regel die Sendeendstufen gehören, setzt man hier vorzugsweise Klasse-C Verstärker ein. Diese Verstärker sind jedoch in höchstem Maße nichtlinear, so dass eine reine QPSK-Modulation zu starken Intermodulationsstörungen führen würde. In solchen Systemen ist es daher günstig, Modulationsverfahren zu verwenden, die eine möglichst konstante Hüllkurve besitzen. Man setzt deshalb gerne die in Abschnitt 5.2.5 beschriebenen MSK-Verfahren oder modifizierte QPSK-Modulation wie z.B. Offset-QPSK (OQPSK) ein.

Besonders die Übergänge von ± 180° sind kritisch, da die Signalamplitude bis auf 0 absinken kann. OQPSK ist eine QPSK-Modulation, bei der der Inphase-Anteil um eine halbe Symboldauer $T/2$ gegenüber dem Quadraturphase-Anteil verschoben wird. Dies geschieht durch Einfügen einer Verzögerung in den I-Zweig vor der Impulsformung in Bild 5.2.22. So erreicht man, dass der Signalzeiger nicht mehr durch den Koordinatenursprung läuft. Ein 180°-Übergang wird auf zwei 90°-Übergänge aufgeteilt. Es treten in bandbegrenzten Systemen zwar immer noch Amplitudenschwankungen auf, jedoch sind diese längst nicht mehr so stark wie bei QPSK (siehe Bild 5.2.27).

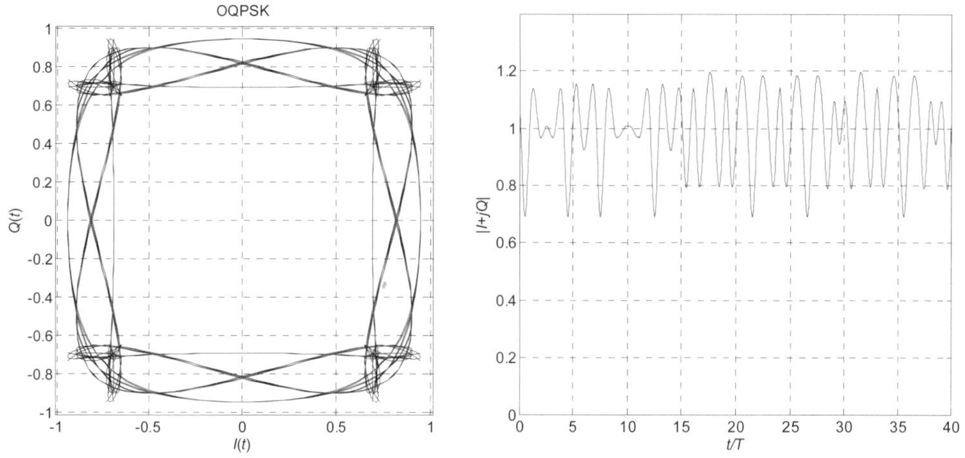

a) I/Q-Diagramm b) Zeitverlauf der Betragseinhüllenden

Bild 5.2.27: OQPSK mit Bandbegrenzung (Wurzel-Kos.-Roll-Off-Filter, $\alpha = 0{,}5$)

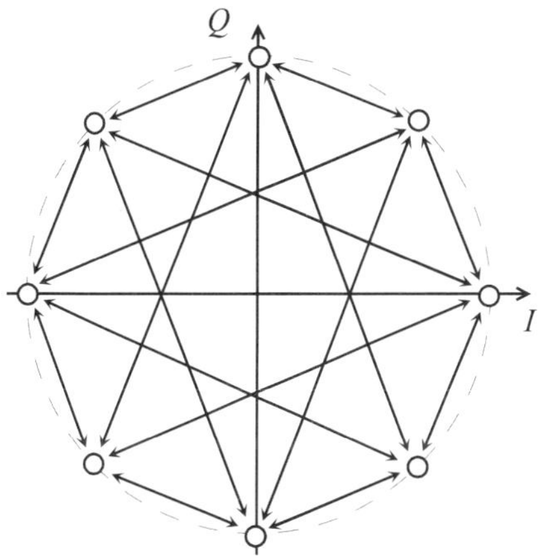

Datensymbol	Phasenänderung
11	-135°
10	-45°
01	+135°
00	+45°

Bild 5.2.28: Zustandsübergangsdiagramm von $\pi/4$-DQPSK

PSK-Verfahren können auch differentiell betrieben werden, d.h., nicht der absolute Zustand im Signalraum repräsentiert ein Datensymbol, sondern die Änderung zum vorherigen Zustand. Im Falle von BPSK bedeutet dies z.B., dass nur bei einer Änderung des jeweiligen zu übertragenden Datenbits zum vorherigen Bit ein Phasensprung von 180° auftritt, nicht jedoch, wenn die Datenbits konstant bleiben. Differentielle PSK-Verfahren erlauben eine einfache inkohärente Demodulationstechnik, da keine exakte Phasensynchronität des Empfangsoszillators zum Sendeoszillator erforderlich ist. Wie später noch gezeigt wird, sind die Verfahren allerdings immer störanfälliger als die nicht differentiellen Verfahren.

Eine weitere Variante ist das $\pi/4$-DQPSK-Verfahren, welches z.B. im amerikanischen D-AMPS (*engl.* Digital Advanced Mobile Phone System) Mobilfunksystem eingesetzt wird. Ähnlich wie OQPSK hat auch $\pi/4$-DQPSK zum Ziel, 180° Phasensprünge, die zu Amplitudeneinbrüchen führen, zu vermeiden. Jeweils zwei Bits werden zu einem Symbol zusammengefasst und bewirken einen Phasensprung gegenüber der letzten Sendephase um +/- 45° oder +/- 135°. Die Funktionsweise wird in Bild 5.2.28 verdeutlicht.

Die Berechnung des Sendespektrums der M-PSK-Modulation erfolgt aufgrund der engen Verwandtschaft mit M-ASK in derselben Weise. I- und Q-Zweig des M-PSK-Senders nach Bild 5.2.22 stellen jeweils für sich einen M-ASK- bzw. DSB-AM-Modulator dar. Die Leistungsdichteanteile beider Zweige addieren sich lediglich, wenn von unkorrelierten Datensymbolen ausgegangen wird. Unter der Voraussetzung, dass in beiden Sendezweigen die gleichen Impulsformerfilter verwendet werden erhält man folglich für das Leistungsdichtespektrum von M-PSK

$$\Phi_{uu}(f) = |U_{PSK}(f)|^2 = \frac{\hat{u}_T^2}{2}\left[\Phi_{xx}(f - f_0) + \Phi_{xx}(f + f_0)\right] \tag{5.2.37}$$

mit den LDS der Basisbandsignale $\Phi_{II}(f) = \Phi_{QQ}(f) = \Phi_{xx}(f)$ nach Gl.(5.2.9). Da üblicherweise mittelwertfreie I/Q-Signale verwendet werden ergibt sich

$$\Phi_{uu}(f) = \frac{\hat{u}_T^2}{2} \cdot \frac{\sigma_d^2}{T} \cdot \left[|G(f - f_0)|^2 + |G(f + f_0)|^2\right] \tag{5.2.38}$$

mit der Varianz der I- bzw. Q-Symbole σ_d^2. Wird beispielsweise als Impulsformer ein Rechteckfilter nach Gl.(5.2.3) mit der Leistungsübertragungsfunktion nach Gl.(5.2.10) eingesetzt, erhält man

$$\Phi_{uu}(f) = \frac{\hat{u}_T^2}{2} \cdot T \cdot \sigma_d^2 \cdot \left[si^2[\pi(f - f_0)T] + si^2[\pi(f + f_0)T]\right]. \tag{5.2.39}$$

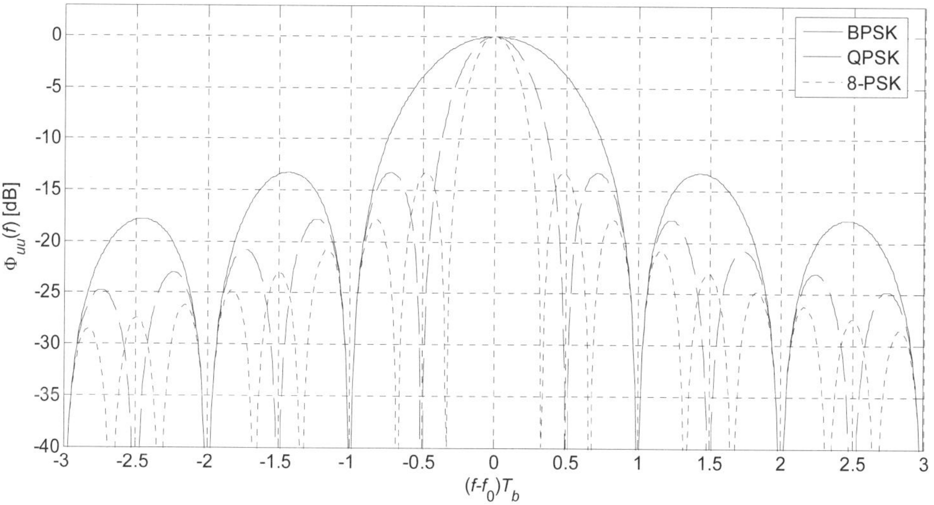

Bild 5.2.29: Leistungsdichtespektren von M-PSK-Sendesignalen

In Bild 5.2.29 sind die LDS von verschiedenen M-PSK-Modulationsverfahren gegenübergestellt. Die Grundform des LDS ist für alle Verfahren gleich, lediglich der Abstand zwischen den Nullstellen bzw. die Breite der spektralen Anteile ändert sich, da $T = \mathrm{ld}(M)\ T_b = m\ T_b$. Die erste Nullstelle neben der Trägerfrequenz tritt an der Stelle $f = 1/T = 1/(mT_b)$ auf. In der Praxis wird man keine Rechteck-Impulsformer einsetzen, sondern "Wurzel-Kosinus-Roll-Off" Filter nach Gl. (5.2.17), um zu einem endlichen Bandbreitebedarf zu kommen.

5.2.4 Quadratur-Amplitudenmodulation

Die Quadratur-Amplitudenmodulation (QAM) ist eine Kombination aus Amplitudenumtastung (ASK) und Phasenumtastung (PSK). Es werden wieder $m = \mathrm{ld}(M)$ Datenbits zusammengefasst und gemeinsam als ein diskreter Trägerzustand übertragen. Bei ASK wurden diese Zustände durch unterschiedliche Trägeramplituden gekennzeichnet, während PSK den M verschiedenen Zuständen M verschiedene, äquidistante Trägerphasenlagen zuordnet. Wie in Abschnitt 5.3 noch behandelt werden wird, ist die Störanfälligkeit, sprich die Bitfehlerrate, vom Abstand der diskreten Trägerzustände abhängig. Je größer dieser Abstand wird, desto geringer wird die Bitfehlerrate in gestörten Kanälen. Sowohl ASK als auch PSK nutzen jedoch dic komplexe Ebene, in der der Signalzeiger des Trägersignals liegt, nur unvollständig aus. Bei PSK liegen alle Signalzustände auf einem Kreis um den Nullpunkt, bei ASK liegen sie alle auf der reellen (*I*-) Achse. Quadratur-Amplitudenmodulation geht nun einen Schritt weiter und nutzt die gesamte komplexe Ebene dadurch aus, dass jedem der *M* Zustände eine Kombination aus Trägeramplitude und Phase zugeordnet wird.

Der prinzipielle Aufbau eines *M*-QAM-Modulators ist sehr ähnlich dem eines *M*-PSK-Quadratur-Modulators nach Bild 5.2.22, lediglich die Quadraturkomponenten I_i und Q_i bzw. $I(t)$ und $Q(t)$ werden anders gewählt. Die Konstellationspunkte befinden sich im I/Q-Diagramm nicht mehr auf einem Kreis, sondern werden auch innerhalb des Kreises angeordnet. Man wählt

$$I_i = a_i \cos\varphi_i \quad \text{und} \quad Q_i = a_i \sin\varphi_i \ , \tag{5.2.40}$$

so dass sich ein Sendezeiger

$$I_i + jQ_i = a_i \cdot e^{j\varphi_i} \tag{5.2.41}$$

ergibt. Durch geeignete Wahl von a_i und φ_i kann jeder beliebige Punkt im Konstellationsdiagramm ausgewählt werden, und es kann mittels Umwerter (*engl.* Mapper) eine entsprechende Zuordnung von $m = \mathrm{ld}(M)$ Datenbits vorgenommen werden. In der Praxis werden heute *M*-QAM-Verfahren mit $M = 16$ bis zu $M = 1024$ (z.B. manche Richtfunk-Systeme) eingesetzt. Bild 5.2.30 zeigt das Signalzustandsdiagramm eines 16-QAM-Signals im Vergleich zu einem 16-PSK-Signal. Man erkennt leicht, dass die Abstände zwischen den Konstellationspunkten bei 16-QAM größer sind, d.h. es muss im Empfänger eine größere Rauschspannung vorhanden sein, um einen Zustand in einen anderen zu konvertieren und so einen Symbolfehler zu erzeugen. Näheres hierzu wird in Abschnitt 5.3.3 behandelt.

QAM-Verfahren höherer Ordnung besitzen Vorteile bei der Störfestigkeit gegenüber den PSK-Verfahren, jedoch haben sie auch Nachteile aufgrund der Tatsache, dass die Linearitätsanforderungen an den Sender steigen. Dies hat insbesonders starke Auswirkungen auf die Sendeverstärkertechnik, da mit steigendem *M* immer linearere Verstärker verwendet werden müssen. Nichtlinearitäten führen einerseits wieder zu höheren Bitfehlerraten, andererseits aber auch zu unerwünschten Nebenaussendungen durch Intermodulation.

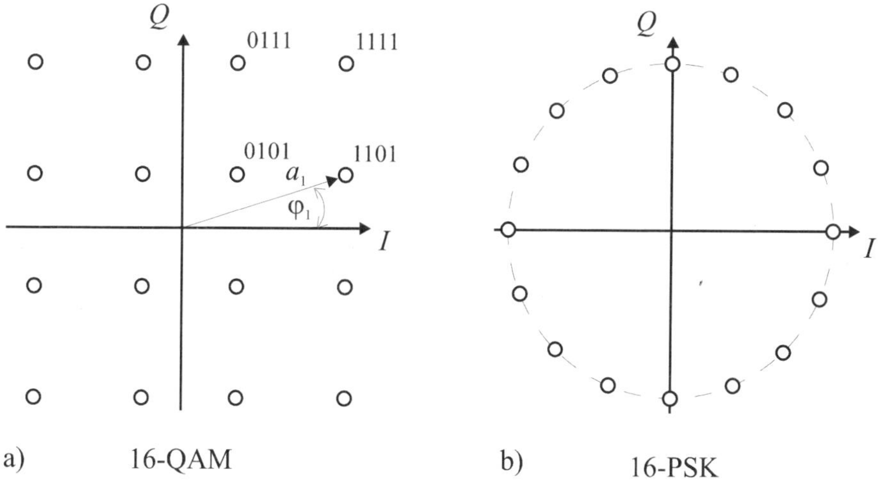

Bild 5.2.30: Vergleich der I/Q-Diagramme von 16-QAM mit 16-PSK

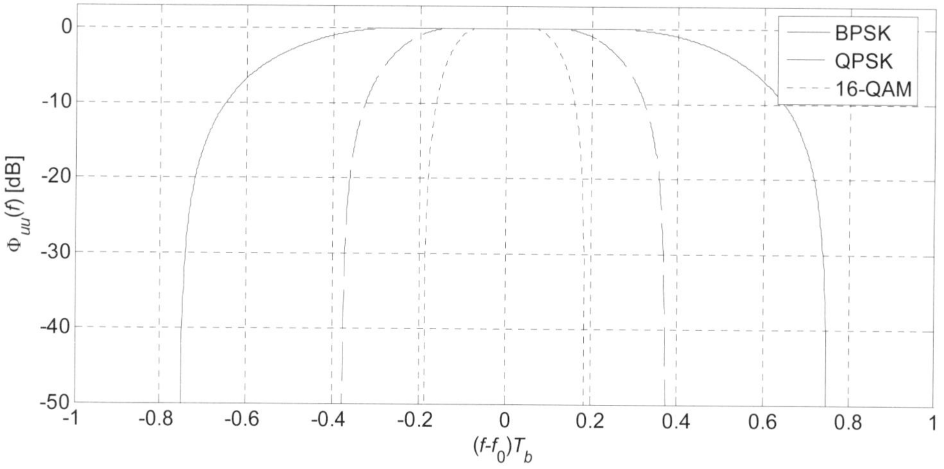

Bild 5.2.31: QAM-Leistungsdichtespektrum (Wurzel-Kos.-Roll-Off mit $\alpha = 0{,}5$)

Als Impulsformerfilter werden wie bei der M-PSK-Modulation ebenfalls Wurzel-Kosinus-Roll-Off-Filter nach Gl.(5.2.17) verwendet. Das LDS berechnet sich genau wie bei der PSK mittels Gl.(5.2.38) und ist für den Fall $\alpha = 0{,}5$ in Bild 5.2.31 für 16-QAM im Vergleich mit BPSK u. QPSK dargestellt. Es stellt sich eine endliche Sendebandbreite ein gemäß

$$B_{QAM} = \frac{1+\alpha}{mT_b} \quad . \tag{5.2.42}$$

5.2.5 Kontinuierliche Phasenmodulation

Die kontinuierliche Phasenmodulation (CPM, *engl.* Continuous Phase Modulation) hat besonders im Bereich der digitalen Mobilfunksysteme große Bedeutung erlangt. Da die Luftschnittstelle gewissermaßen den "Flaschenhals" im Übertragungsweg zwischen zwei Mobilfunkteilnehmern bildet, weil die spektralen Ressourcen naturgemäß begrenzt sind, muss sehr sparsam mit dem Frequenzspektrum umgegangen werden. CPM-Verfahren versuchen die Bandbreiteneffizienz (Übertragungsrate/dafür nötige Bandbreite) zu steigern und gleichzeitig spektrale Komponenten außerhalb der Kanalbandbreite zu minimieren, d.h. Nachbarkanal-Störungen zu vermeiden. Ein weiterer wichtiger Grund für die Bedeutung der CPM-Verfahren in modernen Mobilfunksystemen liegt in der konstanten Hüllkurve des Sendesignals, die nicht von den übertragenen Datenbits abhängt. So können einfache Klasse-C Verstärker mit hohem Wirkungsgrad in der Sendeendstufe verwendet werden, was eine lange Betriebsdauer von portablen Mobilfunkgeräten bzw. "Handys" mit eingebauten Akkus ermöglicht.

Genauso wie CPFSK als eine digitale FM gesehen werden kann, bei der anstelle des analogen Nachrichtensignals ein digitales Basisband-PAM-Signal verwendet wird, verhält es sich mit der CPM, welche einer digitalen PM entspricht und eng mit der CPFSK verwandt ist. Ein CPM-Signal kann wie folgt formuliert werden

$$u_{CPM}(t) = \hat{u}_T \cos\psi(t) = \hat{u}_T \cos[2\pi f_0 t + \varphi(t)] \tag{5.2.43}$$

mit dem Verlauf der Momentanphase

$$\psi_{CPM}(t) = 2\pi f_0 t + \eta\pi \sum_k d(k)\, q(t-kT) \tag{5.2.44}$$

bzw. der Augenblicksfrequenz

$$f_{CPM}(t) = \frac{1}{2\pi}\frac{d\psi_{CPM}(t)}{dt} = f_0 + \Delta F \sum_k d(k)\, g(t-kT). \tag{5.2.45}$$

Wie bereits bei der FSK-Modulation definiert wurde, bezeichnet η den Modulationsindex und ΔF den Frequenzhub. Beide stehen über Gl.(5.2.21) in Beziehung. Der Phasenimpuls $q(t)$ folgt duch Integration aus dem Frequenzimpuls $g(t)$ gemäß

$$q(t) = \frac{1}{T} \int_0^t g(\tau)\, d\tau \quad . \tag{5.2.46}$$

Während bei der M-CPFSK-Modulation gelegentlich auch höherstufige Verfahren ($M > 2$) zum Einsatz kommen, verwendet man bei der CPM i.d.R. nur binäre Sendesymbole ($M = 2$), d.h. es gilt $T = T_b$. Aus den Gln.(5.2.44) und (5.2.45) werden zwei prinzipielle Möglichkeiten der Signalerzeugung deutlich: Die direkte Ansteuerung eines VCO (Bild 5.2.32a) oder der Weg über eine Integration des Eingangssignals und anschließende Phasenmodulation (Bild 5.2.32b).

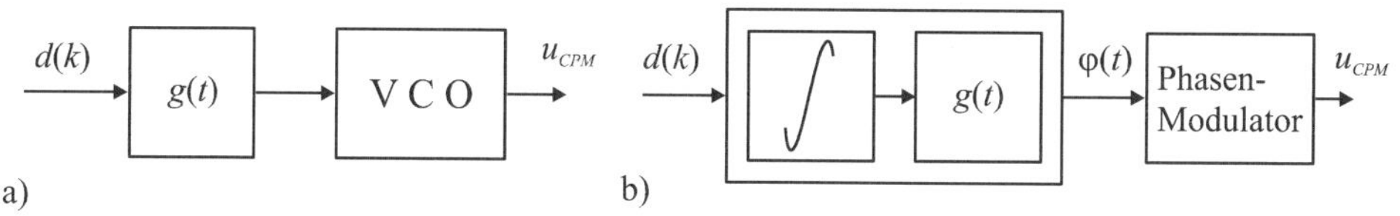

Bild 5.2.32: Generierung eines CPM-Signals

Der Frequenzimpuls $g(t)$ wird so normiert, dass der stationäre Endwert des Phasenimpulses $q(t)$ für $t \to \infty$ zu 1 wird. Je nachdem, wie groß die zeitliche Ausdehnung von $g(t)$ ist, können sich benachbarte Datenbits gegenseitig beeinflussen oder nicht. Ist die Ausdehnung gleich der Symbol- bzw. Bitdauer, spricht man von "Full Response" Verfahren, ist sie größer, handelt es sich um "Partial Response Signalling". "Partial Response" kann sich sehr günstig auf das Spektrum des Sendesignals auswirken, da der Verlauf der Momantanphase stark geglättet wird. Es kommt so allerdings zu kontrollierter Intersymbolinterferenz. Kontrolliert deshalb, weil die Art der gegenseitigen Beeinflussung der Bits durch das Phasenfilter bekannt ist und deshalb im Empfänger prinzipiell wieder korrigiert werden kann (zusätzlicher Aufwand). Bei "Full Response Signalling" und $d(k) = +1$ (z.B. log."1") dreht die Phase des Trägersignals in der Zeit T um $+\eta\pi$, während $d(k) = -1$ (z.B. log."0") die Phase um $-\eta\pi$ dreht.

Oft wird für $g(t)$ ein Kosinusimpuls ("Raised Cosine") verwendet mit

$$g(t)=\begin{cases}\frac{1}{L}\left[1-\cos\left(2\pi\frac{t}{LT}\right)\right] & ;0\le t<LT\\ 0 & ;t\ge LT\end{cases} \tag{5.2.47}$$

bzw. für den Phasenimpuls erhält man

$$q(t)=\begin{cases}\frac{t}{LT}-\frac{1}{2\pi}\sin\left(2\pi\frac{t}{LT}\right) & ;0\le t<LT\\ 1 & ;t\ge LT\end{cases}. \tag{5.2.48}$$

L gibt des Ausdehnung von $g(t)$ in Vielfachen von T an ($L = 1$: "Full Response", $L > 1$: "Partial Response"). Die Gln. (5.2.47) und (5.2.48) sind in Bild 5.2.33 für $L = 1$ dargestellt.

Im Allgemeinen ist die geschlossene Berechnung des Leistungsdichtespektrums der CPM-Modulation nicht möglich, da CPM zur Klasse der nichtlinearen Modulationsverfahren gehört (siehe auch FSK, Abschnitt 5.2.2). Für ganzzahlige η kann CPM durch eine bit- bzw. symbolweise Umtastung zweier ASK/OOK-Generatoren mit entsprechendem LDS (siehe Abschnitt 5.2.1) beschrieben werden.

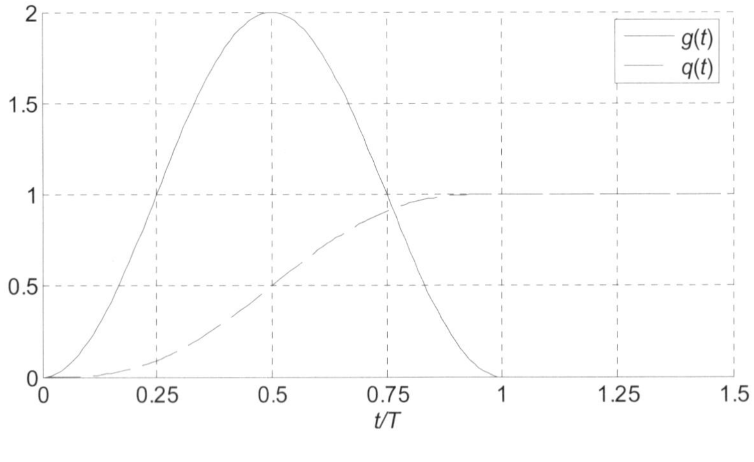

Bild 5.2.33: Beispiel eines Frequenz- u. Phasenfilters für CPM-Modulatoren ($L = 1$)

5.2.5.1 Minimum Shift Keying (MSK)

Eine lineare Änderung der Trägerphase $\psi_{CPM}(t)$ um den Betrag $\eta\pi$ während der Zeit T entspricht einer Frequenzumtastung mit dem Hub ΔF. Je nach anliegendem Datensignal erhöht oder erniedrigt sich die Frequenz des Sendesignals während der Bitdauer $T_b = T$. Die Frequenzabweichung von der Trägermittenfrequenz f_0 berechnet sich zu

$$\Delta F = \frac{1}{2\pi} \cdot \frac{d\varphi}{dt} = \frac{\eta}{2T}, \tag{5.2.49}$$

wenn ein Rechteck-Frequenzimpuls $g(t)$ nach Gl.(5.2.3) verwendet wird. Wählt man für η ein ganzzahliges Vielfaches von ½, so sind die beiden im Modulationsintervall $kT \leq t < (k+1)T$ erscheinenden Kosinusschwingungen unterschiedlicher Frequenz ($f_0 \pm \Delta F$) orthogonal zueinander. Für eine möglichst hohe spektrale Effizienz wird $\eta = 0{,}5$ gewählt. Daher stammt der Ausdruck "Minimum Shift Keying".

Ein MSK-Signal kann leicht durch einen CPM-Modulator mit Rechteck-Frequenzimpuls $g(t)$ nach Gl.(5.2.3) bzw. einem Phasenimpuls

$$q(t) = \begin{cases} t/T & ; 0 \leq t < T \\ 1 & ; t \geq T \end{cases} \tag{5.2.50}$$

erzeugt werden (siehe Bild 5.2.34).

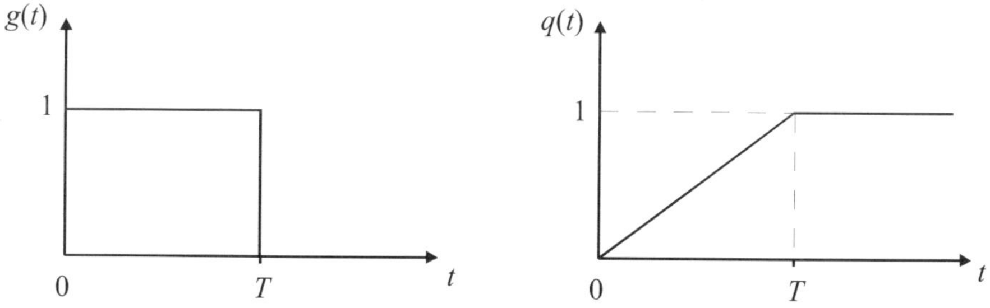

Bild 5.2.34: Frequenz- (links) und Phasenimpuls (rechts) für MSK-Modulation

Nach Bild 5.2.32 ist es auch möglich, ein MSK-Signal mit einem VCO zu erzeugen, der je nachdem, welchen logischen Zustand das Datensignal aufweist, die

Ausgangsfrequenz f_0+ΔF oder f_0-ΔF erzeugt, mit $\Delta F = 1/(4T)$. Aus diesem Grund wird MSK auch gelegentlich als "Fast FSK" (FFSK) bezeichnet. Bild 5.2.35 zeigt (Momentan-) Frequenz- und Phasenverlauf eines modulierten MSK-Senders. Die Frequenz ändert sich sprungartig bei einem Bitwechsel, während die Phase linear in einer Bitdauer T um $\pi/2$ zu- oder abnimmt.

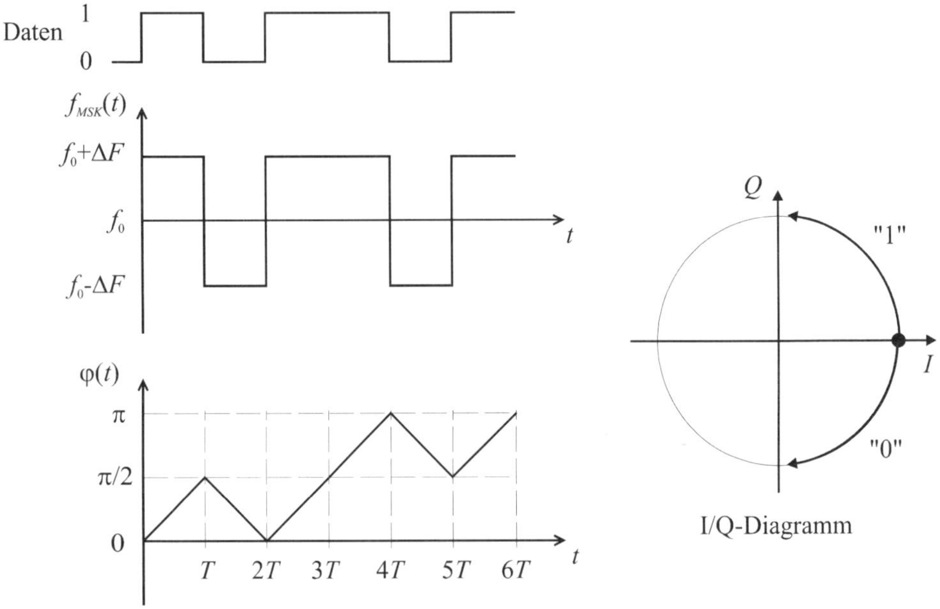

Bild 5.2.35: Frequenz-/Phasenverlauf u. I/Q-Diagramm eines MSK-Signals

Eine weitere Methode, um ein MSK-Signal zu erzeugen, ist die Verwendung eines Quadraturmodulators nach Art des Offset-QPSK-Verfahrens aus Abschnitt 5.2.3. Es sind hierzu lediglich noch zwei spezielle Impulsformerfilter vor den Quadraturmischern nötig. Die Impulsantwort $g(t)$ dieser Filter lautet ($T = T_b$)

$$g(t) = \begin{cases} \cos\left(\frac{\pi}{2T}t\right) & ; -T \le t \le T \\ 0 & ; \text{sonst} \end{cases} \quad . \tag{5.2.51}$$

Man erhält so die in Bild 5.2.36 dargestellte Modulatorschaltung. Die Quadraturkomponente d_I entspricht den "geraden" Bits (k = 0, 2, 4,...) und d_Q den "ungeraden" (k = 1, 2, 3, ...), jeweils in bipolarer Codierung (log."1" → +1; log."0" → -1).

Wie bereits erläutert, ist eine allgemeine analytische Berechnung der Spektren von CPM-Signalen sehr aufwendig. Bei vielen nichtlinearen Modulationsarten, zu denen auch CPM gehört, ist man daher auf numerische Verfahren oder Simulationen angewiesen [WEL67]. Im Falle des orthogonalen MSK (η = 0,5) ist jedoch eine exakte analytische Lösung möglich, wenn das Verfahren nach Bild 5.2.36 zugrunde gelegt wird. MSK stellt sich demnach als eine OQPSK-Modulation mit speziellem Impulsformerfilter $g(t)$ nach Gl.(5.2.51) dar.

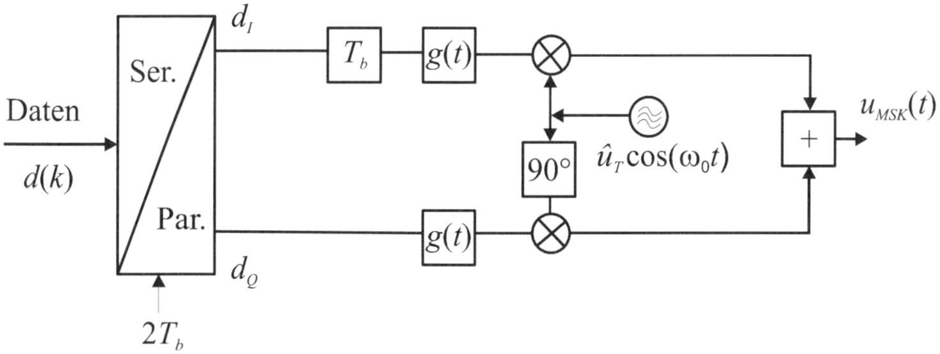

Bild 5.2.36: MSK-Modulator nach Art von OQPSK

Das Leistungsdichtespektrum $\Phi_{uu}(f)$ kann deshalb, wie bereits bei der PSK-Modulation gesehen, mit Hilfe der Gln.(5.2.9) und (5.2.37) berechnet werden. Die Quadraturkomponenten d_I und d_Q sind mittelwertfrei mit σ_d^2 = 1 und werden als redundanzfrei vorausgesetzt. Nach Fourier-Transformation von $g(t)$ erhält man für das Leistungsdichtespektrum

$$\Phi_{uu}(f) = \frac{8\,\hat{u}_T^2 T}{\pi^2} \cdot \left\{ \left[\frac{\cos[2\pi(f-f_0)T]}{1-[4T(f-f_0)]^2} \right]^2 + \left[\frac{\cos[2\pi(f+f_0)T]}{1-[4T(f+f_0)]^2} \right]^2 \right\} \quad (5.2.52)$$

Bild 5.2.37 zeigt das Leistungsdichtespektrum von MSK im Vergleich zu QPSK/ OQPSK (Rechteck-Impulsformung). Man erkennt, dass das MSK-Spektrum sehr viel schneller abfällt als das Spektrum von QPSK. Der Grund hierfür sind die weicheren Phasenübergänge im modulierten Signal. Ebenfalls fällt auf, dass der

Abstand zwischen den ersten beiden Minima links und rechts von der Trägerfrequenz f_0 bei MSK um 50 % größer ist als bei QPSK.

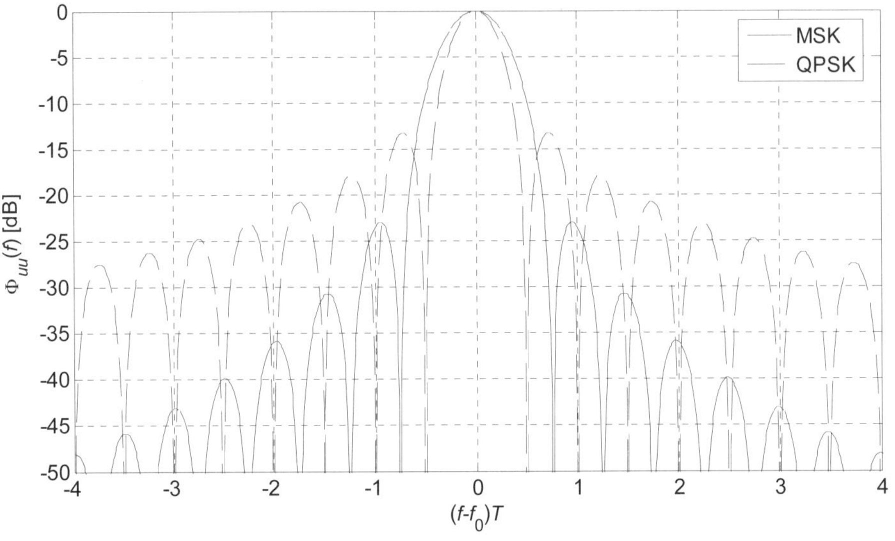

Bild 5.2.37: Leistungsdichtespektren von MSK und QPSK (OQPSK)

5.2.5.2 Gauß'sches MSK (GMSK)

Wie aus Bild 5.2.35 sichtbar wird, enthalten Frequenz- und Phasenverlauf eines MSK-Signals Knickstellen, an denen sich der Verlauf abrupt ändert, weil der Frequenzimpuls $g(t)$ rechteckig ist. Die plötzlichen Änderungen führen zu einer Verbreiterung des Leistungsdichtespektrums. Dieses Verhalten lässt sich durch eine Basisbandfilterung verbessern. Der Frequenzimpuls $g(t)$ weist nun keinen rechteckigen Verlauf mehr auf, sondern seine Flanken werden geglättet. Die Glättungsfunktion kann z.B. von einem Gauß'schen Tiefpaß übernommen werden. In diesem Fall erhält man aus der ursprünglichen MSK-Modulation eine GMSK-Modulation [MUR81].

Die Impulsantwort $h(t)$ eines Gauß'schen Tiefpasses lautet:

$$h(t)=\sqrt{\frac{2\pi}{\ln 2}}\,B\exp\left(-\frac{2\pi^2B^2}{\ln 2}t^2\right) \tag{5.2.52}$$

wobei B die 3 dB Grenzfrequenz ist. Der Gauß'sche Tiefpaß wird direkt vor den Modulationseingang des VCO geschaltet. Daher erhält man die Impulsantwort $g(t)$ des Frequenzfilters eines GMSK-Modulators durch Faltung der ursprünglichen Rechteck-Impulsantwort des MSK-Modulators mit der Impulsantwort des Gauß'schen Tiefpasses. Nach kurzer Rechnung ergibt sich so

$$g(t)=\frac{1}{2}\left[\operatorname{erf}\left(\sqrt{\frac{2}{\ln 2}}\pi BT\frac{t+T/2}{T}\right)-\operatorname{erf}\left(\sqrt{\frac{2}{\ln 2}}\pi BT\frac{t-T/2}{T}\right)\right] \tag{5.2.53}$$

hierin ist erf(x) die Gauß'sche Fehlerfunktion (*engl.* error function)

$$\operatorname{erf}(x)=\frac{2}{\sqrt{\pi}}\int_0^x e^{-u^2}\,du \quad . \tag{5.2.54}$$

Das GMSK-Sendefilter lässt sich eindeutig durch sein "BT-Verhältnis" kennzeichnen. Für $BT \to \infty$ geht GMSK in MSK über. In Bild 5.2.37 ist die Impulsantwort des Sendefilters für verschiedene BT dargestellt. Man erkennt, dass für klei-

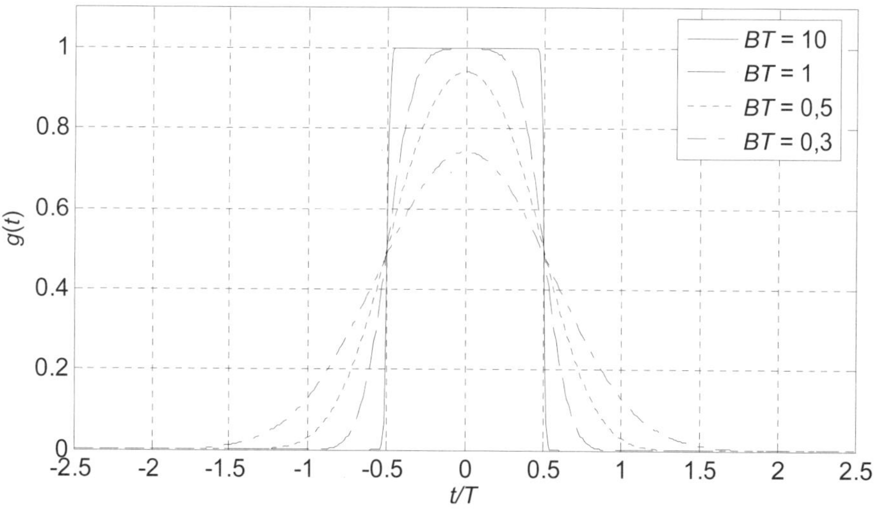

Bild 5.2.37: Impulsantwort $g(t)$ des GMSK-Sendefilters

ner werdende *BT* die Impulsantwort breiter wird und somit das "Partial Response" Verhalten deutlicher wird.

Der augenblickliche Phasenzustand der Trägerschwingung wird demnach nicht mehr nur von dem aktuellen Datenbit beeinflusst, sondern auch von den vorangegangenen. Es kommt daher zu Intersymbolinterferenz und einer steigenden Bitfehlerrate bei der Übertragung, wenn nicht im Empfänger entsprechende Gegenmaßnahmen durch Signal-Nachverarbeitung getroffen werden.

Der im Vergleich zur MSK-Modulation deutlich geglättete Phasenverlauf von GMSK ist in Bild 5.2.38 dargestellt. Je kleiner *BT* wird, desto glatter wird der Phasenverlauf. Das GMSK-Verfahren findet man heute u.a. in den digitalen Mobilfunksystemen nach dem GSM-Standard mit $BT = 0{,}3$ sowie dem europäischen Standard für schnurlose Telefone DECT mit $BT = 0{,}5$.

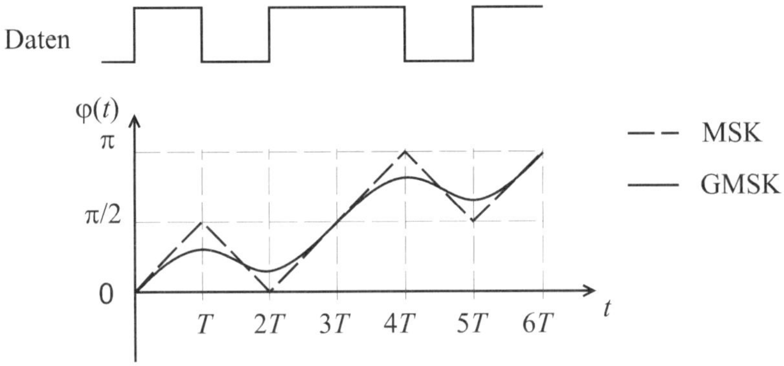

Bild 5.2.38: Phasenverlauf von GMSK im Vergleich zu MSK

Dieser geglättete Verlauf wirkt sich sehr günstig auf das Spektrum aus. In Bild 5.2.39 sind die LDS verschiedener GMSK-Signale mit unterschiedlichen *BT* im Vergleich zu MSK gezeigt. Die dargestellten Spektren wurden simulativ ermittelt, da für das Spektrum von GMSK-Modulation kein geschlossener analytischer Ausdruck angegeben werden kann.

Ein wichtiger Punkt zur effizienten Nutzung der spektralen Ressourcen eines Mobilfunksystems ist die Auswahl eines geeigneten Modulationsverfahrens. Aus dem Leistungsdichtespektrum eines modulierten Signals lassen sich die nötige Kanalbandbreite sowie die Signalleistung außerhalb des Kanals bestimmen. Letztere ist für Nachbarkanalstörungen (ACI, *engl.* Adjacent Channel Interference) verantwortlich und erzwingt einen bestimmten Mindestabstand zwischen zwei

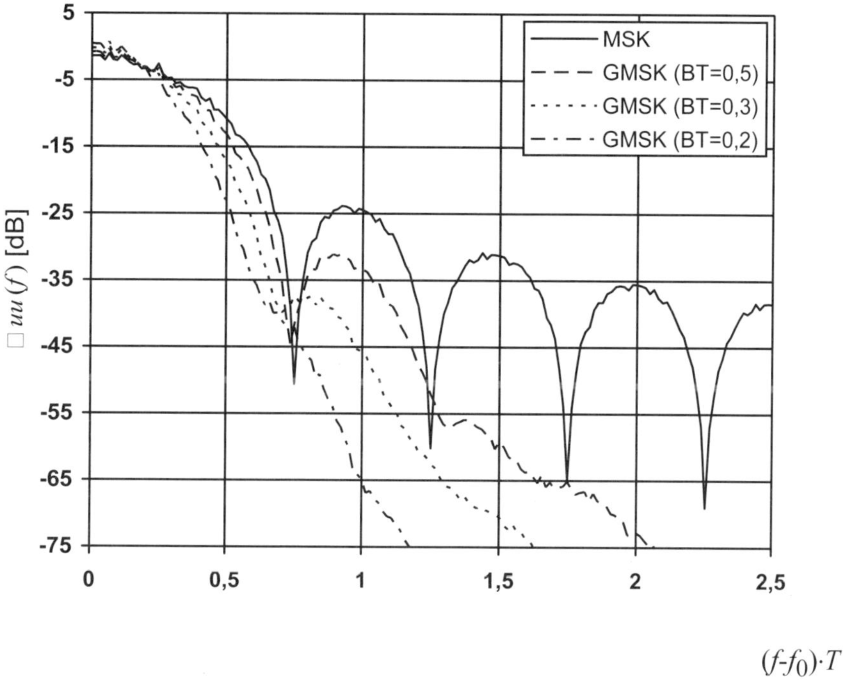

Bild 5.2.39: Leistungsdichtespektren von GMSK und MSK (Simulation)

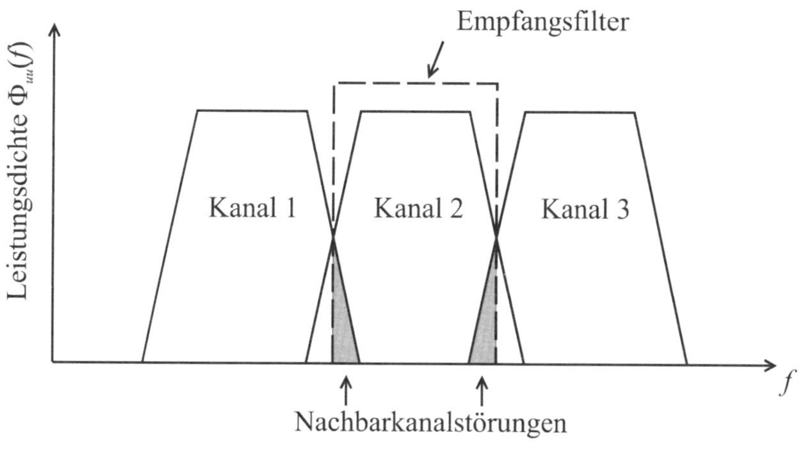

Bild 5.2.40: Nachbarkanalstörungen durch zwei benachbarte Kanäle

Kanälen einer Funkzelle bzw. einer Nachbarzelle. Bild 5.2.40 veranschaulicht diesen Sachverhalt. Wie oben gesehen, fällt das LDS von MSK relativ schnell ab. Aus diesem Grund und weil GMSK-Modulation eine konstante Signalhüllkurve besitzt, wurde es beispielsweise für den GSM-Mobilfunkstandard ausgewählt.

Der Nachbarkanalstörabstand, also das Verhältnis zwischen Signalleistung und Störleistung benachbarter Kanäle, beeinflusst die spektrale Effizienz eines Mobilfunksystems. Anders als in Bild 5.2.40 dargestellt, besitzen reale Empfangsfilter keine unendliche Flankensteilheit. Hierdurch wird die Störleistung weiter erhöht, bzw. der Kanalabstand muss durch Einfügen von Schutzbändern (*engl.* Guard Bands) vergrößert werden.

5.2.5.3 Tamed Frequency Modulation (TFM)

Ein Verfahren mit sehr stark abfallendem Spektrum außerhalb der Kanalbandbreite und damit sehr geringen Nachbarkanalstörungen ist "Tamed Frequency Modulation" (TFM) [JAG78]. Der Phasenverlauf des Trägersignals wird von den letzten drei Datenbits mit unterschiedlicher Gewichtung beeinflusst. Zusätzlich kommt, ähnlich wie bei GMSK, ein Glättungsfilter zum Einsatz. Der prinzipielle Aufbau eines TFM-Senders ist in Bild 5.2.41 skizziert. Der TFM-Modulator unterscheidet sich nur durch sein spezielles Vorfilter von einem MSK-Modulator.

Das Sendefilter $G(f)$ setzt sich aus zwei Komponenten zusammen. Zum einen aus dem Glättungsfilter $H(f)$ und zum anderen aus einem dreistufigen FIR-Filter $S(f)$, welches für die gewichtete Berücksichtigung der drei aufeinander folgenden bipolar codierten Datenbits ($\pm$ 1) sorgt. Das Filter $S(f)$ ist in Bild 5.2.42 angegeben. Man erhält

$$S(f)=\frac{\pi}{2}\cdot\cos^2(\pi fT) \quad . \tag{5.2.55}$$

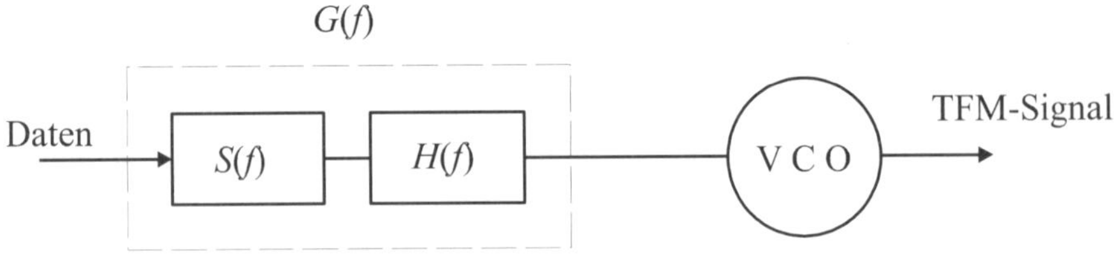

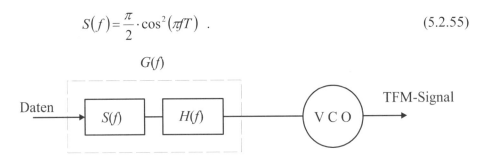

Bild 5.2.41: TFM-Modulator

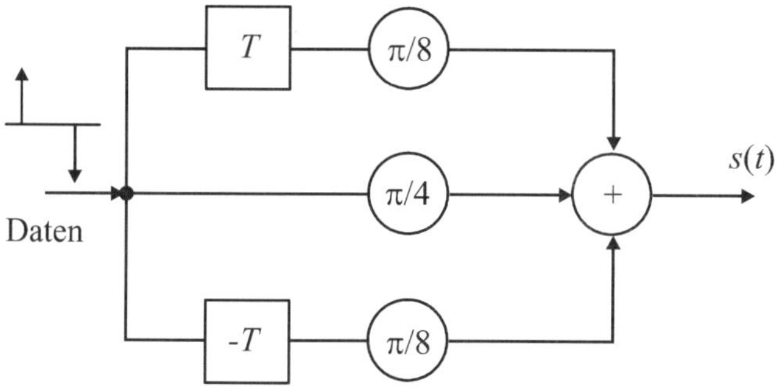

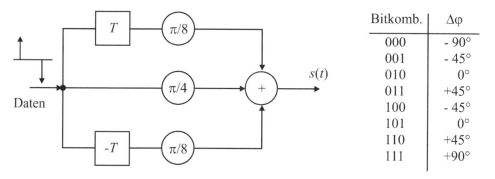

Bitkomb.	Δφ
000	- 90°
001	- 45°
010	0°
011	+45°
100	- 45°
101	0°
110	+45°
111	+90°

Bild 5.2.42: FIR-Filter $S(\omega)$ und mögliche Phasenübergänge $\Delta\varphi$

Das Filter $H(f)$ muss die erste Nyquist-Bedingung erfüllen und kann z.B. ein "Kosinus-Roll-Off" Filter [PRO89] sein:

$$H(f)=\begin{cases} T & ; 0\le |f| \le \dfrac{1-\alpha}{2T} \\ \dfrac{T}{2}\cdot\left[1+\cos\dfrac{2\pi|f|T-1+\alpha}{2\alpha}\right] & ; \dfrac{1-\alpha}{2T}<|f|\le\dfrac{1+\alpha}{2T} \\ 0 & ; \text{sonst} \end{cases} \tag{5.2.56}$$

bzw.

$$h(t)=\frac{\sin\left(\pi\dfrac{t}{T}\right)}{\pi\dfrac{t}{T}}\cdot\frac{\cos\left(\alpha\pi\dfrac{t}{T}\right)}{1-4\alpha^2\dfrac{t^2}{T^2}} \quad . \tag{5.2.57}$$

Der "Roll-off Faktor" α bestimmt die Steilheit der Filterflanke und kann Werte zwischen 0 und 1 annehmen (siehe auch Abschnitt 5.2.1). TFM-Modulation weist ein Leistungsdichtespektrum auf, welches in etwa dem der GMSK-Modulation mit $BT = 0{,}2$ entspricht. Letztere lässt sich jedoch oft einfacher implementieren.

5.2.6 Mehrträger-Modulation

Wie in Abschnitt 3.4 dargestellt wurde, kommt es bei einer Mobilfunkübertragung zu einer zeitlichen "Aufweitung" bzw. einer gegenseitigen Überlappung von Symbolen. Wenn das Delay Spread des Kanals im Bereich ab ca. 10 % der Symboldauer liegt, kann es zu starker Intersymbolinterferenz kommen, die eine fehlerfreie Decodierung unmöglich machen kann, falls nicht entsprechende Gegenmaßnahmen wie z.B. adaptive Kanalentzerrer (siehe Abschnitt 5.5) eingesetzt werden. Bei Anwendungen mit hohen Übertragungsraten können solche Kanalentzerrer bzw. Equalizer jedoch sehr aufwendig werden. Mehrträger-Modulationsverfahren wie z.B. OFDM (*engl.* Orthogonal Frequency Division Multiplexing) bieten hier eine interessante Alternative.

Der Grundgedanke von Mehrträger-Modulationsverfahren ist es, den zu übertragenden Datenstrom in R Teile aufzuteilen und parallel auf R Trägern zu senden. Ein frequenzselektiver Breitbandkanal kann so in R nicht-frequenzselektive Schmalbandkanäle unterteilt werden. Jeder der R Teilkanäle kann im Allgemeinen M-wertig submoduliert werden (z.B. QPSK, $M = 4$). Die Übertragungsrate $1/T_S$ (T_S: Symboldauer) eines Trägers wird durch Parallelisierung um den Faktor $1/[R \cdot \mathrm{ld}(M)]$ reduziert. Die Gefahr von Intersymbolinterferenz bei der Übertragung kann deshalb erheblich verringert werden.

Betrachtet man z.B. eine Datenrate von 500 kbit/s, dann beträgt bei QPSK-Modulation die Symboldauer $T = 4$ µs. In typischen Mobilfunkumgebungen würde das Delay-Spread ebenfalls in dieser Größenordnung liegen (vgl. Tabelle 3.4.1). Durch Parallelisierung mit z.B. $R = 64$ könnte die Symboldauer auf $T_S = 256$ µs pro (Unter-) Kanal erhöht werden, ein (adaptiver) Kanalentzerrer wäre dann nicht mehr erforderlich. Bild 5.2.43 zeigt das Prinzipschaltbild eines Mehrträger-Senders. Bereits im Basisband werden die R Unterkanäle auf die R Unterträger mit den Frequenzen f_0, $f_0+\Delta f$, ..., $f_0+(R\text{-}1)\cdot\Delta f$ gemischt. Dabei wird in den Teilkanälen, wie bereits bei der PSK- oder QAM-Modulation beschreiben, zunächst aus jeweils m Datenbits ein komplexer Zeiger $d_n(i) = I_n(i) + \mathrm{j}\, Q_n(i)$ durch Abbildung bzw. zweidimensionale Codierung erzeugt. Dieser wird danach mit dem Sendefilter $g(t)$, das in allen Teilkanälen identisch ist, im Real- und Imaginärteil gefiltert. Nach (komplexer) Mischung und Summation erhält man so ein Mehrträgersignal $s(t)$ der Form

$$s(t) = \sum_{n=0}^{R-1} \sum_{i=0}^{\infty} d_n(i)\, g(t - iT_S)\, e^{j2\pi f_n t} \qquad (5.2.58)$$

mit

$$f_n = f_0 + n \cdot \Delta f\,. \qquad (5.2.59)$$

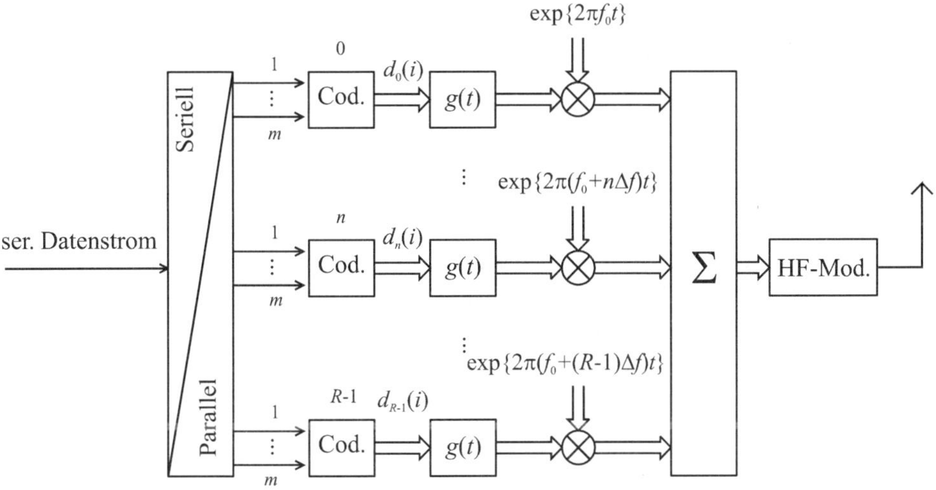

Bild 5.2.43: Mehrträger-Sender

Die Umsetzung in den HF-Bereich erfolgt nach der Summierung der Unterkanäle durch komplexe Mischung (= Frequenzverschiebung) mit der gewünschten Trägerfrequenz..

Damit es beim Empfänger nicht zu einer gegenseitigen Beeinflussung der Teilkanäle kommt (ICI, *engl.* Intercarrier-Interference), ist darauf zu achten, dass die Einzelsignale orthogonal zueinander sind. Dies kann entweder durch einen entsprechend groß gewählten Abstand Δf der Träger erreicht werden, oder man wählt die Sendefilter $g(t)$ so, dass die Maxima im Spektrum eines Trägers mit den Nullstellen der anderen zusammenfallen. In diesem Fall spricht man von orthogonalem Frequenzmultiplex bzw. OFDM (*engl.* Orthogonal Frequency Division Multiplexing).

Bei OFDM besitzen die Impulsformerfilter eine rechteckförmige Impulsantwort

$$g(t) = rect\left(\frac{t}{T_S}\right) \quad \circ\!-\!\bullet \quad G(f) = T_S \cdot si(\pi f T_S) \tag{5.2.60}$$

mit der Unterträger-Symboldauer T_S, und die Trägerabstände Δf werden zu

$$\Delta f = \frac{1}{T_S} \tag{5.2.61}$$

gewählt. Mit Gl.(5.2.9) erhält man für das LDS des OFDM-Signals

$$\Phi_{ss}(f) = \sigma_d^2 T_S \sum_{n=0}^{R-1} si^2\left[\pi(f - f_n)T_S\right] \tag{5.2.62}$$

wenn die $d_n(i)$ redundanz- und mittelwertfrei sind. Bild 5.2.44 zeigt das LDS gemäß Gl.(5.2.62). Da die Si-Funktion in Gl.(5.2.60) Nullstellen bei Vielfachen von $1/T_S$ besitzt und somit die erste Nyquistbedingung im Frequenzbereich erfüllt, kommt es zu keinem Übersprechen, wenn der Empfänger das Spektrum genau an den Stellen $f = f_0 + n\Delta f$ abtastet.

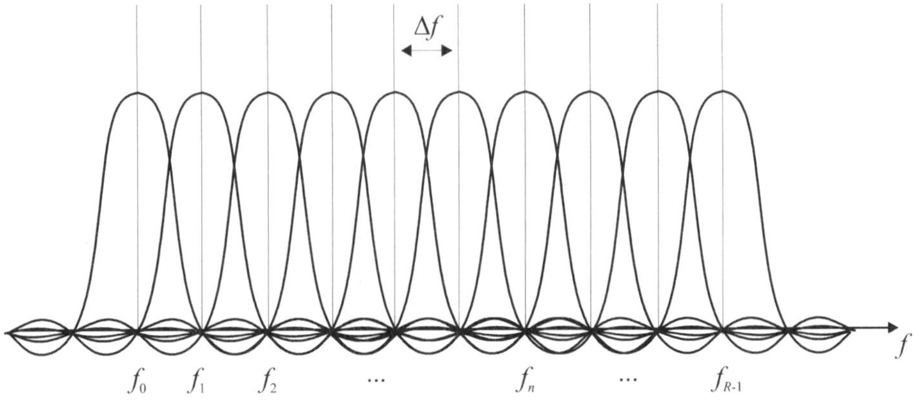

Bild 5.2.44: Leistungsdichtespektrum eines OFDM-Signals (schematisch)

In Bild 5.2.45 ist das LDS eines OFDM-Signals mit $R = 60$ Unterträgern dargestellt. Im Nutzband weist das LDS einen nahezu konstanten Verlauf auf. Außerhalb dieses Bereichs fällt das Spektrum proportional zu $1/f^2$ ab (6 dB/Oktave). Für Anwendungen, bei denen viele Kanäle möglichst eng, also ohne breite Schutzbänder, aneinandergereiht werden, ist dieser spektrale Abfall zu gering, so dass eine zusätzliche Filterung vorgesehen werden muss.

Der Betrag der Hüllkurve eines OFDM-Signals ist nicht konstant, im Gegensatz zu den bereits behandelten CPM-Verfahren (MSK, GMSK etc.). Dies stellt einen Nachteil in Funksystemen mit mobilen Sendern dar, denn diese Systeme sind im Sinne eines niedrigen Stromverbrauchs auf Sendeendstufen mit hohem Wirkungsgrad angewiesen. Diesbezüglich geeignete, intermodulationsarme Sender lassen sich einfacher bei konstanter Hüllkurve des Modulationssignals entwi-

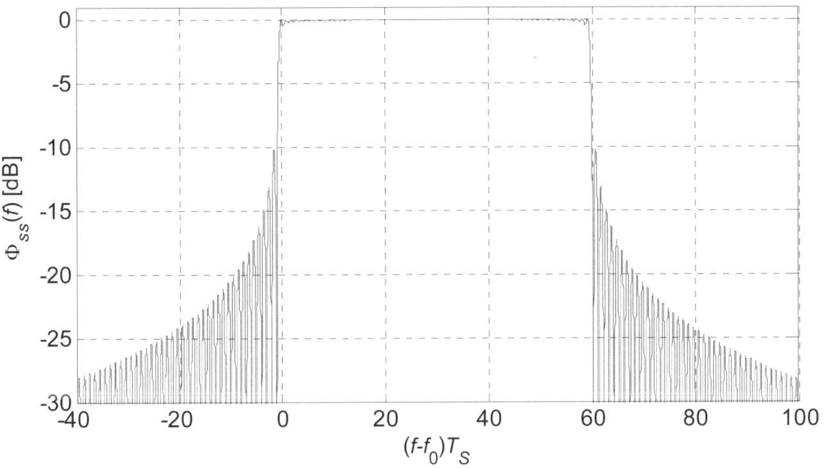

Bild 5.2.45: LDS eines OFDM-Signals mit R = 60 Untertägern

ckeln, da keine besonderen Anforderungen an die Linearität der Sendestufen gestellt werden müssen.

Die Struktur eines OFDM-Empfängers ist der des Senders genau entgegengesetzt. Nach der HF-Demodulation erfolgt die Aufspaltung in die Unterkanäle durch (Rück-) Mischung. Nach Filterung mit Rechteck-Filtern $h(t)$, Abtastung und Decodierung (im Falle von M-wertiger Submodulation) werden die $R\cdot\mathrm{ld}(M)$ parallelen Datenbits wieder in einen seriellen Datenstrom zurückgewandelt. Bild 5.2.46 zeigt das Prinzipschaltbild eines Mehrträger-Empfängers.

Beim Betrachten von Bild 5.2.43 wird eine gewisse Ähnlichkeit zur Diskreten Fourier-Transformation (DFT) deutlich. In der Tat lässt sich Gl. (5.2.58) nach einer Zeitdiskretisierung (Abtastung) mit der Abtastfrequenz $f_A = R/T_S$ im Zeitintervall des i-ten Symbols, d.h. $t = iT_S - T_S/2 \ldots iT_S + T_S/2$ und $t = kT_S/R$ als

$$s\left(k\frac{T_S}{R}\right) = \sum_{n=0}^{R} d_n(i)\cdot e^{j2\pi nk/R} \qquad (5.2.63)$$

schreiben, wenn für $f_0 = 0$ gesetzt wird.Gl.(5.2.63) entspricht aber, bis auf einen Faktor R der Inversen DFT (IDFT), d.h.

$$s(k) = R\cdot \mathrm{IDFT}\{d_n(i)\} \qquad (5.2.64)$$

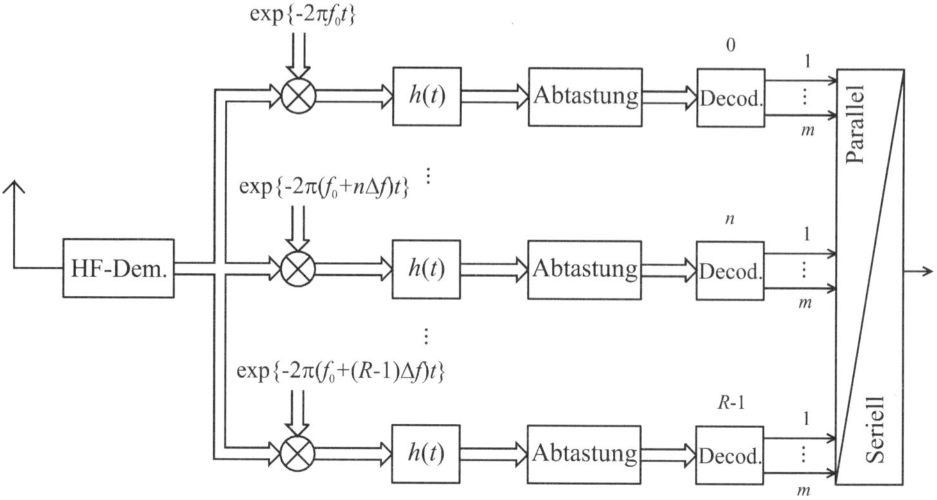

Bild 5.2.46: Mehrträger-Empfänger

im *i*-ten Symbolintervall. Die Struktur des OFDM-Empfängers hingegen kann leicht durch die umgekehrte Operation, also die DFT realisiert werden. Besonders dann, wenn *R* eine Zweierpotenz ist, kann die DFT bzw. IDFT sehr effizient mittels der Schnellen Fourier-Transformation (FFT, *engl.* Fast Fourier Transformation) realisiert werden.

Durch die Mehrwegeausbreitung im Mobilfunkkanal bzw. das dadurch hervorgerufene Delay Spread kommt es einerseits zu Intersymbolinterferenz (ISI), und andererseits wird die Orthogonalität der OFDM-Unterträger zerstört. Es kommt so zu einem Übersprechen zwischen den Teilkanälen, der sog. ICI (*engl.* Intercarrier-Interference). Beides kann durch Einfügen eines Schutzintervalls (*engl.* Guard Interval) in Form einer Guard-Lücke oder einer zyklichen Erweiterung (*engl.* Cyclic Prefix) der Sendesymbole vermieden werden.

Ber der Technik der Guard-Lücke wird vor jedem Symbol eine Lücke der Dauer Δ eingefügt (siehe Bild 5.2.47). Wenn Δ größer als das Delay Spread des Übertragungskanals ist, kommt es nicht zu Intersymbolinterferenz, denn die Echos des Kanals sind bis zum Beginn des nächsten Symbols abgeklungen. Dennoch kann es zu ICI kommen, denn die Einschwingphase stört die Orthogonalität der Unterträger. Unter der Voraussetzung, dass sich die Kanalimpulsantwort während der Symboldauer T_S nicht wesentlich verändert (Teilnehmermobilität), kann auf der Empfangsseite der Einschwingvorgang mit den Nachschwingern des Symbols kompensiert werden. Hierzu muss lediglich das Signal im Zeitabschnitt $T_S \leq t <$

$T_S + \Delta$ zum Signal im Zeitbereich $0 \leq t < \Delta$ addiert werden. Im Zeitalter der digitalen Signalverarbeitung stellt dies jedoch kein Problem dar. Nach dieser Operation liegt im Empfänger wieder ein von ICI und ISI befreites Signal vor.

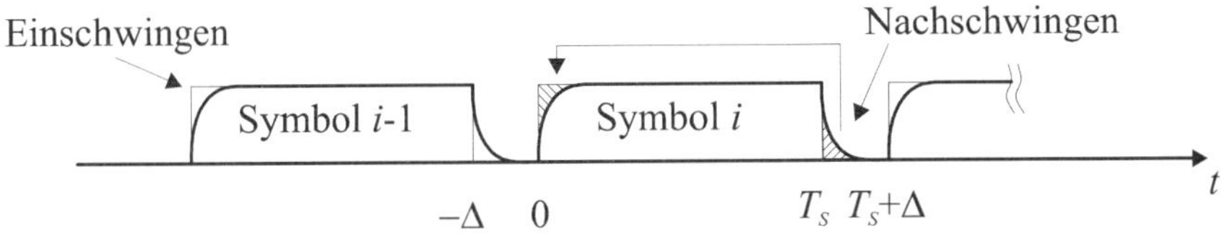

Bild 5.2.47: Prinzip einer OFDM-Guard-Lücke Δ

Damit der Empfänger die beschriebene Operation durchführen kann, muss er den gesamten Zeitbereich $T_S + \Delta$ erfassen, d.h. die Dauer der Impulsantwort $h(t)$ der Rechteck-Empfangsfilter muss entsprechend groß sein. Es gilt daher

$$h(t) = rect\left(\frac{t}{T_S + \Delta}\right). \tag{5.2.65}$$

Folglich kann keine Optimierung des S/N durch Matched-Filterung mehr erfolgen. Dies resultiert in einem S/N-Verlust bei ansonsten idealen Kanalbedingungen um den Faktor $(1 - \Delta/T_S)$. Bei z.B. $\Delta/T_S = 0{,}2$ entspricht dies ca. 1 dB. Außerdem muss bedacht werden, dass sich durch Einfügen der Guard-Lücke die mögliche Datenrate des Übertragungssystems um den Faktor $T_S/(T_S+\Delta)$ verringert. Δ/T_S sollte daher aus Effizienzgründen nicht zu groß werden. Daraus folgt, dass bei Kanälen mit großem Delay Spread und daher langem Schutzintervall die Symboldauer durch Wahl von ausreichend vielen Unterträgern entsprechend groß gemacht werden muss.

Die Technik der Guard-Lücke führt zu einem diskontinuierlichen Signalverlauf. Sollte dies stören, kann durch durch eine zyklische Erweiterung der Symbole nach Bild 5.2.48 wieder ein kontinuierlicher Signalverlauf erreicht werden. Die oben beschriebenen Nachteile bezüglich S/N-Verlust und reduzierter Datenrate gelten aber auch hier.

Praktische Anwendung hat OFDM in vielen aktuellen Übertragungsstandards, bei denen es um hohe und sehr hohe Datenraten geht, gefunden. So z.B. in Wireless LAN Systemen nach IEEE 802.11a/g oder auch beim digitalen terrestrischen Fernsehen nach dem DVB-T (*engl.* Digital Video Broadcasting Terrestrial) Standard und weiteren Systemen.

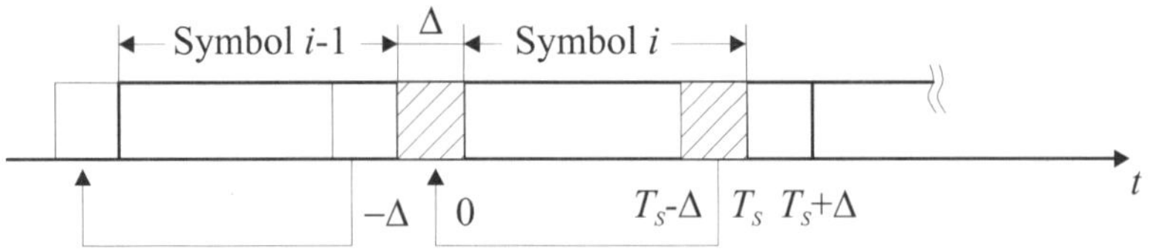

Bild 5.2.48: Zyklische Erweiterung der OFDM-Symbole (*engl.* Cyclic Prefix)

5.2.7 Spektrale Effizienz

Die spektrale Effizienz η_S ist eine wichtige Kenngröße digitaler Modulationsverfahren. Sie wird in der Einheit bit/s/Hz angegeben und ist ein Maß für die Bandbreite B_{HF}, die ein bestimmtes Modulationsverfahren bei der Übertragung beansprucht. η_S ist definiert durch das Verhältnis von Bitrate $R_b = 1/T_b$ zu Bandbreite B_{HF}

$$\eta_S = \frac{R_b}{B_{HF}} \quad . \tag{5.2.66}$$

In Tabelle 5.2.1 ist die spektrale Effizienz für verschiedene Modulationsverfahren angegeben. Hierbei muss jedoch beachtet werden, dass eine Filterung auf die minimal notwendige Bandbreite bei ISI-Freiheit vorausgesetzt wurde. In praktischen Implementationen reduzieren sich die angegebenen Werte durch den Einsatz von Impulsformerfiltern mit endlicher Flankensteilheit und Schutzbändern.

Tabelle 5.2.1: Spektrale Effizienz η_S verschiedener Modulationsverfahren

Modulations-verfahren	ASK/BPSK	QPSK	M-QAM	MSK, OQPSK
η_S [bit/s/Hz]	1	2	ld(M)	1

5.3 Digitale Übertragung über Gauß'sche Kanäle

Im Folgenden wird eine Datenübertragung über einen mit Rauschen behafteten Kanal betrachtet. Das (mittelwertfreie) störende Rauschen weise eine Gauß'sche Amplitudenverteilungsdichte mit der Varianz

$$\sigma_n^2 = N = N_0 \cdot B_N \tag{5.3.1}$$

auf, wobei $N_0 = k \cdot T_N$ [W/Hz] die Rauschleistungsdichte, k die Boltzmann-Konstante (= $1{,}38 \cdot 10^{-23}$ Ws/K), T_N die Systemrauschtemperatur und B_N die äquivalente Rauschbandbreite des Empfängers nach Gl.(2.7.6) bezeichnen (siehe auch Abschnitt 2.7.2).

Das Rauschsignal $n(t)$ überlagert sich additiv dem durch die Kanal gedämpften Sendesignal $s(t)$, so dass sich für das Empfangssignal $r(t)$ ergibt

$$r(t) = s(t) + n(t). \tag{5.3.2}$$

5.3.1 M-ASK

Wie in Abschnitt 5.2.1 erläutert wurde, besteht ein M-ASK-Signal aus einem Basisband-PAM-Signal welches durch Mischung mit einem hochfrequenten Trägersignal in den HF-Bereich verschoben wurde. Das ASK-Sendesignal nach Gl.(5.2.1) kann auch mittels Realteilbildung seines zugehörigen analytischen Signals (Sendezeiger) dargestellt werden

$$u_{ASK}(t) = \mathrm{Re}\left\{\hat{u}_T \cdot x(t) \cdot e^{j\omega_0 t + \varphi_0}\right\}. \tag{5.3.3}$$

Bei der M-ASK ist die digitale Nachricht ausschließlich durch die Zeigerlänge repräsentiert. Am Empfängereingang erscheint das durch den Kanal gedämpfte und von Rauschen überlagerte Signal $r(t)$. Es ergibt sich so der in Bild 5.3.1 dargestellte Empfangssignalzeiger mit einer Art "Rauschwolke", die durch den Rauschzeiger $\underline{n} = n_I + \mathrm{j}\ n_Q$ gebildet wird. Die gesamte Rauschleistung nach Gl.(5.3.1) teilt sich je zur Hälfte auf den Inphase-Anteil n_I und den Quadraturphase-Anteil n_Q auf, d.h. die Varianz beider Anteile beträgt $\sigma^2 = \sigma_n^2/2$.

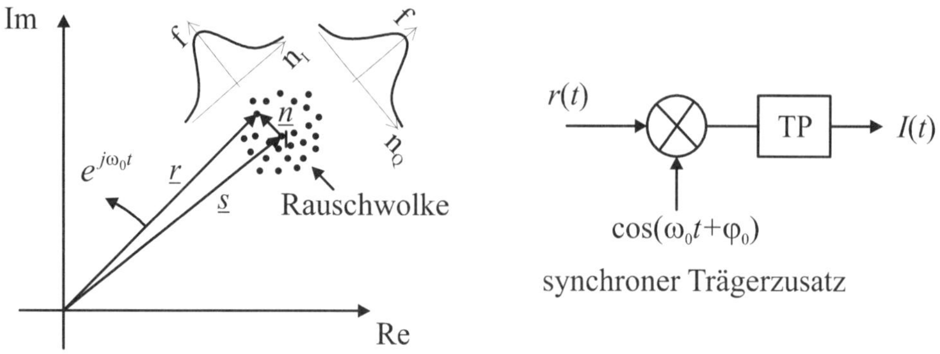

Bild 5.3.1: Empfangssignalzeiger und Synchrondemodulation

Prinzipiell gibt es zwei Möglichkeiten zur Demodulation: die inkohärente und die kohärente Demodulation (Synchrondemodulation). Bei der inkohärenten Demodulation wird mitteles eines Hüllkurven-Detektors die Hüllkurve des Empfangssignals (Betrag des komplexen Empfangszeigers $|\underline{r}(t)|$) ausgewertet. Eine (aufwendige) Trägersynchronisation auf der Empfangsseite ist hierzu nicht erforderlich, es geht allerdings die volle Rauschleistung σ_n^2 in den Detektionsprozess ein.

Das größte Signal-Rausch-Verhältnis am Demodulatorausgang erhält man durch die kohärente Demodulationstechnik, bei der die laufzeitabhängige Phasenverschiebung des Kanals durch eine Trägersynchronisation im Empfänger wieder rückgängig gemacht wird, d.h. der Sendezeiger von M-ASK wird auf die I-Achse gedreht (entsprechend dem I-Kanal eines QAM-Empfängers, siehe Abschnitt 5.2.4). Dies gelingt nur, wenn im Empfänger die genaue Phasenlage des Empfangszeigers ermittelt wird, so dass entsprechend "zurückgedreht" werden kann. Man erhält so die für das Beispiel $M = 4$ in Bild 5.3.2 dargestellte Signalkonstellation. Im weiteren Demodulationsprozess wird nur der I-Anteil des Signals ausgewertet, d.h. die Rauschanteile in "Q-Richtung" haben keine Auswirkung, und nur die halbe Rauschleistung tritt in Erscheinung.

Zu Symbolfehlern, d.h. Entscheidungsfehlern, kommt es im Empfänger immer dann, wenn durch Rauschen das demodulierte I-Signal von einem der diskreten Trägerzustände über die Entscheidungslinie in der Mitte zwischen den Konstellationspunkten hinaus verändert wird. Unter der Voraussetzung einer gaußförmigen Amplitudenverteilungsdichte des Rauschsignals n_I passiert dies in Richtung größerer Amplituden mit der Wahrscheinlichkeit

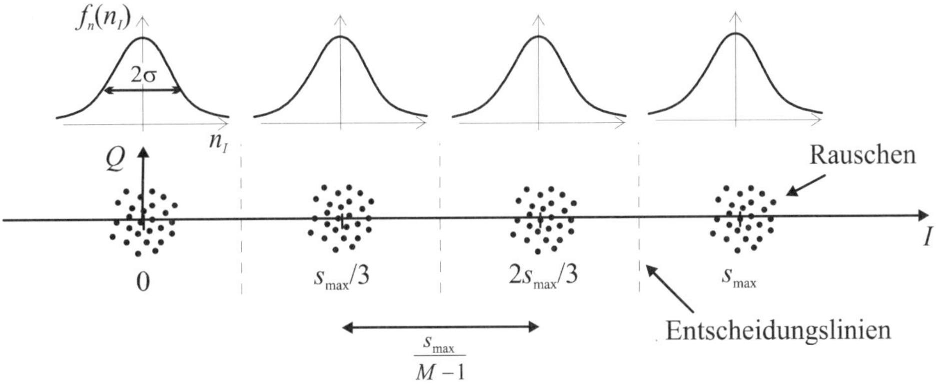

Bild 5.3.2: Signal-Zustandsdiagramm eines verrauschten 4-ASK-Empfangssignals

$$P\left(n_I > \frac{1}{2}\frac{s_{max}}{M-1}\right) = \frac{1}{\sqrt{2\pi}\sigma}\int_{\frac{1}{2}\frac{s_{max}}{M-1}}^{\infty} \exp\left(-\frac{n_I^2}{2\sigma^2}\right) dn_I = \frac{1}{2}\operatorname{erfc}\left(\frac{s_{max}/2}{M-1}\cdot\frac{1}{\sqrt{2}\sigma}\right) \quad (5.3.4)$$

wobei erfc(·) die komplementäre Gauß'sche Fehlerfunktion (*engl.* complemantary error function) bezeichnet und wie folgt definiert ist

$$\operatorname{erfc}(x) = 1 - \operatorname{erf}(x) = \frac{2}{\sqrt{\pi}}\int_x^{\infty} e^{-t^2}\, dt \quad . \quad (5.3.5)$$

In Richtung niedriger Zustände ergibt sich aus Symmetriegründen dasselbe Ergebnis, d.h.

$$P\left(n_I < \frac{1}{2}\frac{s_{max}}{M-1}\right) = P\left(n_I > \frac{1}{2}\frac{s_{max}}{M-1}\right). \quad (5.3.6)$$

Die Symbolfehlerwahrscheinlichkeit drückt man aus praktischen Gründen gerne als Funktion der mittleren Symbolenergie $E_S = S \cdot T$ (S: mittlere Signalleistung, T: Symboldauer) und der Rauschleistungsdichte N_0 aus. Wenn wir voraussetzen, dass alle Sendesymbole mit der gleichen Wahrscheinlichkeit $1/M$ auftreten, erhalten wir für die mittlere Signalleistung

$$S = \frac{1}{M}\frac{s_{max}^2}{(M-1)^2}\sum_{\mu=1}^{M}(\mu-1)^2 = \frac{s_{max}^2}{M-1}\cdot\frac{2M-1}{6}. \quad (5.3.7)$$

Die äquivalente Rauschbandbreite B_N beträgt bei einer "Matched" Filterung mittels z.B. Wurzel-Kosinus-Roll-Off Filter genau $1/T$, so dass sich für die Symbolfehlerwahrscheinlichkeit

$$P_S = \frac{M-1}{M} \cdot \mathrm{erfc}\sqrt{\frac{3}{2(\mathrm{M}-1)(2M-1)} \cdot \frac{E_S}{N_0}} \tag{5.3.8}$$

ergibt, wenn beachtet wird, dass bei den Zuständen 0 und $s_{\max}$ nur Entscheidungsfehler bei positiven bzw. negativen Rauschsignalwerten auftreten. Wird ein sog. "Gray-Mapping" durchgeführt, bei der sich benachbarte Konstellationspunkte nur durch jeweils ein Bit unterscheiden, gilt für die Bitfehlerwahrscheinlichkeit P_b näherungsweise

$$P_b \approx \frac{P_S}{\mathrm{ld}(M)}. \tag{5.3.9}$$

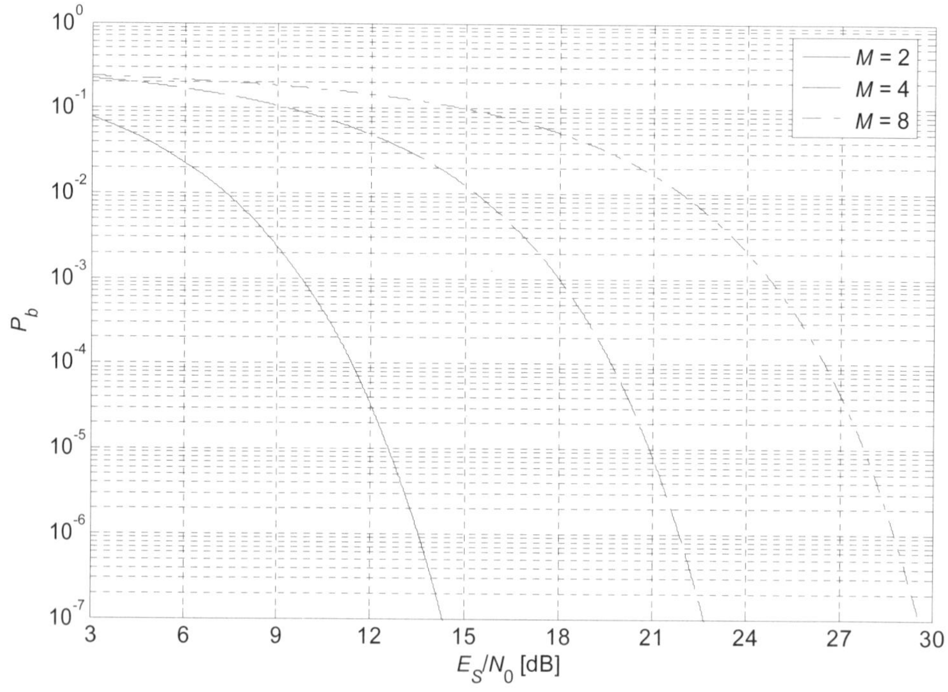

Bild 5.3.3: Bitfehlerwahrscheinlichkeit von *M*-ASK-Verfahren

Im Spezialfall der OOK- (*engl.* On-Off-Keying) Modulation ($M = 2$) erhält man

$$P_S = P_b = \frac{1}{2}\operatorname{erfc}\sqrt{\frac{E_b}{2N_0}} \quad . \tag{5.3.10}$$

mit der Bitenergie E_b, die in diesem Fall gleich der Symbolenergie ist. Im Bild 5.3.3 ist die Bitfehlerwahrscheinlichkeit für verschiedene M-ASK-Versionen bei Gray-Codierung in Abhängigkeit des Signal-/Rauschverhältnisses E_S/N_0 dargestellt. Man erkennt deutlich, dass bei größeren M ein erheblich größerer Signal-/Rauschabstand für eine bestimmte Symbolfehlerwahrscheinlichkeit erforderlich ist.

5.3.2 M-PSK

Wir betrachten zunächst den einfachen Fall der 2-PSK (BPSK, siehe Abschnitt 5.2.3). Im Abtastzeitpunkt betrage der Signalwert entweder $+s_{max}$ (log."1") oder $-s_{max}$ (log."0"). Bei kohärenter Demodulation ergibt sich im Empfänger vor dem Entscheider die in Bild 5.3.4 a) dargestellte Signalkonstellation auf der I-Achse.

Ein Bitfehler tritt immer dann auf, wenn der I-Anteil des Rauschzeigers einen Seitenwechsel im I/Q-Diagramm bewirkt. Aus einer gesendeten log."0" entsteht beim Empfänger daher eine log."1" mit der Wahrscheinlichkeit

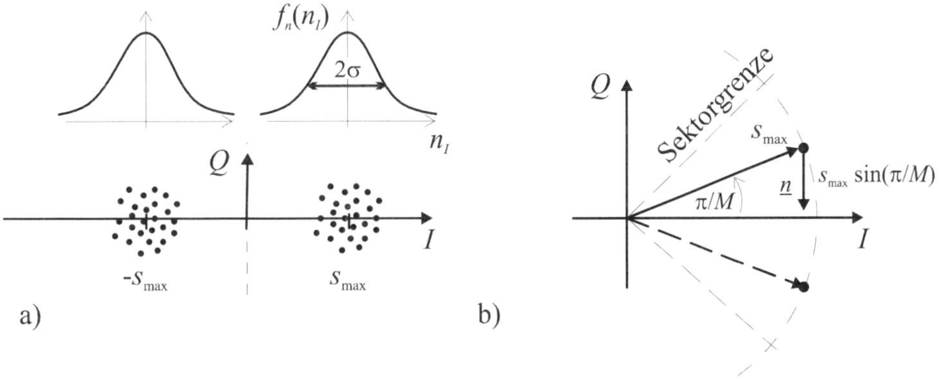

Bild 5.3.4: Signal-Zustandsdiagramme von BPSK (a) und allg. M-PSK (b)

$$P(n_I > s_{\max}) = \frac{1}{\sqrt{2\pi}\sigma} \int_{s_{\max}}^{\infty} \exp\left(-\frac{n_I^2}{2\sigma^2}\right) dn_I = \frac{1}{2} \operatorname{erfc}\left(s_{\max} \cdot \frac{1}{\sqrt{2}\sigma}\right). \qquad (5.3.11)$$

Für den umgekehrten Fall ergibt sich aus Symmetriegründen dasselbe Ergebnis. Mit der Signalleistung $S = s_{\max}^{\ 2}$, der Symbol- gleich Bitenergie $E_S = E_b = S \cdot T$ und der Rauschleistungsdichte $N_0 = 2\sigma^2$ erhält man folglich die Symbol- bzw. Bitfehlerwahrscheinlichbeit der BPSK-Modulation zu

$$P_S = P_b = \frac{1}{2} \operatorname{erfc} \sqrt{\frac{E_b}{N_0}}. \qquad (5.3.12)$$

Bei der M-PSK-Modulation entsteht ein Symbolfehler, wenn durch Rauschen der Sektor, in dem sich der gesendete Konstellationspunkt befindet, verlassen wird. Ohne Beschränkung der Allgemeinheit betrachten wird den in Bild 5.3.4 b) eingezeichneten Sendezeiger im ersten Quadranten. Bei relativ hohen Signal- zu Rauschverhältnissen E_S/N_0 kommt es durch Rauschen vornehmlich zu einem Wechsel in den Nachbarsektor. Für den Sendezeiger aus Bild 5.3.4 b) erfolgt z.B. ein Wechel in den unteren Nachbarsektor genau dann, wenn der Q-Anteil des Rauschzeigers negativer als $s_{\max} \sin(\pi/M)$ ist. Dies erfolgt mit der Wahrscheinlichkeit

$$P\left(n_Q < -s_{\max} \sin\frac{\pi}{M}\right) = P\left(n_Q > s_{\max} \sin\frac{\pi}{M}\right) = \frac{1}{\sqrt{2\pi}\sigma} \int_{s_{\max}\sin(\pi/M)}^{\infty} \exp\left(-\frac{n_Q^2}{2\sigma^2}\right) dn_Q$$
$$= \frac{1}{2} \operatorname{erfc}\left(\frac{s_{\max} \sin(\pi/M)}{\sqrt{2}\sigma}\right).$$

Da sich aus Symmetriegründen die gleiche Fehlerwahrscheinlichkeit für den Wechsel zum oberen Nachbarsektor ergibt, kann die Symbolfehlerwahrscheinlichkeit der M-PSK daher näherungsweise geschrieben werden als

$$P_S \approx \operatorname{erfc}\left(\sqrt{\frac{E_S}{N_0}} \cdot \sin\frac{\pi}{M}\right) \quad . \qquad (5.3.13)$$

Gl.(5.3.13) muss als eine obere Abschätzung verstanden werden. Das es sich hier nur um eine Näherung handelt, kann man leicht am Beispiel von BPSK ($M = 2$) festellen, denn die Gln.(5.3.12) und (5.3.13) unterscheiden sich in diesem Fall um einen Faktor 2, was jedoch bei den in der Praxis auftretenden Betriebsmodi mit sehr geringen Symbolfehlerwahrscheinlichkeiten (< 1%) von keiner großen

Bedeutung ist. Hinweise zu einer genaueren Berechnung der Symbolfehlerwahrscheinlichkeit bei M-PSK finden sich z.B. in [XIO00]. Genau wie bei der M-ASK wird auch bei der M-PSK üblicherweise eine Gray-Codierung vorgenommen, so dass auch hier Gl.(5.3.9) gilt:

$$P_b \approx \frac{1}{\mathrm{ld}(M)} \mathrm{erfc}\left(\sqrt{\frac{E_S}{N_0}} \cdot \sin\frac{\pi}{M}\right) \quad . \tag{5.3.14}$$

In Bild 5.3.5 ist die Bitfehlerwahrscheinlichkeit von verschiedenen M-PSK-Verfahren als Funktion des Signal- zu Rauschverhältnisses E_S/N_0 dargestellt. Man erkennt, dass die Fehlerwahrscheinlichkeit bei steigendem M deutlich zunimmt. Die höhere Bandbreiteneffizienz bei höherstufigen Modulationsverfahren wird also auch hier durch eine höhere Symbolfehlerwahrscheinlichkeit "erkauft".

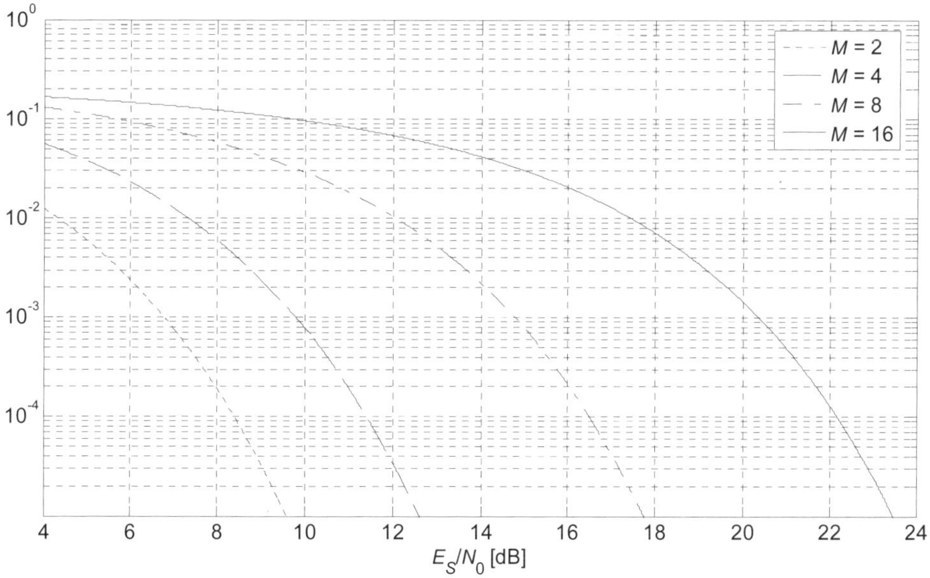

Bild 5.3.5: Bitfehlerwahrscheinlichkeit verschiedener M-PSK-Verfahren

5.3.3 M-QAM

In Bild 5.3.6 ist das Konstellationsdiagramm von M-QAM am Beispiel von 16-QAM dargestellt. In I- und Q-Richtung befinden sich jeweils $\sqrt{M}$ Punkte im Abstand 2Δ, der von der mittleren Signalleistung S abhängt. I- und Q-Anteil tragen jeweils die Hälfte der Gesamtleistung bei. Unter der Voraussetzung gleich wahrscheinlicher Symbole erhält man so

$$S = \frac{4}{\sqrt{M}} \cdot \Delta^2 \sum_{\mu=1}^{\sqrt{M}/2} (2\mu - 1)^2 = \frac{2}{3}(M-1)\Delta^2 \tag{5.3.15}$$

bzw.

$$\Delta = \sqrt{\frac{3\,S}{2(M-1)}} \quad . \tag{5.3.16}$$

Durch den Gauß'schen Rauschprozess erscheinen die Konstellationspunkte beim Empfänger als "Rauschwolke".

Bei der M-PSK kommt es zu einem Symbolfehler, wenn durch Rauschen der quadratische Entscheidungsbereich um den gesendeten Konstellationspunkt verlassen wird. Mit der Wahrscheinlichkeit

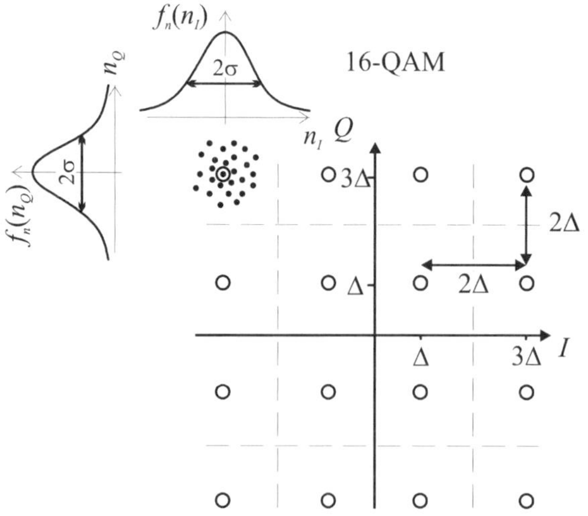

Bild 5.3.6: Signal-Zustandsdiagramm von 16-QAM

$$P(n_I > \Delta) = \frac{1}{\sqrt{2\pi}\sigma} \cdot \int_{\Delta}^{\infty} \exp\left(-\frac{n_I^2}{2\sigma^2}\right) dn_I = \frac{1}{2}\operatorname{erfc}\left(\frac{\Delta}{\sqrt{2}\sigma}\right) \tag{5.3.17}$$

wird eine Entscheidungslinie rechts vom Konstellationspunkt überschritten. Aus Symmetriegründen erhält man dasselbe Ergebnis für Bewegungen nach links, oben und unten. Die innen liegenden Konstellationspunkte bleiben daher mit der Wahrscheinlichkeit

$$P = P(|n_I| < \Delta) \cdot P(|n_Q| < \Delta) = [1 - P(|n_I| > \Delta)] \cdot [1 - P(|n_Q| > \Delta)] \tag{5.3.18}$$

in ihrem jeweiligen quadratischen Entscheidungsbereich. Bei der Berechnung der Symbolfehlerwahrscheinlichkeit muss beachtet werden, dass es bei den außen liegenden Konstellationspunkten mit geringerer Wahrscheinlichkeit zu Fehlern kommt. Bei dem rechts oben liegenden Eckpunkt kommt es beipsielsweise nur bei negativen Werten von n_I bzw. n_Q zu einem Fehler. Unter der Voraussetzung gleich wahrscheinlicher Symbole erhält man so die Symbolfehlerwahrscheinlichkeit

$$P_S = \frac{\sqrt{M}-1}{\sqrt{M}} \cdot \operatorname{erfc}\left(\frac{\Delta}{\sqrt{2}\sigma}\right) \cdot \left[2 - \frac{\sqrt{M}-1}{\sqrt{M}} \cdot \operatorname{erfc}\left(\frac{\Delta}{\sqrt{2}\sigma}\right)\right]. \tag{5.3.19}$$

Mit Gl.(5.3.16), $E_S = S \cdot T$ und $N_0 = 2\sigma^2$ in Gl.(5.3.19) erhält man die Symbolfehlerwahrscheinlichkeit. Bei einer Gray-Codierung gilt Gl.(5.3.9), und es ergibt sich damit die Bitfehlerwahrscheinlichkeit von M-QAM zu

$$P_b = \frac{\sqrt{M}-1}{\sqrt{M}\,\mathrm{ld}(M)} \cdot \operatorname{erfc}\left(\sqrt{\frac{3}{2(M-1)}\frac{E_S}{N_0}}\right) \cdot \left[2 - \frac{\sqrt{M}-1}{\sqrt{M}} \cdot \operatorname{erfc}\left(\sqrt{\frac{3}{2(M-1)}\frac{E_S}{N_0}}\right)\right]. \tag{5.3.20}$$

Bild 5.3.7 zeigt die Bitfehlerwahrscheinlichkeiten für QPSK, 16-QAM und 64-QAM im Vergleich. Um eine bestimmte BER zu erhalten, muss bei einer Vervierfachung von M etwa 6 dB mehr Signal-/Rauschverhältnis E_S/N_0 vorhanden sein. Ein Vergleich mit Bild 5.3.5 am Beispiel $M = 16$ zeigt deutlich den Vorteil von 16-QAM gegenüber 16-PSK, denn für ein bestimmtes P_b ist weniger E_S/N_0 erforderlich. Der Vorteil von M-QAM gegenüber M-PSK ist generell vorhanden und wächst mit steigendem M.

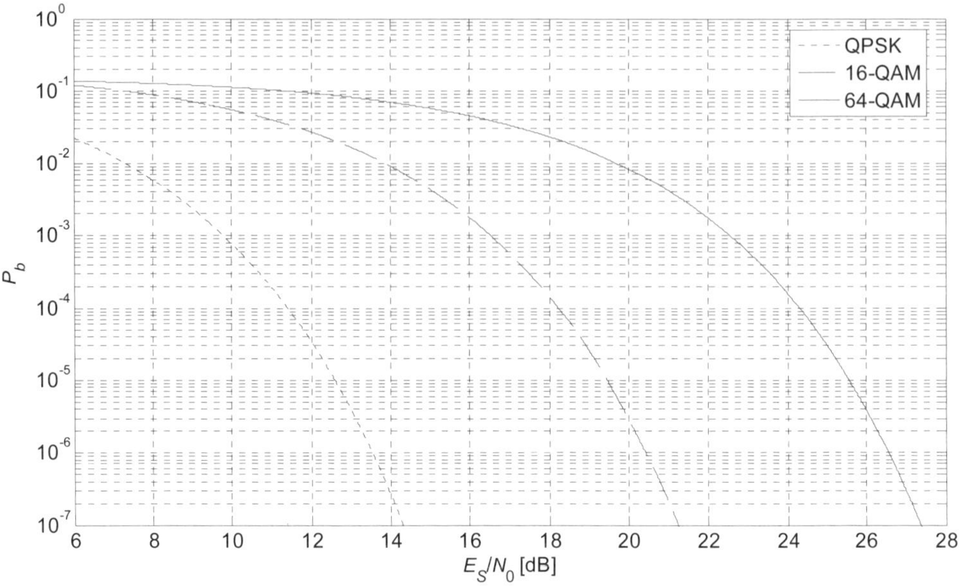

Bild 5.3.7: Bitfehlerwahrscheinlichkeit von *M*-QAM

5.3.4 MSK und GMSK

Wie bereits in Abschnitt 5.2.5.1 gezeigt wurde, lässt sich ein MSK-Signal wie ein OQPSK-Signal mit speziellem kosinusförmigem Impulsformerfilter nach Gl.(5.2.51) beschreiben. MSK ist also ebenso wie (O)QPSK eine orthogonale Modulationsform. Wird zur (kohärenten) Demodulation ein Matched-Filter-Empfänger verwendet, ergibt sich somit dieselbe Wahrscheinlichkeit für einen Fehler in der *I* bzw. *Q*-Komponente. Bei (O)QPSK und Gray-Codierung führt solch ein Fehler meistens nur zu einem einzelnen Bitfehler. Wenn MSK-Modulation verwendet wird, sind von einer einzigen Fehlentscheidung des Decoders jedoch immer zwei Bits betroffen. Man erhält also für die Bitfehlerwahrscheinlichkeit bei kohärenter MSK-Demodulation im Gauß'schen Kanal:

$$P_b = \mathrm{erfc}\left(\sqrt{\frac{E_b}{N_0}}\right) \tag{5.3.21}$$

und damit eine genau doppelt so hohe Bitfehlerwahrscheinlichkeit wie bei der antipodalen BPSK-Übertragung (siehe Gl.(5.3.12)). Es lassen sich erhebliche Verbesserungen erzielen, wenn anstelle der Matched-Filter-Demodulation Methoden verwendet werden, die die Phasenkontinuität eines MSK-Signals bei der Demodulation berücksichtigen [PRO89].

Eine exakte Berechnung der Bitfehlerwahrscheinlichkeit bei GMSK-Übertragung lässt sich nicht angeben. Messungen und Simulationen erlauben es jedoch, die Bitfehlerwahrscheinlichkeit zu approximieren und entsprechende Näherungslösungen zu finden. So wird in [MUR81] folgender Ausdruck für GMSK im Gauß'schen Kanal angegeben:

$$P_b \approx \frac{1}{2}\operatorname{erfc}\left(\sqrt{\alpha \frac{E_b}{N_0}}\right) \quad , \tag{5.3.22}$$

wobei α ein konstanter Parameter ist, der sich aus dem BT des Gauß'schen Vorfilters der GMSK ergibt. [MUR81] geben für α die Werte

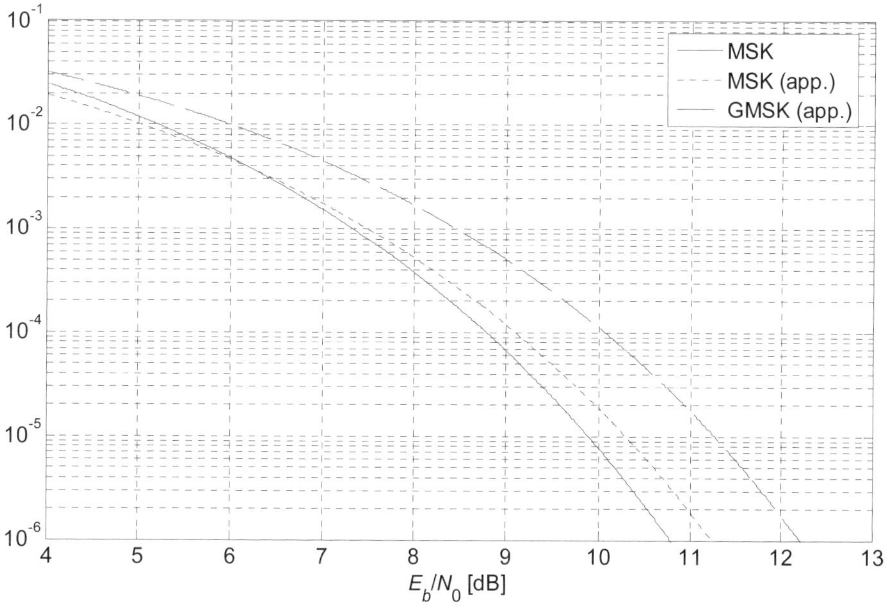

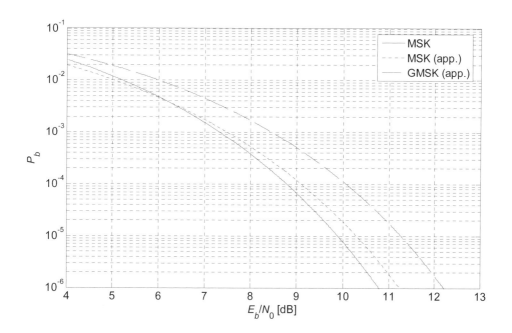

Bild 5.3.8: Bitfehlerwahrscheinlichkeiten von MSK und GMSK ($BT = 0{,}25$)

$$\alpha \cong \begin{cases} 0{,}68 & ;\text{ für } BT = 0{,}25 \\ 0{,}85 & ;\text{ für } BT \to \infty \,(\text{MSK}) \end{cases} \tag{5.3.23}$$

an. MSK lässt sich mit $\alpha = 0{,}85$ approximieren. Es ergibt sich ein ähnlicher Kurvenverlauf wie nach Gl.(5.3.21). Man stellt fest, dass sich bei GMSK-Modulation und $BT = 0{,}25$ eine Verschlechterung von ca. 1 dB gegenüber MSK ergibt. Bild 5.3.8 zeigt die Bitfehlerwahrscheinlichkeiten vom MSK und GMSK ($BT = 0{,}25$) im Vergleich.

5.4 Digitale Übertragung über Kanäle mit Rayleigh-Fading

In Abschnitt 3.2.4 haben wir die Entstehung und die Auswirkungen von schnellem Signalschwund bzw. Rayleigh-Fading kennengelernt. Das durch Mehrwegeausbreitung verursachte Fast Fading kann zu großen Feldstärkeeinbrüchen führen. Die Statistik der Empfangsamplitude kann sehr gut mit einer Rayleigh-Verteilung beschrieben werden. Die Amplitude A des Empfangssignals hat demnach die Verteilungsdichtefunktion

$$f_A(A) = \frac{A}{\sigma^2} \exp\left(-\frac{A^2}{2\sigma^2}\right) \quad . \tag{5.4.1}$$

Die Empfangsleistung $S = A^2$ ist daher negativ-exponentiell verteilt, wie sich durch Transformation von Gl.(5.4.1) zeigen lässt. Da die Rauschleistungsdichte als konstant angenommen werden kann, ist auch das Signal-/Rauschverhältnis $\gamma_b = E_b/N_0$ negativ-exponentiell verteilt. Man erhält so

$$f_{\gamma_b}(\gamma_b) = \frac{1}{\gamma_0} \exp\left(-\frac{\gamma_b}{\gamma_0}\right) \tag{5.4.2}$$

mit dem mittleren Signal-/Rauschverhältnis $\gamma_0 = 2\sigma^2/N_0$ (die mittlere Empfangsleistung beträgt $2\sigma^2$). Da der Empfangspegel schwankt, kann keine absolute Bitfehlerwahrscheinlichkeit angegeben werden. Man kann lediglich eine mittlere Bitfehlerwahrscheinlichkeit $\langle P_b \rangle$ wie folgt bestimmen

$$\langle P_b \rangle = \int_0^{\infty} P_b(\gamma_b) f_{\gamma_b}(\gamma_b)\, d\gamma_b \quad . \tag{5.4.3}$$

In den nachfolgenden Abschnitten wird für einige ausgewählte Modulationsverfahren $<P_b>$ untersucht.

5.4.1 BPSK und QPSK

Bezogen auf das Bit-Signal-/Rauschverhältnis E_b/N_0 weisen BPSK (Gl.(5.3.12), $E_S = E_b$) und QPSK (Gl.(5.3.14), $E_S = 2E_b$) bei kohärenter Demodulation die gleiche Bitfehlerwahrscheinlichkeit auf

$$P_b(\gamma_b) = \frac{1}{2}\,\mathrm{erfc}\left(\sqrt{\gamma_b}\right) \tag{5.4.4}$$

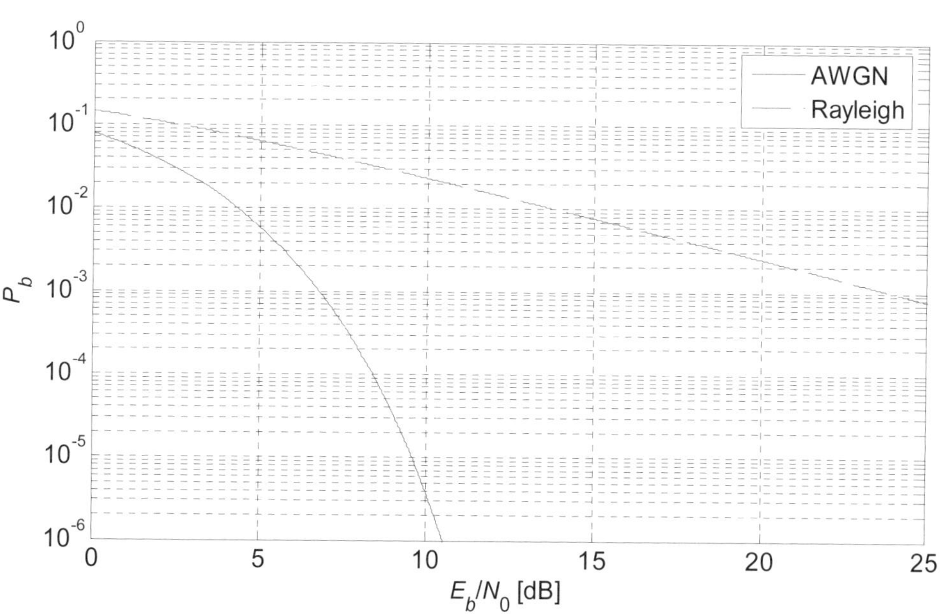

Bild 5.4.1: Bitfehlerwahrscheinlichkeit P_b im Rayleigh-Fading-Kanal als Funktion des Bit-Signal-/Rauschverhältnisses (Rayleigh-Fall: mittleres E_b/N_0)

Führt man die Integration nach Gl.(5.4.3) aus, erhält man für die mittlere Bitfehlerwahrscheinlichkeit von kohärent demodulierter BPSK bzw. QPSK:

$$\langle P_b \rangle = \frac{1}{2}\left(1 - \sqrt{\frac{\gamma_0}{1+\gamma_0}}\right) \quad . \tag{5.4.5}$$

Gl. (5.4.5) ist in Bild 5.4.1 zusammen mit der Bitfehlerwahrscheinlichkeit im nicht durch Rayleigh-Fading gestörten, Gauß'schen Kanal dargestellt. Man erkennt einen beträchtlichen Anstieg der Bitfehlerwahrscheinlichkeit durch den schnellen Signalschwund. Eine Übertragung in einem so gestörten Kanal ist praktisch nur bei Einsatz von Fehlerschutzverfahren wie Kanalcodierung (siehe Kapitel 6) und/oder weiterer Techniken wie z.B. Diversity-Empfang (siehe Abschnitt 3.6) möglich.

5.4.2 MSK und GMSK

Einsetzen von Gl.(5.3.21) in Gl.(5.4.3) führt auf die mittlere Bitfehlerwahrscheinlichkeit von kohärent demodulierter MSK in nicht-frequenzselektiven Rayleigh-Fading-Kanälen:

$$\langle P_b \rangle = 1 - \sqrt{\frac{\gamma_0}{1+\gamma_0}} \quad . \tag{5.4.6}$$

Genau wie schon bei der Bestimmung der Bitfehlerwahrscheinlichkeit von GMSK im AWGN-Kanal, Gl.(5.3.22), ist man auch im Fading-Kanal auf Näherungen angewiesen. Mit Gl.(5.3.22) in Gl.(5.4.3) ergibt sich für die mittlere Bitfehlerwahrscheinlichkeit von GMSK:

$$\langle P_b \rangle = \frac{1}{2}\left(1 - \sqrt{\frac{\alpha\,\gamma_0}{1+\alpha\,\gamma_0}}\right) \tag{5.4.7}$$

wobei der konstante Parameter α nach Gl.(5.3.23) vom BT des Gauß'schen Vorfilters abhängt. Bild 5.4.2 zeigt vergleichend die Bitfehlerwahrscheinlichkeit von MSK und GMSK im nicht-frequenzselektiven Rayleigh-Fading-Kanal und im Gauß-Kanal (AWGN).

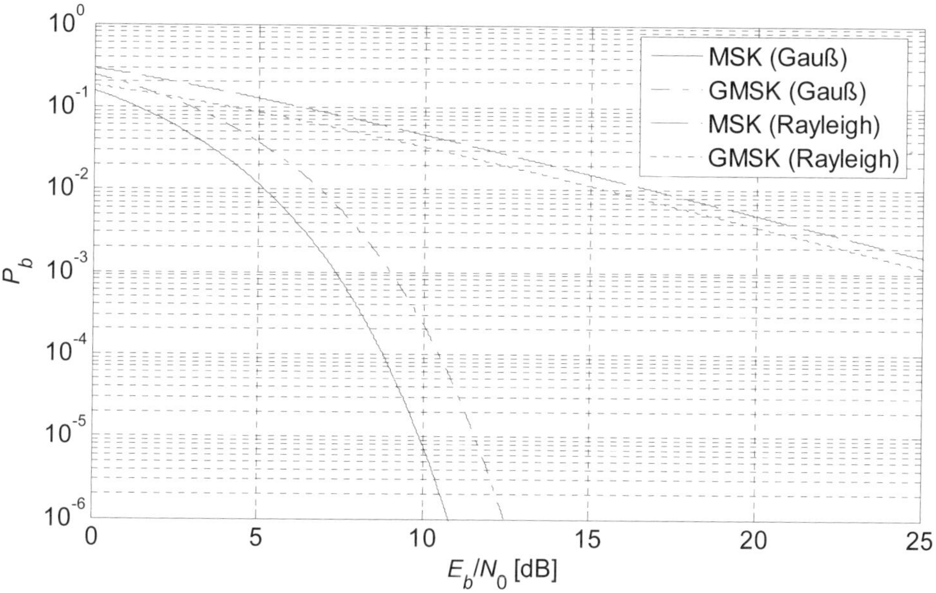

Bild 5.4.2: Bitfehlerwahrscheinlichkeit von MSK und GMSK ($BT = 0{,}25$) als Funktion des Bit-Signal-/Rauschverhältnisses (Rayleigh-Fall: mittleres E_b/N_0)

5.5 Kanalentzerrung

In Kapitel 3 wurde gezeigt, dass es bei der Übertragung über den Mehrwege-Mobilfunkkanal zu Intersymbolinterferenz (ISI) kommen kann. Wenn der zeitliche Abstand T der Sendesymbole $d(k)$ in die Größenordnung des Delay-Spreads Δ (siehe Abschnitt 3.4.2) kommt, oder sogar kleiner als Δ ist, kommt es zu einer gegenseitigen Überlappung der Sendesymbole, die eine fehlerfreie Dekodierung unmöglich machen kann. Selbst ohne Rauschen oder bei beliebig hoher Sendeleistung ergibt sich eine gewisse Bitfehlerquote, die nicht unterschritten werden kann (sog. *engl.* "BER floor"). Soll dennoch mit kurzer Symboldauer T bzw. hoher Symbolrate $1/T$ übertragen werden, müssen die Auswirkungen des Kanals durch eine geeignete Korrektur der Übertragungsfunktion kompensiert werden. Diese Aufgabe übernimmt der Kanalentzerrer (*engl.* Equalizer).

Bild 5.5.1 zeigt das vereinfachte Modell einer Mobilfunk-Übertragungskette in äquivalenter Basisband-Darstellung, bestehend aus dem Sendefilter, dem Mobilfunkkanal, additivem Rauschen $n(t)$, dem (Matched-) Empfangsfilter und einem

Kanalentzerrer. Der nachfolgende Abtaster nimmt Proben aus dem entzerrten Empfangssignal $y(t)$, die im Idealfall den Sendesymbolen $d(k)$ entsprechen und später wieder in die sie repräsentierenden Bits dekodiert werden können.

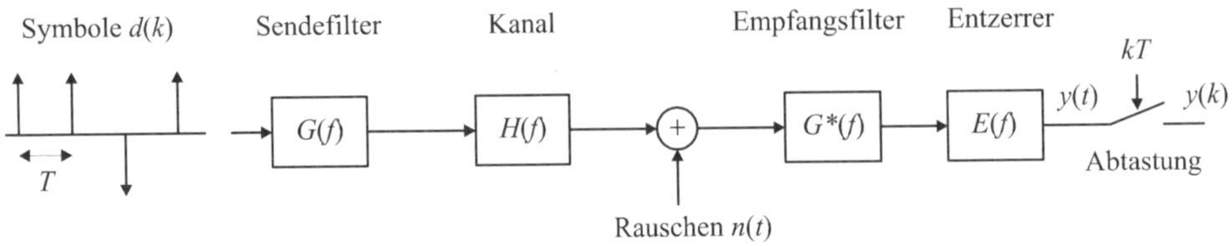

Bild 5.5.1: Übertragungskette

Wie bereits in Abschnitt 5.2.1 erläutert wurde, sollte das Empfangsfilter ein sog. Matched-Filter sein, also dem Sendesignal angepasst sein, damit sich im Abtastzeitpunkt ein maximales Signal-/Rauschverhältnis ergibt. Hierzu muss die Impulsantwort des Empfangsfilters gleich der zeitlich gespiegelten und konjugiert komplexen Impulsantwort des Sendefilters $g(t)$ sein, d.h. die Übertragungsfunktion muss $G^*(f)$ sein. Das Sendefilter $G(f)$ wird i.d.R. so gewählt, dass die erste Nyquist-Bedingung erfüllt wird. Häufig verwendet man daher die in Abschnitt 5.2.1 beschriebenen "Wurzel-Kosinus-Roll-Off" Filter nach Gl.(5.2.16) bzw. Gl.(5.2.17).

Damit es im Abtastzeitpunkt kT nicht zu ISI kommt, muss die Gesamt-Übertragungsfunktion des Systems nach Bild 5.5.1

$$Z(f) = G(f) \cdot H(f) \cdot G^*(f) \cdot E(f) = |G(f)|^2 \cdot H(f) \cdot E(f) \tag{5.5.1}$$

bzw. die resultierende Impulsantwort

$$z(t) = g(t) * h(t) * g^*(-t) * e(t) = \varphi_{gg}(t) * h(t) * e(t) \tag{5.5.2}$$

betrachtet werden ($\varphi_{gg}(t)$: Autokorrelierte von $g(t)$). Am Ausgang des Entzerrerfilters ergibt sich so das Signal

$$y(t) = \sum_i d(i)\, z(t - iT) + n'(t) \tag{5.5.3}$$

wobei $n'(t)$ das gefilterte Rauschen

$$n'(t) = n(t) * g^*(-t) * e(t) \tag{5.5.4}$$

ist. Nach Abtastung zur Zeit $t = kT$ erhalten wir am Ende der Übertragungskette

$$y(k) \equiv y(kT) = d(k)\,z(0) + \sum_{i \neq k} d(i)\,z(kT - iT) + n'(kT). \qquad (5.5.5)$$

Der Summenterm in Gl.(5.5.5) repräsentiert die auftretende ISI, und $n'(kT)$ ist das abgetastete Rauschen. Wenn Rauschen und ISI klein genug sind, kann durch einen entsprechenden Entscheider das Sendesymbol $d(k)$ fehlerfrei ermittelt werden. Vollständige ISI-Freiheit wird erreicht, wenn

$$z(kT) = \alpha \cdot \delta(k) = \begin{cases} \alpha = \text{const.} & ; k = 0 \\ 0 & ; k \neq 0 \end{cases} . \qquad (5.5.6)$$

O.B.d.A. setzten wir im folgenden $\alpha = 1$. Da Sende- und Empfangsfilter zusammen bereits die erste Nyquist-Bedingung erfüllen, d.h. $\varphi_{gg}(k) = \delta(k)$ folgt die Bedingung, aus der das Entzerrerfilter bestimmt werden kann:

$$h(k) * e(k) \overset{!}{=} \delta(k) \qquad . \qquad (5.5.7)$$

Weil das so bestimmte Entzerrerfilter Nullstellen in die resultierende Gesamtimpulsantwort des Übertragungssystems erzwingt, wird es auch als "**Zero-Forcing**" Equalizer bezeichnet. Üblicherweise wird das Entzerrerfilter als transversales (FIR-) Digitalfilter nach Bild 5.5.2 realisiert. Die Verzögerungszeiten τ, d.h. die Abtastperiode des Filters kann im einfachsten Fall gleich der Symboldauer T sein (sog. Symboltaktentzerrer). Es ist allerdings zu beachten, dass in diesem Fall das Shannon'sche Abtasttheorem verletzt wird, wodurch es zu Aliasing kommt und deshalb, je nach Kanal, eine ausreichende Entzerrung nicht immer gelingen kann. Daher wählt man meistens $\tau = T/2$ (sog. *engl.* "**fractionally spaced equalizer**"). Aliasing wird so ausgeschlossen und eine korrekte Entzerrung ist prinzipiell immer möglich, wenn die Länge der Impulsantwort des Entzerrers $(2N + 1)\tau$ mindestens so groß ist, wie die Ausdehnung der Kanalimpulsantwort.

Für eine korrekte Entzerrung in der beschriebenen Weise ist die Kenntnis von $h(t)$ erforderlich. Üblicherweise wird hierzu eine sog. Trainingssequenz in periodischen Abständen in den Sendedatenstrom eingefügt. Die Trainingssequenz weist eine besonders steile Autokorrelierte auf (siehe hierzu Abschnitt 3.6.1) und ist dem Empfänger bereits im voraus bekannt. Die Berechnung der Entzerrerfilter-Koeffizienten kann adaptiv erfolgen, z.B. mit dem LMS- (*engl.* Least Mean Squares) Algorithmus [PRO89], bei dem der mittlere quadratische Fehler zwischen der empfangenen Trainingssequenz und der Referenzsequenz minimiert wird. Solange sich der Kanal nicht zu schnell verändert, können mit der errechneten Impulsantwort des Entzerrers auch die Nutzdaten vor und nach der Trainingssequenz entzerrt werden. In einem Mobilfunksystem muss in jedem Fall dafür gesorgt werden, dass häufig genug "trainiert" wird. Im GSM-Mobilfunksystem passiert dies beispielsweise alle 4,615 ms und bedeutet einen nicht unerheblichen Aufwand.

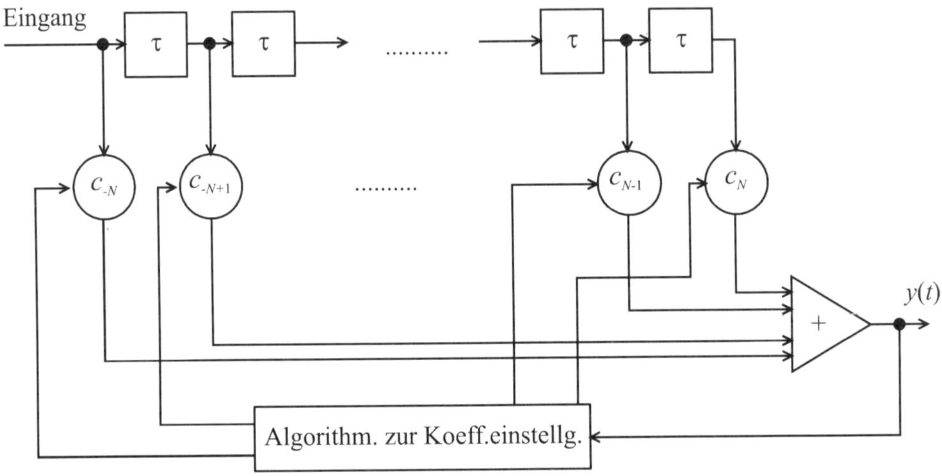

Bild 5.5.2: Lineares Transversalfilter als Zero-Forcing-Entzerrer

Betrachtet man Gl.(5.5.7) im Frequenzbereich, wird deutlich, dass die signalverzerrenden Einflüsse des Mobilfunkanals $H(f)$ vollständig kompensiert werden können, wenn das Entzerrerfilter $E(f)$ invers zum Kanal ist, d.h.

$$E(f) = \frac{1}{H(f)} = \frac{1}{|H(f)|} e^{-j\theta(f)} \tag{5.5.8}$$

mit dem Phasengang des Kanals $\theta(f)$. Aus Gl.(5.5.8) erkennt man den größten Nachteil des linearen Transversalentzerrers, denn an den Nullstellen der Übertragungsfunktion $H(f)$ liegen Polstellen des Entzerrers. Die Folge ist eine starke Anhebung des Rauschens mit entsprechenden Folgen für die Bitfehlerquote. Der Zero-Forcing-Equalizer ist also ungeeignet bei Kanälen mit spektralen Nullstellen innerhalb der Kanalbandbreite. Durch das frequenzselektive Rayleigh-Fading des Mobilfunkkanals kann es aber leicht zu Nullstellen durch destruktive Interferenz kommen. Aus diesem Grund werden in Mobilfunksystemen häufig nichtlineare Entzerrer wie z.B. der entscheidungsrückgekoppelte Entzerrer (DFE, *engl.* Decision Feedback Equalizer) verwendet.

Bild 5.5.3 zeigt das Blockschaltbild eines DFE. Es handelt sich um einen nichtlinearen Entzerrer, bei dem vorherige Symbolentscheidungen verwendet werden, um die ISI des gerade zu entscheidenden Symbols zu eliminieren. Der DFE besteht aus zwei Filtern, dem Vorwärtsfilter und dem Rückwärtsfilter, die beide an den Kanal adaptiert werden können. Beide Filter sind FIR-Filter, wobei das Vorwärtsfilter üblicherweise als "fractionally spaced" Filter mit $\tau = T/2$ (s.o.) ausgeführt wird, und das Rückwärtsfilter mit dem Symboltakt T arbeitet. Es lässt sich zeigen [PRO89], dass die Koeffizienten des Rückwärtsfilters proportional zur abgetasteten Gesamtimpulsantwort $z(t = kT)$ nach Gl.(5.5.2) sein müssen. Die Aufgabe des Vorwärtsfilters besteht darin, den Kanal "vorzuentzerren". Dies führt zu weniger Fehlentscheidungen und kommt so dem Signal-/Rauschverhältnis zugute.

Verglichen mit einem reinen Transversalentzerrer ist der Realisierungsaufwand des DFE, trotz zweier Filter, geringer. Ein geringer Nachteil besteht allerdings in einer gewissen Fehlerfortpflanzung, denn einmal falsch entschiedene Symbole haben aufgrund der Rückführung einen Einfluss auf das aktuell zu entscheidende Symbol. Im Allgemeinen klingen die Folgefehler aber nach einiger Zeit wieder ab, da nicht jeder falsche Rückführwert zu einer erneuten Fehlentscheidung führen muss. Obwohl der DFE leistungsfähiger als der Transversalentzerrer ist, ist er dennoch nicht der optimale Entzerrer. Die geringste Bitfehlerrate in dispersiven Kanälen erhält man mit dem "Maximum-Likelihood-Sequence-Detector", bei dem eine ganze Sequenz von Symbolen $d(k)$ auf einmal entzerrt und entschieden wird [PRO89]. Hierbei kommt häufig der sog. Viterbi-Algorithmus zum Einsatz, der auch bei der Dekodierung von Faltungscodes (siehe Abschnitt 6.3.3) Verwendung findet [VIT67].

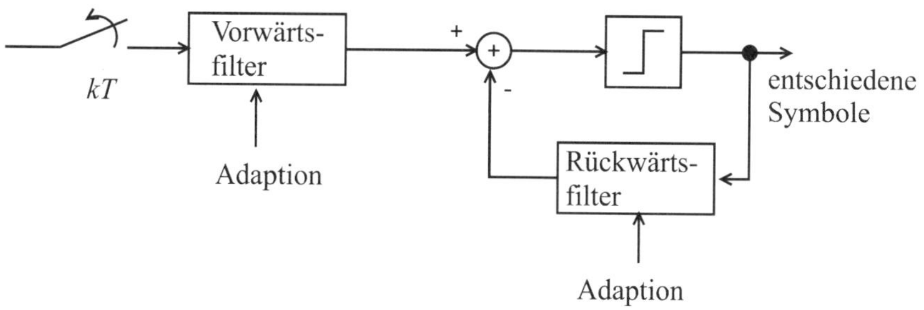

Bild 5.5.3: Blockschaltbild eines DFE

6 Codierungs- und Fehlerschutzverfahren

Die wichtigste Maßnahme zum Erzielen der bei der mobilen Datenübertragung häufig geforderten sehr niedrigen Bitfehlerraten von BER = 10^{-8} ... 10^{-10} (*engl.* Bit Error Rate) ist der Einsatz von Kanalcodierungsverfahren, ggf. in Kombination mit weiteren Fehlerschutzverfahren bzw. -protokollen wie ARQ (*engl.* Automatic Repeat Request). In digitalen Mobilfunkübertragungssystemen hängt die Bitfehlerwahrscheinlichkeit bzw. -quote vom Signal/Rausch-Verhältnis am Empfängereingang ab. Neben dem Rauschen trägt in einem Mobilfunksystem besonders die Interferenz durch andere Teilnehmer (Vielfachzugriffsinterferenz und Gleich-/Nachbarkanalinterferenz) zur Reduktion des Signal-Geräuschabstands bei.

Die Verringerung der Bitfehlerquote durch Erhöhung der Sendeleistung und die damit verbundene Verbesserung des Signal/Rausch-Abstandes ist nicht in beliebiger Größenordnung möglich, da aufgrund der endlichen Ausgangsleistung der Sende-Leistungsverstärker die Sendeleistung nicht beliebig hoch eingestellt werden kann.

Durch zusätzliche redundante Bits ermöglicht es die Kanalcodierung dem Empfänger, ohne Mitwirkung des Senders Übertragungsfehler zu erkennen und selbständig zu korrigieren (FEC, *engl.* Forward Error Correction). Ein anderer Ansatz ist die Verwendung eines Protokolls, welches die Korrektur eines empfangenen, fehlerhaften Datenblocks durch Wiederholung ermöglicht (ARQ, *engl.* Automatic Repeat Request).

In diesem Kapitel werden wir die wichtigsten Kanalcodierungs- und Fehlerschutzverfahren in digitalen Mobilfunksystemen behandeln. Eine umfassendere Behandlung der allgemeinen Kanalcodierungstheorie findet sich z.B. in [HUB93, BOS98, HEI95, TZS93, SWE92, FRI96, NEU06]. Den Abschluß des Kapitels bildet eine kurze Darstellung verschiedener Quellcodierungsverfahren für Sprache.

6.1 Einführung

Die theoretische Grundlage der Codierungstheorie stellen die bahnbrechenden Arbeiten von Claude Elwood Shannon dar. Er zeigte 1948 unter anderem, dass bei der Übertragung eines mit Rauschen gestörten Signals beliebig niedrige Fehlerraten möglich sind [SHA48]. Voraussetzung ist, dass die Übertragungsrate R geringer ist als die Kanalkapazität C_{Kanal} (in Bit pro Sekunde), die gegeben ist durch

$$C_{\text{Kanal}} = W \cdot \log_2\left(1 + \frac{S}{N}\right) \quad ; N = W \cdot N_0 \tag{6.1.1}$$

mit der Bandbreite W des Kanals, der empfangenen Signalleistung S und der einseitigen Rauschleistungsdichte N_0 des gaußverteilten Störsignals (siehe Abschnitte 2.7.2 und 5.3). Gl.(6.1.1) sagt aus, dass die Kanalkapazität sowohl durch Erhöhung der Bandbreite W (bis hin zu den Spreizspektrumverfahren, s. Kapitel 7) als auch des S/N gesteigert werden kann. Bandbreite und S/N können also "gegenseitig ausgetauscht" werden.

Eine weitere, wichtige Grundlage sind die Zusammenhänge der linearen Algebra, von denen hier einige Begriffe kurz dargestellt werden. Eine Menge C ist eine Gruppe, wenn folgende Axiome gelten:

1. für alle $\vec{a}, \vec{v} \in C$ gilt $\vec{a} \oplus \vec{v} \in C$,
2. es gilt das Assoziativgesetz,
3. es existieren das Nullelement und

4. das inverse Element.

Gelten zusätzlich das Kommutativgesetz bezüglich Addition und Multiplikation sowie das Distributivgesetz, bezeichnet man die Menge als Körper. In der modulo-M-Rechnung unterscheidet man nicht zwischen einer Zahl Z und der mit dem Vielfachen von M addierten Zahl: $Z = Z \oplus k \cdot M$ mit $k = 0, \pm 1, \pm 2, \ldots$ Die modulo-M-Rechnung bildet einen Körper, wenn M eine Primzahl ist. Diesen Körper nennt man Galois-Feld GF(M). Viele fehlerkorrigierende Codes sind binäre Codes. Deshalb erfolgen die Berechnungen im Galois-Feld GF(2) mit der modulo-2-Rechnung.

Die grundlegenden Verknüpfungen der modulo-2-Rechnung sind die modulo-2-Addition und die modulo-2-Multiplikation nach der in Tabelle 6.1.1 angegebenen Vorschrift.

Tabelle 6.1.1: a) Modulo-2-Addition und b) -Multiplikation

a)

$\oplus$	0	1
0	0	1
1	1	0

b)

$\otimes$	0	1
0	0	0
1	0	1

Wir betrachten in diesem Kapitel zwei Arten von Kanalcodes, nämlich Blockcodes und Faltungscodes. Zur Erzeugung eines (n,k)-Blockcodes werden die Nachrichten in Gruppen zu je k Bits unterteilt, und jeder Block wird eindeutig auf ein Codewort der Länge $n > k$ Bit abgebildet. Insgesamt existieren also $m = 2^k$ Informationen, denen ebensoviele Codeworte der jeweiligen Länge n Bit zugeordnet werden. Da mit den n Bit eines Codewortes $2^n > 2^k$ Wörter gebildet werden können, gibt es $2^n - 2^k$ Wörter, die nicht aus der Codewortbildung im Kanalcodierer hervorgehen können. Dies ermöglicht es dem Kanaldecoder, Fehler zu erkennen, da ihm alle $m = 2^k$ gültigen Codeworte bekannt sind und er bei Empfang eines ungültigen Codewortes auf einen Fehler schließen kann.

Bild 6.1.1a) zeigt den Aufbau eines der Codewörter eines (7,4)-**Blockcode**s in systematischer Form, d.h., es existiert eine genaue Zuordnung von bestimmten Codebits der Codewörter zu den k informationstragenden Nachrichtenbits. Ob ein Code systematisch oder nicht-systematisch ist, hat allerdings keinen Einfluss auf seine Fähigkeit, Bitfehler zu erkennen. Die Systematik erleichtert es lediglich dem Menschen (und manchmal auch dem Kanaldecoder), die Codewörter zu interpretieren. Die Codewörter nach Bild 6.1.1a) bestehen aus insgesamt $n = 7$ Binärstellen, davon sind $n - k$ redundante Bits (Prüfstellen). Der (7,4)-Blockcode enthält $2^k = 2^4 = 16$ Codewörter und ebensoviele Informationsworte, z.B. die Dualzahlen (0000) bis (1111).

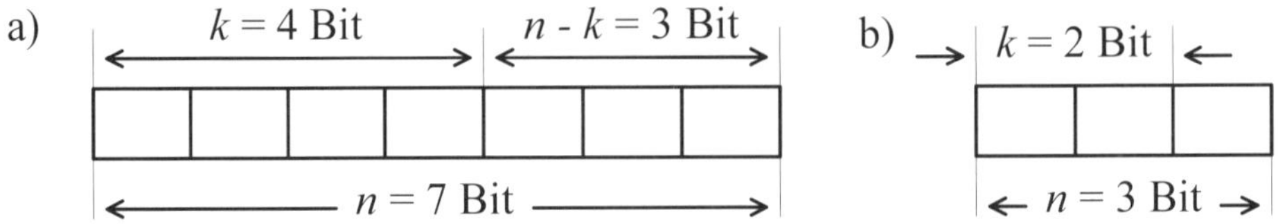

Bild 6.1.1: a) Codewort eines (7,4)-Blockcodes; b) Codewort eines (systematischen) Rate-2/3-Faltungscodes

Faltungscodes werden mit der binären, diskreten Faltung realisiert. Dabei ergibt sich das Codewort einer Nachricht nicht nur aus der aktuellen Nachricht selber, sondern es hängt auch von den vorhergehenden Nachrichten ab; es handelt sich also um eine Art "Codierung mit Gedächtnis". Auch bei den Faltungscodes sind die Codeworte aus n Binärstellen aufgebaut, im Falle der systematischen Faltungscodes aus k Informationsstellen und $n - k$ Prüfstellen (siehe Bild 6.1.1b). Im Allgemeinen ist jedoch die Codewortlänge kürzer als bei (n,k)-Blockcodes. In Bild 6.1.1b) ist ein Codewort eines Rate-2/3-Faltungscodes dargestellt. Der Ausdruck Rate-2/3 bezeichnet die Coderate, die für Block- und Faltungscodes durch das Verhältnis

$$r = \frac{k}{n} \qquad (6.1.2)$$

definiert ist. Sie ist immer kleiner als 1. Das Codewort der Länge n Bit nach Bild 6.1.1b) enthält $k = 2$ Nachrichtenbits und $n - k = 1$ redundante Prüfstelle; die Coderate beträgt also $r = 2/3$.

Setzt man die Bitrate $v_b = 1/T_b$ (T_b = Bitdauer) am Eingang des Kanalcoders als unveränderlich voraus, was in der Regel der Fall ist, dann gilt für die Bitrate des codierten Signals am Ausgang des Coders

$$v_c = \frac{n}{k} \cdot v_b = \frac{1}{r} \cdot v_b \quad . \qquad (6.1.3)$$

Da $r < 1$ geht mit der Kanalcodierung immer eine Bitratenerhöhung einher, was gleichbedeutend mit einer Erhöhung der erforderlichen Bandbreite ist.

Die **Korrekturfähigkeit** eines Kanalcodes hängt von dessen minimaler Hamming-Distanz $d_{\min}$ ab. Die Hamming-Distanz d zweier Codeworte c_μ und c_ν eines Codes C ist gleich der Anzahl unterschiedlicher Binärstellen. Vergleicht man alle gültigen Codeworte untereinander, findet man die minimale Hamming-Distanz $d_{\min}$

$$d_{\min} = Min\left\{d\left(c_\mu, c_\nu\right) \middle| c_\mu \neq c_\nu; c_\mu, c_\nu \in C\right\}. \tag{6.1.4}$$

Damit ein vom Kanaldecoder nicht erkennbarer Fehler auftritt, müssen im Übertragungskanal mindestens $d_{\min}$ Fehler entstehen. Dann geht ein gültiges Codewort in ein anderes gültiges Codewort über; der Kanaldecoder kann also nicht mehr zwischem fehlerhaftem und gültigem Codewort unterscheiden. Übertragungsfehler können daher nur dann erkannt werden, wenn für die Anzahl t der aufgetretenen Fehler gilt

$$t \leq d_{\min} - 1 \quad \text{(erkennbar)} \ . \tag{6.1.5}$$

Die Korrektur eines fehlerhaft empfangenen Codeworts geschieht so, dass das gestörte, ungültige Codewort durch das "am nächsten liegende", d.h. das mit der geringsten Hamming-Distanz zum empfangenen Codewort existierende, gültige Codewort im Kanaldecoder ersetzt wird. Sollen Fehler also nicht nur erkannt, sondern auch korrigiert werden, so muss für die Anzahl der aufgetretenen Fehler t gelten

$$t = \begin{cases} \dfrac{d_{\min} - 2}{2} & \text{für } d_{\min} \text{ gerade} \\[2ex] \dfrac{d_{\min} - 1}{2} & \text{für } d_{\min} \text{ ungerade} \end{cases} \qquad \text{(korrigierbar)} \ . \tag{6.1.6}$$

Durch Codierung erreicht man, anschaulich betrachtet, eine Drehung und Streckung der Datenvektoren. Dabei werden die Datenvektoren vom k-dimensionalen Vektorraum in den n-dimensionalen Vektorraum V_n der Codevektoren eindeutig abgebildet. Dies erfolgt dergestalt, dass die Endpunkte der Codevektoren einen möglichst großen Abstand (Hamming-Distanz) zueinander haben. Damit wird deutlich, dass Übertragungsfehler "besser" erkannt und korrigiert werden können.

Beispiel 6.1.1: Wir betrachten einen (8,3)-Blockcode, der die nachstehenden $2^k = 2^3 = 8$ Datenvektoren $i_0, i_1 \ldots i_7$ in ebensoviele Codeworte $c_0, c_1 \ldots c_7$ umsetzt.

$$
\begin{aligned}
i_0 &= (000) \longrightarrow c_0 = (00000000)\\
i_1 &= (001) \longrightarrow c_0 = (00001111)\\
i_2 &= (010) \longrightarrow c_0 = (11100000)\\
i_3 &= (011) \longrightarrow c_0 = (11111111)\\
i_4 &= (100) \longrightarrow c_0 = (10101010)\\
i_5 &= (101) \longrightarrow c_0 = (00110011)\\
i_6 &= (110) \longrightarrow c_0 = (10011001)\\
i_7 &= (111) \longrightarrow c_0 = (01110101)
\end{aligned}
$$

Der Code besitzt eine Codewortlänge $n = 8$ und eine Nachrichtenlänge $k = 3$; er fügt also $n - k = 5$ redundante Prüfbits hinzu. Demnach beträgt die Coderate $r = 3/8$. Man findet durch paarweisen Vergleich der Codeworte eine minimale Hamming-Distanz von $d_{\text{min}} = 3$. Folglich können nach Gl.(6.1.5) 2 Fehler erkannt und nach Gl.(6.1.6) 1 Fehler korrigiert werden.

Die allgemein für einen binären (n,k)-Blockcode C notwendige Redundanz $n - k$, welche eine Korrekturfähigkeit von t Bitfehlern je Codewort gewährleistet, kann mit der folgenden Ungleichung (6.1.7) – die eine notwendige, jedoch nicht hinreichende Bedingung zur Korrektur von $t \leq (d_{\text{min}} - 1)/2$ Bitfehlern darstellt – abgeschätzt werden [BOS98, TZS93, KAD91]

$$2^{n-k} \geq \sum_{i=0}^{t} \binom{n}{i}. \tag{6.1.7}$$

Bei der Codierung zur Fehlerkorrektur verbleibt im Allgemeinen nach der Decodierung ein Restfehler mit einer bestimmten Restfehlerwahrscheinlichkeit P_{rest}, die mit Gl.(6.1.8) abgeschätzt werden kann

$$P_{\text{rest}} \leq \sum_{j=t+1}^{n} \binom{n}{j} p^{j} (1-p)^{n-j} \quad . \tag{6.1.8}$$

Dabei ist t die Anzahl korrigierbarer Fehler nach Gl.(6.1.6) und p die Bitfehlerwahrscheinlichkeit im symmetrischen Binärkanal [WEI02].

Die Restfehlerwahrscheinlichkeit kann beliebig niedrig werden, wenn man die Codewortlänge n bei konstantem k groß macht, d.h. die Anzahl der redundanten Stellen $n - k$ im Codewort erhöht. Dies ist sinngemäß die Aussage des Kanalcodierungstheorems:

Für jede relle Zahl $\varepsilon > 0$ und jede Informationsrate v_b, kleiner als die maximale Transinformation (= Kanalkapazität C_{Kanal}), gibt es einen Binärcode $C(n, k, d_{\text{min}})$, bei dem die Restfehlerwahrscheinlichkeit kleiner ε wird, wenn man n genügend groß wählt [BOS98, TZS93, KAD91, ROH95].

Ein wichtiges Maß für die Güte eines Kanalcodierungsverfahrens ist der **Codierungsgewinn**. Er gibt an, wie weit das Verhältnis E_b/N_0 (Bitenergie/Rauschleistungsdichte, siehe auch Abschnitt 5.3) bei einer definierten Fehlerrate bzw. BER gegenüber dem uncodierten Fall reduziert werden kann. Für die Skizze in Bild 6.1.2 beträgt der Codierungsgewinn bei einer BER von 10^{-5} etwa 2 dB. Unterhalb eines Schwellwertes $(E_b/N_0)_S$ ist die BER ohne Codierung niedriger als mit Codierung. Dies liegt daran, dass die Korrekturfähigkeit des Kanalcodes zu gering ist, um die auftretenden Fehler korrigieren zu können. Es treten Decodierfehler auf, die schließlich zu mehr Fehlern führen, als vorher vorhanden waren. Die Nachteile der Codierung sind der schaltungstechnische Aufwand, zusätzliche Verzögerungen und eine um r kleinere Datenrate.

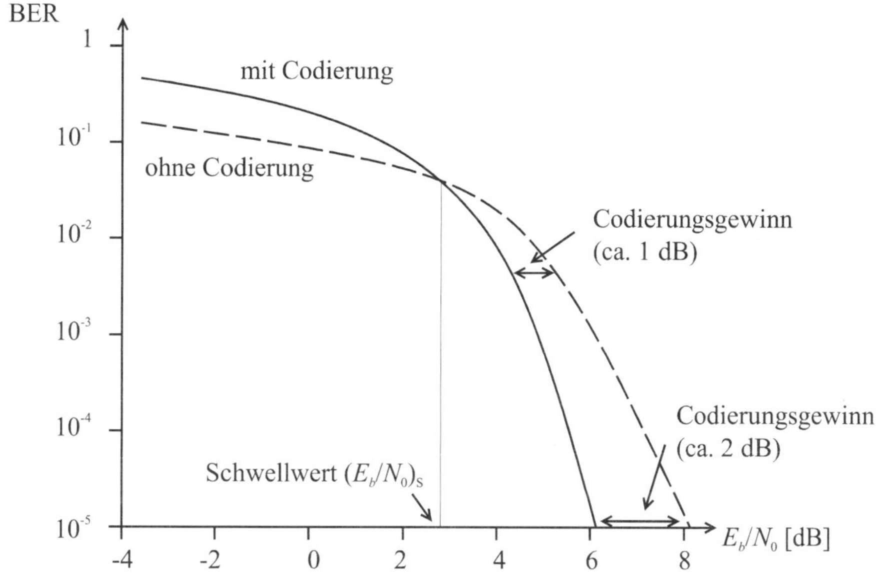

Bild 6.1.2: BER mit und ohne Codierung

6.2 Blockcodes

6.2.1 Lineare binäre Blockcodes

Die mathematische Grundlage der linearen Blockcodes ist die lineare Algebra. Durch die Codiervorschrift werden k Datenbits, darstellbar durch 2^k Vektoren, eindeutig auf 2^n Vektoren ($n > k$) abgebildet, die den Vektorraum V_n bilden. Für einen linearen Blockcode C gilt, dass die Vektoren von C bezüglich der Multiplikation und der modulo-2-Addition die Eigenschaften einer Gruppe erfüllen.

Die Codiervorschrift der linearen Blockcodes lässt sich mit der sogenannten Generatormatrix **G** beschreiben. Durch Multiplikation des Datenvektors $\vec{d}$ (k Datenbits, Zeilenvektor) mit der $k \times n$ Generatormatrix **G** vom Rang k erhält man den Codevektor $\vec{c}$ (n codierte Bits)

$$\vec{c} = \vec{d} \cdot \mathbf{G}\,. \tag{6.2.1}$$

Beispiele für lineare Blockcodes sind der Hamming Code [ROH95] oder der Reed Muller Code [MUL54], [REE54].

Charakteristisch für einen systematischen Code (auch separierbarer Code genannt) ist, dass k Stellen des Codewortes identisch mit dem Datenwort sind. Damit ist, mit der $k \times k$ Einheitsmatrix $\mathbf{I_k}$, für einen systematischen linearen Code die Generatormatrix gleich

$$\mathbf{G} = \left[\mathbf{P}\mathbf{I}_\mathrm{k}\right] = \begin{bmatrix} p_{11} & p_{12} & \cdots & p_{1(n-k)} & 1 & 0 & 0 & 0 \\ p_{21} & p_{22} & \cdots & p_{2(n-k)} & 0 & 1 & 0 & 0 \\ \cdots & \cdots & \cdots & \cdots & \cdots & \cdots & \cdots & \cdots \\ p_{k1} & p_{k2} & \cdots & p_{k(n-k)} & 0 & 0 & 0 & 1 \end{bmatrix}\,. \tag{6.2.2}$$

P ist die sogenannte Paritätsmatrix mit der Ordnung $k \times (n\text{-}k)$. Die Paritätsmatrix bildet aus den Datenbits Prüfbits, die bei der Decodierung eine Fehlererkennung bzw. Fehlerkorrektur erlauben.

Eine wichtige Matrix für die im Folgenden beschriebene Decodierung ist die $(n\text{-}k) \times n$ Kontrollmatrix **H** vom Rang $(n\text{-}k)$ und ihre transponierte $n \times (n\text{-}k)$ Matrix $\mathbf{H^T}$. Die Kontrollmatrix erfüllt die folgende Orthogonalitätsbedingung:

$$\mathbf{G} \cdot \mathbf{H}^\mathrm{T} = \mathrm{O} \tag{6.2.3}$$

wobei O die Nullmatrix ist. Für einen systematischen linearen Code ist **H** gleich

$$\mathbf{H} = \left[\mathbf{I}_{\mathbf{n\text{-}k}}\, \mathbf{P}^{\mathrm{T}}\right]. \tag{6.2.4}$$

Gl.(6.2.3) lässt sich damit leicht verifizieren. Aus den Gln.(6.2.1) und (6.2.3) folgt für jeden möglichen Codevektor $\vec{c}$

$$\vec{c} \cdot \mathbf{H}^{\mathrm{T}} = \vec{d} \cdot \mathbf{G} \cdot \mathbf{H}^{\mathrm{T}} = \vec{0}\,. \tag{6.2.5}$$

Wird der Codevektor $\vec{c}$ über den Mobilfunkkanal übertragen, erhält man im Empfänger den Codevektor $\vec{c}_e$, der sich um den Fehlervektor $\vec{e}$ vom gesendeten Codevektor $\vec{c}$ unterscheidet, d.h.

$$\vec{c}_e = \vec{c} + \vec{e} \tag{6.2.6}$$

Der Fehlervektor $\vec{e}$ besitzt genau an den Stellen Einsen, an denen Bitfehler aufgetreten sind. Die Aufgabe der Decodierung ist es, aus dem empfangenen Codevektor $\vec{c}_e$ den gesendeten Codevektor $\vec{c}$ zu bestimmen. Dazu wird noch das sogenannte Syndrom $\vec{S}$ definiert

$$\vec{S} = \vec{c}_e \cdot \mathbf{H}^{\mathrm{T}} = \vec{e} \cdot \mathbf{H}^{\mathrm{T}} \tag{6.2.7}$$

Zu allen möglichen korrigierbaren Fehlervektoren $\vec{e}_i$ kann man nach Gl.(6.2.7) das eindeutig zugehörige Syndrom $\vec{S}_i$ berechnen. Diese Zuordnung von Fehlervektor und Syndrom kann man dann in einer Tabelle, auch "look-up-table" genannt, speichern. Nach der Ermittlung des Fehlervektors wird dann die gestörte Binärstelle korrigiert.

Die Decodierung des empfangenen Codevektors $\vec{c}_e$ erfolgt folgendermaßen:

1. Berechnung des Syndroms $\vec{S}_i$ nach Gl.(6.2.7).
2. Anhand des Syndroms und der "look-up-table" erhält man den "geschätzten" Fehlervektor $\vec{e}_{gi}$.
3. Berechnung des decodierten Codevektors $\vec{c}_d$ aus

$$\vec{c}_d = \vec{c}_e + \vec{e}_{gi} = \vec{c} + \vec{e}_i + \vec{e}_{gi}\,. \tag{6.2.8}$$

Diese prinzipielle Vorgehensweise der Decodierung gilt nicht nur für systematische lineare Codes, sondern allgemein für lineare Blockcodes. Anhand von Gl.(6.2.8) erkennt man, dass für identische $\vec{e}_i$ und $\vec{e}_{gi}$ aufgrund der modulo-2-Addition der Fehler korrigiert werden kann.

Beispiel 6.2.1: Codierung und Decodierung eines systematischen linearen Codes. Gegeben sei folgende Generatormatrix eines (6,3)-Codes

$$\mathbf{G} = \begin{pmatrix} 1 & 1 & 0 & 1 & 0 & 0 \\ 0 & 1 & 1 & 0 & 1 & 0 \\ 1 & 0 & 1 & 0 & 0 & 1 \end{pmatrix}.$$

Für die Datenvektoren $\vec{d}$ folgen nach Gl.(6.2.1) die Codevektoren $\vec{c}$:

$\vec{d}$	$\vec{c}$
(000)	(000000)
(001)	(101001)
(010)	(011010)
(100)	(110100)
(110)	(101110)
(101)	(011101)
(011)	(110011)
(111)	(000111)

Die transponierte Kontrollmatrix bestimmt man aus **G** mit Gl.(6.2.4) zu

$$\mathbf{H}^{\mathrm{T}} = \begin{pmatrix} 1 & 0 & 0 \\ 0 & 1 & 0 \\ 0 & 0 & 1 \\ 1 & 1 & 0 \\ 0 & 1 & 1 \\ 1 & 0 & 1 \end{pmatrix}.$$

Die "look-up-table" für alle möglichen Fehlervektoren $\vec{e}_i$ mit einer falschen Stelle und dem zugehörigen Syndrom $\vec{S}_i$ nach Gl.(6.2.7) ergibt sich zu

$\vec{e}_i$	$\vec{S}_i$
(000001)	(101)
(000010)	(011)
(000100)	(110)
(001000)	(001)
(010000)	(010)
(100000)	(100)

Der gesendete Codevektor sei (101001) und der empfangene Codevektor (001001). Das zugehörige Syndrom ist (100) und damit der geschätzte Fehlervektor nach der "look-up-table" (100000). Mit Gl.(6.2.8) erhält man damit aus dem empfangenen, in der ersten Stelle fehlerhaften Codevektor, den korrigierten, gesendeten Codevektor zurück.

6.2.2 Zyklische binäre Blockcodes

Bei den linearen Blockcodes aus Abschnitt 6.2.1 erhält man bei einer modulo-2-Addition von zwei gültigen Codeworten aus dem Code C wieder ein gültiges Codewort. Der Name zyklische binäre Blockcodes rührt daher, dass bei einer zyklischen Verschiebung eines Codewortes $c_0 \in C$, z.B. mittels eines rückgekoppelten Schieberegisters, wieder ein gültiges Codewort $c_1 \in C$ entsteht. Ist z.B. das Codewort $c_0 = (a_1, a_2, a_3, ..., a_n) \in C$, dann ist auch $c_1 = (a_n, a_1, a_2, a_3, ..., a_{n-1}) \in C$. Die Codeworterzeugung lässt sich durch weitere zyklische Verschiebung um ν Binärstellen fortsetzen.

Zyklische binäre Blockcodes werden häufiger eingesetzt als die in Abschnitt 6.2.1 behandelten linearen Blockcodes in Matrizenform, da sie sich bei gleichen Korrektureigenschaften mit geringerem technologischem Aufwand herstellen lassen.

Die rechnerische Behandlung von zyklischen Blockcodes wird vereinfacht, wenn man die im Rahmen der Codierung und Decodierung erscheinenden Binärworte durch normierte Polynome beschreibt. So gehört zu einem Binärwort aus n Binärstellen ein Polynom vom Grad $\leq (n-1)$. Die Binärzeichen, 0 bzw. 1, des Binärworts stellen hierbei die Polynomkoeffizienten dar. Beispielsweise gehört zum Binärwort $c = (1001101)$ ($n = 7$) das normierte Polynom $c(x) = x^6 + x^3 + x^2 + 1$. Die einzelnen Glieder der normierten Polynome sind durch die Addition modulo-2 verknüpft, dargestellt durch $\oplus$. Der Einfachheit halber verwenden wir in Folgendem das übliche Additionszeichen +. Da Addition und Subtraktion modulo-2 identische Operationen sind, werden normierte Polynome grundsätzlich durch die Addition modulo-2 verknüpft. Bei einer modulo-2 Polynomaddition verschwinden alle Glieder, die in gleichen Paaren auftreten, z.B. ist $(x^6 + x^3 + x^2 + 1) + (x^3 + 1) = x^6 + x^3 (1 + 1) + x^2 + (1 + 1) = x^6 + x^2$, da $1 + 1 = 0$ (modulo-2).

Die Codewortpolynome $C(x)$ der nicht-systematischen zyklischen binären Blockcodes ergeben sich durch eine modulo-2 Multiplikation der Datenworte in Polynomdarstellung $D(x)$ mit einem Generatorpolynom $G(x)$, d.h.

$$C(x) = D(x) \cdot G(x) \tag{6.2.9}$$

mit

Generatorpolynom	$G(x) = g_{n-k}\, x^{n-k} + g_{n-k-1}\, x^{n-k-1} + \ldots + g_1\, x + g_0$
Datenpolynom	$D(x) = d_{k-1}\, x^{k-1} + d_{k-2}\, x^{k-2} + \ldots + d_1\, x + d_0$
Codewortpolynom	$C(x) = c_{n-1}\, x^{n-1} + c_{n-2}\, x^{n-2} + \ldots + c_1\, x + c_0$

Ist z.B. ein (7,4) - Code mit $G(x) = 1 + x + x^3$ und $D(x) = 1 + x^2 + x^3$ gegeben, erhält man für $C(x)$:

$$C(x) = 1 + x + x^3 + x^2 + x^3 + x^5 + x^3 + x^4 + x^6 = 1 + x + x^2 + x^3 + x^4 + x^5 + x^6 .$$

Als Generatorpolynome benutzt man meistens sog. primitive Polynome $p(x)$. Dies sind irreduzible Polynome, d.h., sie können nicht durch Muliplikation oder Division aus Polynomen niedrigeren bzw. höheren Grades hergestellt werden (vergleichbar den Primzahlen). In Tabelle 6.2.1 sind einige primitive Polynome bis zum Grad 16 angegeben.

Tabelle 6.2.1: Primitive Polynome (Auswahl)

Grad $p(x)$	primitives Polynom
1	$x + 1$
2	$x^2 + x + 1$
3	$x^3 + x + 1$
4	$x^4 + x + 1$
5	$x^5 + x^2 + 1$
6	$x^6 + x + 1$
7	$x^7 + x + 1$
8	$x^8 + x^6 + x^5 + x^4 + 1$
9	$x^9 + x^4 + 1$
10	$x^{10} + x^3 + 1$
11	$x^{11} + x^2 + 1$
12	$x^{12} + x^7 + x^4 + x^3 + 1$
13	$x^{13} + x^4 + x^3 + x + 1$
14	$x^{14} + x^8 + x^6 + x + 1$
15	$x^{15} + x + 1$
16	$x^{16} + x^{12} + x^3 + x + 1$

Mit einem primitiven Polynom vom Grad $m = n - k$ (Codewortlänge $n = 2^m - 1$) als Generatorpolynom erhält man einen sogenannten zyklischen Hamming-Code der Minimaldistanz $d_{\text{min}} = 3$, d.h., es sind $d_{\text{min}} - 1 = 2$ Bitfehler je Codewort erkennbar und $t = (d_{\text{min}} - 1)/2 = 1$ Fehler korrigierbar.

Die Codewort-Decodierung im Empfänger erfolgt durch die Division $C(x) / G(x)$. Wenn die Übertragung fehlerfrei war, entsteht bei der Division kein Rest. Kam es jedoch zu einem Übertragungsfehler, bei dem das Codewort $C(x)$ in ein Codewort $C'(x)$ verfälscht wurde, verbleibt nach der Polynomdivision neben dem Quotienten $Q(x)$ ein Rest $R(x)$, der nicht weiter durch $G(x)$ geteilt werden kann:

$$\frac{C'(x)}{G(x)} = Q(x) + \frac{R(x)}{G(x)}. \tag{6.2.10}$$

Das Restpolynom $R(x)$ ist charakteristisch für die Lage der Fehlerstelle im Codewort. Es hat damit die Eigenschaft eines Syndroms (siehe Abschnitt 6.2.1) und kann zur Fehlerkorrektur verwendet werden, falls nur ein Bitfehler pro Codewort vorausgesetzt wird.

Bei der Division von normierten Polynomen kennt man die übliche Polynomdivision $C(x) / G(x)$ und die Division $C(x) / G(x)$ *modulo* $G(x)$. Im letztgenannten Fall wird als Ergebnis der Rest genommen (Restklassensysteme). Beispielsweise sei $C(x) = x^5 + x^4 + x^2 + x + 1$ und $G(x) = x^3 + x + 1$, dann ist

$$\begin{array}{l}
(x^5 + x^4 + x^2 + x + 1) : (x^3 + x + 1) = x^2 + x + 1 + (x^2 + x) / (x^3 + x + 1) \\
\underline{x^5 + x^3 + x^2} \\
x^4 + x^3 + x + 1 \\
\underline{x^4 + x^2 + x} \\
x^3 + x^2 + 1 \\
\underline{x^3 + x + 1} \\
x^2 + x
\end{array}$$

Die übliche Polynom-Division liefert damit $C(x) / G(x) = x^2 + x + 1 + (x^2 + x)/(x^3 + x + 1)$, während die Division modulo $G(x)$ zu dem Ergebnis $C(x) / G(x) \equiv x^2 + x$ führt. Wird die Division in Gl.(6.2.10) demnach modulo $G(x)$ durchgeführt, ist das Ergebnis bei einer fehlerfreien Übertragung gleich null.

Ist das Generatorpolynom $G(x)$ eines zyklischen binären Blockcodes ein primitives Polynom $p(x)$ vom Grad $\nu = n - k$, so erhält man bei der oben beschriebenen Codierung einen zyklischen Hamming-Code mit der Minimal-Distanz $d_{\text{min}} = 3$, d.h., es sind nach Gl.(6.1.5) $d_{\min} - 1 = 2$ Fehler erkennbar bzw. nach Gl.(6.1.6) $(d_{\min} - 1)/2 = 1$ Fehler pro Codewort korrigierbar.

Bei binären zyklischen Blockcodes beruhen Codierung und Decodierung auf binären Polynom-Multiplikationen und –Divisionen. Diese mathematischen Operationen können mit rückgekoppelten Schieberegistern realisiert werden. In Folgendem werden spezielle Fälle vorgestellt, die auch das allgemeine Prinzip verständlich machen. In Bild 6.2.1a) ist eine Schaltung zur Realisierung der Multiplikation $C(x) = D(x) \cdot G(x)$ dargestellt. $D(x)$ ist ein Datenpolynom und $G(x)$ ein Generatorpolynom; hier ist $G(x) = x^5 + x^4 + x^3 + x + 1$. Die Multiplikationsschaltung lässt sich unmittelbar aus dem Generatorpolynom ableiten. Die Anzahl der erforderlichen Schieberegisterzellen ist durch den Grad von $G(x)$ bestimmt. Schieberegister-Anzapfungen und modulo-2-Addierer liegen nur an den Polynomstellen vor, an denen die binären Polynomkoeffizienten von $G(x)$ logisch 1 sind.

Bild 6.2.1b) zeigt die Division $D(x) = C(x) / G(x)$ modulo $G(x)$ für den Fall $G(x) = x^4 + x^3 + x + 1$. Die Anzahl der Speicherzellen wird ebenfalls durch den Grad von $G(x)$ bestimmt. Schieberegister-Anzapfungen liegen wie bei der Polynom-Multiplikation nur an den Stellen vor, an denen die Koeffizienten von $G(x)$ gleich 1 sind. Bei der normalen Division, d.h. nicht modulo $G(x)$, erscheint das Ergebnis am Registerausgang. Ein u.U. auftretender Rest $R(x)$ verbleibt als Binärwort in den Schieberegisterzellen. Bei der Division modulo $G(x)$ interessiert nur der als Binärwort (z.B. Syndrom) verbleibende Rest in den Schieberegisterzellen.

Aus der oben beschriebenen nichtsystematischen Codierung kann eine systematische Codierung abgeleitet werden. Um dies zu erreichen, wird das Datenpolynom $D(x)$ zunächst mit $x^{n-k} = x^{\nu}$ multipliziert, $D(x) \cdot x^{\nu}$. Dies entspricht einer Linksverschiebung um ν Binärstellen. Im Codewortpolynom $C(x)$ wird aufgrund dieser Multiplikation das Datenwort $D(x)$ an den Codewortanfang geschoben. Dividiert man das vorgenannte Produkt durch das Generatorpolynom $G(x)$, so ist diese Division im Allgemeinen nicht ohne Rest möglich, wenn $G(x)$ ein primitives Polynom ist. Bildet man jedoch ein Codewort $C_S(x)$ nach der durch folgende Gleichungen beschriebenen Art,

$$\frac{x^{n-k} \cdot D(x)}{G(x)} = Q(x) + \frac{R(x)}{G(x)} \qquad (6.2.11)$$

$$C_S(x) = x^{n-k} \cdot D(x) + R(x) = Q(x) \cdot G(x) \qquad \text{(mod.-2)} \qquad (6.2.12)$$

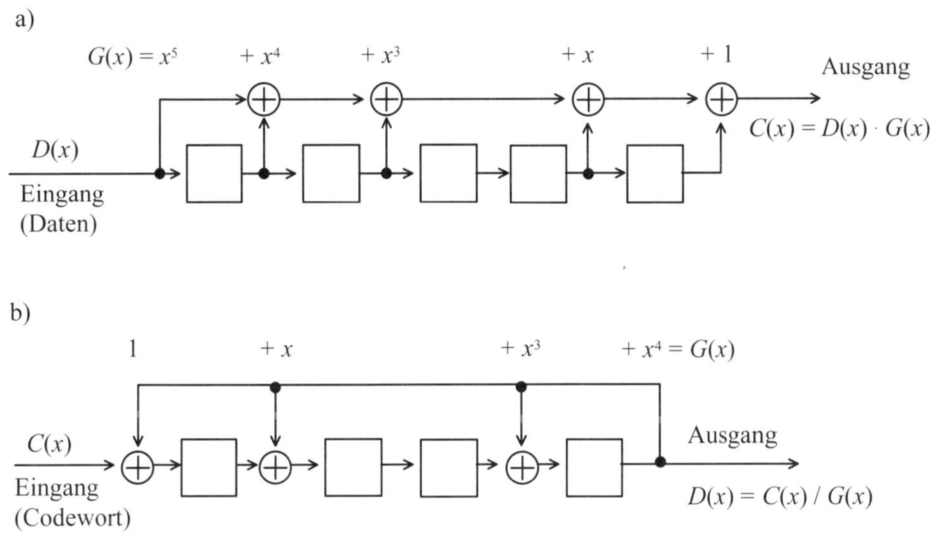

Bild 6.2.1: a) binäre Polynom-Multiplikation; b) binäre Polynom-Division

dann ist jedes so gebildete Codewortpolynom $C(x)$ ohne Rest durch $G(x)$ teilbar. Hierbei ist der Grad $Q(x)$ = Grad $D(x) = k - 1$ und Grad $R(x) \leq (n - k - 1)$. Der Rest R aus der Division $(x^{n-k} \cdot D(x)) / G(x)$ modulo $G(x)$ liefert die gesuchten $n - k = \nu$ Prüfbinärstellen im Codewort.

Es folgt ein Beispiel zur Codierung eines systematischen zyklischen Blockcodes. Gegeben sei ein (7,4)-Code mit $G(x) = x^3 + x + 1$ und $D(x) = x^3 + x^2 + 1$. Damit erhält man

$$x^{n-k} \cdot D(x) = x^3(x^3 + x^2 + 1) = x^6 + x^5 + x^3$$

$$x^6 + x^5 + x^3 = \underbrace{(x^3 + x^2 + x + 1)}_{Q(x)} \cdot \underbrace{(x^3 + x + 1)}_{G(x)} + \underbrace{1}_{R(x)}$$

$$C_S(x) = x^3 D(x) + R(x) = x^6 + x^5 + x^3 + 1.$$

In Vektorschreibweise ergibt dies $C_S(x) = (1101001)$, wobei man, wie zu erwarten war, in den linken vier Stellen den Nachrichtenvektor erhält.

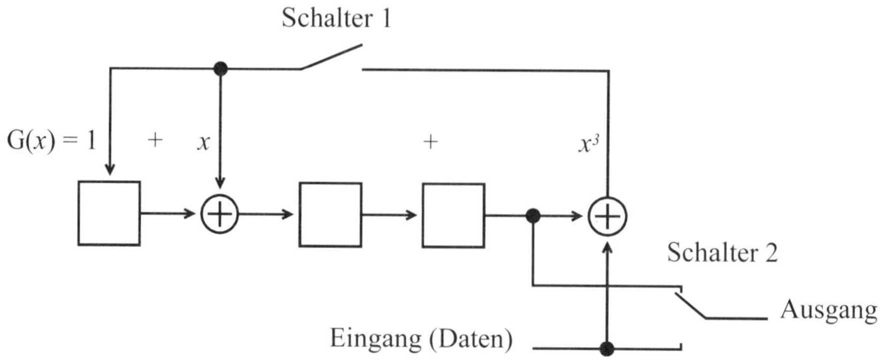

Bild 6.2.2: Codierung eines systematischen zyklischen Codes mit rückgekoppeltem Schieberegister

Tabelle 6.2.2: Codierbeispiel für Bild 6.2.2

Taktnummer	Eingang	Registerinhalt	Schalter (1	2)	Ausgang
-	-	000	geschl.	unten	-
1	1	110	geschl.	unten	1
2	1	101	geschl.	unten	1
3	0	100	geschl.	unten	0
4	1	100	geschl.	unten	1
5	-	-10	offen	oben	0
6	-	--1	offen	oben	0
7	-	---	offen	oben	1

Ein wichtiger Vorteil der zyklischen Codes ist die schaltungstechnische Umsetzung der Codierung durch einfach zu realisierende, rückgekoppelte Schieberegister (siehe Bild 6.2.2). Tabelle 6.2.2 zeigt die Codierung des letzten Beispiels für das Schieberegister in Bild 6.2.2. Man erhält wieder $C_S(x) = (1101001)$. Nach dem Einlesen der 4 Datenbits enthalten die Zellen des Schieberegisters bereits die Prüfsumme. Das Auslesen der Prüfsumme erfolgt nach öffnen des Schalters 1, wodurch eine weitere Beeinflussung der Registerinhalte vermieden wird, mit drei weiteren Taktzyklen.

Die Decodierung kann mit der gleichen Schaltung erfolgen. Nach $n = 7$ Taktschritten befindet sich der Divisionsrest $R(x)$ im Schieberegister. Bei einer fehlerfreien Übertragung müssen die Schieberegisterzellen demnach nach n Takten alle den Wert 0 haben. Im Fehlerfall gibt der nun auftretende Rest $R(x)$ einen Hinweis auf die Fehlerstelle und kann so zur Korrektur verwendet werden (z.B. mittels einer "Look-up-Tabelle" oder einer entsprechenden Logik).

In der englischsprachigen Literatur wird oft der Begriff **Cyclic Redundancy Check** (**CRC**) für einige fehlererkennende zyklische Blockcodes verwendet. CRC-Verfahren werden in vielen Bereichen der Datenkommunikation eingesetzt. Die Fehlererkennung kann sehr einfach durch Division von $C(x)$ mit $G(x)$ erfolgen. Ergibt sich bei dieser Operation ein Rest ungleich 0, ist es bei der Übertragung zu einem Fehler gekommen.

Die Art des Generatorpolynoms $G(x)$ ist für die Fehlererkennungsfähigkeit ausschlaggebend. Besonders gute Eigenschaften hat das CRC-Verfahren bei Büschelfehlern. Für die Erkennungs-Fehlerwahrscheinlichkeit P_e gilt:

$$P_e = \begin{cases} 0 & ;\text{für } L \le r \\ 2^{-(r-1)} & ;\text{für } L = r+1 \\ 2^{-r} & ;\text{für } L > r+1 \end{cases} \tag{6.2.13}$$

mit der Büschellänge L und dem Grad r des (primitiven) Generatorpolynoms $G(x)$. Besitzt G(x) den Faktor $(x + 1)$, d.h., geht es aus der Multiplikation eines primitiven Polynoms $p(x)$ mit $(x + 1)$ hervor (sog. Abramson-Codes), können zusätzlich alle ungeradzahligen Fehleranzahlen mit Sicherheit entdeckt werden.

6.2.3 BCH-Codes

BCH- (Bose, Chaudhuri, Hocquenghem) Codes gehören zur Klasse der zyklischen (n,k)-Blockcodes. Sie wurden 1959 von A. Hocquenghem [HOC59] und unabhängig davon 1960 von R.C. Bose und D.K.R. Chaudhuri [BOS60] entdeckt. Die BCH-Codes besitzen eine hohe Flexibilität und können für verschiedene Blockgrößen $n = 2^m - 1$ ($m \ge 3$, beliebig) und eine vorgebbare Minimal-Distanz $d_{\min} = 2\,t + 1$ (t = Anzahl korrigierbarer Fehler pro Codewort) dimensioniert werden. Für die Anzahl der Prüfbinärstellen pro Codewort gilt $v = n - k \le mt$ bzw. für die Anzahl der Informationsstellen k pro Codewort erhält man $k \ge 2^m - m\,t - 1$. Dadurch, dass m und t vorgebbar sind, können Codes flexibel mit den gewünschten Eigenschaften hinsichtlich Blockgröße und Fehlerkorrekturfähigkeiten erzeugt werden. Man spricht von "designbaren" Eigenschaften der BCH-Codes.

Die Generatorpolynome $g(x)$ der BCH-Codes setzen sich multiplikativ aus t Minimalpolynomen $g_i(x)$ zusammen [WEI02]

$$g(x)=\prod_{i=1}^{t} g_i(x)\,. \tag{6.2.14}$$

Dabei ist $g_1(x)$ ein primitives Polynom (und damit auch ein Minimalpolynom) vom Grad m und hat somit m Wurzeln (Nullstellen) im Galois-Feld GF(2^m). α stellt dann eine Wurzel dar, wenn α die Gleichung $g_1(\alpha) = 0$ erfüllt. Die $g_2(x)$ bis $g_t(x)$ sind Minimalpolynome vom Grad $\leq m$. Für $t = 1$ gehen die BCH-Codes in zyklische Hamming-Codes (siehe Abschnitt 6.2.2) über.

Wenn α eine beliebige Wurzel von $g_1(x)$ ist, d.h. $g_1(\alpha) = 0$, dann werden die Minimalpolynome $g_2(x)$ bis $g_t(x)$ so gewählt, dass die Elemente α^i mit i = 3, 5, 7,... $2t$-1 von GF(2^m) jeweils deren Wurzeln sind, d.h.

$$\begin{aligned}
g_1(\alpha) &= 0\\
g_2(\alpha^3) &= 0\\
g_3(\alpha^5) &= 0\\
&\vdots\\
g_t(\alpha^{2t-1}) &= 0
\end{aligned}$$

Um den Grad des Generatorpolynoms $g(x)$ möglichst gering zu halten (und damit die Anzahl der Prüfstellen im Codewort), wählt man für die $g_2(x)$ bis $g_t(x)$ jeweils die Minimalpolynome (Polynome kleinsten Grades) der Elemente $\alpha^3, \alpha^5, \ldots \alpha^{2t-1}$. Da der Grad der Minimalpolynome m oder kleiner ist, ergibt sich für den Grad des Generatorpolynoms $g(x)$, Grad $g(x) = v \leq m\,t$.

Die Bestimmung der BCH-Codes ist zwar relativ aufwendig, deren Handhabung ist jedoch sehr einfach, da sie zyklische Codes sind und mit Schieberegisterschaltungen nach Abschnitt 6.2.2 realisiert werden können.

Beispiel 6.2.2: Ein zyklischer Hamming-Code der Blocklänge $n = 2^m - 1 = 15$ (m = 4) mit dem zugehörigen primitiven Polynom $g_1(x) = x^4 + x + 1$ soll von der Korrekturfähigkeit t = 1 auf t = 2 erweitert werden. Nach Gl.(6.2.14) muss das Generatorpolynom auf

$$g(x) = g_1(x) \cdot g_2(x)$$

erweitert werden. Es sei das Element $\alpha \in \mathrm{GF}(2^4)$ eine der 4 Wurzeln von $g_1(x)$, d.h. $g_1(\alpha) = \alpha^4 + \alpha + 1 = 0$. Das Minimalpolynom $g_2(x)$ muss nun so gewählt werden, dass $g_2(\alpha^3) = 0$ wird. Der Grad von $g_2(x)$ kann maximal 4 betragen, wir machen deshalb den folgenden Ansatz

$$g_2(x) = c_4\, x^4 + c_3\, x^3 + c_2\, x^2 + c_1\, x + c_0$$

und bestimmen die Konstanten c_i aus

$$g_2(\alpha^3) = c_4\, \alpha^{12} + c_3\, \alpha^9 + c_2\, \alpha^6 + c_1\, \alpha^3 + c_0 = 0 \;.$$

Da

$$\begin{aligned}
\alpha^6 &= \alpha^4 \cdot \alpha^2 = (\alpha + 1) \cdot \alpha^2 = \alpha^3 + \alpha^2 \\
\alpha^9 &= \alpha^6 \cdot \alpha^3 = (\alpha^3 + \alpha^2) \cdot \alpha^3 = \alpha^6 + \alpha^5 = (\alpha^3 + \alpha^2) + \alpha \cdot (\alpha + 1) = \alpha^3 + \alpha \\
\alpha^{12} &= \alpha^9 \cdot \alpha^3 = (\alpha^3 + \alpha) \cdot \alpha^3 = \alpha^6 + \alpha^4 = \alpha^3 + \alpha^2 + \alpha + 1
\end{aligned}$$

ergibt sich

$$g_2(\alpha^3) = c_4\, (\alpha^3 + \alpha^2 + \alpha + 1) + c_3\, (\alpha^3 + \alpha) + c_2\, (\alpha^3 + \alpha^2\,) + c_1\, \alpha^3 + c_0 = 0 \;.$$

Hierbei wird von der modulo-2-Rechnung und der Beziehung

$$g_1(\alpha) = \alpha^4 + \alpha + 1 = 0 \qquad \Rightarrow \qquad \alpha^4 = \alpha + 1$$

Gebrauch gemacht. Ein Koeffizientenvergleich nach den Potenzen von α führt auf

$$\begin{aligned}
&c_4 + c_3 + c_2 + c_1 = 0 \\
&c_4 + c_2 = 0 \\
&c_4 + c_3 = 0 \\
&c_4 + c_0 = 0
\end{aligned}$$

also auf ein Gleichungssystem aus 4 Gleichungen mit der nichttrivialen Lösung $c_4 = c_3 = c_2 = c_1 = c_0 = 1$ bzw. das Minimalpolynom

$$g_2(x) = x^4 + x^3 + x^2 + x + 1 \;.$$

Wir erhalten so das Generatorpolynom

$$g(x) = (x^4 + x + 1) \cdot (x^4 + x^3 + x^2 + x + 1)$$

also

$$g(x) = x^8 + x^7 + x^6 + x^4 + 1 \;.$$

Tabelle 6.2.3: Koeffizienten der Generatorpolynome von BCH-Codes in oktaler Form für $7 \leq n \leq 127$ (nach [PRO89])

n	k	t	g(x)
7	4	1	13
15	11	1	23
	7	2	721
	5	3	2467
31	26	1	45
	21	2	3551
	16	3	107657
	11	5	5423325
	6	7	313365047
63	57	1	103
	51	2	12471
	45	3	1701317
	39	4	166623567
	36	5	1033500423
	30	6	157464165547
	24	7	17323260404441
	18	10	1363026512351725
	16	11	6331141367235453
	10	13	472622305527250155
	7	15	5231045543503271737
127	120	1	211
	113	2	41567
	106	3	11554743
	99	4	3447023271
	92	5	624730022327
	85	6	130704476322273
	78	7	26230002166130115
	71	9	6255010713253127753
	64	10	1206534025570773100045
	57	11	335265252505705053517721
	50	13	54446512523314012421501421
	43	14	17721772213651227521220574343
	36	15	3146074666522075044764574721735
	29	21	403114461367670603667530141176155
	22	23	123376070404722522435445626637647043
	15	27	22057042445604554770523013762217604353
	8	31	7047264052751030651476224271567733130217

Um die etwas mühsame Rechnung zu vereinfachen, finden sich in der Literatur Tabellen, mit denen der Codeentwurf einfacher ist. In Tabelle 6.2.3 sind die Koeffizienten von $g(x)$ für verschiedene Blocklängen n zwischen 7 und 127 ($3 \leq m \leq 7$) und t Bit Fehlerkorrekturfähigkeit angegeben. Die Koeffizienten sind in oktaler Form enthalten. Beispielsweise lauten die Koeffizienten des Generatorpolynoms eines (31,21)-BCH-Blockcodes mit einer Fehlerkorrekturfähigkeit von 2 Bit/Codewort 3551 bzw. in binärer Form 11 101 101 001. Das Generatorpolynom ergibt sich damit zu $g(x) = x^{10} + x^9 + x^8 + x^6 + x^5 + x^3 + 1$.

Die Dekodierung von BCH-Codes ist im Allgemeinen aufwendiger als die Dekodierung von zyklischen Hamming-Codes, da in der Regel mehr als 1 Bitfehler/Codewort zu korrigieren ist. Es existieren jedoch leistungsfähige Dekodieralgorithmen wie z.B. der BMA- (Berlekamp-Massey) Algorithmus [WEI02].

6.2.4 RS-Codes

Reed-Solomon- (RS-) Codes, benannt nach den beiden Erfindern, sind mit den zyklischen BCH-Codes verwandt. Es handelt sich um q-näre BCH-Codes, d.h., ihre Elemente stammen aus GF(q), wobei q eine Primzahl-Potenz darstellt. Da es sich bei der Datenübertragung meistens um binäre Daten handelt, wird $q = 2^m$ ($m > 2$) gewählt. Die entstehenden Codeworte haben eine Blocklänge von $n = q - 1 = 2^m - 1$ und enthalten m Prüfsymbole.

Der wesentliche Unterschied zu den BCH-Codes liegt darin, dass die Koeffizienten der Codewort-Polynome jeweils m Bit repräsentieren. Dadurch eignen sich die RS-Codes besonders zur Sicherung von Daten, die bereits in strukturierter Form, z.B. als Oktette, vorliegen. Das Generatorpolynom eines RS-Codes lautet

$$g(x) = \prod_{i=1}^{2t} (x - \alpha^i) \quad . \tag{6.2.15}$$

Hierbei ist t die Anzahl der korrigierbaren Fehler pro Codewort. Mit "Fehler" sind hier allerdings nicht notwendigerweise einzelne Bitfehler gemeint, sondern Symbolfehler, d.h., es dürfen durchaus auch alle m Bits eines Symbols falsch sein. Daraus resultiert die sehr gute Eignung von RS-Codes für Kanäle, in denen es zu Bündelfehlern (*engl.* Burst Errors) kommt, wie z.B. in Mobilfunkkanälen mit schnellem Signalschwund.

Die Codierung erfolgt, wie bei allen zyklischen Codes, auch bei RS-Codes durch eine Multiplikation des Datenpolynoms $d(x)$ mit dem Generatorpolynom $g(x)$, nur dass die Koeffizienten der Polynome nun aus GF(2^m) stammen. Zur Decodierung wird meistens, wie bei den BCH-Codes, der BMA- (Berlekamp-Massey) Algorithmus eingesetzt [WEI02].

Tabelle 6.2.4: Galois Feld GF(2^4) aus $p(x) = x^4 + x + 1$

Exp. Darstellung	Polynom-Darstellung	Binäre Darstellung
α^0	$0 + 0 + 0 + 1$	0001
α^1	$0 + 0 + \alpha + 0$	0010
α^2	$0 + \alpha^2 + 0 + 0$	0100
α^3	$\alpha^3 + 0 + 0 + 0$	1000
α^4	$0 + 0 + \alpha + 1$	0011
α^5	$0 + \alpha^2 + \alpha + 0$	0110
α^6	$\alpha^3 + \alpha^2 + 0 + 0$	1100
α^7	$\alpha^3 + 0 + \alpha + 1$	1011
α^8	$0 + \alpha^2 + 0 + 1$	0101
α^9	$\alpha^3 + 0 + \alpha + 0$	1010
α^{10}	$0 + \alpha^2 + \alpha + 1$	0111
α^{11}	$\alpha^3 + \alpha^2 + \alpha + 0$	1110
α^{12}	$\alpha^3 + \alpha^2 + \alpha + 1$	1111
α^{13}	$\alpha^3 + \alpha^2 + 0 + 1$	1101
α^{14}	$\alpha^3 + 0 + 0 + 1$	1001

Beispiel 6.2.3: Es soll ein 2^4-närer RS-Code, der $t = 2$ Fehler korrigieren kann, entwickelt werden, wobei $m = 4$ Bit/Symbol gewählt werden soll. Die Minimal-Distanz beträgt nach Gl.(6.1.6) $d_{\min} = 5$ und die Codeblocklänge ist $n = 2^4 - 1 = 15$. Mit $m = 4$ Prüfstellen verbleiben $k = 11$ Informationsstellen (aus jeweils 4 Bit). Es handelt sich demnach um einen (15,11)-RS-Code.

Zunächst muss das Galois-Feld GF(2^4) mit Hilfe des zugehörigen primitiven Polynoms $p(x) = x^4 + x + 1$ aufgestellt werden (siehe Tabelle 6.2.4). Den Ausgangspunkt bildet hierbei das Polynom $\alpha^0 = 1$. Das jeweils nachfolgende Element des GF(2^4) wird aus der Multiplikation des aktuellen Elements mit dem Faktor α gewonnen. Dies entspricht einer Verschiebung um eine Wertigkeitsstelle nach links. Würde hierbei der Term α^4 auftreten, so wird er gemäß der bereits in Abschnitt 6.2.3 eingeführten Beziehung $\alpha^4 = \alpha + 1$ ersetzt. Das Generatorpolynom des RS-Codes ($t = 2$) lautet nach Gl.(6.2.15):

$$g(x) = (x - \alpha)\,(x - \alpha^2)\,(x - \alpha^3)\,(x - \alpha^4)$$

$$= x^4 + (\alpha^4 + \alpha^3 + \alpha^2 + \alpha)\,x^3 + (\alpha^7 + \alpha^6 + \alpha^4 + \alpha^3)\,x^2 + (\alpha^9 + \alpha^8 + \alpha^7 + \alpha^6)\,x + \alpha^{10}$$

$$= x^4 + \alpha^{13}\,x^3 + \alpha^6\,x^2 + \alpha^3\,x + \alpha^{10}$$

wobei umfangreiche Multiplikationen und Additionen in $GF(2^4)$ nach Tabelle 6.2.4 durchzuführen sind.

6.3 Faltungscodes

6.3.1 Faltungscodierung

Faltungscodes erlangten erstmals in den 1970er Jahren durch den Einsatz im Satellitenfunk und dem amerikanischen "Deep-Space"-Programm größere praktische Bedeutung. Neben der leichten Implementierbarkeit des Coders hat besonders der im Jahre 1967 von Viterbi entwickelte gleichnamige, (sub-) optimale Decodieralgorithmus [VIT67] zur Verbreitung beigetragen (siehe Abschnitt 6.3.4). Faltungscodes werden z.B. bei GSM und UMTS eingesetzt.

Die Arbeitsweise von Faltungscodes (CC, *engl.* Convolutional Codes) ist grundlegend verschieden von der der im Abschnitt 6.2 behandelten Blockcodes. Nicht einzelne Datenblöcke werden nacheinander in Codeblöcke codiert, sondern Faltungscodes arbeiten kontinuierlich, d.h., ein Strom von Datenbits wird in einen Strom von Codewörtern codiert. Dabei kommt es zu einem "Gedächtnis-Effekt", denn die ausgegebenen Codebits hängen nicht nur von den aktuellen Datenbits ab, sondern auch von den vorhergehenden.

In Bild 6.3.1 ist ein Faltungscoder, bestehend aus einem Schieberegister mit $k \cdot N$ Speichern und n modulo-2-Addierern (EXOR), dargestellt. Mit jedem Symboltakt wird ein neues Eingangssymbol aus k Nachrichtenbits in das Schieberegister eingelesen. Nach N Takten verlässt das Symbol wieder das Register, d.h., die Codesymbole werden nicht mehr durch das Nachrichtensymbol beeinflusst. Man bezeichnet N daher als Einflusstiefe (*engl.* Constraint Length) des Faltungscoders. Die Einflusstiefe N hat eine große Bedeutung für die Korrekturfähigkeit des Codes; tendenziell gilt: je größer N, desto leistungsfähiger der Code.

Nach jedem Takt wird ein n Bit langes Ausgangssymbol aus einer modulo-2-Verknüpfung von bestimmten Nachrichtenbits aus dem Schieberegister gebildet; die Coderate beträgt somit

$$r = k / n \,. \tag{6.3.1}$$

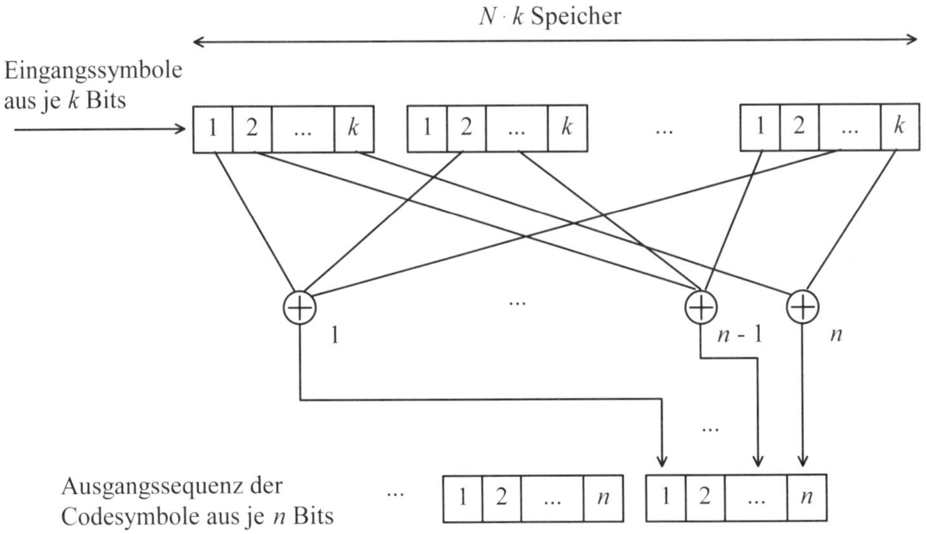

Bild 6.3.1: Aufbau eines Faltungscoders CC(n, k, N)

Die Position der Schieberegister-Abgriffe wird über sog. Verbindungsvektoren G_i der Dimension $k{\cdot}N$ definiert. Das j-te Element von G_i gibt an, ob es eine Verbindung von der j-ten Bitposition des Schieberegisters zum i-ten modulo-2 Addierer gibt (= 1) oder nicht (= 0). Die Verbindungsvektoren G_i haben, ähnlich wie die Generatormatrix bzw. das Generatorpolynom eines Blockcodes, entscheidenden Einfluss auf die Korrekturfähigkeit des Codes. Im Unterschied zu den Blockcodes, bei denen man eine optimale Generatormatrix mathematisch exakt herleiten kann, ist man beim Entwurf von Faltungscodes auf die Rechnersimulation angewiesen.

Zur Kurzbezeichnung von Faltungscodes wird oft die Form CC(n, k, N) verwendet, von CC = *engl.* Convolutional Code mit den Parametern n = Dimension der Codesymbole, k = Dimension der Eingangssymbole und der Einflußtiefe N. Zur vollständigen Beschreibung des Coders müssen noch die n Verbindungsvektoren angegeben werden.

Beispiel 6.3.1: Wir betrachten den in Bild 6.3.2 dargestellten Faltungscoder CC(2,1,3), der durch die beiden Verbindungsvektoren $G_1 = [111]$ und $G_2 = [101]$ definiert ist. N betrage 3 und k sei gleich 1. Die Nachricht $D = [10100]$ ist ebenfalls gegeben. Tabelle 6.3.1 zeigt den Ablauf der Codierung für dieses Beispiel. Man erhält das Ergebnis für die Ausgangsfolge $C = [1110001011]$.

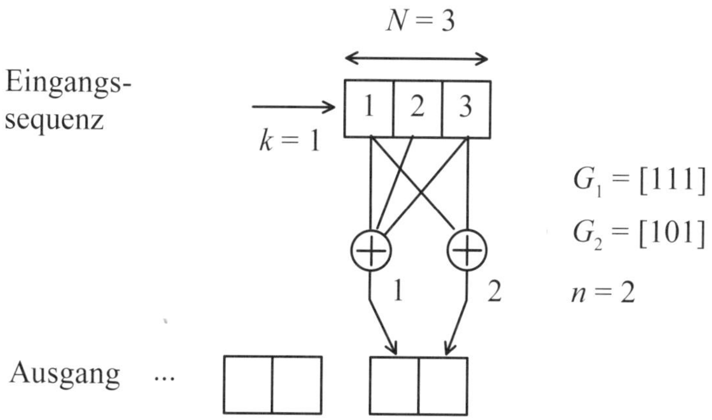

Bild 6.3.2: Beispiel eines Faltungscoders CC (2,1,3) mit Coderate $r = 1/2$

Tabelle 6.3.1: Codierbeispiel des Faltungscoders aus Beispiel 6.3.1

Taktnummer	Daten	Registerinhalt	Ausgang
0	-	000 (Annahme)	00
1	1	100	11
2	0	010	10
3	1	101	00
4	0	010	10
5	0	001	11

Tabelle 6.3.2: Codierbeispiel mit anderer Initialisierung

Taktnummer	Daten	Registerinhalt	Ausgang
0	-	100 (Annahme)	11
1	1	110	01
2	0	011	01
3	1	101	00
4	0	010	10
5	0	001	11

Die Abhängigkeit von den vorhergehenden Nachrichten ist aus einem Vergleich mit Tabelle 6.3.2 ersichtlich. Statt mit 000 ist das Schieberegister nun mit 100 initialisiert. Für die gleiche Nachricht $D = [10100]$ lautet das Ergebnis nun $C = [0101001011]$.

Beispiel 6.3.2: Gesucht ist für den Faltungscoder aus Beispiel 6.3.1 die Codesequenz C für die Nachricht $D = [1101100]$ und ein mit Null initialisiertes Schieberegister. Das Ergebnis ist $C = [11010100010111]$.

6.3.2 Zustands- und Trellis-Diagramm

Der Codierablauf eines Faltungscoders lässt sich sehr gut mit einem Zustandsdiagramm verdeutlichen. Als Coderzustand definiert man den Inhalt der letzten $(N - 1) \cdot k$ Schieberegisterspeicher, für das Beispiel in Bild 6.3.2 also die rechten beiden Speicherstellen. Die Anzahl der Coderzustände beträgt $2^{(N-1)k}$ (für unser Beispiel mit $N = 3$ und $k = 1$ demnach 4).

Der Coderzustand bestimmt zusammen mit dem gerade eingelesenen Datensymbol aus k Bits das auszugebende Codewort (n Bits) und den Folgezustand des Coders. Es lässt sich nun ein Zustandsdiagramm angeben, aus dem der Folgezustand und das ausgegebene Codewort ersichtlich sind. Bild 6.3.3 zeigt das Zustandsdiagramm für den Faltungscoder aus Bild 6.3.2. Die 4 Zustände werden mit $a = 00$, $b = 10$, $c = 01$ und $d = 11$ bezeichnet. In Abhängigkeit der Eingangssymbole (hier jeweils $k = 1$ Bit) erhält man den Folgezustand; dabei wird ein Eingangssymbol log. 0 durch eine durchgezogene Linie repräsentiert und eine log. 1 durch eine gestrichelte Linie. Das ausgegebene Codewort wird neben dem Zustandsübergangspfeil notiert.

Zustandsdiagramme haben den Nachteil, dass die Zeitdimension beim Codierverlauf nicht sichtbar ist. Aus diesem Grund wurde das Trellis-Diagramm entwickelt (*engl.* Trellis = *dt.* Gitter, Gitterzaun). Es wird durch das Hintereinanderschreiben von Zustandsübergängen gebildet, ausgehend vom Coderzustand 0. Nach jedem Eingangstakt T werden alle möglichen Zustandsübergänge im Trellis vermerkt. Genau wie im Zustandsdiagramm werden die ausgegebenen Codeworte neben den Zustandsübergangspfeilen vermerkt. Nach einer Einlaufphase von N Takten laufen in jedem Zustand 2^k unterschiedliche Verzweigungen zusammen. Bild 6.3.4 zeigt das Trellis-Diagramm für unser Coder-Beispiel aus Bild 6.3.2.

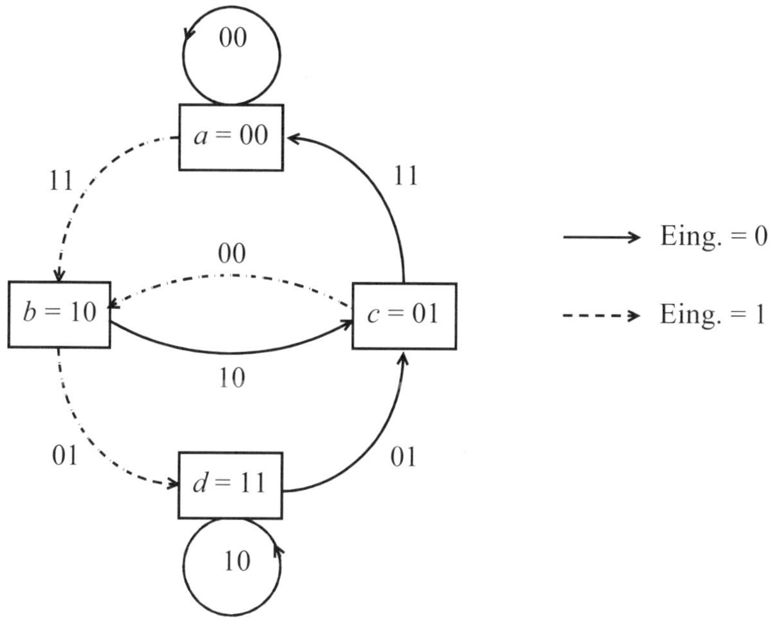

Bild 6.3.3: Zustandsdiagramm des Beispielcoders nach Bild 6.3.2

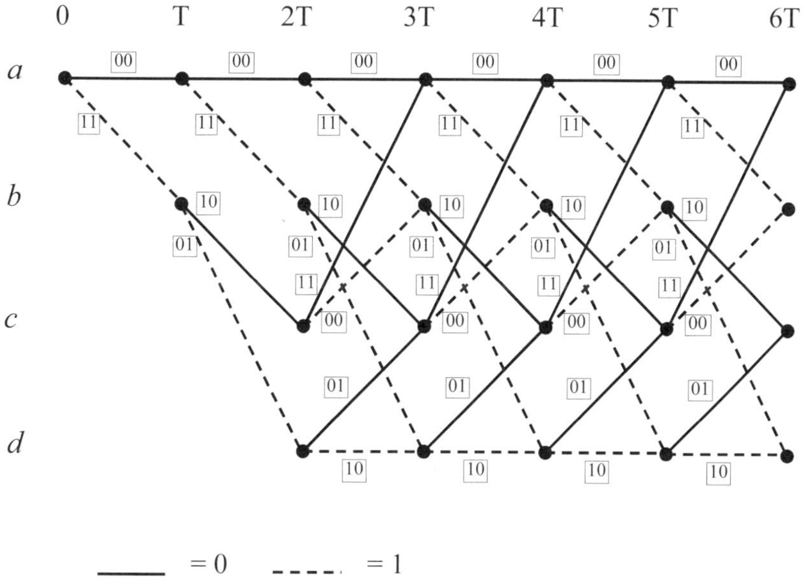

Bild 6.3.4: Trellis-Diagramm für den Faltungscoder aus Bild 6.3.2

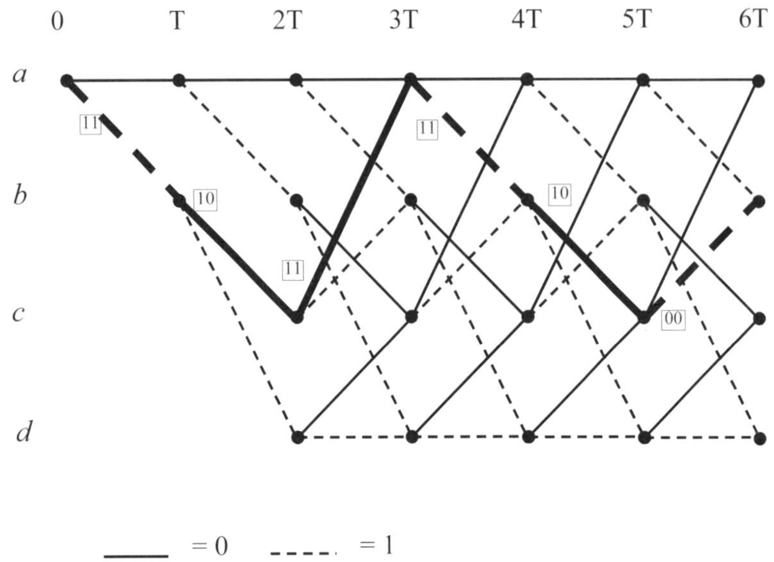

Bild 6.3.5: Weg durch das Trellis für C = [111011111000] bzw. D = [100101]

Beispiel 6.3.3: Bei einer gegebenen Eingangssymbolfolge kann nun der Weg durch das Trellis eingezeichnet werden. Beispielsweise ergibt sich für unseren Beispielcoder aus Bild 6.3.2 und die Eingangsdatenfolge D = [100101] der in Bild 6.3.5 eingezeichnete Verlauf durch das Trellis-Diagramm. Die ausgegebene Codewortsequenz ist, wie sich leicht aus dem Trellis ablesen lässt, C = [111011111000]. Diese Methode, bei der mögliche Wege durch das Trellis betrachtet werden, wird bei der im nächsten Abschnitt behandelten Trellis-Decodierung angewendet.

6.3.3 Trellis-Decodierung und Viterbi-Algorithmus

Die Decodierung von Faltungscodes erfolgt häufig mit Hilfe eines Maximum-Likelihood-Decoders, der die vom Sender am wahrscheinlichsten gesendete Codewortfolge bestimmter Länge anhand der Empfangsfolge und einem Auswahlkriterium ermittelt. Das Kriterium ist dabei die Hamming-Distanz zwischen der Empfangsfolge und den möglichen Wegen durch das Trellis, die vom Sender hätten genommen werden können. Die Struktur des für jeden Coder erstellbaren Trellis erlaubt nur ganz bestimmte Zustandsübergänge. Hierauf beruht die Korrekturfähigkeit der Faltungscodes.

Der Maximum-Likelihood-Decoder sucht im Trellis-Diagramm, welches im Empfänger abgespeichert vorliegt, aus allen möglichen Pfaden festgelegter Länge (= Länge der Eingangssymbolfolge), denjenigen Pfad, der zur Empfangsfolge gleicher Länge die geringste Hamming-Distanz aufweist. Ein geeignetes, sehr verbreitetes Maximum-Likelihood-Verfahren ist der 1967 von Viterbi entwickelte, gleichnamige Algorithmus [VIT67]. Die Arbeitsweise des Viterbi-Algorithmus wird leicht anhand des folgenden Beispiels 6.3.4 deutlich.

Beispiel 6.3.4: Als Ausgangspunkt dient das in Bild 6.3.4 gegebene Trellis-Diagramm des Faltungscoders aus Bild 6.3.2. Vom Sender werde die Codesequenz $C_S = [1101010001]$ entsprechend der Eingangsbitfolge $D_S = [11011]$ gesendet. Die in der 7. Bitstelle fehlerhaft empfangene Codesequenz laute C_E = [1101011001]. Bild 6.3.6 a) - h) zeigt den Decodiervorgang. Beim ersten Schritt in Bild 6.3.6 a) werden die ersten beiden Stellen der empfangenen Codesequenz (11) mit den Ausgangswerten der zwei Trellis-Verzweigungen verglichen. Die Berechnung des Hamming-Abstands als Metrik ergibt 2 für den oberen und 0 für den unteren Zweig. Beim nächsten Takt wird der Hamming-Abstand zwischen 01 und den Ausgangswerten der nun vier Verzweigungen berechnet. Bild 6.3.6 b) zeigt das Ergebnis als Summe mit den Werten des ersten Taktes. Von oben nach unten erhält man 3, 3, 2 und 0. Der in Bild 6.3.6 c) dargestellte dritte Takt erfolgt ganz analog. Das besondere ist, dass nun ein Endpunkt von jeweils zwei (i. Allg. k) Wegen erreicht wird. Dies ist grundsätzlich nach N Takten der Fall. Von diesen zwei Wegen ist für die weiteren Takte nur derjenige mit der geringeren Metrik von Bedeutung. Damit ist auch eine deutliche Reduzierung des notwendigen Speicherbedarfs möglich. Bild 6.3.6 d) zeigt das Ergebnis dieser Auswahl. Die folgenden zwei Takte und die jeweilige Auswahl ist in den Bildern 6.3.6 e) - h) dargestellt. Der fett gedruckte Weg in Bild 6.3.6 h) stellt mit der Metrik 1 den Weg der geringsten Gesamtmetrik dar. Ein Vergleich dieses Weges mit Bild 6.3.4 zeigt, dass dieser Weg der Codesequenz [101010001], also der gesendeten Codesequenz, entspricht. Damit wurde implizit ein Fehler korrigiert.

Die Korrektur erfolgte im vierten Takt (Bilder 6.3.6 e) und f)). Dass ein Fehler korrigiert wurde, erkennt man auch daran, dass die minimale auftretende Metrik nicht mehr gleich null ist (wie bis zum dritten Takt), sondern gleich eins. Damit erhält man anhand der Metrik eine Abschätzung der Fehlerrate. Dies ist eine wichtige Information über die Verbindungsqualität einer Funkübertragung und kann u.U. für Signalisierungs- bzw. Steuerzwecke z.B. zur Leistungsregelung oder die Handover-Einleitung verwendet werden. Tritt der Fall ein, dass zwei unterschiedliche Wege eines Endpunktes die gleiche Gesamtmetrik ergeben, erkennt man, dass mehr Fehler aufgetreten sind, als korrigiert werden können.

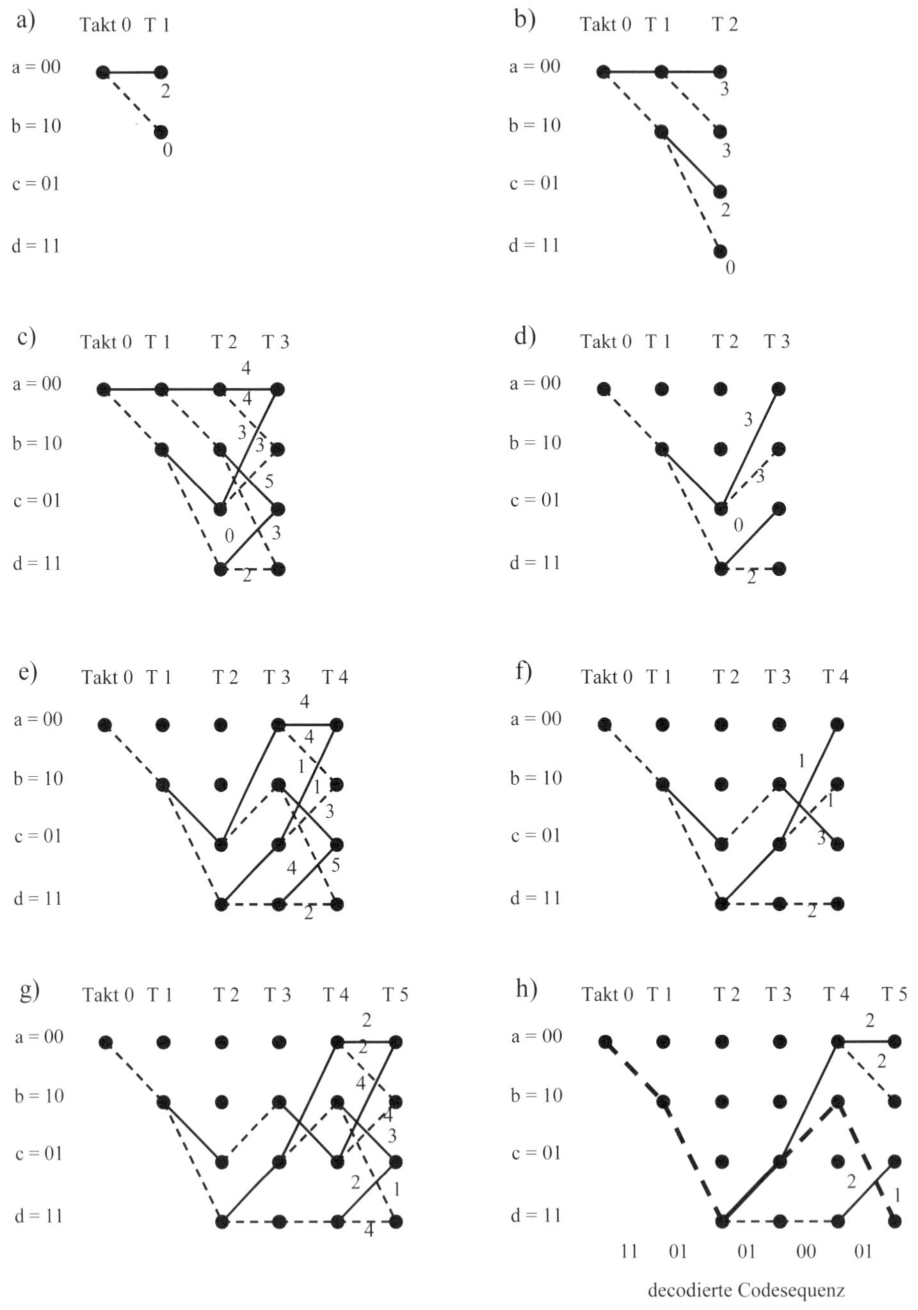

Bild 6.3.6 a) - h): Viterbi-Decodierung für C_E = [1101011001]

Der Viterbi-Algorithmus ermöglicht auch eine einfache Berücksichtigung von sog. "Soft Decision Informationen", d.h., die tatsächliche Signallage geht mit in die Decodierentscheidung ein. Bei der Soft Decision Decodierung (SDD) wird der vor dem Entscheider anliegende Signalpegel im Unterschied zur Hard Decision Decodierung (HDD) A/D- (analog/digital-) gewandelt. Während also bei HDD anhand einer festen Entscheidungsschwelle nur grob zwischen 0 und 1 unterschieden wird, erlaubt es SDD in Kombination mit dem Viterbi-Algorithmus, aus der wirklichen Signallage Zuverlässigkeitsinformationen zu ziehen und diese dann in Form der Pfadmetrik weiterzuverwenden.

Betrachten wir z.B. ein 2ASK-Signal mit den beiden Signalpegeln 0V (log. 0) und 1V (log. 1). Unter der Voraussetzung gleich wahrscheinlicher Eingangszustände 0 und 1 sowie symmetrischer Rauschverteilungsdichten um 0V und 1V, liegt die optimale HDD-Entscheidungsschwelle bei 0,5V, d.h., bei Eingangspegeln größer als 0,5V liefert der Entscheider eine log. 1 und bei Pegeln kleiner als 0,5V eine log. 0 an den Maximum-Likelihood-Decoder.

Ein empfangener Signalpegel von 0,6 V ist aber im Gegensatz zu 0,9 V ein relativ unsicherer Hinweis für eine log. 1. Genauso ist eine Entscheidung für eine log. 0 bei einem Pegel von 0,4 V weniger zuverlässig als bei einem Pegel von 0,2 V. Diese Zuverlässigkeitsinformation geht bei HDD verloren, d.h. nicht in den Decodierprozess ein. Wird nun die Eingangsspannung feiner quantisiert, d.h., es werden zusätzliche Schwellen vorgesehen, so dass Quantisierungsintervalle auf der Spannungsachse entstehen, kann daraus eine Zuverlässigkeitsinformation abgeleitet werden. Nach jedem Takt kann jetzt bei der Decodierung im Trellis-Diagramm für jeden Pfad eine Metrik auf Basis dieser SDD-Zuverlässigkeitsinformation berechnet werden. An Stelle des Hamming-Abstandes bei der HDD-Decodierung tritt nun die feinere SDD-Zuverlässigkeitsinformation. Am Ende des Decodiervorgangs kann für jeden Weg durch das Trellis die akkumulierte Pfadmetrik – und damit die Wahrscheinlichkeit des Pfads – angegeben werden. Man entscheidet sich natürlich für den Pfad mit der höchsten akkumulierten Zuverlässigkeitsinformation.

Bei symmetrischen Gauß'schen Rauschverteilungsdichten, gleich wahrscheinlichen Eingangszuständen log. 0 und log. 1 sowie unendlich feiner Quantisierung liegt der theoretische Grenzwert des SDD-Decodierungsgewinns bei 2,2 dB gegenüber HDD, d.h., die Sendeleistung könnte für die gleiche Bitfehlerquote um 2,2 dB reduziert werden. Bei einer 3-Bit-A/D-Wandlung (8 Quantisierungsintervalle) verringert sich dieser Vorteil lediglich um ca. 0,2 dB. In Fading-Kanälen kann der Gewinn noch größer werden.

Im ersten Takt des Bildes 6.3.6 sei z.B. der empfangene Wert nun nicht 11, sondern 43. Die positiven Werte 4 und 3 werden jeweils als logische "1" interpretiert. Der obere Zweig erwartet aber die Kombination 00, so dass in beiden Binärstellen Abweichungen vorliegen. Bei der SDD führen Abweichungen nun dazu, dass die Werte mit negativem Vorzeichen addiert werden. Bei Übereinstimmungen wird das positive Vorzeichen verwendet. Die Metrik des oberen Zweiges ergibt damit -7 und die des unteren 7. Ausgewählt wird nun jeweils der Weg mit der größeren Metrik, d.h. der Weg mit der größeren Zuverlässigkeit. Die weitere Vorgehensweise ist wie oben bei der HDD-Decodierung beschrieben.

Der Viterbi-Decoder muss eine gewisse Zahl von möglichen Pfaden im Trellis beobachten, d.h. speichern, bis zum Zeitpunkt der Entscheidung für oder gegen einen Pfad. Aus Speicherplatz- und Rechenzeitgründen berücksichtigt man i.d.R. nicht mehr als ca. $5k(N\text{-}1)$ Pfadlängen. Die Speichergröße S, die zur Viterbi-Decodierung benötigt wird, beträgt daher

$$S = 5 \cdot 2^{k(N-1)} \cdot k(N-1) \qquad (6.3.2)$$

In praktischen Realisierungen verwendet man kaum eine größere Einflusstiefe als etwa $N = 10$.

6.3.4 Korrektureigenschaften

Da Faltungscodes lineare Codes sind, genügt es, zur Beschreibung der Korrektureigenschaften den minimalen Hamming-Abstand zwischen allen Codesequenzen und der Nullsequenz zu betrachten. Dieser Wert wird als freie Distanz d_f bezeichnet.

Die Anzahl der korrigierbaren Fehler f_k ist ähnlich wie in Gl.(6.1.6) gegeben durch

$$f_k = \begin{cases} \dfrac{d_f - 2}{2} & \text{für } d_f \text{ gerade} \\[2ex] \dfrac{d_f - 1}{2} & \text{für } d_f \text{ ungerade} \end{cases} \quad . \qquad (6.3.3)$$

Eine Abschätzung des maximalen Codierungsgewinns G_C ist

$$G_C \leq 10 \cdot \log(10\, r\, d_f) \qquad (6.3.4)$$

mit der in Gl.(6.1.2) definierten Coderate *r*. Tabelle 6.3.3 [SKL88] zeigt für einige *r* und *N* den Codierungsgewinn bei Soft Decision Viterbi-Decodierung. Dabei zeigt die linke Spalte das E_b/N_0 des uncodierten Falles für kohärenten Empfang eines BPSK-Signals (siehe Abschnitt 5.3.2).

Tabelle 6.3.3: Codierungsgewinn [dB] für SDD-Viterbi-Decodierung

BER	keine Cod. [dB]	$r = 1/3$ N=7; N=8	$r = 1/2$ N=5; N=6; N=7	$r = 2/3$ N=6; N=8	$r = 3/4$ N=6; N=9
10^{-3}	6,8	4,2 4,4	3,3 3,5 3,8	2,9 3,1	2,6 2,6
10^{-5}	9,6	5,7 5,9	4,3 4,6 5,1	4,2 4,6	3,6 4,2

6.3.5 Terminierung

Anders als die codeblockorientierten Blockcodes aus Abschnitt 6.2 arbeiten Faltungscodes "stromorientiert", d.h., theoretisch sind die Codesequenzen unendlich lang. Da bei praktischen Anwendungen grundsätzlich Codesequenzen endlicher Länge für Eingangsdatenblöcke endlicher Länge verwendet werden, müssen die Codewortsequenzen von Faltungscodes geeignet längenbegrenzt werden. Hierzu gibt es drei Methoden: "Truncation", Terminierung und das sog. "Tail-Biting".

Bei der einfachsten Methode, der "Truncation" (*dt.* Abschneidung), wird die Ausgabe des Faltungscoders einfach beendet, unabhängig davon, in welchem Zustand sich dieser befindet. Man kann jedoch zeigen, dass bei diesem Verfahren die am Ende eines Blocks übertragenen Informationsbits wesentlich schlechter gegen Bitfehler geschützt sind als die anderen Bits[BOS98].

Dieser Nachteil kann durch eine Terminierung des Trellis behoben werden. Zu diesem Zweck wird die Eingangsdatensequenz um Nullen ergänzt, so dass sich am Ende der Codesequenz der Faltungscoder wieder im Initialisierungszustand Null (alle Schieberegisterspeicher = 0) befindet. Da die Nullen zusätzlich zu den Informationsbits codiert werden müssen, reduziert sich daher die Coderate *r* geringfügig.

Soll auch der Nachteil einer reduzierten Coderate vermieden werden, kann das "Tail-Biting" verwendet werden. Hierbei wird der Coder bereits in dem Zustand gestartet, in dem er sich nach der Codierung des Datenblocks befindet. Dies setzt natürlich die Kenntnis der gesamten Eingangsdatensequenz vor der Codierung voraus und erfordert eine u.U. zeitaufwendige Vorausberechnung des Endzustands. Die Vorteile sind jedoch, dass alle Informationsbits gleich gut gegen Fehler geschützt werden und dafür keine zusätzlichen Codeworte übertragen werden müssen. Die Coderate bleibt somit unverändert.

6.3.6 Punktierung

Unter Punktierung versteht man das periodische Streichen von bestimmten Codebits aus der Codesequenz eines sog. Mutter- oder Basiscodes. Es entsteht ein vom Muttercode abgeleiteter Faltungscode mit höherer Coderate r. Punktierte Faltungscodes haben große praktische Bedeutung, da mit ihnen fast beliebige Coderaten erzeugt werden können. Besonders interessant ist die Punktierung zur Konstruktion von hochratigen Codes, d.h. Codes mit Coderaten $r > ½$.

Hochratige Codes mit großen k weisen eine hohe Decodierkomplexität auf, da in jedem Knoten des Trellis 2^k Pfade zusammenlaufen, aus denen dann durch Vergleich der beste, d.h. derjenige mit der größten Pfadmetrik, ausgewählt werden muss. Ein CC(n,k,N) Muttercode besitzt $2^{(N-1)k}$ Zustände bzw. Knotenpunkte pro Takt im Trellis. Insgesamt müssen also nach jedem Taktschritt $2^{(N-1)k} \cdot (2^k-1)$ paarweise Vergleiche der Pfadmetriken erfolgen. Dies macht die hohe Decodierkomplexität von hochratigen Faltungscodes aus.

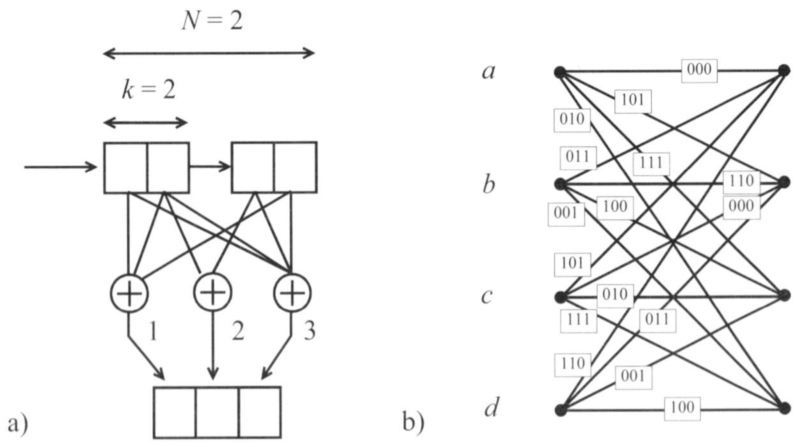

Bild 6.3.7: Coder (a) und Trellis-Diagramm (b) eines CC(3,2,2) Faltungscodes

Beispiel 6.3.5: Wir betrachten den in Bild 6.3.7a) gezeigten CC(3,2,2) Faltungscode der Coderate $r = 2/3$. Die Verbindungsvektoren sind $G_1 = [1101]$, $G_2 = [0110]$ und $G_3 = [1111]$. Bei jedem Takt werden $k = 2$ Datenbits eingelesen und $n = 3$ Codebits ausgegeben. Es existieren $2^{(N-1)k} = 2^2 = 4$ Coderzustände, und – nach der Einlaufphase von N Takten – laufen in jedem Trellis-Knoten $2^k = 2^2 = 4$ Pfade zusammen. In jedem Knoten werden also $2^k - 1 = 3$ paarweise Vergleiche der Pfadmetrik notwendig. Insgesamt müssen damit $2^{(N-1)k} \cdot (2^k\text{-}1) = 12$ Vergleiche stattfinden.

Codes mit großem k können alternativ aber auch durch Punktierung eines Muttercodes mit kleinerem k bzw. $k = 1$ konstruiert werden. Hierzu wird eine Punktierungsmatrix $\mathbf{P}$ mit den Matrixelementen $p_{ij} \in \{0,1\}$ definiert, die angibt, an welchen Stellen periodisch aus den Codebits des Muttercodes Bits gestrichen werden. Die Spaltenzahl von $\mathbf{P}$ ist gleich der Streichungsperiode, die Zeilenzahl entspricht n. Ein Element $p_{ij} = 0$ bedeutet, dass das i-te Codebit des Muttercodes an j-ter Stelle der Streichungsperiode nicht gesendet wird; $p_{ij} = 1$ bedeutet entsprechend, dass das zugehörige Codebit ausgegeben wird.

Beispiel 6.3.6: Bild 6.3.8a) zeigt den CC(2,1,3) Faltungscoder mit $r = ½$ aus Bild 6.3.2, der, nun mit einer Punktierungsmatrix

$$\mathbf{P} = \begin{pmatrix} 1 & 1 \\ 1 & 0 \end{pmatrix}$$

versehen, zu einem punktierten Faltungscode PCC(2,1,3) (*engl.* <u>P</u>unctured <u>C</u>onvolutional <u>C</u>ode) der Coderate $r = 2/3$ wird. Aus jedem zweiten Codewort aus jeweils $n = 2$ Bit des Muttercodes wird das zweite Codebit gestrichen (punktiert). Der Muttercode CC(2,1,3) generiert aus zwei Informationsbits insgesamt 4 Codebits (2 Codeworte). Beim daraus abgeleiteten punktierten Code PCC(2,1,3) werden jedoch nur 3 Codebits ausgegeben, d.h., die Coderate beträgt jetzt $r = 2/3$, genau wie bei dem in Beispiel 6.3.5 behandelten CC(3,2,2) Code ohne Punktierung.

Bild 6.3.8b) zeigt das zugehörige Trellis-Diagramm des PCC(2,1,3) (ohne Einlaufphase) für zwei Taktschritte. Im ersten Taktschritt ist bei diesem Beispiel das Trellis identisch zu dem des Muttercodes CC(2,1,3). Erst im jeweils zweiten Takt einer Periode aus zwei Takten tritt die Punktierung in Erscheinung. In Bild 6.3.8b) wird sie durch ein "x" bei den Coder-Ausgangssymbolen sichtbar. An diesen Stellen würde beim Muttercode ein Codebit gesendet, welches aber beim punktierten Code gestrichen wurde. Wäre beispielsweise die Eingangssequenz $D = [1011]$ ausgehend vom Coderzustand a zu codieren, ergäbe sich beim Muttercode die Codesequenz $C_M = [11,10,00,01]$. Der punktierte Code liefert jedoch C_P

= [11,1,00,0]. Da der empfangsseitige Decoder die Punktierungsmatrix kennt, kann der punktierte Code wieder fehlerfrei decodiert werden.

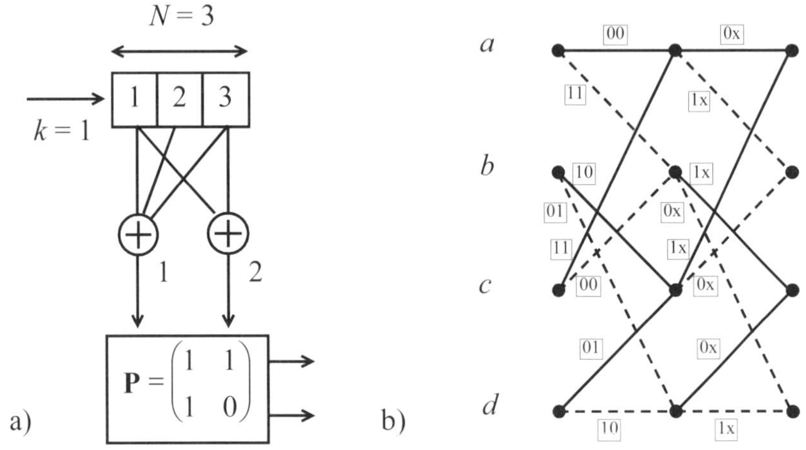

Bild 6.3.8: Coder (a) und Trellis-Diagramm (b) eines PCC(2,1,3) Faltungscodes

Vergleichen wir die Decodierkomplexität des CC(3,2,2) aus Beispiel 6.3.5 mit der des PCC(2,1,3) aus Beispiel 6.3.6 (beide gleiche Coderate r = 2/3), stellen wir fest, dass nun erheblich weniger Pfadvergleiche durchzuführen sind. Beim CC(3,2,2) werden in jedem Taktschritt 12 paarweise Vergleiche der Pfadmetrik erforderlich, während beim PCC(2,1,3) nur 4 Vergleiche notwendig sind.

Die Punktierung eines Muttercodes führt immer zu einer Verringerung der freien Distanz d_f, d.h. zu einer reduzierten Korrekturfähigkeit. So reduziert sich die freie Distanz bei den Codes aus Beispiel 6.3.6 von $d_f = 5$ (Muttercode) auf $d_f = 3$ (punktierter Code). Gegenüber dem nicht-punktierten Faltungscode CC(3,2,2) aus Beispiel 6.3.5 wird d_f durch die Punktierung nicht reduziert.

Ein punktierter Faltungscode gegebener Coderate kann von unterschiedlichen Muttercodes abgeleitet werden. Ebenso existieren durch Permutation der Punktierungsmatrix unterschiedliche Möglichkeiten der Punktierung bei einem gegeben Muttercode. Es ist natürlich wünschenswert, bei gegebener Coderate den punktierten Code mit der höchsten freien Distanz zu finden. Zur Lösung dieser Aufgabe ist man allerdings auf Rechnersimulationen angewiesen, d.h., verschiedene mögliche Codes gleicher Coderate r und Einflusstiefe N werden im Rechner miteinander verglichen und der beste wird anschließend ausgewählt.

6.3.7 Codeverkettung

Für jeden Kanalcode gibt es einen optimalen E_b/N_0-Arbeitsbereich, $E_b/N_0 > (E_b/N_0)_S$ (siehe Bild 6.1.2), ab dem ein Einsatz des Codes erst sinnvoll ist. Es muss dafür gesorgt werden, dass im geplanten E_b/N_0-Arbeitsbereich die Korrekturfähigkeit des Codes ausreichend ist, um eine bestimmte Ziel-Bitfehlerrate nicht zu überschreiten. Bei "schlechten" Übertragungskanälen, wie z.B. dem Mobilfunkkanal, kann es daher erforderlich werden, durch einen "robusten" Code (sog. innerer Code) in einem ersten Schritt zunächst eine reduzierte Bitfehlerquote zu erreichen, die dann von einem nachgeschalteten (äußeren) Code weiter auf die Ziel-Bitfehlerquote gebracht wird (siehe Bild 6.3.9).

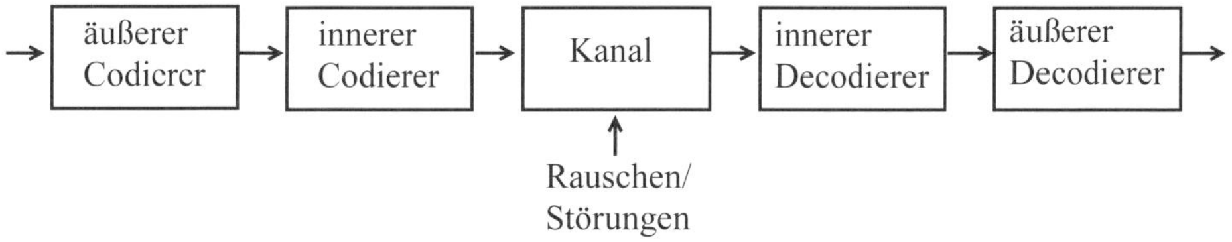

Bild 6.3.9: Codeverkettung

Diese sogenannte Codeverkettung (*engl.* Concatenated Coding) wurde bereits im Jahre 1966 durch Forney [FOR66] untersucht. Er zeigte u.a., dass die Komplexität der Decodierung eines verketteten Codes niedriger ist als die eines entsprechend leistungsfähigen Gesamtcodes.

Als innerer Code, der unmittelbar dem Mobilfunkkanal folgt, wird häufig ein Faltungscode verwendet. Dieser innere Code wird von einem als äußerer Code bezeichneten Code umschlossen. Oft wird hier ein leistungsfähiger Blockcode mit hoher Coderate, z.B. ein RS-Code (siehe Abschnitt 6.2.4) verwendet. Je nach Design des verketteten Codes kann auch "Soft Decision Decodierung" der Faltungscodes zur Geltung kommen.

Eine Codeverkettung kann leicht zu einem sog. "harten Ausstiegsverhalten" führen, d.h., die Bitfehlerquote eines Übertragungssystems nimmt sprunghaft zu, wenn das Signal-/Rauschverhältnis E_b/N_0 geringfügig reduziert wird.

6.4 Interleaving

Unter Interleaving versteht man die Umordnung und zeitliche Spreizung von Symbolen auf eindeutige, deterministische Weise [SKL88]. Der Grund dafür ist, dass die meisten Block- oder Faltungscodes statistisch unabhängige Einzelfehler "benötigen", d.h., der Kanal sollte gedächtnislos sein. Typische zeitliche Fehlerverteilungen sind nicht zufällig. Vielmehr treten die Fehler, z.B. hervorgerufen durch einen Fading-Einbruch, als Bündelfehler (teilweise auch Burst- oder Büschelfehler genannt) auf, d.h., es liegt ein Kanal mit Gedächtnis vor. Durch geeignetes Interleaving kann man die Bündelfehler derart verteilen, dass der Kanal annähernd gedächtnislos wird. Als Nachteil kann sich die damit verbundene höhere Verzögerung erweisen. Interleaving ist im Allgemeinen dann eine leistungsstarke Technik, wenn die Fehlerrate zeitlich "ausreichend" schnell schwankt. Dies setzt meistens eine genügend hohe Geschwindigkeit der Mobilstation (MS) voraus, da bei stationären MS die Zeitvarianz des Mobilfunkkanals oft zu gering ist. Eine Möglichkeit, die Zeitvarianz zu erhöhen, ist das in Kapitel 7 behandelte Frequenzspringen.

6.4.1 Diagonales Interleaving

Die Funktionsweise des Interleaving kann am besten an Hand eines einfachen Beispiels, hier ein diagonaler Interleaver [STE92], veranschaulicht werden.

Beispiel 6.4.1, Diagonaler Interleaver. Es wird angenommen, dass die digitalen Symbole der Datenquelle in Blöcken zu je 4 Symbolen vorliegen. Ohne Interleaving werden nacheinander die Symbole

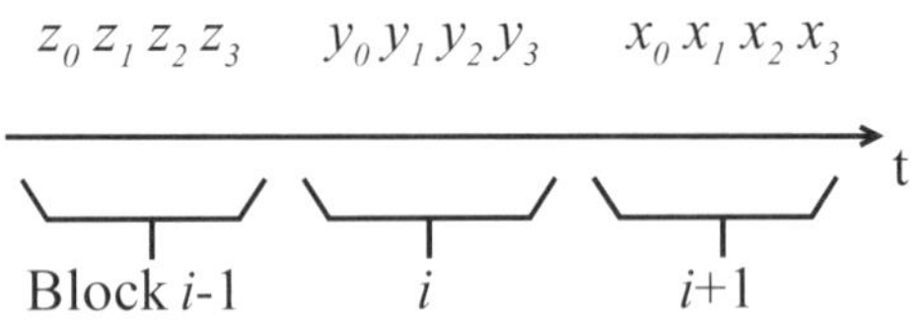

der drei Blöcke i-1, i und i+1 übertragen. Wird der (i-1)-te Block während eines Fading-Einbruchs gesendet, ist die Wahrscheinlichkeit für Übertragungsfehler hoch. Daher sollen die drei Symbole $z_1 z_2 z_3$ gestört sein. Es treten also drei Symbolfehler im (i-1)-ten Block und keiner in den beiden anderen Blöcken auf.

Für den Fall, dass Interleaving verwendet wird, sieht die Situation folgendermaßen aus: Die drei Blöcke werden um jeweils zwei Stellen versetzt untereinander angeordnet. Anschließend bildet man die neuen Blöcke durch diagonales und vertikales Lesen,

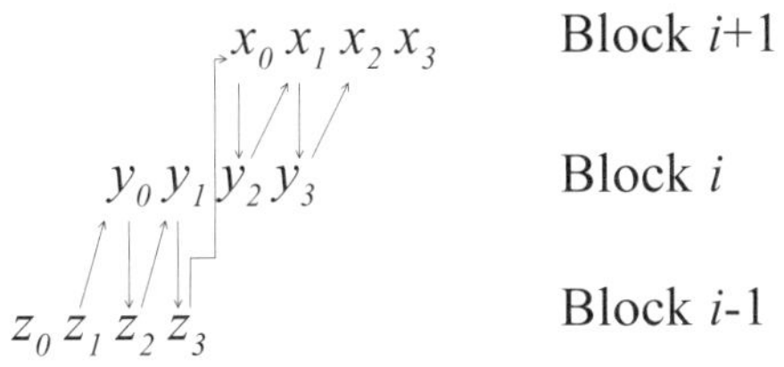

so dass nun folgende Symbolreihenfolge gesendet wird

$$\ldots z_1 y_0 z_2 \;\; y_1 z_3 x_0 y_2 \;\; x_1 y_3 x_2 \ldots$$

Dadurch erhält man quasi drei neue Blöcke. Es ist ersichtlich, dass der Büschelfehler (gleiche Fehlerposition wie oben) nun die Symbole $z_1 y_0 z_2$ betrifft. Deinterleaving wird entsprechend reziprok durchgeführt. Man sieht unmittelbar, dass nach dem Deinterleaving der Büschelfehler zeitlich auf zwei der ursprünglichen Blöcke verteilt ist. In diesem Beispiel wird die Anzahl der Fehler pro Block reduziert (von 3 auf 2 bzw. 1). Die bei der Übertragung auftretende Ende-zu-Ende Verzögerung (*engl.* End to End Delay) wird allerdings um $K \cdot I$·Bitdauer erhöht, wobei K die Anzahl der Bits pro Block ist und I die Anzahl der Blöcke, auf die die Bits eines Blocks verteilt werden. I nennt man auch **Interleaving-Tiefe**. Außerdem wird beim Empfänger ein $K \cdot I$ Bit großer Speicher benötigt. Man erkennt hier die typische Optimierungsaufgabe beim Design eines Interleavers: Der optimale Kompromiss zwischen Reduktion der Fehler pro Block und der zusätzlichen Verzögerung.

6.4.2 Block-Interleaving

Bei diesem Interleaver wird jeweils ein Block in die Spalten einer Matrix eingetragen, welche dann zeilenweise ausgelesen wird. Dies geschieht sowohl auf der Sende- als auch auf der Empfangsseite, so dass anschließend wieder die ursprüngliche Symbolfolge gelesen werden kann.

Ein Block-Interleaver hat folgende Eigenschaften (l, b, N {Anzahl der Spalten}, M {Anzahl der Zeilen} $\in \mathrm{N}_0$):

- Büschelfehler der Länge $l \leq N$ resultieren in Einzelfehlern pro Block.
- Büschelfehler der Länge $l = b \cdot N$ resultieren in höchstens b Einzelfehlern pro Block.
- Periodische Fehler mit N Symbolen Abstand erhöhen die Blockfehlerrate.
- Die Ende-zu-Ende Verzögerung beträgt $2 \cdot (M \cdot N - M + 1)$.
- Der benötigter Speicher ist $M \cdot N$.

Beispiel 6.4.2, Block-Interleaver. Es wird wieder angenommen, dass die digitalen Symbole der Datenquelle in Blöcken zu je 4 Symbolen vorliegen, die der Einfachheit halber mit den Ziffern 1,2,3,4 5,6,7,8 usw. bezeichnet werden. Ohne Interleaving lauten die gesendeten Symbole:

1,2,3,4 5,6,7,8 9,10,11,12 13,14,15,16 17,18,19,20 21,22,23,24

Block Interleaver: $N = 6$ Spalten Output in dieser Richtung lesen →

$M = 4$ Zeilen	1	5	9	13	17	21
	2	6	10	14	18	22
	3	7	11	15	19	23
	4	8	12	16	20	24

Nach Interleaving wird folgende Symbolreihenfolge gesendet: 1,5,9,13 17,21,2,6 ...

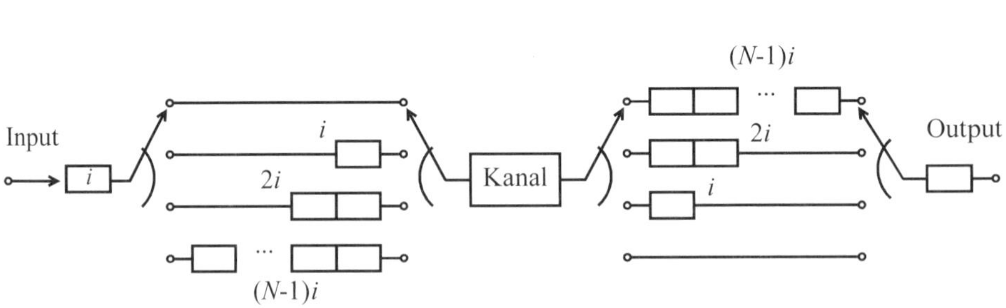

Bild 6.4.1: Prinzipieller Aufbau eines Faltungs-Interleavers und -Deinterleavers

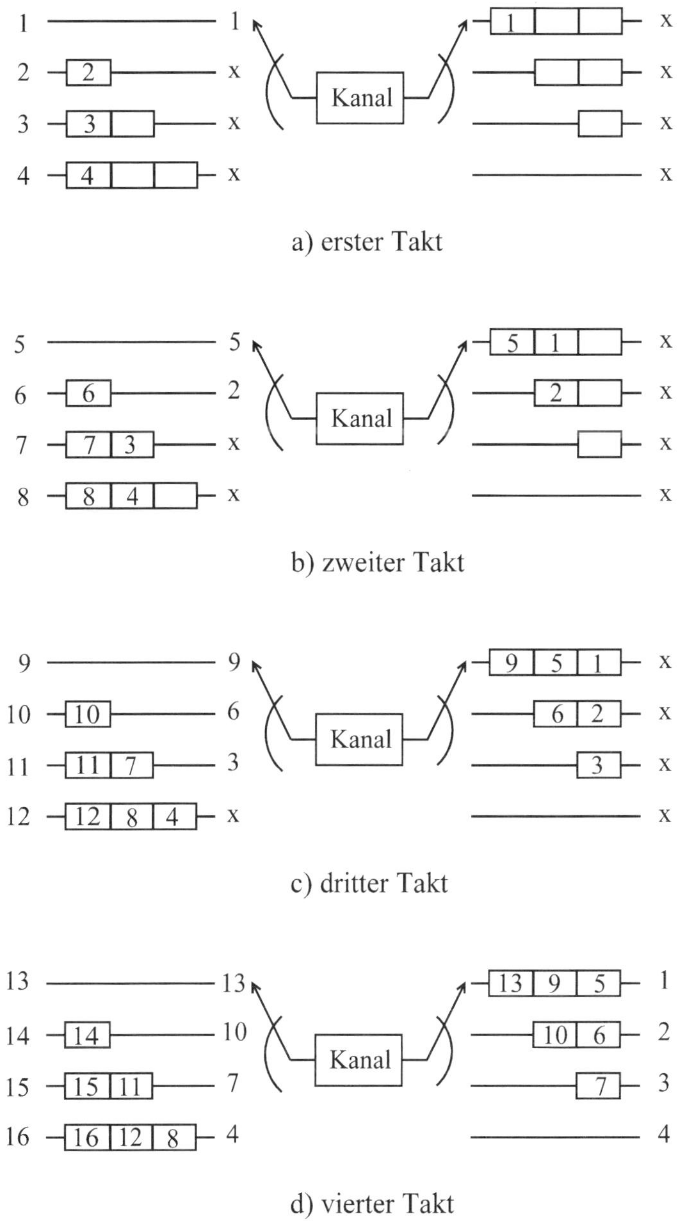

Bild 6.4.2: Faltungs-Interleaver des Beispiels 6.4.3

6.4.3 Faltungs-Interleaving

Bild 6.4.1 zeigt den prinzipiellen Aufbau eines Faltungs-Interleavers. Die je M Symbole der einzelnen Blöcke werden in N-1 Register der Symboltiefe $i{\cdot}j$, mit $i \in N_0$ und $j = 0,1,2, \ldots N$-1 geschrieben und mittels Schalter abgegriffen. Beispiel 6.4.3 verdeutlicht die Funktionsweise.

Im Vergleich zum Block-Interleaver

- sind die Fehlerreduktionseigenschaften pro Block ähnlich,
- ist die Ende-zu-Ende Verzögerung geringer: $M(N$-1), mit $M = N{\cdot}$i,
- ist der benötigte Speicher mit $M(N$-1)/2 halbiert.

Beispiel 6.4.3, Faltungs-Interleaver. Gegeben sei der in Bild 6.4.2 gezeigte Faltungs-Interleaver. Es wird wie in Beispiel 6.4.2 angenommen, dass die digitalen Symbole der Datenquelle in Blöcken von 4 Symbolen vorliegen. Ohne Interleaving lauten die gesendeten Symbole: 1,2,3,4 5,6,7,8 9,10,11,12 13,14,15,16 ...

Pro Takt werden die Symbole ein Register nach rechts geschoben. Gleichzeitig greifen die Schalter synchron die jeweiligen Werte von oben nach unten ab. Nach dem Interleaving lautet die Sendefolge: 1,5,2,9 6,3,13,10 7,4,...

6.5 Turbo-Codes

Forney zeigte bereits 1966 [FOR66], dass die serielle Verkettung von Codes zu hohen Codierungsgewinnen bei relativ niedriger Komplexität führen kann (siehe Abschnitt 6.3.7). Erst 1993 wurde durch Berrou, Glavieux und Thitimajshima [BER93] eine Möglichkeit vorgestellt, wie durch paralleles Verketten von Faltungscodes und eine iterative Decodierung sehr leistungsfähige Kanalcodes erstellt werden können, mit denen es sogar möglich ist, bis auf wenige Zehntel-dB an die Shannon-Grenze heranzukommen. Die Erfinder dieser Codes führten den Namen Turbo-Codes ein. Er bezieht sich auf den iterativen Decodierprozess, bei dem aus dem jeweils vorhergehenden Decodierschritt sogenannte "Soft-Information" wieder an den Decoder zurückgeführt wird.

6.5.1 Turbo-Coder

Ein Turbo-Coder besteht aus zwei rekursiven, systematischen Faltungscodes (RSC-Codes, *engl.* Recursive Systematic Convolutional), die durch einen Interleaver getrennt sind. Der Unterschied zu den in Abschnitt 6.3.7 vorgestellten seriell-verketteten Codes besteht darin, dass die beiden Komponenten-Codes nun parallel-verkettet sind und mit denselben Eingangs-Datenbits angesteuert werden. Deshalb bezeichnet man diese Codes auch als PCC- (*engl.* Parallel Concatenated Convolutional) Codes.

Bild 6.5.1 zeigt einen Turbo-Code der Coderate $r = 1/3$, welcher aus zwei identischen systematischen Faltungscodes (RSC-Codes) der jeweiligen Coderate $r = 1/2$ besteht. Der Coder RSC2 erhält jedoch die Eingangsdaten über einen Interleaver. Von den systematischen Faltungscodes wird nur die Paritätsinformation (Redundanz) ausgegeben. Es entsteht ein Strom von Codewörtern aus den nichtcodierten Eingangs-Datenbits und zwei Paritätsbits.

RSC-Codes lassen sich mit einer Generator-Matrix $\mathbf{G}(D)$ beschreiben. Für die RSCs mit Coderate $r = 1/2$ aus Bild 6.5.1 erhält man beispielsweise

$$\mathbf{G}(D) = \begin{bmatrix} 1 & \dfrac{\mathbf{g}_2(D)}{\mathbf{g}_1(D)} \end{bmatrix} \tag{6.5.1}$$

wobei $\mathbf{g}_1(D)$ und $\mathbf{g}_2(D)$ Generatorpolynome des Grads ν sind. Ein Codewort $\mathbf{c}_{\mathbf{RSC}}$ ergibt sich aus

$$\mathbf{c}_{\mathbf{RSC}} = \mathbf{d} \cdot \mathbf{G}(D) \tag{6.5.2}$$

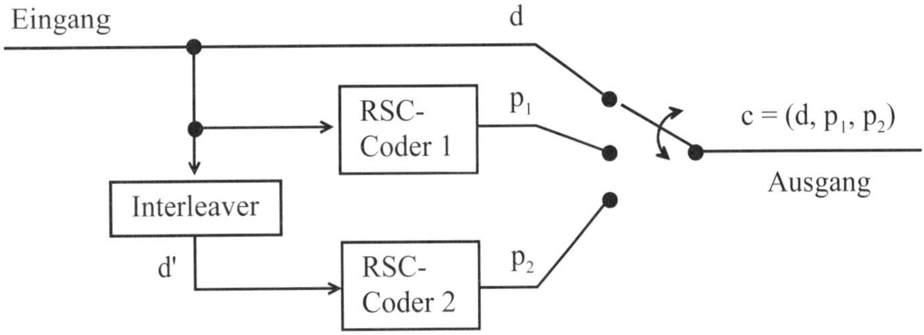

Bild 6.5.1: Turbo-Coder der Coderate $r = 1/3$

mit der Eingangsbitsequenz **d**. Ein nicht-rekursiver Faltungscode hätte zum Vergleich eine Generatormatrix der Form $\mathbf{G}_{NRSC}(D) = [\mathbf{g}_1(D)\ \mathbf{g}_2(D)]$, erzeugt also eine Ausgangs-Codewortsequenz $[\mathbf{d}(D)\cdot\mathbf{g}_1(D)\ \ \mathbf{d}(D)\cdot\mathbf{g}_2(D)]$. Eine identische Ausgangssequenz würde mit dem rekursiven RSC-Code durch die Eingangssequenz $\mathbf{d}(D)\cdot\mathbf{g}_1(D)$ hervorgerufen, denn $\mathbf{d}(D)\cdot\mathbf{g}_1(D)\cdot\mathbf{G}(D) = [\mathbf{d}(D)\cdot\mathbf{g}_1(D)\ \ \mathbf{d}(D)\cdot\mathbf{g}_2(D)]$.

Beispiel 6.5.1: RSC-Coder. Wir betrachten einen RSC-Coder der Coderate r = 1/2 mit der Generatormatrix

$$\mathbf{G}(D) = \left[1 \quad \frac{1+D^2+D^3+D^4}{1+D+D^4}\right] \tag{6.5.3}$$

und dem daraus resultierenden, in Bild 6.5.2 dargestellten Aufbau. Die (systematischen) Codeworte ergeben sich aus der abwechselnden Aussendung von einem Informationsbit d und einem Paritätsbit p.

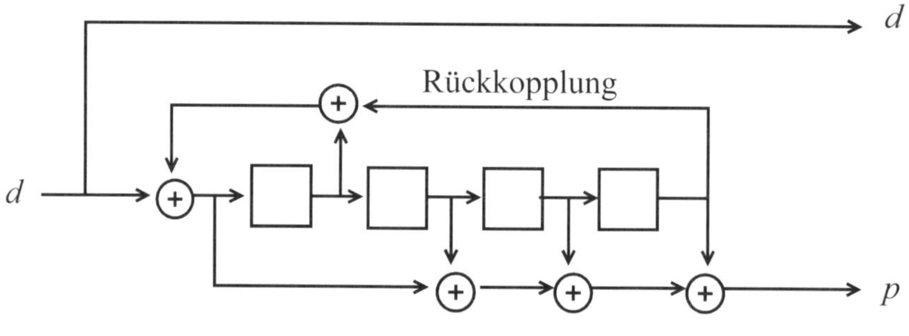

Bild 6.5.2: RSC-Coder aus Beispiel 6.5.1

Das Rückkopplungspolynom in Beispiel 6.5.1 $\mathbf{g}_1(D) = 1 + D + D^4$ ist ein primitives Polynom vom Grad $\nu = 4$. Durch die rekursive Arbeitsweise des RSC-Coders entsteht im Allgemeinen als Reaktion auf eine endliche Eingangsfolge eine unendlich lange Ausgangsfolge. Im Unterschied zu den nicht-rekursiven Faltungscodes ist es nicht möglich, den Trellis durch Anhängen von ν Nullen zu terminieren (siehe Abschnitt 6.3.5). Eine endliche Ausgangsfolge entsteht für nicht-triviale $\mathbf{G}(D)$ nur bei Eingangsfolgen des Hamming-Gewichts 2 der Form $\mathbf{d}(D) = D^j\ (1 + D^{q-1})$, $j \geq 0$, $q = 2^\nu$. Wenn das Rückkopplungspolynom $\mathbf{g}_1(D)$ ein primitives Polynom des Grades ν ist, ergibt sich eine endliche Ausgangsfolge der Länge 2^{ν}-1. Mit $\mathbf{d}(D) = 1 + D^{15}$ erhält man so eine Codewortsequenz

$$[1 + D^{15}, (1 + D + D^2 + D^3 + D^5 + D^7 + D^8 + D^{11})(1 + D^2 + D^3 + D^4)] =$$

$$[1 + D^{15}, 1 + D + D^3 + D^4 + D^7 + D^8 + D^{11} + D^{12} + D^{13} + D^{14} + D^{15})] .$$

Der in Bild 6.5.1 aufgeführte Interleaver hat die Aufgabe, die Eingangsfolgen der beiden RSC-Coder zu dekorrelieren und aus den Komponenten-Faltungscodern mit ihrer relativ geringen Einflusstiefe einen langen Blockcode zu bilden. Der Interleaver erzeugt aus einem Block von N_I Eingangsbits einen pseudo-zufällig umgeordneten Block gleicher Länge. Die Dekorrelationseigenschaften des Interleavers sind von großer Bedeutung, denn nur wenn die Eingangssequenzen der beiden RSC-Coder möglichst dekorreliert sind, kann ein leistungsfähiger Decoder im Empfänger realisiert werden. Der Empfänger besteht aus zwei Komponenten-Decodern mit einem suboptimalen iterativen Decodier-Algorithmus, der auf einem Informationsaustausch zwischen den beiden Decodern basiert. Wenn die Eingänge der beiden Decoder dekorreliert sind, besteht eine hohe Wahrscheinlichkeit dafür, dass nach der Korrektur einiger Fehler mit dem ersten Decoder die restlichen Fehler mit dem zweiten Decoder korrigiert werden können. Die genaue Arbeitsweise des Interleavers muss dem Empfänger bekannt sein, damit dort eine inverse Operation durchgeführt werden kann.

Um Turbo-Codes höherer Coderate zu erzeugen, kann Punktierung eingesetzt werden. Die Aufgabe des Punktierers entspricht der in Abschnitt 6.3.6 für Faltungscodes dargestellten, nämlich periodisch einige Ausgangsbits auszublenden und so den Anteil an Codewort-Redundanz zu reduzieren. Für den iterativen Decodierprozess ist es vorteilhaft, nur Paritätsbits und nicht die systematischen Informationsbits wegzulassen, obwohl es nach derzeitigem Forschungsstand keine Garantie dafür gibt, dass dies in allen Fällen zu einer maximalen Distanz der Codeworte führt. Um z.B. aus dem Turbo-Coder nach Bild 6.5.1 mit der Coderate von $r = 1/3$ einen solchen mit Coderate 1/2 zu erzeugen, kann beispielsweise so vorgegangen werden, dass alle geradzahligen Paritätsbits von $\mathbf{P}_1$ und alle ungeradzahligen von $\mathbf{P}_2$ weggelassen werden.

6.5.2 Turbo-Decoder

Die hohe Fehlerkorrekturfähigkeit von Turbo-Codes wird maßgeblich durch die besondere Art der Decodierung bestimmt. Turbo-Decoder bestehen aus zwei (prinzipiell auch aus mehr) Teil-Decodern, die Zuverlässigkeitsinformationen, sog. "Soft-Information" (siehe auch "Soft Decision Decoding", Abschnitt 6.3.3), über die von ihnen decodierten Bits austauschen. Bild 6.5.3 zeigt das Prinzip der iterativen Decodierung. Die Eingangsdaten, bestehend aus den Informationsbits und den zugehörigen Paritätsbits, werden zunächst im Decoder 1 decodiert und als Soft-Information, welche ein Maß für die Wahrscheinlichkeit einer log. "0" bzw. "1" darstellt, nach Interleaving an den Decoder 2 weitergegeben. Dieser kann unter Einbeziehung der Zuverlässigkeitsinformationen eine verbesserte Korrektur der Bitsequenz durchführen und seinerseits "Soft-Information" generieren, welche dann über einen Deinterleaver zurück an Decoder 1 gegeben wird. Der Vorgang kann mehrere Male fortgesetzt werden. Die Rückkopplung von "Soft-Information" ist das wesentliche Charakteristikum des Turbo-Decoders; daher auch der Name als Analogon zum Turbo-Motor.

Bild 6.5.4 zeigt einen Turbo-Decoder für den $r = 1/3$ Coder aus Bild 6.5.1. Der MAP- (maximum aposteriori) Decoder 1 berechnet die a priori Wahrscheinlichkeiten für das Auftreten einer log. "1" bzw. log. "0" aus den empfangenen Informationsbits $\mathbf{r}_d$ und den empfangenen Paritätsbits $\mathbf{r}_{p1}$ des ersten RSC-Coders unter Zugrundelegung des entsprechenden Trellis-Diagramms. Zusammen mit der Soft-Information des letzten Iterationsschritts berechnet er ferner die Soft-Information Λ_{1e}. Der MAP-Decoder 2 macht dasselbe für die verschachtelte Informationsbitsequenz nebst zugehöriger Paritätsinformation $\mathbf{r}_{p2}$ des zweiten RSC-Coders. Nach einigen Iterationsschritten ergeben sich keine weiteren Verbesserungen, und die decodierten Informationsbits werden ausgegeben.

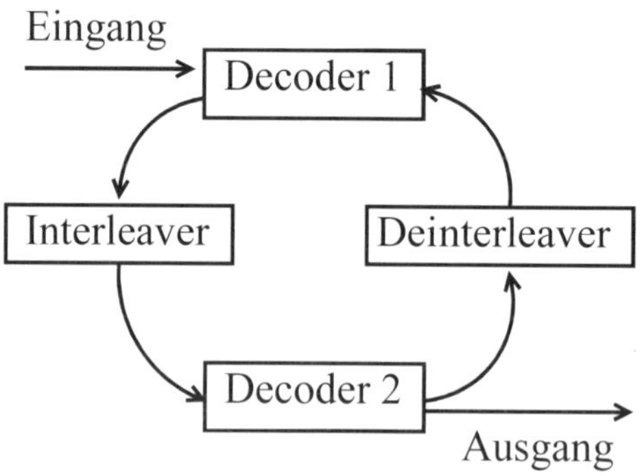

Bild 6.5.3: Prinzip der iterativen Decodierung

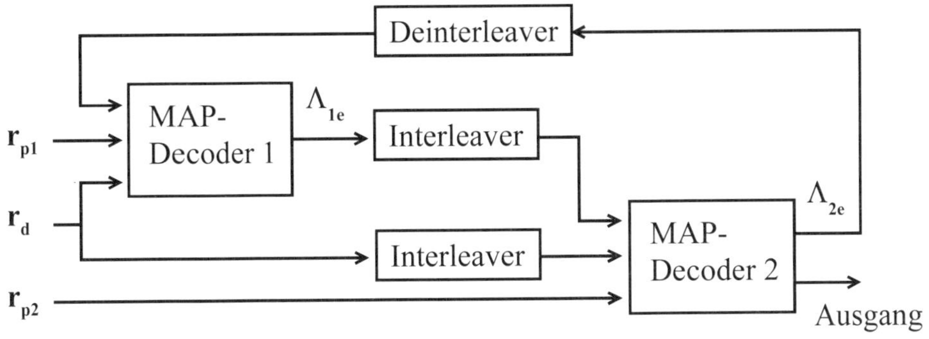

Bild 6.5.4: Turbo-Decoder

6.6 ARQ-Protokolle

Verbindet man die in Abschnitt 6.2.2 behandelten CRC-Fehlererkennungsverfahren mit einem der Protokolle der nun vorgestellten ARQ- (*engl.* Automatic Repeat Request) Methoden, erhält man einen sehr leistungsstarken Fehlerschutz. Ein wesentlicher Unterschied zur FEC- (*engl.* Forward Error Correction) Kanalcodierung ist, dass ein Rückkanal benötigt wird. Die ARQ-Methode wird insbesondere zur Übertragung von Datendiensten, die eine geringe Bitfehlerrate (BER, *engl.* Bit Error Rate) erfordern, verwendet. Die wichtigsten ARQ-Protokolle sind:

a) "Stop and Wait" (S&W): Der Sender wartet mit dem Übermitteln der nächsten Nachricht, die in Form von Datenblöcken gesendet wird, bis er vom Empfänger eine Rückmeldung (ACK, *engl.* Acknowledgement) über den fehlerfreien Empfang der ersten Nachricht erhalten hat (Bild 6.6.1). Bei einem Fehler und entsprechender Fehlermeldung (NACK, *engl.* Negative Acknowledgement) wird die gleiche Nachricht noch einmal gesendet. Die Vorteile dieses Verfahrens sind die Einfachheit und dass es im Halbduplex-Betrieb arbeitet. Damit das Protokoll noch funktioniert, wenn die Rückmeldung verloren geht, ist es sinnvoll, das Protokoll um eine Zeitüberwachung (Timer) zu erweitern. Ist der Timer abgelaufen, wird z.B. die Nachricht unmittelbar wiederholt.

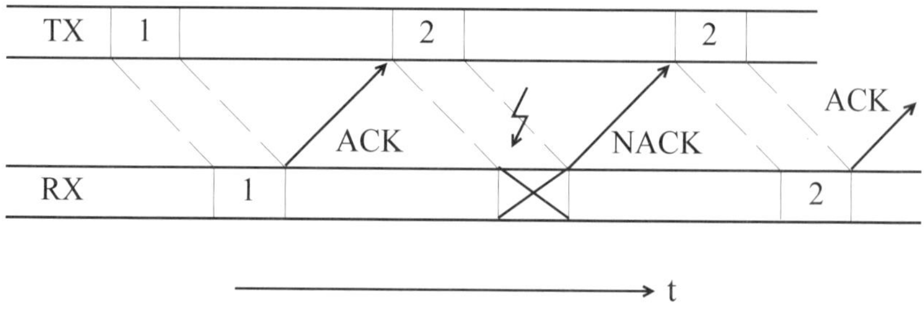

ACK Acknowledgement **NACK** Negative Acknowledgement

Bild 6.6.1: "Stop and Wait" ARQ-Protokoll

b) "Go back N" (GBN): Die Datenblöcke werden ohne Unterbrechung kontinuierlich gesendet. Erfolgt eine NACK-Rückmeldung, wird die Übertragung *N* Schritte früher mit dem fehlerhaften Datenblock fortgesetzt.

c) "Selective Repeat" (SR): Nochmaliges Senden fehlerhafter Nachrichten. Bei Vollduplex-Betrieb kann der Durchsatz des obigen GBN-Verfahrens deutlich erhöht werden. Bild 6.6.2 veranschaulicht das kontinuierliche ARQ-Protokoll mit selektiver Wiederholung.

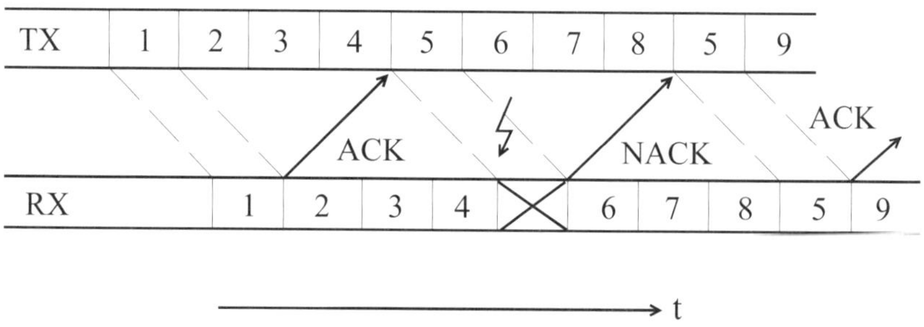

ACK Acknowledgement **NACK** Negative Acknowledgement

Bild 6.6.2: kontinuierliches ARQ-Protokoll mit selektiver Wiederholung

Es gibt noch eine Reihe weiterer ARQ-Protokolle, die noch kurz angesprochen werden:

d) Selektive Wiederholung von Anteilen eines Datenblocks. Dies bedeutet, dass nur fehlerhafte Anteile eines Datenblocks und nicht der gesamte Datenblock wiederholt werden.

e) "Hybrid ARQ": Bei Erkennen von Fehlern wird nicht die Nachricht (oder Teile hiervon) wiederholt wie bei den anderen ARQ-Verfahren, sondern es werden in einem der folgenden Datenblöcke zusätzliche Bits zur Fehlerkorrektur der fehlerhaften Nachricht übertragen. Dies stellt somit damit eine Verbindung des ARQ-Verfahrens mit FEC-Fehlerkorrekturverfahren dar.

Ferner muss die erlaubte Anzahl von Wiederholungen und die dann folgende Reaktion festgelegt werden.

Vorteile des ARQ-Verfahrens sind:

- die Einfachheit des Protokolls,
- und es handelt sich quasi um ein adaptives Verfahren, das sich an die Kanaleigenschaften anpasst. Daher kann es sehr ressourceneffizient sein.

Dem stehen die folgenden Nachteile gegenüber:

- Es kann nicht ohne weiteres eine konstante Ende-zu-Ende-Verzögerung und damit auch keine konstante Nutzbitrate garantiert werden.
- In Situationen, bei denen der Mobilfunkkanal sehr schlecht bleibt, z.B. bei Fading-Einbrüchen, nützt es nichts, eine Nachricht "beliebig" oft und jeweils wieder fehlerhaft zu wiederholen. Hier würden Verfahren helfen, die auf zusätzliche Fehlerkorrektur zurückgreifen (Verfahren e).

6.7 Sprachcodierung

6.7.1 Einleitung

Ein wesentlicher Telekommunikationsdienst ist die Sprachübertragung. Im Vergleich zum Festnetz gibt es im Mobilfunk einige Besonderheiten zu beachten, die aus der Forderung nach möglichst geringen Übertragungsraten aufgrund der Kapazitätsengpässe resultieren. Ferner hat die Problematik relativ hoher Fehlerraten, erzeugt durch die oft schlechten Übertragungseigenschaften des Mobilfunkkanals großen Einfluß auf die Sprachübertragung. Vor diesem Hintergrund ist die Entwicklung von leistungsfähigen digitalen Sprachcodern ein wichtiges Forschungsgebiet. Noch 1985 bei der Einführung des C-Netzes in Deutschland standen kommerziell geeignete digitale Sprachcoder für dieses zellulare Mobilfunksystem nicht zur Verfügung. Erst mit der Einführung des GSM-Systems, in Deutschland

1992, war man in der Lage, entsprechende Coder wirtschaftlich und in den benötigten Stückzahlen zu produzieren.

Auch für weitere Dienste und Anwendungen wie Daten- und Videoübertragungen steht die Reduktion der Datenrate bei gleichzeitiger Resistenz gegen die relativ hohen Fehlerraten im Vordergrund. Bei der Datenreduktion sind allgemein zwei Ansätze zu unterscheiden: Die Redundanzreduktion und die Irrelevanzreduktion. Die Redundanzreduktion beseitigt vor der Übertragung redundante Signalinhalte, die auf der Vorkenntnis von z.B. statistischen Parametern des Signalverlaufes beruhen. Nach der Übertragung werden diese Anteile dem Signal wieder zugesetzt. Danach ist objektiv kein Qualitätsverlust nachweisbar. Die Irrelevanzreduktion beseitigt vor der Übertragung Signalanteile, die für den Empfänger irrelevant sind. Speziell bei der Audiocodierung bedeutet dies, dass Signalanteile im Zuge der Datenreduktion soweit eliminiert oder verfälscht werden, dass sich zwar objektiv Unterschiede zum ursprünglichen Signal ergeben, diese aber nicht subjektiv (vom Gehör) wahrzunehmen sind. Ein anderes Beispiel ist die Farbübertragung des PAL-Fernsehbildes, das nur die vom menschlichen Auge wahrgenommenen reduzierten Farbinformationen enthält.

Zur Bewertung der Sprachqualität gibt es bisher leider keine wirklich objektiven, einfachen Messmethoden. Dies liegt z.B. auch daran, dass die faszinierenden Verarbeitungsleistungen des menschlichen Gehirns einen wichtigen Einfluss auf die Bewertung haben. So ist das durch sehr starkes Rauschen gestörte Wort "Zug" in dem Satz: "Auf den Schienen fährt ein Zug" leicht verständlich, während es in dem Satz: "Gestern sah er einen Zug" eine deutlich höhere Wahrscheinlichkeit für Missverständnisse gibt. Auch sind die Sprachgeschwindigkeit, die Sprachhöhe (Kind, Mann,...) und die Betonung, Akzente und Satzmelodie (Ausländer) wichtig für die Verständlichkeit der Sprache. Für erste messtechnische Qualitätsuntersuchungen existieren international standardisierte Messverfahren, z.B. nach ITU-T P.826 ("PESQ").

Das entscheidende Kriterium ist die subjektive Sprachqualität, die von einer großen Anzahl von Testpersonen in umfangreichen Hörtests an Hand von speziellen Sprachproben ermittelt wird. Das Ergebnis wird als **MOS** (*engl.* Mean Opinion Score), mit 1, für sehr schlecht, bis 5, für sehr gut, angegeben.

Zur Auswahl und Bewertung eines digitalen Sprachcoders sind insbesondere die folgenden drei Kriterien wichtig:

- Sprachqualität, ausgedrückt in MOS für definierte Mobilfunkkanäle bzw. Fehlerraten und Fehlermuster,
- Komplexität, ausgedrückt in MOPS (*engl.* Mega Operations Per Second),
- Verzögerungszeit und Bitrate.

Das Ziel der Sprachcodierung ist es, bei möglichst kleiner Bitrate mit guter Sprachqualität zu übertragen. Zur Reduktion der Bitrate wird von der Korrelation der Sprache und den Wahrnehmungslimitationen des menschlichen Gehörs Gebrauch gemacht.

Bei digitalen Sprachcodern gibt es zwei grundsätzliche Ansätze [KON95]:

Der erste Ansatz ist *engl.* "Waveform Encoding" bzw. Signalformcodierung. Dabei wird das analoge Sprachsignal "digitalisiert" und möglichst fehlerfrei beim Empfänger in ein analoges Signal umgewandelt, d.h., es handelt sich um eine A/D- und D/A-Wandlung. Hiermit ist eine "gute" Sprachqualität bei Bitraten von ca. 16 kbit/s bis 64 kbit/s möglich.

Beim zweiten Ansatz, der parametrischen Darstellung bzw. den "Vocodern" kann die Bitrate deutlich reduziert werden (auf ca. 400 bit/s bis 5 kbit/s), allerdings oft bei schlechterer Sprachqualität. Das Funktionsprinzip basiert auf dem in Bild 6.7.1 skizzierten einfachen Modell der Sprachentstehung. Das stimmhafte oder stimmlose Anregungssignal wird durch Resonanzen (Stimmbänder, Hohlräume, Lunge, Gaumen,...) "gefiltert". Die meisten dieser Verfahren teilen die Sprachsignale in kleine zeitliche Abschnitte, sogenannte Segmente, ein. Typische Segmentdauern sind 5 ms bis 20 ms, während der sich das Sprachsignal nur unwesentlich ändert und daher als konstant angenommen wird. Es wird also nicht das Signal an sich übertragen, sondern die Anregungs- und Filterparameter der einzelnen Segmente.

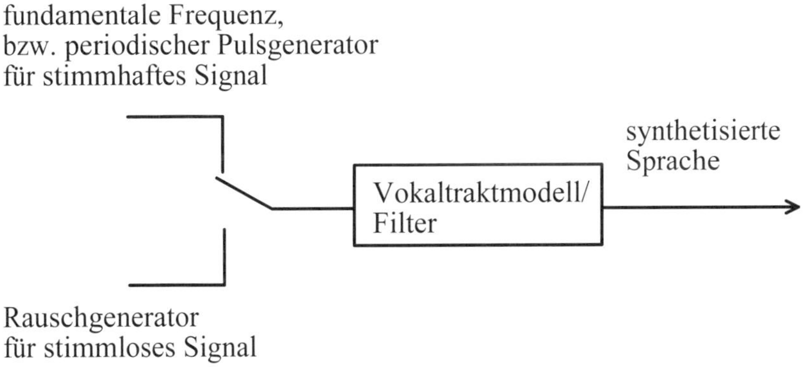

Bild 6.7.1: Einfaches Modell der Spracherzeugung

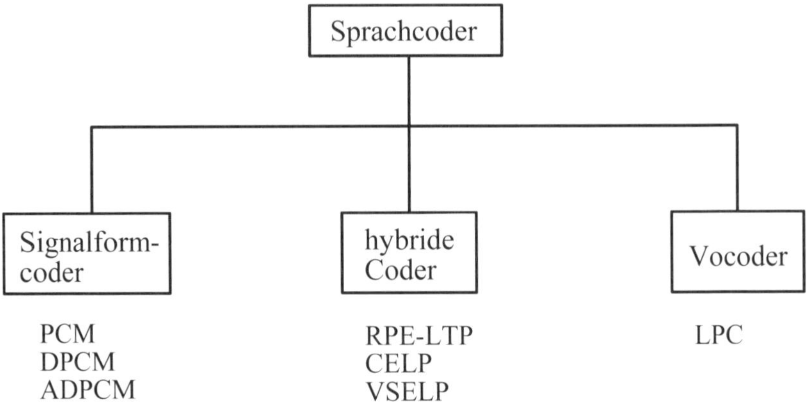

PCM	Pulse Code Modulation	**LPC**	Linear Predictive Coding
DPCM	Differential PCM	**LTP**	Long Term Prediction
ADPCM	Adaptive DPCM	**RPE-LTP**	Regular Pulse Excitation
CELP	Code Excited LPC	**VSELP**	Vector Sum Excited LPC

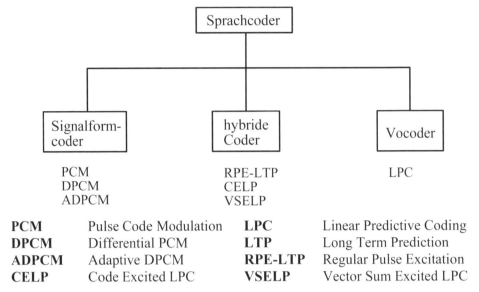

Bild 6.7.2: Arten digitaler Sprachcoder und wichtige Beispiele

Beide Ansätze haben Vor- und Nachteile. Sog. Hybride Sprachcoder versuchen die Vorteile beider Ansätze zu kombinieren, erreichen aber nicht die hohen Kompressionsfaktoren der Vocoder. In Bild 6.7.2 ist eine Übersicht mit einigen typischen Vertretern der jeweiligen Sprachcoder-Klassen dargestellt.

6.7.2 Signalformcodierung

Das **PCM**- (*engl.* Pulse Code Modulation) Verfahren wird nur der Vollständigkeit halber und als Einführung in das Gebiet kurz dargestellt. Aufgrund der relativ hohen Bitrate hat es für den Mobilfunk keine unmittelbare Bedeutung.

Für die Sprachübertragung im analogen Festnetz wird der Frequenzbereich 300 Hz bis 3.400 Hz des Sprachspektrums verwendet. Gemäß Abtasttheorem muss die Abtastrate mindestens das Doppelte des höchsten Frequenzanteils des bandbegrenzten Signals betragen, d.h., es muss mindestens mit der Abtastrate 6.800 Hz abgetastet werden, um Störungen durch "Aliasing" (spektrale Rückfaltung, [WEI02]) zu vermeiden. Bei PCM für Telefonieanwendungen hat man 8.000 Abtastwerte pro Sekunde (f_S = 8 kHz) bzw. einen Abtastwert alle $T_S = 1/f_S$ = 125 µs international festgelegt.

Der nächste Schritt ist die Quantisierung der Abtastwerte $A(kT_S)$, $k = 0, 1, 2, \ldots$. Dabei wird der Wertebereich der Abtastwerte für eine lineare Quantisierung in M Quantisierungsintervalle ΔA unterteilt. Als Quantisierungsfehler bezeichnet man $\varepsilon(kT_S) = A_q(kT_S) - A(kT_S)$ mit dem quantisierten Wert $A_q = n \cdot \Delta A + \Delta A/2$ und n = 0, 1, 2, ... M-1.

Geht man von einem gleichverteilten Fehler ε aus, d.h. $f_\varepsilon(\varepsilon) = 1/\Delta A$ für $-\Delta A/2 \le \varepsilon \le \Delta A/2$ ergibt sich für den mittleren quadratischen Quantisierungsfehler

$$\int_{-\Delta A/2}^{\Delta A/2} \varepsilon^2 \, f_\varepsilon(\varepsilon) \, d\varepsilon = \frac{\Delta A^2}{12}. \qquad (6.7.1)$$

Durch die Quantisierung entsteht ein rauschähnliches Fehlersignal mit der Leistung $\Delta A^2/12$. Man bezeichnet dies auch als "Quantisierungsrauschen" und definiert ein Signal-zu-Rauschverhältnis

$$\left(\frac{S}{N}\right)_q = 12 \frac{A_{rms}^2}{\Delta A^2} \qquad (6.7.2)$$

mit der Signalleistung A_{rms}^2. Mit einem sinusförmigen Eingangssignal der Amplitude $M/2 \cdot \Delta A$ (Vollaussteuerung) kann man dies auch schreiben als

$$\left(\frac{S}{N}\right)_{q,dB} = 1{,}77 + 6 \cdot \log_2(M). \qquad (6.7.3)$$

Gl.(6.7.2) zeigt, dass man für große Lautstärken höhere S/N-Werte als für leise Signale erhält. Dies ist ein unerwünschter Effekt, da die Sprachqualität möglichst nicht von der Lautstärke abhängen sollte. Günstig ist daher die Verwendung einer nichtlinearen Quantisierungskennlinie, die die kleinen Abtastwerte feiner quantisiert. Eine solche Vorverformung des Signals nennt man Kompandierung, die Umkehrung Dekompandierung. In Nordamerika und Japan verwendet man in der Telefonübertragungstechnik die sogenannte μ-Kennlinie und in Europa die A-Kennlinie mit jeweils 256 Quantisierungsstufen bzw. 8 Bit Auflösung. Dies entspricht ca. 40 - 50 dB Signal-zu-Quantisierungsrauschabstand. Jedes weitere Quantisierungsbit würde das S/N um 6 dB verbessern. Für das PCM-Sprachsignal erhält man eine Übertragungsrate von 64 kbit/s. Die Sprachqualität, oft als *engl.* "toll quality" bezeichnet, stellt die Festnetzreferenz für die im Mobilfunk verwendeten Sprachcoder dar und liegt bei ca. 4,3 MOS für Fehlerraten $\le 10^{-4}$ [FEH95]. Um die Bitrate bei möglichst gleicher Sprachqualität weiter zu verringern, wurden eine Reihe von Erweiterungen des PCM-Verfahrens entwickelt.

Sprachsignale haben in weitem Rahmen die Eigenschaft, vorhersagbar zu sein. Darauf basiert der **DPCM** (*engl.* Differential Pulse Code Modulation) Coder. Es wird eine Prädiktion des nächsten Abtastwertes aufgrund vorliegender Abtastwerte vorgenommen. Dieser Schätzwert wird vom aktuellen Abtastwert abgezogen. Die Differenz ist der Prädiktionsfehler, welcher quantisiert und dann übertragen wird (siehe Bild 6.7.3). Die erforderliche Wortbreite des Differenzsignals ist bei einer "erfolgreichen" Prädiktion geringer als die des reinen PCM-Signals. Es kann daher mit einer geringeren Bitrate übertragen werden. Die Rückkoppelschleife des DPCM-Coders hat den Vorteil, dass sich Quantisierungsfehler nicht akkumulieren.

Eine weitere Verbesserung bezüglich kleinerer Bitraten und Sprachqualität kann erreicht werden, wenn sowohl der Wertebereich der Quantisierungsintervalle als auch die Filterkoeffizienten des Prädiktors adaptiv an das Signal angepasst werden. Man nennt dieses Verfahren **ADPCM** (*engl.* Adaptive DPCM). Bei 32 kbit/s wird quasi die Sprachqualität von PCM erreicht. Es findet insbesondere in den verschiedenen Schnurlostelefon-Systemen, wie z.B. bei DECT, Verwendung.

Weitere Verfahren sind: DM (*engl.* Delta Modulation, es werden nur die relativen Änderungen codiert), ADM (*engl.* Adaptive DM, eine Erweiterung von DM mit adaptiven Quantisierungsintervallen) und CVSD (*engl.* Continuous Variable Slope Delta Modulation, es werden mehrere vorhergehende Abtastwerte bei der Codierung der Änderungen berücksichtigt).

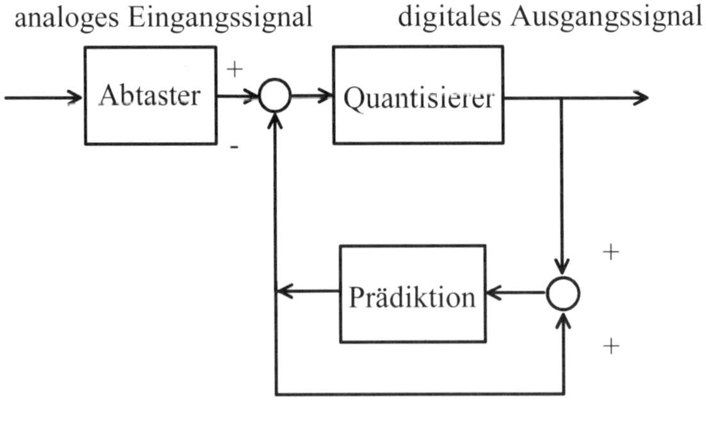

Bild 6.7.3: Differential PCM (DPCM)

6.7.3 Vocoder

Eine der leistungsfähigsten Sprachanalysemethoden ist die **LPC-** (*engl.* Linear Predictive Coding) Methode [KON95]. Basis dieses Verfahrens ist ein, auf dem in Bild 6.7.1 gezeigten Sprachmodell aufbauendes, einfaches Filtermodell der Sprache (siehe Bild 6.7.4). Das Filter kann näherungsweise durch die Übertragungsfunktion

$$H(z) = \frac{G}{1 - \sum_{j=1}^{p} a_j z^{-j}} = \frac{G}{A(z)} \tag{6.7.4}$$

beschrieben werden. Nach Rücktransformation in den abgetasteten Zeitbereich erhält man

$$s(k) = G\, x(k) + \sum_{j=1}^{p} a_j s(k-j). \tag{6.7.5}$$

Anhand von Gl. (6.7.5) erkennt man, dass das aktuelle Ausgangssignal der Sprache, $s(k)$, durch das aktuelle Filtereingangssignal $G\,x(k)$ plus einer gewichteten Summe der vorangegangenen Ausgangssignale gegeben ist. Für die praktische Realisierung ist eine wichtige zu lösende Aufgabe die Bestimmung der besten Gewichtungsparameter a_j mittels geeigneter Algorithmen [KON95].

Nach der Analyse des Sprachsignals werden die gefundenen Parameter von $x(k)$, G sowie die Filterparameter a_j zum Empfänger übertragen, welcher dann das Sprachsignal wieder gemäß Bild 6.7.4 zusammensetzen kann.

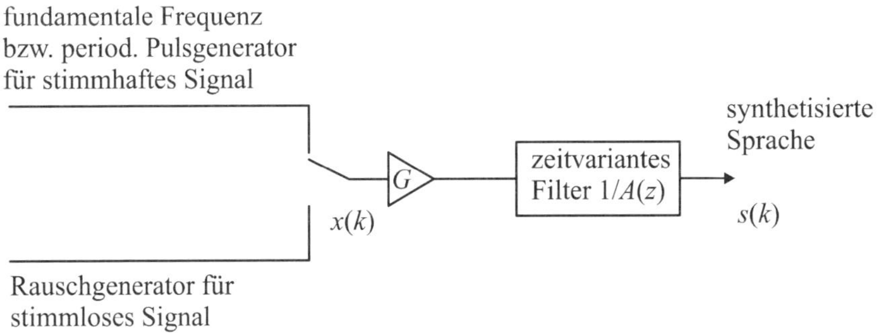

Bild 6.7.4: Einfaches Filtermodell zur Spracherzeugung

6.7.4 Hybride Coder

Die relativ schlechte und auch "synthetische" Sprachqualität der Vocoder hat mit zur Entwicklung von hybriden Codern beigetragen. Bei diesen Codern wird typischerweise ein Anteil des Sprachsignals, z.B. der Tieftonbereich, mittels Signalformcoder und der Rest mittels eines Vocoders übertragen. Der Preis einer verbesserten Sprachqualität ist eine höhere Übertragungsrate.

Ein typischer Vertreter der hybriden Coder ist der **RELP-** (*engl.* Residual Excited Linear Predictive) Coder. Hier wird ein Prädiktionssignal verwendet, um ein Differenzsignal (Residual) zu bilden.

Unter den vielen Varianten von hybriden Codern ist ein anderer wichtiger Typ der **CELP-** (*engl.* Codebook Exited Linear Predictive) Coder. Hier wird das in Bild 6.7.4 links von der Verstärkung skizzierte Erregungsmodell mit fundamentaler Frequenz und Rauschgenerator durch ein Codewörterbuch basiertes Modell ersetzt. Der im UMTS-Mobilfunksystem verwendete AMR- (*engl.* Advanced Multi Rate) Coder basiert auf einer Variante des CELP, dem ΛCELP (*engl.* Algebraic CELP) [BEN02]. Eine weitere, im amerikanischen D-AMPS System verwendete Ausprägung ist der **VSELP-** (*engl.* Vector Sum Excited Linear Predictive) Coder.

7 Vielfachzugriffs-verfahren

Eine wichtige Aufgabenstellung beim Entwurf eines Mobilfunksystems ist die Art des Zugriffs mehrerer Teilnehmer auf die begrenzte Ressource des Frequenzspektrums. Die Aufteilung kann dabei statisch anhand eines vorgegebenen Nutzerprofils vorgenommen werden (in diesem Fall spricht man von Multiplexverfahren) oder dynamisch, so dass nur dann Kanalkapazität benötigt wird, wenn tatsächlich Daten zur Übertragung anstehen (Vielfachzugriff bzw. *engl.* Multiple Access). Die prinzipielle Vorgehensweise ist bei beiden Techniken dieselbe, und sie können daher hier gemeinsam behandelt werden. In jedem Fall muss jedoch dafür Sorge getragen werden, dass sich die einzelnen Teilnehmer nicht gegenseitig stören - es also nicht zu unzulässigen Interferenzen kommt.

In diesem Kapitel werden wir zunächst die drei grundlegenden Multiplextechniken Frequenz- , Zeit- und Codemultiplex kennenlernen. Alle drei Verfahren finden heute in Mobilfunknetzen praktische Anwendung und haben je nach Anwendungsfall unterschiedliche Vor- und Nachteile. Nach einer kurzen Einführung in die Problematik behandeln wir in Abschnitt 7.2 nähere Einzelheiten zum Frequenzmultiplexverfahren, einschließlich der besonders bei Mobilfunkanwendungen wichtigen Störungsursachen durch Intermodulation und den Einfluss von

Empfängernichtlinearitäten auf den Gleichkanalstörabstand in zellularen Mobilfunknetzen. Abschnitt 7.3 beinhaltet das Themengebiet des Zeitmultiplex. Neben so wichtigen Aspekten wie Schutzzeiten und Burstaufbau werden auch Aussagen zur Effizienz dieser Verfahren gemacht.

Abschnitt 7.4 behandelt die Grundlagen der Codemultiplextechnik und führt in das Prinzip des Direct-Sequence (DS-) CDMA und Frequency-Hopping (FH-) CDMA ein. Insbesondere DS-CDMA besitzt durch den Einsatz im UMTS-Mobilfunksystem eine sehr hohe Bedeutung und wird daher detailierter behandelt.

Mobilfunksysteme erfordern heute aufgrund der großen Vielfalt unterschiedlicher Dienste, inklusive Multimedia-Anwendungen, Internet-Zugang etc., sehr flexible Zugriffsverfahren. Stochastische Paketzugriffsverfahren bieten hier viele Vorteile. Abschnitt 7.5 behandelt deshalb die Grundlagen dieser Techniken.

In vielen drahtlosen Netzen möchte man in beiden Richtungen, also von der Basisstation zur Mobilstation und umgekehrt kommunizieren können. Bei allen Duplex-Verbindungen, also simultanem Senden und Empfangen, muss das eigene Sendesignal vom Empfangssignal ferngehalten werden, damit es dieses nicht stört. Abschnitt 7.7 hat deshalb für Mobilfunksysteme relevante Verfahren zur Richtungstrennung zum Inhalt.

7.1 Einführung

Wenn sich mehrere Teilnehmer eine Kommunikationsressource, wie im Falle von Mobilfunkanwendungen ein bestimmtes Frequenzspektrum, teilen, muss dafür gesorgt werden, dass sich die Signale der einzelnen Teilnehmer nicht gegenseitig stören. Die Signale $x_i(t)$ der Teilnehmer sollten deshalb orthogonal sein. Es muss also gelten

$$\int_{-\infty}^{+\infty} x_i(t)\,x_j(t)\,dt = \begin{cases} K > 0\;; & i = j \\ 0\;; & sonst \end{cases} \qquad (7.1.1)$$

bzw. im Frequenzbereich

$$\int_{-\infty}^{+\infty} X_i(f)\,X_j(f)\,df = \begin{cases} K > 0\;; & i = j \\ 0\;; & sonst \end{cases} \qquad (7.1.2)$$

Die Konstante K in Gl.(7.1.1) bzw. Gl.(7.1.2) ist die Energie eines Teilnehmersignals, die einerseits im Zeitbereich mit Gl.(7.1.1) und andererseits im Frequenzbereich nach Gl.(7.1.2) berechnet werden kann (Parseval'sches Theorem).

In der Praxis kann eine vollständige Orthogonalität oft nur schwer bzw. nur näherungsweise erreicht werden; eine geringe gegenseitige Beeinflussung der Signale ist oft nicht zu vermeiden. Solange sich die Auswirkungen dieser Beeinflussungen aber in Grenzen halten, sind sie tolerierbar.

Um verschiedene Teilnehmersignale voneinander zu trennen, gibt es prinzipiell drei grundlegende Verfahren. Das erste ist das Frequenzmultiplex- (FDM, *engl.* Frequency Division Multiplex) bzw. -vielfachzugriffsverfahren (**FDMA**, *engl.* Frequency Division Multiple Access). Hier wird die Frequenzachse in Frequenzkanäle unterteilt, wobei jeder Teilnehmer einen eigenen Kanal zugeteilt bekommt, auf dem er ohne Einschränkungen senden darf, solange seine Aussendung innerhalb der Kanalbandbreite bleibt (siehe Bild 7.1.1). Die erforderliche Kanalbandbreite ergibt sich aus der zu übertragenden Datenrate und dem verwendeten Modulationsverfahren. Ein Beispiel für den Einsatz von FDMA in Mobilfunksystemen ist das inzwischen abgeschaltete analoge deutsche C-Netz. Jedes Telefongespräch belegte hier in beiden Senderichtungen jeweils einen 20 kHz breiten Kanal.

Das zweite Verfahren, Zeitmultiplex bzw. Zeitvielfachzugriff (TDM, *engl.* Time Division Multiplex bzw. **TDMA**, *engl.* Time Division Multiple Access) unterteilt nicht die Frequenzachse, sondern die Zeitachse. Jeder Teilnehmer hat die gesamte Bandbreite zur Verfügung, darf aber nur zu bestimmten Zeiten (in sogenannten Zeitschlitzen oder *engl.* Slots) senden. Wie in Bild 7.1.1 dargestellt, wird die Zeitachse in "Scheiben" unterteilt. Die Dauer der Zeitschlitze hängt wieder von der Datenrate und dem verwendeten Modulationsverfahren ab. Im GSM-Mobilfunksystem z.B. sind die Slots 0,577 ms lang.

Die dritte Möglichkeit, den Signalraum aus Frequenz, Zeit und Leistung zu unterteilen, sind die Codemultiplex- bzw. Codevielfachzugriffsverfahren (CDM, *engl.* Code Division Multiplex bzw. **CDMA**, *engl.* Code Division Multiple Access). Jeder Teilnehmer beansprucht hier, wie bei TDMA auch, die gesamte Bandbreite, kann aber zusätzlich die ganze Zeit über senden, braucht sich also nicht an bestimmte Zeitschlitze zu halten. Auf den ersten Blick scheint es hier zu Kollisionen zwischen den Teilnehmersignalen zu kommen; dies ist jedoch nicht der Fall, da die Separation durch Verwendung orthogonaler Codes in vertikaler Richtung, also in Richtung der Leistungsachse erfolgt.

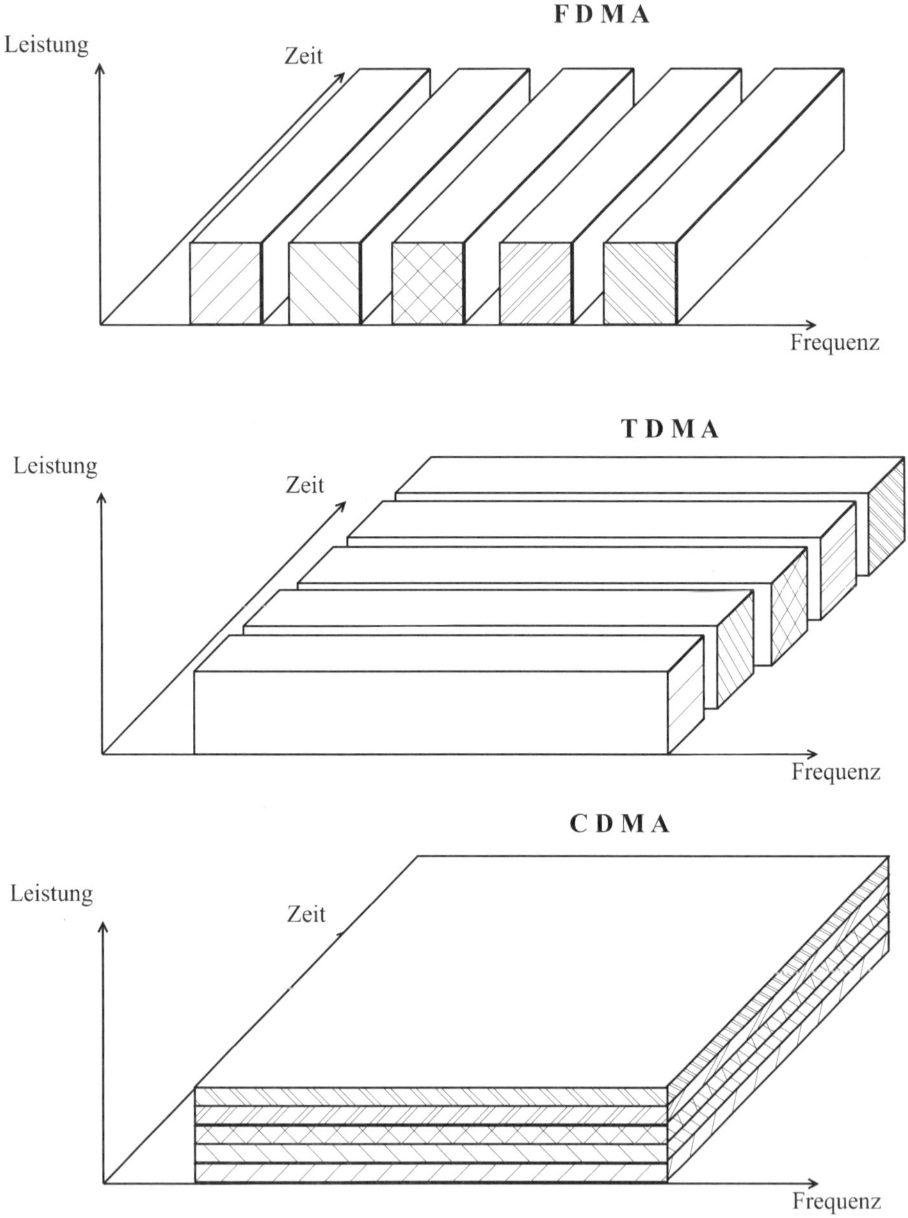

Bild 7.1.1: Prinzipien des Vielfachzugriffs ("Nachrichtenquader")

Zusätzlich zu diesen drei Grundtypen FDMA, TDMA und CDMA sind alle beliebigen Kombinationen möglich. Beim WCDMA-Verfahren von UMTS wird z.B. eine Kombination aus FDMA und CDMA verwendet, sogar eine Kombination aus F/T/CDMA wird in einer UMTS-Betriebsart eingesetzt.

7.2 Frequenzmultiplex

Frequenzmultiplextechniken werden bereits seit dem Anbeginn der Mobilfunknetze eingesetzt. Die Teilnehmersignale werden auf Trägersignale unterschiedlicher Frequenz aufmoduliert. Üblicherweise belegt jeder Teilnehmerkanal in jeder Senderichtung genau einen Träger. Man bezeichnet dies auch als SCPC-Technik (*engl.* Single Channel per Carrier). Der Abstand der Trägerfrequenzen sollte mindestens so groß sein, dass sich die durch den Modulationsprozeß entstehenden Seitenbänder benachbarter Träger nicht störend überlagern. Zusätzlich sind in der Praxis Schutzbereiche nötig, um der endlichen Flankensteilheit der Sende- und Empfangsfilter, die die Separation der Kanäle vornehmen, Rechnung zu tragen.

7.2.1 Eigenschaften von FDMA

Mobilfunksysteme auf Basis von FDMA kommen mit relativ einfachen Hardware-Komponenten aus. So ist kein oder nur geringer Aufwand für Synchronisation und Rahmenbildung erforderlich. Die notwendigen schmalbandigen Filter lassen sich jedoch nur sehr schwer in VLSI-Technik integrieren. Dies macht Endgeräte und Basisstationen erstens teurer und zweitens wenig kompakt. Zu den hohen Kosten trägt auch der für Vollduplex-Betrieb notwendige Duplexer bei, der benötigt wird, um gleichzeitig auf zwei verschiedenen Frequenzen senden und empfangen zu können. Die Kosten für Basisstationen werden weiterhin dadurch beeinflusst, dass für jeden einzelnen Kanal ein Sender, ein Empfänger, zwei Codecs und zwei Modems erforderlich sind. Probleme bereitet auch die Sendeendstufe in FDMA-Basisstationen. Hier werden alle Signale gemeinsam verstärkt, bevor sie über die Antenne abgestrahlt werden. Werden zwei oder mehr Signale gemeinsam verstärkt, kommt es zu Intermodulation, d.h., es entstehen durch die nichtlineare Kennlinie des Sendeverstärkers Signalkomponenten auf anderen Frequenzen, die sehr störend wirken können. Dies lässt sich nur durch hochlineare Verstärker und Filteraufwand reduzieren. Hochlineare

Verstärker sind jedoch sehr aufwendig und weisen zudem nur einen niedrigen Wirkungsgrad auf.

Ein Vorteil der FDMA-Technik ist, dass es aufgrund der vergleichsweise niedrigen Übertragungsrate zu keiner bzw. nur geringer Intersymbolinterferenz (ISI) kommt, denn die Kohärenzbandbreite (siehe Abschnitt 3.4.3) liegt in typischen Mobilfunkumgebungen in der Größenordnung von 100 kHz. Daraus resultiert jedoch auch, dass Rayleigh-Fading zu einer vollständigen Auslöschung des Empfangssignals führen kann. Je breitbandiger ein Nachrichtensignal ist, desto weniger anfällig wird es für das frequenzselektive Rayleigh-Fading. Bei FDMA-Systemen ist daher kein bzw. nur wenig Aufwand für Kanalentzerrer notwendig.

Der bei einem Zellwechsel erforderliche Interzell-Handover bzw. auch innerhalb einer Zelle notwendige Intrazell-Handover macht einen nahtlosen Umschaltvorgang (sog. *engl.* "Seamless Handover") in FDMA-Systemen schwierig. Da bei FDMA, anders als bei TDMA, fortwährend gesendet wird, können sich Umschaltvorgänge als "Klickgeräusche" bemerkbar machen. Besonders in Systemen mit kleinen Zellradien kann dies störend sein.

7.2.2 Intermodulation

Werden zwei oder mehr Signale über ein nichtlineares Bauteil gemeinsam übertragen, tritt eine Mischung der Signale auf, und es entstehen Spektralkomponenten an anderer Stelle, die vorher nicht vorhanden waren. Die Stärke dieser Komponenten hängt dabei vom Grad der Nichtlinearität und den Amplituden der Eingangssignale ab.

Z.B. verursachen zwei gleichzeitig übertragene monofrequente Signale von 900 MHz und 900,2 MHz u.a. Spektralkomponenten bei 899,8 MHz und 900,4 MHz, welche dann zu Nachbarkanalstörungen führen können. Die niedrigere der beiden Komponenten entsteht dabei durch Mischung der ersten Oberwelle des 900 MHz Signals bei 1800 MHz mit dem zweiten Signal bei 900,2 MHz. Die obere Komponente wird durch Mischung der ersten Oberwelle des zweiten Signals (1800,4 MHz) mit dem ersten Signal (900 MHz) gebildet. Diese Mischvorgänge sind dann möglich, wenn die Verstärkerkennlinie kubische Anteile enthält, man spricht deshalb von Intermodulationsprodukten der dritten Ordnung. Die Unterdrückung dieser Produkte gegenüber den ursprünglichen Signalen ist ein wesentliches Qualitätskriterium für einen Verstärker (sog. Intermodulationsabstand).

Neben den Intermodulationsprodukten dritter Ordnung können auch noch weitere Spektralkomponenten entstehen, z.B. mischen sich die zweite Oberwelle des 900 MHz Signals (2700 MHz) und die erste Oberwelle des 900,2 MHz Signals (1800,4 MHz) zu 899,6 MHz. Auf ähnliche Weise kommt es zu einer Komponente bei 900,4 MHz. Solche Intermodulationsprodukte fünfter Ordnung werden gebildet, wenn die nichtlineare Übertragungskennlinie Koeffizienten fünfter Ordnung aufweist. Diese Anteile sind jedoch schon erheblich kleiner als die von dritter Ordnung.

Die Übertragungskennlinie einer typischen Verstärkerstufe lässt sich näherungsweise durch eine Parabel dritter Ordnung beschreiben (siehe Bild 7.2.1). Das Ausgangssignal $y(t)$ berechnet sich so aus dem Eingangssignal $x(t)$ nach

$$y(t) = a_1 x(t) + a_3 x^3(t) \ . \tag{7.2.1}$$

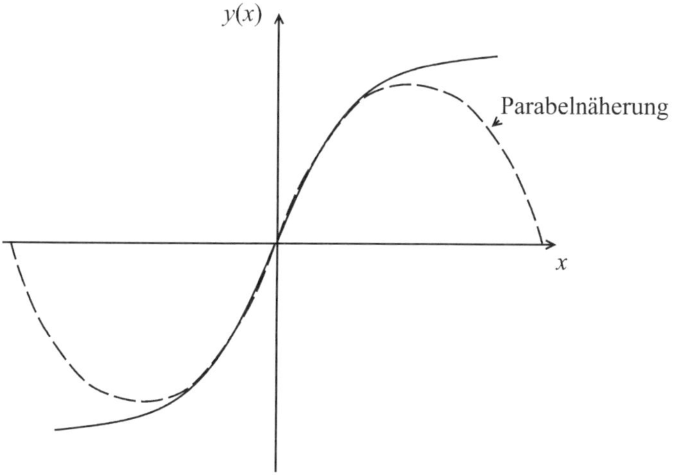

Bild 7.2.1: typische Übertragungskennlinie einer Verstärkerstufe

Setzen wir als Eingangssignal $x(t)$ die Summe zweier dicht nebeneinander liegender Einzelsignale an

$$x(t) = A\cos\left[\left(\omega_0 - \frac{\Delta\omega}{2}\right)t\right] + B\cos\left[\left(\omega_0 + \frac{\Delta\omega}{2}\right)t\right] \tag{7.2.2}$$

erhalten wir für das Ausgangssignal der Verstärkerstufe

$$y(t) = \left(a_1 A + \frac{3}{4} a_3 A^3 + \frac{3}{2} a_3 A B^2\right) \cos\left[\left(\omega_0 - \frac{\Delta\omega}{2}\right) t\right] + \quad \text{;lin. Anteil}$$

$$\left(a_1 B + \frac{3}{4} a_3 B^3 + \frac{3}{2} a_3 A^2 B\right) \cos\left[\left(\omega_0 + \frac{\Delta\omega}{2}\right) t\right] + \quad \text{;lin. Anteil} \tag{7.2.3}$$

$$\frac{3}{4} a_3 AB \left\{ A \cos\left[\left(\omega_0 - \frac{3}{2}\Delta\omega\right) t\right] + B \cos\left[\left(\omega_0 + \frac{3}{2}\Delta\omega\right) t\right]\right\} \quad \text{;Intermod.}$$

$y(t)$ besteht demnach aus zwei Anteilen bei den Eingangsfrequenzen und zwei weiteren, durch Intermodulation verursachten Komponenten bei $\omega_0 \pm 3/2\ \Delta\omega$. In Gl.(7.2.3) wurden die ebenfalls entstehenden Komponenten um $3\ \omega_0$ nicht berücksichtigt, da diese für $\omega_0 >> \Delta\omega$ leicht durch Tiefpaßfilterung eliminiert werden können. Man erkennt aus Gl.(7.2.3), dass die Amplitude der Intermodulationsprodukte direkt zum Koeffizienten a_3 der Übertragungskennlinie proportional ist.

Intermodulation entsteht nicht nur in der Sendeendstufe, auch Empfänger erzeugen in ihren nichtlinearen Eingangsstufen und Mischern unerwünschte Spektralkomponenten. Selbst passive Metallkomponenten in der Nähe der Sendeantenne (Antennenmast, Gebäudeteile etc.) können Intermodulation erzeugen. Dies wird durch schlechten elektrischen Kontakt zwischen korrodierten Metallteilen verursacht. Es entsteht ein nichtlinearer Gleichrichtereffekt in starken HF-Feldern, wie sie z.B. im Rundfunkbereich auftreten könnnen, und somit ergeben sich Intermodulationsprodukte, welche selber wieder über das nun als Antenne wirkende Metallteil abgestrahlt werden.

Sollen die störenden Auswirkungen der Intermodulationprodukte vermieden werden, dürfen nur die Kanäle verwendet werden, auf die keine Spektralkomponenten durch Intermodulation fallen. Für den Fall äquidistanter Trägerfrequenzen zeigt Tabelle 7.2.1 die Kanäle ohne Intermodulationsanteile dritter Ordnung [PAN79].

Mit zunehmender Anzahl von Trägerfrequenzen wird das Verhältnis von nötigen Kanälen zu verwendeten Trägerfrequenzen immer größer. Damit wird die ohnehin schon knappe Ressource Spektrum auch noch sehr schlecht ausgenutzt. Um gegenseitige Störungen zwischen den Funkkanälen zu vermeiden, müssen die Intermodulationsprodukte je nach Mobilfunksystem um ca. 40 - 60 dB abgesenkt werden. Leistungsverstärker, die so hohe Intermodulationsabstände erreichen, lassen sich bei Ausgangsleistungen oberhalb von ca. 10 W nur mit großer Mühe herstellen, wenn sie wirtschaftlich sein sollen. Häufig kommen Verfahren zum Einsatz, die das Eingangssignal so vorverzerren (*engl.* Predistortion), dass sich die entstehenden Intermodulationsprodukte am Ausgang des Verstärkers gegenseitig teilweise eliminieren. Man kann mit diesen Techniken durchaus Intermodulationsabstände von 70 dB und mehr erreichen.

Tabelle 7.2.1: Kanalzuteilung zur Vermeidung von Intermodulationsanteilen 3. Ordnung

Trägerfrequenzen	nötige Kanäle	Frequenzzuteilung
3	4	1,2,4
4	7	1,2,5,7
5	12	1,2,5,10,12
6	18	1,2,5,11,13,18
7	26	1,2,5,11,19,24,26
8	35	1,2,5,10,16,23,33,35
9	46	1,2,5,14,25,31,39,41,46
10	62	1,2,8,12,27,40,48,57,60,62

7.2.3 Verzerrungen und Störabstand

Nicht nur störende Intermodulation und damit zusätzliche Nachbarkanalstörungen werden durch nichtlineare Verstärkerstufen verursacht; zusätzlich wird der Störabstand $S/(N+I)$ als Verhältnis von Signalleistung S zu Rauschen N plus Gleichkanalinterferenz I verschlechtert.

Es wird ein Störsignal $z(t)$ betrachtet, welches sich aus verschiedenen Gleichkanalstörern und Rauschen zusammensetzt. Nach dem zentralen Grenzwertsatz können dann Real- und Imaginärteil des Störsignals als Gauß'sche Zufallsvariablen aufgefasst werden, bzw. für die Amplitude des Störsignals ergibt sich eine Rayleigh-Verteilung

$$f_z(z) = \frac{z}{\sigma^2} e^{-z^2/\left(2\sigma^2\right)} \quad . \tag{7.2.4}$$

Das Summensignal r am Antennenfußpunkt des Empfängers setzt sich aus dem gewünschten Signal s und dem Störsignal z zusammen

$$r = s + z \quad . \tag{7.2.5}$$

Der Störabstand am Ausgang der Empfängereingangsstufe mit der Übertragungsfunktion $y(x)$ ist um den Faktor R kleiner als der Störabstand am Eingang derselben Stufe

$$\left(\frac{S}{N+I}\right)_{\text{out}} = \left(\frac{S}{N+I}\right)_{\text{in}} \cdot R \tag{7.2.6}$$

mit

$$\left(\frac{S}{N+I}\right)_{\text{in}} = \frac{s^2}{2\sigma^2} \tag{7.2.7}$$

und

$$R = \frac{\left[\int_0^\infty z\,y(z)\,f_z(z)\,dz\right]^2}{\left[\int_0^\infty y^2(z)\,f_z(z)\,dz\right]\left[\int_0^\infty z^2 f_z(z)\,dz\right]} \quad . \tag{7.2.8}$$

Nach Anwendung der Schwartz'schen Ungleichung [BRO95] erkennt man, dass für R gilt

$$0 \le R \le 1 \tag{7.2.9}$$

d.h., der Störabstand am Ausgang eines Bauteils mit nichtlinearer Kennlinie ist immer kleiner oder maximal gleich dem Störabstand am Eingang. Dies muss bei der Funknetzplanung berücksichtigt werden, denn der aufgrund des Modulationsverfahrens und der eingesetzten Codierverfahren ermittelte Mindest-Gleichkanalstörabstand ist entsprechend zu vergrößern.

7.3 Zeitmultiplex

Zeitmultiplexverfahren sind im Bereich der digitalen Mobilfunksysteme weit verbreitet. Die gesamte, auf einem Trägersignal vorhandene Bandbreite wird zeitlich zwischen den Teilnehmern aufgeteilt. Oft werden TDMA und FDMA derart kombiniert, dass es mehrere Trägerfrequenzen gibt, auf die dann getrennt nach dem TDMA-Verfahren zugegriffen wird. So verwendet man z.B. im GSM-System Trägerfrequenzen mit jeweils 200 kHz Abstand voneinander, die ihrerseits wieder in je 8 Zeitschlitze (*engl.* Slots) unterteilt sind. Auch im Bereich der Schnurlostelefone setzen sich Zeitmultiplextechniken mehr und mehr durch. So werden z.B. beim europäischen DECT- (*engl.* Digital Enhanced Cordless Telecommunication) Standard bis zu 10 Frequenzkanäle verwendet, die wiederum in je 12 Zeitschlitze für Up- (Richtung Mobilteil → Basisstation) und Downlink (Richtung Basisstation → Mobilteil) unterteilt sind. Die Anzahl der Zeitschlitze pro Träger hängt von vielen Faktoren ab, wie der maximal erlaubten Verzögerungszeit, der Datenrate, der Laufzeitverzögerung zwischen Sender und Empfänger, dem Modulationsverfahren sowie der verfügbaren Bandbreite.

7.3.1 Eigenschaften von TDMA

Die Zeitschlitze eines Trägers werden zu Rahmen (*engl.* Frames) zusammengefasst (siehe Bild 7.3.1), wobei jeder Slot einem "Zeitkanal" entspricht. Nach Ablauf eines Frames wiederholt sich die Abfolge der Slots. Jeder Slot ist in ein Datenfeld für die Nutzlast und ein Feld für Synchronisations- und Signalisierungszwecke unterteilt. Letzteres kann sich direkt am Anfang (Präambel) oder in der Mitte (Midambel) des Slots befinden. Es zeigt sich, dass die Datenbits in der Nähe des Synchronisationsfeldes nach der Dekodierung eine geringere Bitfehlerrate (BER, *engl.* Bit Error Rate) aufweisen als die weiter entfernten. Bei stark verzerrenden Kanälen ist daher eine Midambel vorzuziehen.

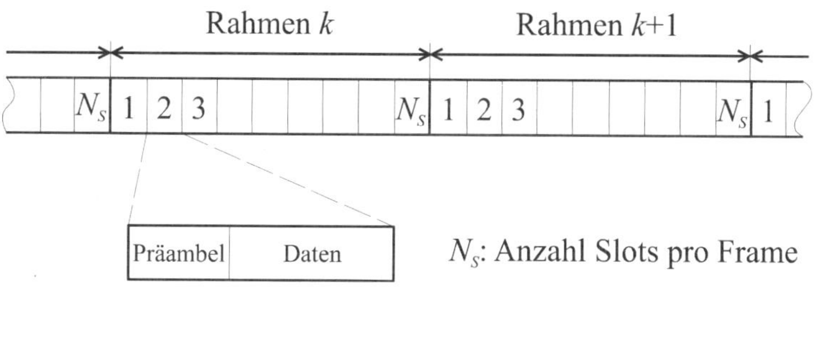

Bild 7.3.1: Rahmenaufbau eines TDMA-Systems

Die Datenrate auf einem mit TDMA betriebenen Träger ist gleich der Summe der Einzeldatenraten aller darauf sendenden Teilnehmer. In je mehr Slots ein Träger unterteilt ist und je größer die Einzeldatenraten sind, desto höher ist die Gesamtdatenrate. Bei GSM beträgt sie 271 kbit/s, beim DECT-System sogar 1,152 Mbit/s. So hohe Übertragungsraten führen besonders bei der Mobilfunkübertragung aufgrund des hohen Delay Spread (siehe Abschnitt 3.4.2) zu starker Intersymbolinterferenz (ISI). Damit unter diesen Bedingungen überhaupt eine Datenübertragung möglich ist, bedarf es sehr leistungsfähiger Kanalentzerrer (*engl.* Equalizer, siehe Abschnitt 5.5), wobei der Aufwand mit steigender Datenrate und steigendem Delay Spread zunimmt.

Auf der anderen Seite führt eine höhere Kanalbandbreite zu einer geringeren Anfälligkeit gegenüber Rayleigh-Fading. In den schmalbandigeren FDMA-Systemen kann das schnelle Rayleigh-Fading zu Signaleinbrüchen von 40 dB und mehr führen, während in breitbandigeren TDMA-Systemen, je nach Verhältnis zwischen Sende- und Kohärenzbandbreite, nur Schwankungen von wenigen dB beobachtet werden.

Der schaltungstechnische Aufwand in TDMA-Systemen ist verglichen mit FDMA höher. Insbesondere ist eine umfangreiche digitale Signalverarbeitung in breitbandigen TDMA-Systemen erforderlich. Es sind jedoch geringere Anforderungen an die Filter zu stellen. Insgesamt ergibt sich eine höhere Integrationsfähigkeit, die dafür verantwortlich ist, dass immer kleinere und leichtere Endgeräte möglich werden ("Handys"). Die Kosten von Basisstationen werden beträchtlich reduziert, da viele Komponenten, wie Coder, Modems etc. nur ein- bzw. zweimal pro Träger benötigt werden.

Ein weiterer Vorteil der TDMA-Technik ist die Möglichkeit, die Zeit zwischen zwei Sendebursts für Handover oder Feldstärkemessungen anderer Basisstationen zur Vorbereitung eines Handover zu benutzen. Im Idealfall ist so ein nahtloser ("seamless") Handover möglich, von dem der Netzteilnehmer während seiner Übertragung nichts bemerkt.

Für Datenübertragungen, bei denen es auf eine möglichst geringe Zugriffsverzögerung ankommt, bietet die TDMA-Technik gegenüber FDMA den Vorteil einer, aufgrund der hohen Datenrate, geringeren Verzögerungszeit D. D setzt sich aus der Wartezeit w und der Übertragungszeit τ für ein Datenpaket zusammen

$$D = w + \tau \ . \tag{7.3.1}$$

In FDMA-Systemen, bei denen ja jeder Teilnehmer einen eigenen, exklusiven Träger benutzt, gibt es keine Wartezeit ($w = 0$). Mit der Übertragungszeit eines Datenpakets $\tau = T$ erhält man daher für die gesamte Verzögerung D_{FDMA}

$$D_{\mathrm{FDMA}} = T \ . \tag{7.3.2}$$

Wenn maximal N_S Datenquellen am Multiplex teilnehmen sollen, muss jeder TDMA-Frame aus ebensovielen Slots bestehen, die Übertragungsrate auf einem Träger muss also N_S-mal so hoch sein wie bei einem äquivalenten FDMA-System. Die Übertragungszeit für ein Datenpaket beträgt daher nur noch $\tau = T/N_S$. Jeder Teilnehmer muss allerdings vor der Übertragung warten, bis sein Slot an der Reihe ist. Im Mittel wartet er daher $w = 1/2\cdot(N_S-1)\cdot T/N_S$. Die gesamte Verzögerungszeit beträgt somit

$$D_{\mathrm{TDMA}} = T - \frac{T}{2}\cdot\left(1-\frac{1}{N_S}\right) . \tag{7.3.3}$$

Mit der Datenrate R_Q einer Quelle und n Bits pro Slot erhalten wir damit

$$D_{\mathrm{TDMA}} = D_{\mathrm{FDMA}} - \frac{n}{2R_Q}\left(N_S - 1\right) . \tag{7.3.4}$$

Die Verzögerungszeit eines TDMA-Systems ist also immer kleiner als die eines vergleichbaren FDMA-Systems. Ob der Unterschied Δt in der Verzögerungszeit relevant ist oder nicht, hängt von den genauen Systemparametern und der Anwendung ab. Δt kann maximal halb so groß wie die Übertragungszeit eines Datenpakets bzw. die Rahmendauer T werden (z.B. ergibt sich bei $N_S = 17$ und $T = 80$ ms ein Unterschied von $\Delta t = 37{,}7$ ms).

7.3.2 Schutzzeit und Synchronisation

Damit es nicht zu Kollisionen zwischen den Teilnehmersignalen eines TDMA-Systems kommt, muss gewährleistet werden, dass jeder nur genau dann während eines Frames sendet, wenn er an der Reihe ist. Die Teilnehmersignale müssen also mit der Basisstation synchronisiert werden. Diese Synchronisation wird üblicherweise mit Hilfe eines von der Basisstation ausgesendeten Referenz- bzw. Pilotsignals vorgenommen.

An dieser Stelle tritt jedoch ein Problem auf: Mobilstationen (MS), die sich nahe an ihrer Basisstation (BS) befinden, werden früher zu senden anfangen als solche, die weiter entfernt sind. Der Grund hierfür liegt in der endlichen Signalausbreitungsgeschwindigkeit. Betrachten wir eine Mobilstation, die 35 km von ihrer Basisstation entfernt ist, so dauert es $35\cdot10^3$ m / $3\cdot10^8$ m/s = 117 µs, bis das Synchronisationssignal der BS die MS erreicht. Anschließend dauert es weitere 117 µs, bis das Sendesignal der MS zur BS gelangt. Das ergibt zusammen

234 µs. Damit es nun zu keinen Störungen zwischen benachbarten Zeitschlitzen kommt, muss eine entsprechend lange Schutzzeit (*engl.* Guard Time) zwischen den Slots vorgesehen werden (siehe Bild 7.3.2).

Lange Schutzzeiten können die Effizienz eines TDMA-Systems beträchtlich mindern, da während dieser Zeit keine Daten übertragen werden. So beträgt die Slotlänge im GSM-System nur 577 µs. Würde hier eine Schutzzeit von 234 µs vorgesehen, stünden mehr als 40 % der Übertragungskapazität nicht mehr zur Verfügung. Eine Möglichkeit, die auch bei GSM verwendet wird, ist das Prinzip des sogenannten "Timing Advance". Die BS misst hierbei die Signallaufzeit bis zur MS und veranlasst, dass diese entsprechend früher zu senden beginnt und so die Laufzeit wieder ausgleicht. Bei GSM kann die Schutzzeit damit auf ca. 30 µs reduziert werden.

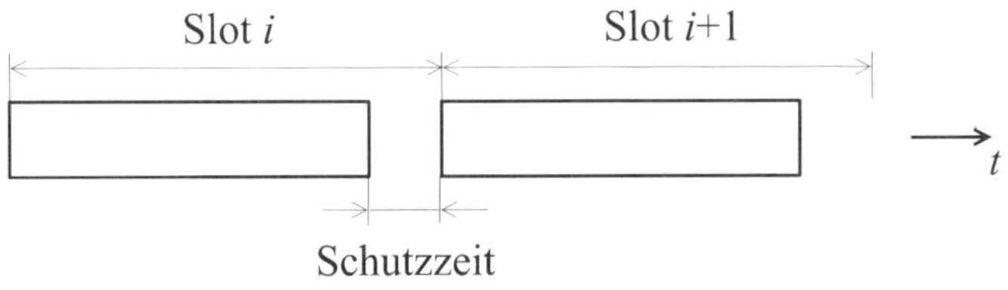

Bild 7.3.2: Schutzzeit (*engl.* Guard Time)

7.4 Codemultiplex

Die Grundlage von CDMA (*engl.* Code Division Multiple Access) bilden Bandspreizverfahren die ihre Wurzeln im Bereich der militärischen Kommunikation haben, wo sie bereits seit Mitte der fünfziger Jahre des letzten Jahrhunderts weiterentwickelt werden. Das bei der Spreizspektrumtechnik angewendete Prinzip ist, dass das zu übertragende Informationssignal weit über die mindestens zur Übertragung des Signals erforderliche Bandbreite hinaus gespreizt wird. Diese scheinbar im Sinne einer bei Mobilfunksystemen geforderten hohen spektralen Effizienz widersinnige Maßnahme hat den Zweck, die Interferenzfestigkeit der Teilnehmersignale stark zu erhöhen, so dass viele Signale gleichzeitig im selben Frequenzband übertragen werden können und außerdem die Clustergröße des zellularen Netzaufbaus klein gewählt werden kann (bis zur Größe von 1, d.h., in jeder Zelle kann dasselbe Spektrum wiederverwendet werden).

Die Spreizung wird mit einem Code vorgenommen, welcher unabhängig von den zu sendenden Daten ist. Der Empfänger arbeitet synchron zur Codesequenz des Senders und macht die sendeseitige Spreizung wieder rückgängig, bevor die eigentliche Dekodierung des Datensignals erfolgt. Die beiden für Mobilfunksysteme wichtigsten Spreizverfahren sind DS- (*engl.* Direct Sequence) CDMA und FH- (*engl.* Frequency Hopping) CDMA.

FDMA, TDMA und CDMA weisen aus informationstheoretischer Sicht die gleiche Kapazität auf, es spielt keine Rolle, ob eine Information in verschiedene Frequenzen, Zeitschlitze oder Codes unterteilt wird, die Kanalkapazität bleibt dieselbe. Die Gründe für die Auswahl eines bestimmten Multiplexverfahrens für einen konkreten Anwendungsfall liegen vielmehr in der jeweiligen Eignung des Verfahrens, den spezifischen Anforderungen gerecht zu werden, die sich aus dem Übertragungskanal, der technischen Realisierbarkeit, der Art des Datenverkehrs und weiterer Faktoren zusammensetzen.

7.4.1 Eigenschaften von CDMA

Es gibt eine Reihe von Gründen, die für eine gespreizte Informationsübertragung sprechen. Dazu zählen:

- geringe Anfälligkeit gegenüber Effekten der Mehrwegeausbreitung. Aufgrund der hohen Sendebandbreite wird immer nur ein kleiner Teil des belegten Spektrums von frequenzselektivem Rayleigh-Fading beeinflusst, so dass die typischen Signaleinbrüche wesentlich schwächer sind als bei Schmalbandsystemen.

- geringe spektrale Leistungsdichte. Eine Kommunikation ist sogar noch unterhalb der Rauschschwelle möglich.

- geringe Beeinflussung durch Störsignale unterschiedlicher Ursachen (*engl.* Anti-Jamming) einschließlich Gleichkanalinterferenz (*engl.* Anti-Interference).

- die Spreizsequenz wirkt auch als Verschlüsselung, denn die Nachricht kann nur dann detektiert werden, wenn der Spreizcode bekannt ist.

Bild 7.4.1 zeigt das Prinzipschaltbild einer Spreizspektrumübertragung. Die zu übertragenden Daten $d_i(t)$ des i-ten Teilnehmers werden zunächst mit einer (pseudo-) zufälligen, rauschähnlichen Spreizsequenz $g_i(t)$ über einen größeren Spektralbereich verteilt. Nach der Modulation auf einen hochfrequenten Träger wird das gespreizte Signal über die Antenne abgestrahlt. Der Empfänger erhält dieses Signal von seiner Antenne, demoduliert es und führt eine Entspreizung mit einem zum Sender synchronen Spreizsignal durch.

Der Empfänger empfängt nicht nur das Signal des gewünschten Senders, sondern zusätzlich Signale von anderen Sendern, die im gleichen Frequenzbereich senden. Durch den Entspreizvorgang im Empfänger wird allerdings nur das Signal wieder entspreizt, also in der Bandbreite wieder verringert, welches den gleichen und synchronen Spreizcode wie der Empfänger verwendet (siehe Bild 7.4.2). Nach dem Entspreizen kann das gewünschte Signal leicht aus dem Summensignal herausgefiltert werden. Es bleibt nur ein geringer Teil der Störleistung übrig. Der in Bild 7.4.2 enthaltene Integrator über die Sendesymboldauer T verhält sich im Spektralbereich wie ein Tiefpaßfilter.

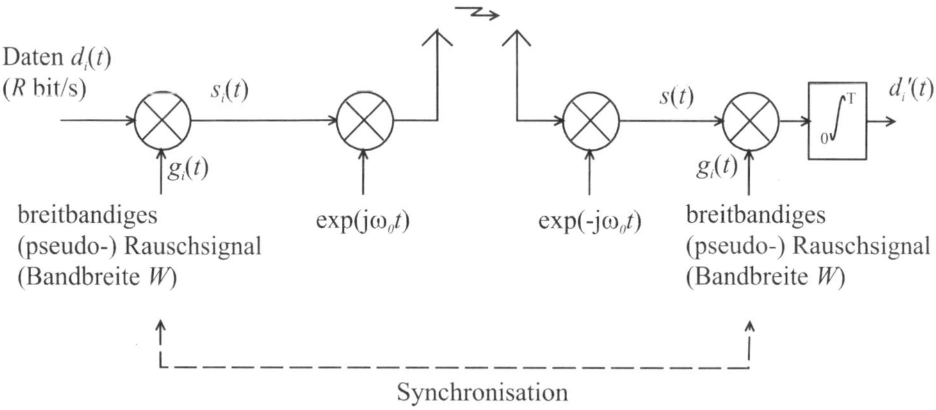

Bild 7.4.1: Spreizspektrum-Übertragungskette

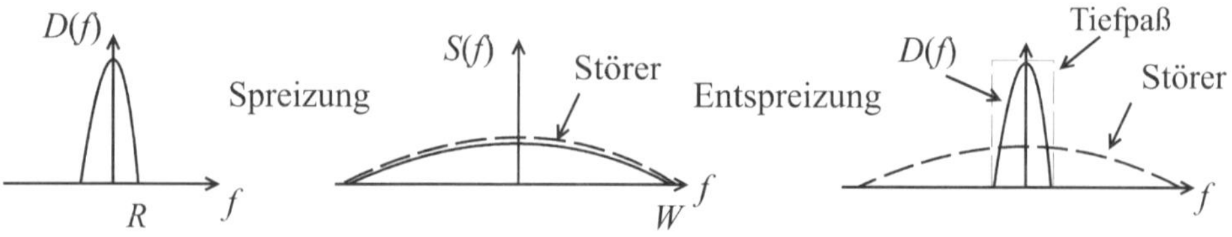

Bild 7.4.2: Spreiz- und Entspreizvorgang im Spektralbereich

Ist S die Empfangsleistung, die von einem Sender hervorgerufen wird, und existieren insgesamt K Sender, ergibt sich am Empfängereingang ein Signal- zu Störleistungsverhältnis S/I von

$$\frac{S}{I}=\frac{S}{(K-1)S}=\frac{1}{K-1}<1 \quad ; K>1 \tag{7.4.1}$$

wenn die Empfangssignale aller Sender gleich stark sind, also eine entsprechende ideale Leistungsregelung vorausgesetzt wird. Man erkennt aus Gl.(7.4.1), dass S/I kleiner als 1 ist, die Störleistung also größer als die Signalleistung ist. Für den Dekoder ist jedoch bei einer signalangepassten Filterung ("Matched Filter") nicht das S/I relevant, sondern das Verhältnis aus Signalenergie E_S und Störleistungsdichte I_0. Unter der Voraussetzung, dass die Störleistung im Spektralbereich W gleichverteilt ist, erhält man

$$I_0=\frac{I}{W} \quad . \tag{7.4.2}$$

Für die Signalenergie E_S eines Bits gilt (mit der Datenrate R in bit/s)

$$E_S=\frac{S}{R} \quad . \tag{7.4.3}$$

Daraus folgt

$$\frac{E_S}{I_0}=\frac{W/R}{K-1} \tag{7.4.4}$$

E_S/I_0 ist also um den Faktor W/R größer als S/I. W/R wird auch als **Prozessgewinn** bezeichnet. Bei einem Spreizfaktor von z.B. 100 erhält man so einen Prozessgewinn von 20 dB. Die Anzahl der möglichen Teilnehmer ergibt sich damit aus dem Spreizfaktor und dem für eine ausreichende Verbindungsqualität mindestens erforderlichen E_S/I_0. Letzteres hängt insbesondere vom verwendeten Modulationsverfahren und der Fehlerschutzcodierung ab. Zusätzlicher Einsatz von Antennen-Diversity (siehe Abschnitt 3.6) und RAKE-Empfängern (siehe Abschnitt 7.4.5) verringert das erforderliche E_S/I_0 u.U. beträchtlich.

In einem CDMA-Mobilfunknetz tritt nicht nur Interferenz durch die Teilnehmersignale innerhalb einer Zelle auf, sondern auch aus den benachbarten Zellen. Das Verhältnis ξ zwischen der Interferenzleistung aus anderen Zellen und der betrachteten Zelle hängt von verschiedenen Faktoren ab, wie z.B. den Wellenausbreitungsverhältnissen, dem eingesetzten Verfahren zur Sendeleistungsregelung und davon, ob Soft-Handover bzw. Makro-Diversity [BEN02] verwendet wird. In [VIT95] werden für verschiedene Szenarien Werte für ξ berechnet. In praktisch relevanten Umgebungen und bei Einsatz von Soft-Handover liegen diese Werte zwischen etwa 0,6 und 3.

Werden an den Basisstationen Sektorantennen verwendet [CHA92], lässt sich die Interferenzleistung etwa um den Grad der Sektorisierung G reduzieren. Eine zusätzliche Verringerung der Interferenzleistung um den Sprecher-Aktivitätsfaktor $\eta_S \approx 0{,}45$ kann erreicht werden, wenn in den Sprachpausen nicht gesendet wird (DTX, *engl.* Discontinuous Transmission).

Mit Gl.(7.4.4) ergibt sich daher die Teilnehmerzahl K einer CDMA-Mobilfunkzelle, wenn Rauschen vernachlässigt wird, zu

$$K = \frac{W/R}{E_S/I_0} \cdot \frac{G}{(1+\xi)\eta_S} + 1 \quad . \qquad (7.4.5)$$

Die Teilnehmerkapazität nach Gl.(7.4.5) reduziert sich in der Praxis durch die Bandbreiteneffizienz des eingesetzten Modulationsverfahrens (< 1), die Nebenzipfel der Basisstationsantennen ($G < 3$) und besonders durch eine nicht ideale Sendeleistungsregelung. Gerade dieser letzte Punkt ist eines der Kernprobleme von CDMA-Systemen für zellulare Mobilfunknetze. Gl.(7.4.5) muss als eine grobe Näherung verstanden werden, da viele Parameter wie z.B. die genauen Eigenschaften der Spreizsequenzen nicht berücksichtigt wurden.

7.4.2 Prinzip der Bandspreizung

7.4.2.1 Direct Sequence Spread Spectrum (DSSS)

Direct Sequence Spread Spectrum (DSSS) ist das am weitesten verbreitete Spreizspektrum-Verfahren und bildet zudem die Basis von UMTS. Die Datenfolge des i-ten Teilnehmers $d_i(t)$, die in bipolarer Form vorliegt, d.h., die log. "0" wird als –1 codiert und die log. "1" als +1, wird direkt mit der Spreizsequenz $c_i(t)$ multipliziert und anschließend moduliert. Es sind dabei verschiedene Modulationsverfahren möglich. Es können sowohl ASK-, FSK- oder auch PSK-Verfahren verwendet werden. Am verbreitetsten sind die Verfahren BPSK und QPSK. Bild 7.4.3 zeigt ein stark vereinfachtes Prinzipschaltbild eines DSSS-Senders und -Empfängers.

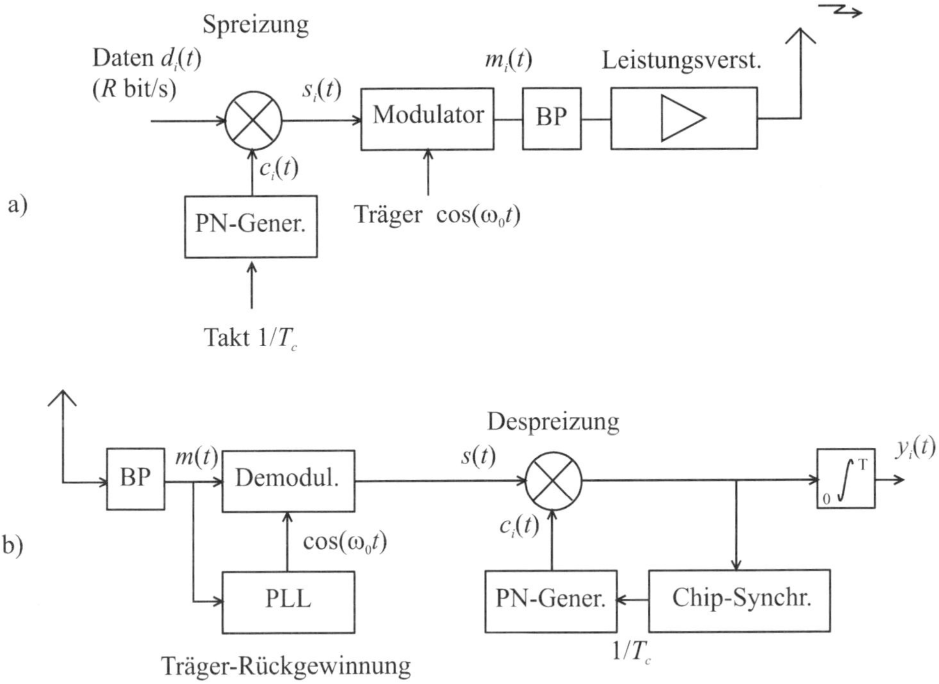

Bild 7.4.3: Prinzip eines DSSS-Senders (a) und DSSS-Empfängers (b)

Nach Spreizung und Modulation folgen eine Bandpaß-Filterung (Sendefilter) und der Leistungsverstärker, der für die erforderliche Sendeleistung sorgt. Am Empfängereingang befindet sich zunächst ein Bandpaßfilter zur Selektion und zur Rauschminderung. Hieran schließt sich die Demodulationsschaltung an, die das Sendesignal wieder ins Basisband transformiert. Hierfür kann, je nach Modulationsverfahren, eine synchrone Regeneration des Trägersignals erforderlich sein. Dies wird üblicherweise mit einem Phasenregelkreis (PLL, *engl.* Phase Locked Loop) vorgenommen. Nachdem das Signal wieder in Basisbandlage vorliegt, folgt die Entspreizung mit einer zur Sende-Spreizfolge synchronen Chipsequenz. Die Synchronisation wird mit einer besonderen Regelschaltung vorgenommen, die oft in Grob- (Aquisitions-) und Fein- (Tracking-) Regelung unterteilt ist.

Die Daten liegen als mittelwertfreie bipolare Rechteckfolge mit der Bitdauer T vor, d.h., die spektrale Leistungsdichtefunktion (LDS) $\Phi_{xx}(f)$ des Basisband-Datensignals nach Gl.(5.2.2) ergibt sich aus Gl.(5.2.9) und Gl.(5.2.10) mit $\sigma_d^2 = 1$ zu

$$\Phi_{xx}(f) = T\,\mathrm{si}^2(\pi f T) \tag{7.4.6}$$

Die (Basis-) Bandbreite dieses Signals beträgt $1/T$, wenn das Spektrum bis zur ersten Nullstelle betrachtet wird. Die Chips $c(t)$ der Spreizsequenz sind ebenfalls mittelwertfreie bipolare Rechtecksignale, diesmal allerdings mit der Chipdauer $T_C < T$, d.h., es ergibt sich ein Leistungsdichtespektrum der Form

$$\Phi_{cc}(f) = T_c\,\mathrm{si}^2(\pi f T_c) \tag{7.4.7}$$

mit der Basisbandbreite $1/T_C$. Der Prozessgewinn G_p beträgt daher

$$G_p = \frac{1/T_c}{1/T} = \frac{R_c}{R}. \tag{7.4.8}$$

Je höher also die Chiprate R_C gegenüber der Bitrate R ist, desto höher wird der Prozessgewinn. Bei praktischen DS-Spreizspektrumsystemen werden, je nach Datenrate, Prozessgewinne zwischen etwa 10 und 1000 realisiert.

Bild 7.4.4 zeigt exemplarisch den Spreizvorgang eines Datensignals. Ein Bit kann dabei, wie im Bild gezeigt, genau einer Periode der Spreizsequenz entsprechen, kann aber auch unabhängig von der PN-Periode sein.

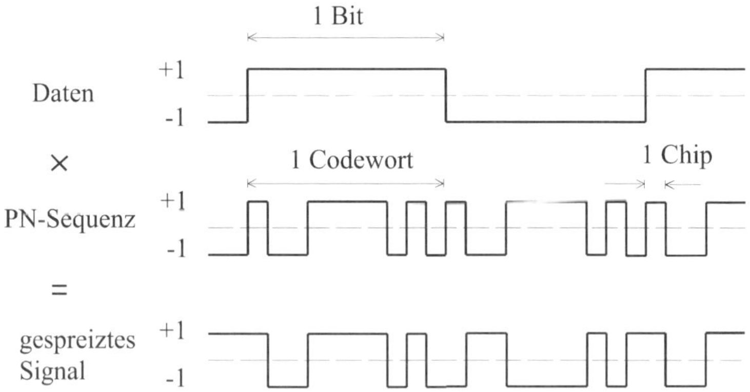

Bild 7.4.4: DSSS-Spreizvorgang (Beispiel)

Soll mit einem DSSS-System ein DS-CDMA-Vielfachzugriff realisiert werden, muss jeder Teilnehmer eine individuelle Spreizsequenz $c_i(t)$ zugeordnet bekommen, wobei die c_i verschiedener Teilnehmer unkorreliert sein sollen. Das BPSKmodulierte Signal des i-ten Teilnehmers $m_i(t)$ ergibt sich aus der Multiplikation mit der Spreizsequenz und dem Trägersignal zu

$$m_i(t) = d_i(t) \cdot c_i(t) \cdot \cos(\omega_0 t) \ . \tag{7.4.9}$$

Beim Empfänger liegt die Summe der K Teilnehmersignale an. Der Einfachheit halber gehen wir zunächst davon aus, dass es sich um kohärente Signale handelt, die alle gleichzeitig ausgesendet werden, wie es z.B. im Downlink eines Mobilfunksystems der Fall ist. Die BPSK-Demodulation besteht aus einer Muliplikation mit dem rückgewonnenen Trägersignal $2 \cdot \cos(\omega_0 t)$. Es folgt die erneute Multiplikation mit der Spreizsequenz $c_i(t)$ des zu decodierenden Teilnehmersignals und die Integration über eine Bitdauer

$$\begin{aligned} y_i &= \int_0^T 2c_i \cos(\omega_0 t) \cdot \sum_{k=1}^{K} c_k d_k \cos(\omega_0 t)\, dt \\ &= d_i \int_0^T c_i c_i dt + \sum_{k \neq i} d_k \int_0^T c_i c_k dt \\ &= d_i \cdot T + \sum_{k \neq i} d_k \rho_{ik} T \end{aligned} \tag{7.4.9}$$

mit der Korrelationsfunktion ρ_{ik}

$$\rho_{ik} = \frac{1}{T} \int_0^T c_i c_k \ dt \quad . \tag{7.4.10}$$

Der zweite Term in Gl.(7.4.9) wird Vielfachzugriffsinterferenz MAI (*engl.* Multiple Access Interference) genannt und sollte möglichst gering gehalten werden. Dies erfordert eine geeignete Wahl von Spreizsequenzen mit niedriger Kreuzkorrelationsfunktion (KKF), wie in Abschnitt 7.4.3 noch genauer untersucht werden wird. Die KKF von praktisch realisierbaren Spreizcodefamilien ist nie überall null. Dadurch ist die Teilnehmerkapazität eines CDMA-Systems maßgeblich begrenzt. Bestimmte Verfahren wie z.B. "Joint Detection" und Interferenzeliminierung [BEN02] können, allerdings mit hohem Aufwand, die MAI weiter reduzieren.

7.4.2.2 Frequency Hopping Spread Spectrum (FHSS)

Die Spreizung des Datensignals kann auch durch Frequenzspringen erfolgen. Die Trägerfrequenz des Senders wird hierbei in Abhängigkeit einer PN- (*engl.*

Pseudo Noise) Sequenz variiert. Bild 7.4.5 zeigt das Prinzipschaltbild eines FH-Spreizspektrumsenders. Je nachdem, wie groß die Sprungrate gegenüber der Bitrate ist, unterscheidet man langsames Frequenzspringen (SFH, *engl.* Slow Frequency Hopping) und schnelles Frequenzspringen (FFH, *engl.* Fast Frequency Hopping). Bei SFH-Systemen werden bei jedem Frequenzsprung ein oder mehrere Bits bzw. Symbole gesendet, bei FFH können sehr viele Sprünge pro Bit stattfinden. Je nach Datenrate werden bis zu 1000 Frequenzsprünge pro Bitdauer vorgenommen. Für FH-CDMA Systeme sind nur FFH-Verfahren einsetzbar, wohingegen SFH oft mit anderen Vielfachzugriffsverfahren kombiniert wird. So erreicht man z.B. im GSM-System, welches ja eine Kombination aus TDMA und FDMA verwendet, mit einem optionalen, langsamen Frequenzspringen in Verbindung mit Interleaving und Fehlerkorrekturverfahren eine höhere Fading-Resistenz.

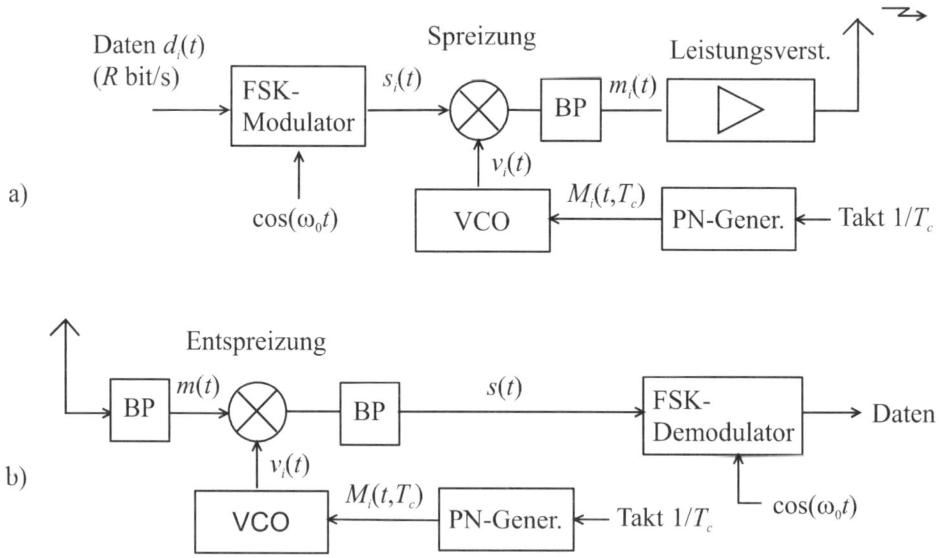

Bild 7.4.5: FH-Spreizspektrum-Sender (a) und –Empfänger (b)

Das Datensignal $d_i(t) = \pm 1$ wird zunächst FSK- (bzw. M-FSK-) moduliert. Es ergibt sich ein Signal $s_i(t)$ (siehe Bild 7.4.5a)

$$s_i(t) = \cos(\omega_0 + d_i(t) \cdot \Delta\omega)\, t = \cos(\omega_n t) \quad . \tag{7.4.11}$$

Die Bandspreizung erfolgt durch Mischung mit dem Ausgangssignal $v_i(t)$ eines Frequenzsynthesizers (VCO), der eine kontinuierliche Schwingung erzeugt, die ihre Frequenz mit einem Sprungintervall T_c ändert:

$$v_i(t) = \cos(\omega_1 + M(t,T_c)\cdot\Delta\omega)\,t = \cos(\omega_v t) \tag{7.4.12}$$

wobei $M(t,T_c)$ eine zufällige bzw. pseudozufällige ganze Zahl aus einem Bereich [0, M] sein kann. Die Spreizoperation besteht aus der Multiplikation von $s_i(t)$ und $v_i(t)$ und anschließender Ausfilterung des Signals $m_i(t)$ der Frequenz

$$\omega_m = \omega_n + \omega_v = \omega_0 + \omega_1 + [d_i(t) + M(t,T_c)]\cdot\Delta\omega\,.$$

Die Frequenz ω_m hat eine feste Komponente $\omega_0 + \omega_1$ und eine variable Komponente $[d_i(t) + M(t,T_c)]\cdot\Delta\omega$. Wenn $d_i(t) = \pm 1$ und $M(t,T_c) \in [0,1,2,...M]$, dann belegt $m_i(t)$ ein Frequenzband zwischen $\omega_0 + \omega_1 - \Delta\omega$ und $\omega_0 + \omega_1 + (M + 1)\cdot\Delta\omega$, also der Breite $(M+2)\cdot\Delta\omega \approx M\cdot\Delta\omega$ für große M. Ist die Bitdauer $T > T_c$, spricht man von "Fast Frequency Hopping" (FFH), für $T < T_c$ von "Slow Frequency Hopping" (SFH).

Der Entspreizvorgang ist ähnlich dem bei DSSS (siehe Bild 7.4.5b). Er besteht aus einer Multiplikation mit einer Replika des Signals $v_i(t)$, wodurch u.a. ein Signal der Frequenz $\omega_m - \omega_v = \omega_n$ entsteht, welches ausgefiltert wird und einem FSK-Demodulator zugeführt wird. Nach fehlerfreier Demodulation entsteht wieder das Datensignal $d_i(t)$.

Falls die Signale $v_i(t)$ in Sender und Empfänger nicht synchron sind, sind die Zufallszahlenfolgen des Senders $M_S(t,T_c)$ und Empfängers $M_E(t,T_c) = M_S(t-\tau,T_c)$ unterschiedlich, wenn $\tau > T_c$. Der Entspreizvorgang erzeugt folglich ein Signal der Frequenz

$$\begin{aligned}\omega_m - \omega_v &= \omega_0 + [M_S(t,T_c) - M_E(t,T_c) + d_i(t)]\cdot\Delta\omega \\ &= \omega_0 + [M_\Delta(t,T_c) + d_i(t)]\cdot\Delta\omega\end{aligned} \tag{7.4.13}$$

wobei $M_\Delta(t,T_c) \in [-M, -(M-1), ..., -1, 0, 1, 2,..., M-1, M]$. Das resultierende Signal bleibt also bandgespreizt.

Wird mit FHSS ein Vielfachzugriffssystem für K Teilnehmer realisiert, verwendet jeder Teilnehmer eine andere Zahlenfolge $M_k(t,T_c)$ mit $k \in [1,2,...,K]$ zur Steuerung seines Frequenzsynthesizers. Das resultierende $m(t)$ im Empfänger hat daher die Form

$$\sum_{k=1}^{K} \cos\left[\omega_0 + \omega_1 + \left(d_k + M_k\right) \cdot \Delta\omega\right] t \,. \tag{7.4.14}$$

Die Zeitabhängigkeit der Terme $d_k(t)$ und $M_k(t,T_c)$ in Gl.(7.4.14) wurde zur Vereinfachung weggelassen. Falls beim Entspreizvorgang im Empfänger i das Signal des Teilnehmers j vorhanden ist, resultiert ein Signal der Frequenz $\omega_0 + (M_j - M_i) \cdot \Delta\omega$, welches bandgespreizt bleibt, falls $M_j \neq M_i$ weil $\Delta M = M_j - M_i \in$ [-M, +M]. Für ein gutes Vielfachzugriffssystem ist es also erforderlich, die Zahlenfolgen $M_k(t,T_c)$ so zu wählen, dass die Anzahl von Zeitpunkten (Slots), in denen zwei oder mehr Folgen den gleichen Zahlenwert annehmen, minimal ist.

Bei FH-CDMA werden sowohl die Zeitachse als auch die Frequenzachse unterteilt. Die Sprungsequenzen der einzelnen Teilnehmer müssen, genau wie die Spreizsequenzen bei DS-CDMA, orthogonal sein. Je besser die Orthogonalitätseigenschaften der verwendeten Codes sind, desto besser lassen sich die Einzelsignale aus dem CDMA-Signalgemisch wieder zurückgewinnen.

Bild 7.4.6 zeigt am Beispiel dreier Teilnehmersignale K1, K2 und K3 die Aufteilung der Frequenz- und Zeitachse. Teilnehmer K1 belegt zunächst den Frequenzbereich 1, springt danach zu Band 3 und schließlich wieder zurück nach Band 1. Die anderen beiden Signale springen in einem anderen Sprungmuster, so dass es zu keinen Kollisionen kommt. Bei einem hohen Spreizfaktor, also vielen Sprüngen pro Bitdauer T, wird die Signalleistung über einen weiten Bereich verstreut, gelegentliche Kollisionen durch nicht optimale Sprungsequenzen können in Grenzen toleriert werden. Es tritt ein ähnlicher Effekt ein wie bei nicht idealen Spreizsequenzen im DS-CDMA-Verfahren.

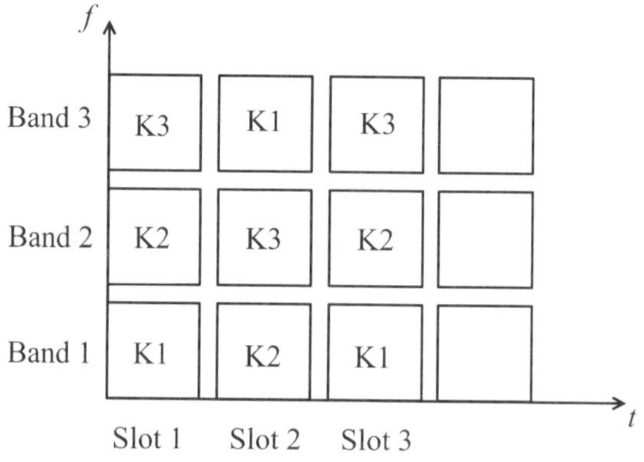

Bild 7.4.6: FH-CDMA Beispiel

Hohe Sprungfrequenzen erfordern sehr frequenzagile Synthesizer, sowohl auf der Sendeseite als auch auf der Empfangsseite. Solche Oszillatoren sind allerdings nur mit sehr hohem technischen Aufwand realisierbar. FH-CDMA bietet aber einige Vorteile gegenüber DS-CDMA. So gibt es bei FH-CDMA nicht das "Near-Far"-Problem (siehe Abschnitt 7.4.4), d.h., die einzelnen Teilnehmersignale dürfen auch mit unterschiedlicher Leistung beim Empfänger eintreffen. Ein weiterer Vorteil liegt bei der Übertragung auf Kanälen mit hohem Delay-Spread, das bei DS-CDMA zu Intersymbolinterferenz führt, und deshalb mit entsprechenden Kanalentzerrern bzw. einem RAKE-Empfänger wieder ausgeglichen werden muss. Erfolgt bei FH-Spreizspektrumsystemen das Frequenzspringen schneller als die reflektierten Signalanteile benötigen, um zum Empfänger zu gelangen, kommt es zu keiner Impulsverbreiterung durch Intersymbolinterferenz.

7.4.3 Spreizcodes

7.4.3.1 Anforderungen und Kenngrößen

Viele Probleme der Spreizspektrumtechnik wären gelöst, wenn es gelänge, reproduzierbare, ideale Rauschsequenzen ohne statistische Bindung zwischen den Elementen der Sequenzen einzusetzen. Diese Eigenschaft lässt sich mit der Auto- und der Kreuzkorrelationsfunktion beschreiben bzw. quantifizieren. Man unterscheidet zwischen der kontinuierlichen und der diskreten Korrelationsfunktion einer Spreizsequenz $c(t)$. Das kontinuierliche Signal $c(t)$ ergibt sich aus der Überlagerung von mit den Elementen einer Folge c_i gewichteten Impulsen $g(t)$

$$c(t)=\sum_{i=-\infty}^{\infty} c_i \cdot g(t-iT_c) \tag{7.4.15}$$

wobei die $c_i \in [-1,+1]$ Elemente einer bipolaren Folge sind, die z.B. durch umcodieren gemäß $c_i = 2\,a_i - 1$ aus einer unipolaren Folge mit den Elementen $a_i \in [0,1]$ entstanden sein kann. Die Impulsform $g(t)$ ist üblicherweise ein Rechteck der Dauer T_c, d.h.,

$$g(t)=\mathrm{rect}\left(\frac{t-T_c/2}{T_c}\right). \tag{7.4.16}$$

Die kontinuierliche Kreuzkorrelationsfunktion $\varphi_{cc'}(\tau)$ gibt Auskunft über die statistischen Bindungen <u>verschiedener</u> Sequenzen $c(t)$ und $c'(t)$ als Funktion einer zeitlichen Verschiebung τ zwischen den Sequenzen. $\varphi_{cc'}(\tau)$ ist somit ein Maß für die bei der CDMA-Entspreizung auftretende Vielfachzugriffsinterferenz MAI (s. Abschnitt 7.4.1). Die kontinuierliche Kreuzkorrelationsfunktion einer endlichen Sequenz der Dauer $T = N \cdot T_c$ ist definiert als

$$\varphi_{cc'}(\tau) = \frac{1}{T} \int_0^T c(t) c'(t+\tau) dt \; . \qquad (7.4.17)$$

Ein Spezialfall der Kreuzkorrelationsfunktion mit $c(t) = c'(t)$ ist die Autokorrelationsfunktion $\varphi_{cc}(\tau)$; sie gibt Auskunft über die statistische Bindung der Elemente <u>einer</u> Sequenz $c(t)$:

$$\varphi_{cc}(\tau) = \frac{1}{T} \int_0^T c(t) c(t+\tau) dt \qquad (7.4.18)$$

und ist ein Maß für die beim CDMA-Entspreizvorgang auftretende Nutzleistung (gewünschtes Signal). Im Sinne einer möglichst hohen CDMA-Teilnehmerkapazität sollte demnach die Kreuzkorrelationsfunktion $\varphi_{cc'}(\tau)$ möglichst klein sein, während die Autokorrelationsfunktion $\varphi_{cc}(\tau)$ ein möglichst ausgeprägtes Maximum bei $\tau = 0$ aufweisen sollte.

Mit Gl.(7.4.15) in Gl.(7.4.17) erhalten wir

$$\varphi_{cc'}(\tau) = \frac{1}{T} \sum_{k=1}^{N} \sum_{i=1}^{N} c_i c'_k \int_{-\infty}^{\infty} g(t - iT_c) g(t + \tau - kT_c) dt \qquad (7.4.19)$$

Das Integral in Gl.(7.4.19) ist nur dann ungleich null, wenn die beiden Impulse $g(t - iT_c)$ und $g(t + \tau - kT_c)$ überlappen. Da $g(t)$ nur die Dauer T_c hat und sich von $t = 0$ bis $t = T_c$ erstreckt, ist das Integral nur dann von null verschieden, wenn $|iT_c - kT_c + \tau| < T_c$. Mit der Substitution $\lambda = t - iT_c$, $\varepsilon = \tau - kT_c$ für $0 < \varepsilon \leq T_c$ und $j = k - i$ sowie $T = N \cdot T_c$ erhalten wir aus Gl.(7.4.19)

$$\begin{aligned} \varphi_{cc'}(\tau) = \varphi_{cc'}(j,\varepsilon) = & \frac{1}{N} \sum_{i=1}^{N} c_i c'_{i+j} \frac{1}{T_c} \int_0^{T_c - \varepsilon} g(\lambda) g(\lambda + \varepsilon) d\lambda \\ & + \frac{1}{N} \sum_{i=1}^{N} c_i c'_{i+j+1} \frac{1}{T_c} \int_{T_c - \varepsilon}^{T_c} g(\lambda) g(\lambda - T_c + \varepsilon) d\lambda \end{aligned} \; . \qquad (7.4.20)$$

Die diskrete Kreuzkorrelationsfunktion einer endlichen Folge mit N Elementen ist definiert als

$$\theta_{cc'}(j)=\frac{1}{N}\sum_{i=1}^{N}c_i c'_{i+j} \tag{7.4.21}$$

bzw. die diskrete Autokorrelationsfunktion einer endlichen Folge mit N Elementen als

$$\theta_{cc}(j)=\frac{1}{N}\sum_{i=1}^{N}c_i c_{i+j} \quad . \tag{7.4.22}$$

Für den Fall von Rechteck-Impulsen $g(t)$ nach Gl.(7.4.16) erhält man daher den folgenden Zusammenhang zwischen kontinuierlicher und diskreter Kreuzkorrelationsfunktion $\varphi_{cc'}(\tau)$ bzw. $\theta_{cc'}(j)$:

$$\varphi_{cc'}(\tau)=\varphi_{cc'}(j,\varepsilon)=\left(1-\frac{\varepsilon}{T_c}\right)\cdot\theta_{cc'}(j)+\frac{\varepsilon}{T_c}\cdot\theta_{cc'}(j+1) \tag{7.4.23}$$

bzw. für die Autokorrelationsfunktion

$$\varphi_{cc}(\tau)=\varphi_{cc}(j,\varepsilon)=\left(1-\frac{\varepsilon}{T_c}\right)\cdot\theta_{cc}(j)+\frac{\varepsilon}{T_c}\cdot\theta_{cc}(j+1). \tag{7.4.24}$$

Es ergibt sich demnach die kontinuierliche Korrelationsfunktion bei rechteckförmigen Impulsen $g(t)$, indem man die Punkte der diskreten Korrelationsfunktion an den Stellen $\tau = j\cdot T_c$ linear, d.h. durch Geraden, verbindet.

Bei einer idealen Rauschsequenz gilt

$$\varphi_{cc'}(\tau)=\begin{cases}\delta(\tau) & ;c=c'\\ 0 & ;c\neq c'\end{cases} \tag{7.4.25}$$

mit dem Dirac-Impuls $\delta(\tau)$. Ideale Rauschsequenzen lassen sich technisch nicht reproduzierbar in der für Spreizspektrumsysteme nötigen Form erzeugen. Man verwendet daher rauschähnliche Sequenzen, sogenannte Pseudo Noise (PN-) Sequenzen. Nachfolgend werden einige Verfahren vorgestellt und deren Korrelationseigenschaften untersucht, mit denen solche Sequenzen erzeugt werden können.

7.4.3.2 M-Sequenzen

Eine Möglichkeit, PN-Folgen zu erzeugen, sind linear rückgekoppelte Schieberegister. Wird ein m-stufiges Schieberegister nach Bild 7.4.7 durch eine geeignete Kombination seiner Speicher-Ausgangswerte linear rückgekoppelt, erhält man eine $n = 2^m - 1$ lange, periodische Folge $a_i(k)$ von Nullen und Einsen. Solche binären Folgen werden auch als Maximalfolgen bezeichnet, wenn das charakteristische Polynom, das die Rückkopplung des Schieberegisters beschreibt, irreduzibel ist. Nur Maximalfolgen weisen die maximale Periodenlänge von $n = 2^m - 1$ auf. Ein irreduzibles Polynom kann nicht in andere Polynome zerlegt werden. Nur mit nicht zerlegbaren Polynomen lassen sich Maximalfolgen erzeugen, aber auch unter diesen irreduziblen Polynomen erzeugen nicht alle eine Maximalfolge, nur ganz bestimmte können dazu verwendet werden. Man nennt diese Polynome primitiv [LÜK92].

In Spreizspektrumanwendungen benutzt man oft eine andere bipolare Codierung, bei der die 0 als -1 umcodiert wird

$$c(k) = 2\,a(k) - 1 \tag{7.4.26}$$

und die Folgenelemente zeitkontinuierlich in Form sogenannter "Chips" vorliegen, z.B. als Rechtecksignal nach Gl.(7.4.16) mit der Chipdauer T_c bzw. der Chipfrequenz $f_c = 1/T_c$.

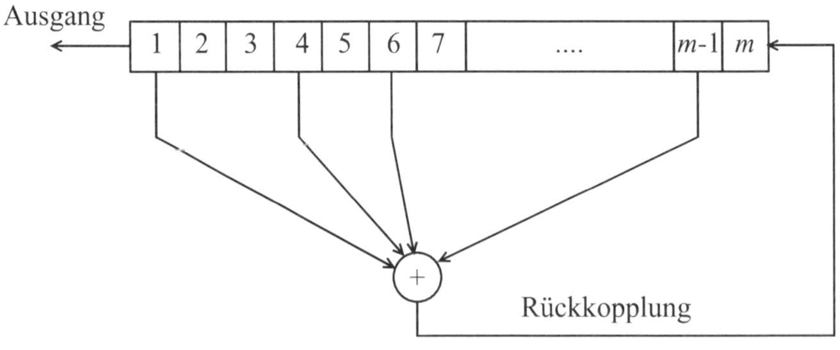

Bild 7.4.7: Linearer Schieberegistergenerator (Beispiel)

Maximalfolgen haben drei wesentliche Eigenschaften:

- jede Periode einer Maximalfolge besteht genau aus 2^{m-1} Einsen und $2^{m-1} - 1$ Nullen.

- innerhalb einer Maximalfolge gibt es N_a Gruppen aus i Einsen bzw. Nullen. Es gilt:

$$N_a = \begin{cases} 2^{m-i} & ; \text{"1er" Gruppen für } 1 \le i \le m \\ 2^{m-i} - 1 & ; \text{"0er" Gruppen für } 1 \le i \le m \\ 0 \text{ oder } 1 & ; \text{für } i > m \end{cases} \tag{7.4.27}$$

- die diskrete Autokorrelationsfunktion $\theta_{cc}(k)$ nach Gl.(7.4.22) besitzt die Periodenlänge n und lautet

$$\theta_{cc}(k) = \begin{cases} 1 & ; k = 0 \\ -1/n & ; 1 \le k \le n-1 \end{cases} . \tag{7.4.28}$$

Bild 7.4.8 zeigt die zeitkontinuierliche Autokorrelationsfunktion $\varphi_{cc}(\tau)$ einer Maximalfolge nach Gl.(7.4.24) und Gl.(7.4.28).

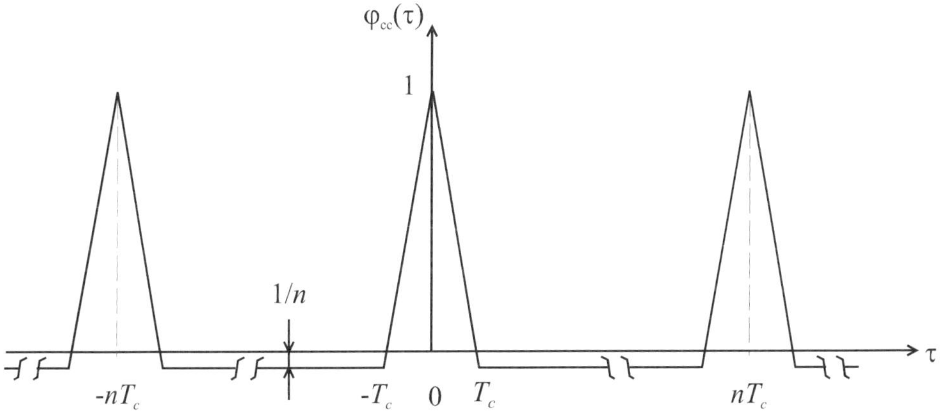

Bild 7.4.8: Kontinuierliche Autokorrelationsfunktion einer Maximalfolge

Die Autokorrelationsfunktion langer M-Sequenzen ist nahezu ideal, jedoch dauert der Synchronisationsvorgang im Empfänger sehr lange. Daher ergeben sich praktische Grenzen für m. Nicht nur die Autokorrelationseigenschaften einer PN-Sequenz sind für die Spreizspektrumtechnik relevant, im Zusammenhang mit

Codemultiplex-Verfahren sind besonders auch die Kreuzkorrelationseigenschaften von großem Interesse [SAR80, SCH79]. Je niedriger die Kreuzkorrelationswerte der PN-Folgen verschiedener Teilnehmersignale sind, desto mehr Teilnehmer können am Codemultiplex teilhaben bzw. desto geringer sind die gegenseitigen Störungen.

7.4.3.3 Gold- und Kasami-Folgen

Lange M-Sequenzen weisen sehr gute Autokorrelationseigenschaften auf, jedoch können die Kreuzkorrelationswerte zwischen Paaren von M-Sequenzen relativ hohe Werte annehmen, die einen Einsatz in CDMA-Vielfachzugriffssystemen problematisch machen. In Tabelle 7.4.1 sind für verschiedene m das Verhältnis zwischen dem Maximum der disketen Kreuzkorrelationsfunktion $\theta_{cc',\max}$ und dem Maximum der diskreten Autokorrelationsfunktion $\theta_{cc}(0)$ angegeben. Dieses Verhältnis ist ein Maß für die in einem CDMA-System nach der Entspreizung entstehende Vielfachzugriffsinterferenz (MAI, *engl.* Multiple Access Interference). Im dargestellten Bereich von $m = 3 \ldots 12$ liegt das Minimum von $\theta_{cc',\max}/\theta_{cc}(0)$ für $m = 11$ immerhin noch bei dem relativ hohen Wert von 0,14. Aus der Tabelle ist ebenfalls ersichtlich, dass die Anzahl der möglichen M-Sequenzen der Periodenlänge n schnell mit m ansteigt.

Solch hohe Werte für $\theta_{cc',\max}/\theta_{cc}(0)$ wie in Tabelle 7.4.1 sind für CDMA-Anwendungen oft nicht tolerierbar. Es ist zwar möglich, aus den verfügbaren M-Sequenzen für ein bestimmtes m gezielt eine kleine Gruppe von Sequenzen mit besonders niedrigen Kreuzkorrelationswerten auszusuchen, jedoch ist die Zahl der nun übrig bleibenden Sequenzen üblicherweise zu gering für CDMA-Systeme, da ja jedes Teilnehmersignal eine eigene, von den anderen verschiedene Sequenz benötigt.

Es wurden in der Vergangenheit eine Vielzahl von speziellen PN-Folgen mit besonders guten Kreuzkorrelationseigenschaften untersucht. Ein Beispiel hierfür sind die Gold-Folgen [GOL67], welche nach Bild 7.4.9 aus zwei kombinatorisch, in der Regel exklusiv-oder- (EXOR-), verknüpften M-Sequenzen bestehen.

Die beiden verknüpften M-Sequenzen haben beide die gleiche Periodenlänge $n = 2^m - 1$. Bei den beiden M-Sequenzen handelt es sich um ausgesuchte Sequenzen, die besonders niedrige Kreuzkorrelationswerte aufweisen. Die eine M-Sequenz wird mit der anderen, zyklisch verschobenen M-Sequenz verknüpft. Da n zyklisch verschobene Versionen einer M-Sequenz existieren und man die bei-

Tabelle 7.4.1: Kreuzkorrelationsverhalten von M-Sequenzen und Gold-Folgen

m	$n = 2^m - 1$	Anzahl der M-Sequenzen	M-Sequenz $\theta_{cc',\max}/\theta_{cc}(0)$	Gold-Folge $\theta_{cc',\max}/\theta_{cc}(0)$
3	7	2	0,71	0,71
4	15	2	0,60	0,60
5	31	6	0,35	0,29
6	63	6	0,36	0,27
7	127	18	0,32	0,13
8	255	16	0,37	0,13
9	511	48	0,22	0,06
10	1023	60	0,37	0,06
11	2047	176	0,14	0,03
12	4095	144	0,34	0,03

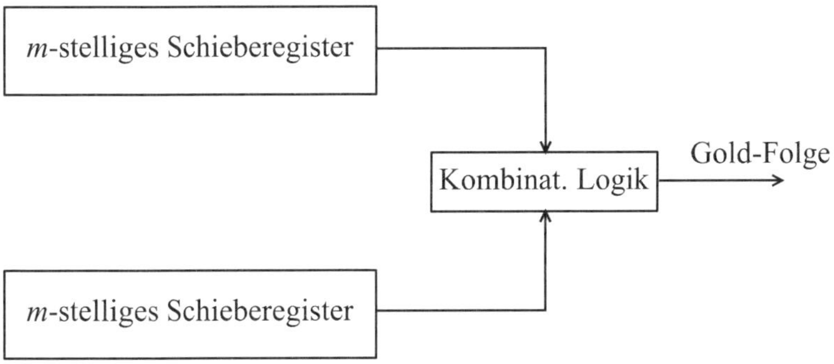

Bild 7.4.9: Erzeugung von Gold-Folgen

den nicht-verschobenen Originalversionen der M-Sequenzen hinzunehmen kann, gibt es demnach $n + 2$ mögliche Gold-Folgen.

Man erkennt aus Tabelle 7.4.1, dass besonders bei langen Folgen die Kreuzkorrelationswerte der Gold-Folgen deutlich (Faktor 10 und mehr) unter denen der M-Sequenzen liegen.

Ein ähnliches Verfahren wie bei der Erzeugung von Gold-Folgen wird bei den Kasami-Folgen verwendet [KAS66]. Ausgehend von einer M-Sequenz a_1 wird eine zweite Sequenz a_2 aus a_1 gebildet, indem nur jedes $(2^{m/2}+1)$-te Bit aus a_1

verwendet wird, d.h., a_1 wird um den Faktor $2^{m/2}+1$ dezimiert. Die Periodizität von a_2 beträgt nun $2^{m/2}-1$. Die beiden Folgen a_1 und a_2 werden nun EXOR-verknüpft (modulo 2 addiert), indem die kürzere Folge a_2 immer wieder versetzt über die Folge a_1 geschoben wird. Da es $2^{m/2}-1$ zyklisch verschobene Versionen von a_2 gibt, und wenn man die Folge a_1 selbst hinzunimmt, können $2^{m/2}$ Kasami-Folgen gebildet werden. Die Kreuzkorrelationseigenschaften der Kasami-Folgen sind ähnlich gut wie die der Gold-Folgen.

7.4.3.4 Walsh-Folgen

Walsh-Funktionen sind ein vollständiges, orthogonales Funktionensystem und werden durch zwei Parameter, nämlich ihre Sequenz μ und ihre Zeitbasis δ, gekennzeichnet. Die Sequenz ist halb so groß wie die Zahl der Zeichenwechsel (+1 $\rightarrow$ -1 oder umgekehrt) innerhalb der Zeit T.

$$\mu = \frac{\text{Zahl der Zeichenwechsel} / T}{2} \tag{7.4.29}$$

Für die Zeitbasis gilt

$$\delta = \frac{t}{T} \tag{7.4.30}$$

Die Walsh-Funktionen, die durch diese Definitionen entstehen, werden als wal($2\mu, \delta$) bezeichnet. Durch die Normierung der Sequenz auf 2μ gibt der erste Parameter einer wal($2\mu, \delta$)-Funktion direkt die Anzahl der Zeichenwechsel in T an. Bild 7.4.10 zeigt als Beispiel einige Walsh-Funktionen. Im Bereich der digitalen Mobilfunksysteme werden Walsh-Funktionen z.B. im US-amerikanischen CDMA-System nach IS-95 verwendet [VIT95]. Die Autokorrelationsfunktion von Walsh-Folgen verschwindet an den Stellen $t = n \cdot T,\ n \neq 0$.

Mit Walsh-Codes werden nur dann gute Korrelationseigenschaften erreicht, wenn die Teilnehmersignale synchron sind, andernfalls ergeben sich sehr schlechte Kreuzkorrelationswerte. Der Downlink eines CDMA-Mobilfunksystems kann synchron betrieben werden. Jedoch kann die Synchronität durch Mehrwegeausbreitung verloren gehen. Die genauen Korrelationseigenschaften von über einen Mobilfunkkanal übertragenen Walsh-Codes hängen von der Kanalimpulsantwort, insbesondere vom Delay Spread, ab. Um diesen Nachteil zu mildern, werden Walsh-Codes in der Regel mit einem zweiten Spreizcode, z.B. einer M-Sequenz (s.o.), überlagert.

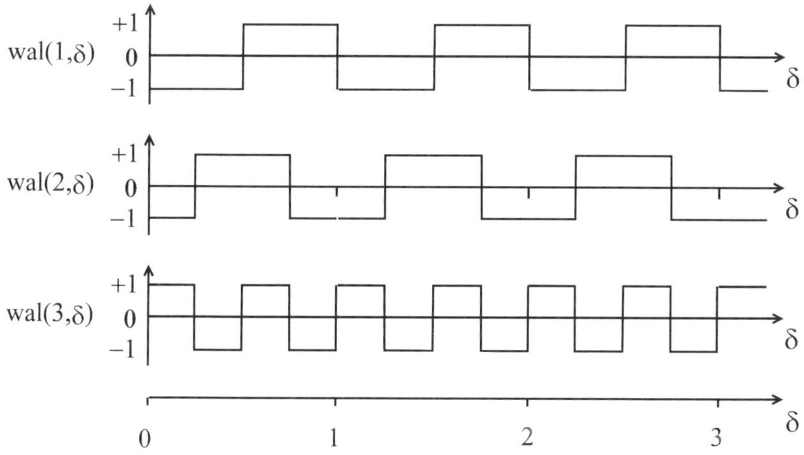

Bild 7.4.10: Beispiel einiger Walsh-Funktionen

7.4.3.5 OVSF-Codes

OVSF-Codes (*engl.* Orthogonal Variable Spreading Codes) [ADA97] eignen sich, um variable Spreizfaktoren zu realisieren. Die Orthogonalität zwischen Codefolgen unterschiedlicher Spreizfaktoren wird durch eine Code-Baumstruktur nach Bild 7.4.11 erreicht. Auch bei einer Überlagerung von OVSF-codierten Signalen unterschiedlicher Spreizfaktoren bleibt die Orthogonalität gewahrt.

Das Bildungsgesetz der OVSF-Codes ist leicht aus der Baumstruktur ersichtlich: Der Code C_n ergibt sich aus dem Code $C_{n/2}$ durch Verdopplung $C_{n/2}\,C_{n/2}$ (oberer Zweig) bzw. Verdopplung mit Inversion der zweiten Hälfte $C_{n/2}\,\overline{C}_{n/2}$ (unterer Zweig). Es muss jedoch darauf geachtet werden, dass nie zwei oder mehr Codes mit unterschiedlichen Spreizfaktoren *SF*, die vom selben Ast des Baums ausgehen, innerhalb einer Funkzelle (bzw. -sektor) verwendet werden, da sonst die Orthogonalität nicht mehr gegeben ist. Beispielsweise ist der Code $C_{4,4}$ orthogonal zu $C_{4,3}$, nicht aber zu $C_{2,2}$ und $C_{1,1}$. Dies bedeutet, dass die Zahl der verfügbaren OVSF-Codes nicht festgelegt ist, sondern von der Zusammensetzung des Gesamtverkehrs aus unterschiedlichen Raten bzw. Spreizfaktoren innerhalb der Zelle bestimmt wird.

Die Korrelationseigenschaften der OVSF-Codes sind mit denen der Walsh-Codes vergleichbar, d.h., nur bei synchronem Betrieb ergibt sich eine ausreichende Orthogonalität. Deshalb werden OVSF-Codes häufig mit einem zweiten Spreizcode, z.B. einer M-Sequenz oder Gold-Folge, überlagert.

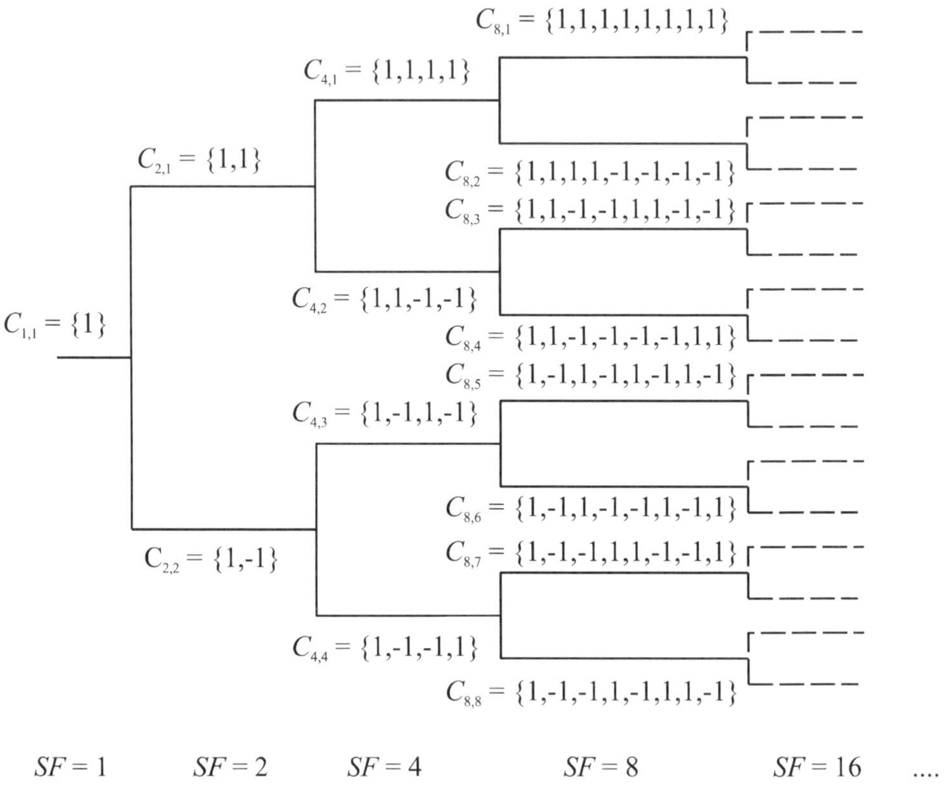

Bild 7.4.11: Baumstruktur der OVSF-Codes (SF = Spreizfaktor)

7.4.4 Sendeleistungsregelung

Der Sendeleistungsregelung kommt speziell im Uplink von CDMA-Mobilfunksystemen eine sehr große Bedeutung zu. Da in einem CDMA-Vielfachzugriffssystem alle Teilnehmersignale zur gleichen Zeit die gesamte Bandbreite nutzen, kommt es zur Vielfachzugriffsinterferenz (MAI, siehe Abschnitt 7.4.1). Aufgrund der in praktisch realisierbaren Systemen immer unvollständigen Orthogonalität der Teilnehmersignale kann ein starkes Teilnehmersignal, z.B. von einer sich nahe an der Basisstation befindlichen Mobilstation, ein schwächeres, z.B. von einer weit entfernten Mobilstation, "zudecken", d.h., eine fehlerfreie Dekodierung des schwächeren Signals ist nicht mehr möglich. Man nennt dies "Near-Far-Effekt".

Um dennoch eine ausreichende Teilnehmerkapazität zu erhalten, muss dafür gesorgt werden, dass alle Teilnehmersignale mit der gleichen mittleren Empfangsleistung von der Basisstation empfangen werden. Dies wird durch Sendeleistungsregelung erreicht. Sie sorgt dafür, dass alle Signale auf einen konstanten Empfangspegel an der Basisstation geregelt werden. Die Genauigkeit des Regelungsverfahrens hat direkten Einfluss auf die Teilnehmerkapazität eines CDMA-Mobilfunksystems [KUD92].

Im Gegensatz zum Uplink wird im Downlink im Prinzip keine Sendeleistungsregelung benötigt, denn alle Signale werden auf dem Weg zur Mobilstation über den gleichen Kanal übertragen und erreichen diese folglich mit den gleichen Empfangsleistungen. Es existiert also kein Near-Far-Problem. Dennoch wird auch im Downlink eine Sendeleistungsregelung eingesetzt, um die Gleichkanalinterferenz zu und von anderen Zellen zu verringern.

Zusätzlich zur Verringerung der Interferenz bzw. des Near-Far-Problems hat die Sendeleistungsregelung noch andere Vorteile. Auf Seiten der Mobilstationen sorgt sie über die Reduktion der mittleren Senderausgangsleistung für eine längere Betriebsdauer bei akkubetriebenen Endgeräten. Auf der Empfängerseite wird ein konstanter Empfangspegel erreicht, für den der Empfänger, insbesondere dessen Intermodulationsverhalten, optimiert werden kann. Ein wesentliches Argument für Sendeleistungsregelung ist auch, dass die durch Fast-Fading verursachten starken Schwankungen der Empfangsleistung ganz oder teilweise ausgeregelt werden können. Es ergibt sich so ein erheblich stabileres Empfangssignal. Arbeitet die Sendeleistungsregelung sogar so schnell und exakt, dass alle Signalschwankungen komplett ausgeregelt werden, wird der Fading-Kanal in einen AWGN- (*engl.* Additive White Gaussian Noise) Kanal ohne schnellen Signalschwund umgewandelt.

Man unterscheidet die Sendeleistungseinstellung mit offenem (*engl.* Open Loop) und geschlossenem (*engl.* Closed Loop) Regelkreis. Bei der Open-Loop-Variante wird eine Messung des Empfangspegels und/oder der Bitfehlerquote der jeweils anderen Kommunikationsrichtung benutzt, um die eigene Sendeleistung einzustellen. Da Up- und Downlink in einem FDD- (*engl.* Frequency Division Duplex) Duplexsystem (siehe Abschnitt 7.7.1) auf verschiedenen Frequenzbändern liegen, sind die Übertragungseigenschaften unterschiedlich, d.h., die Open-Loop-Regelung ist zwangsläufig ungenau, aber schnell, da keine Signalisierung über einen Steuerkanal erforderlich ist. Genauere Ergebnisse können mit der Closed-Loop-Regelung erreicht werden. Hier wird der Empfangspegel auf der Empfangsseite gemessen, und über einen entsprechenden Steuerkanal in der Rückrichtung wird die Sendeleistung des Senders angepasst. Bei der Closed-Loop-Regelung besteht allerdings ein Verzögerungszeit-Problem, denn die Empfangsmesswerte bzw. daraus abgeleitete Steuerkommandos müssen zur Sendeseite übermittelt werden. Durch Kanalcodierung, Interleaving etc. kann es hier zu erheblichen Verzögerungen kommen, die nur eine relativ langsame Regelgeschwindigkeit erlauben. Um eine höhere Regelgeschwindigkeit zu erreichen, kann u.U. auf Fehlerschutz verzichtet werden, was dann allerdings wieder auf Kosten der Regelgenauigkeit geht. Open- und Closed-Loop-Regelung werden häufig kombiniert. Die Genauigkeitsanforderungen an die Sendeleistungsregelung bei CDMA-Mobilfunksystemen sind so hoch, dass z.B. beim WCDMA-Verfahren von UMTS alle 0,667 ms die Sendeleistung verändert werden kann [BEN02].

7.4.5 RAKE-Empfänger

Ein RAKE-Empfänger ist ein Pfad-Diversity-Empfänger, mit dem es möglich ist, die unterschiedlichen Ausbreitungspfade bei der Mehrwegeausbreitung im Mobilfunkkanal aufzulösen, einzeln zu entspreizen und anschließend zu kombinieren. Da jede Mehrwegekomponente vom Kanal anders behandelt wird, ist die Wahrscheinlichkeit hoch, dass es, wenn eine Komponente aufgrund des Fadings stark gedämpft wird, eine andere Komponente gibt, die gerade besonders stark ist. Werden die Komponenten in geeigneter Weise kombiniert, ergibt sich so ein wesentlich stabileres Signal. Bei der Kombination (*engl.* Combining) der Einzelsignale können unterschiedliche Verfahren zum Einsatz kommen (siehe Abschnitt 3.6). Das theoretische Optimum ergibt sich mit dem MRC- (*engl.* Maximal Ratio Combining) Verfahren. Hierbei werden die Einzelsignale gewichtet und phasenrichtig aufaddiert (Abschnitt 3.6.3).

Der RAKE- (*dt.* Rechen) Empfänger besteht nach Bild 7.4.12 aus einer Anzahl von L Zweigen, sog. Fingern, die das Mehrwege-Empfangssignal mit unterschiedlich verzögerten Versionen der Spreizsequenz korrelieren (aus einer Analogie zu den Zinken eines Rechens stammt der Name RAKE-Empfänger). Nach der Korrelation erfolgt eine Abtastung im Symboltakt (S&H, *engl.* Sample &

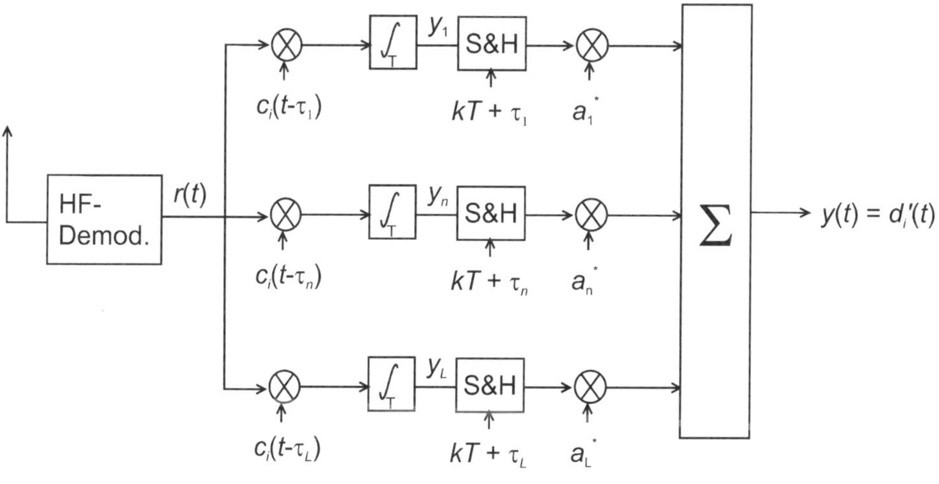

Bild 7.4.12: RAKE-Empfänger mit L Fingern

Hold) und die MRC-Kombinierung (a_i in Bild 7.4.12 sind die Koeffizienten der Kanalimpulsantwort, s.u.). Idealerweise sind die RAKE-Finger auf die L stärksten Mehrwegekomponenten abgestimmt. Hierzu ist es erforderlich, die Kanalimpulsantwort zu bestimmen bzw. die relativen Verzögerungen, Amplituden und Phasenlagen der L stärksten Komponenten zu ermitteln. Dies kann, ähnlich wie z.B. bei TDMA-Systemen auch, durch Trainingssequenzen bzw. Pilotsignale o.ä. erfolgen.

Das Prinzip des RAKE-Empfängers, also das Auflösen der Kanalimpulsantwort in einzelne Ausbreitungspfade, kann nur funktionieren, wenn die relativen Verzögerungen der Pfade größer als die Chip-Dauer sind. Um genau zu sein: Optimale Ergebnisse erhält man nur, wenn die relativen Verzögerungen zwischen den stärksten Mehrwege-Komponenten mindestens doppelt so hoch wie die Chip-Dauer sind (s.u.). Bei gegebener Kanalimpulsantwort bedeutet dies eine entsprechend hohe Chip-Rate bzw. Sendebandbreite durch eine hohe Datenrate und/oder einen hohen Spreizfaktor.

In Folgendem sollen die Korrelatorausgangssignale y_n der RAKE-Finger hergeleitet werden. Hierzu gehen wir von einer aus M Mehrwegekomponenten bestehenden Kanalimpulsantwort nach Gl.(7.4.31) aus:

$$h(t) = \sum_{m=1}^{M} a_m \delta(t - \tau_m). \tag{7.4.31}$$

Die Komponenten werden im Kanal um τ_m verzögert und erreichen den Empfänger mit einer Dämpfung der Amplitude um den Faktor a_m. Bei den folgenden Betrachtungen gehen wir von einem DS-CDMA-System aus, bei dem der i-te Sender das gespreizte Basisbandsignal

$$s_i(t) = d_i(t) \cdot c_i(t) \tag{7.4.32}$$

nach HF-Modulation aussendet (d_i: Datensignal mit Symboldauer T, c_i: Spreizsequenz mit Chip-Dauer T_c). Nach Übertragung über den Mehrwege-Kanal und HF-Demodulation, d.h. Verschiebung des Empfangssignals zurück in die Basisbandlage, liegt an der Korrelatorbank der RAKE-Finger (siehe Bild 7.4.12) das Signal

$$r(t) = \sum_{m=1}^{M} a_m s_i(t - \tau_m) = \sum_{m=1}^{M} a_m d_i(t - \tau_m) c_i(t - \tau_m) \tag{7.4.33}$$

an. Das Korrelatorausgangssignal $y_n(t)$ des n-ten RAKE-Fingers berechnet sich also zu

$$\begin{aligned} y_n(t) &= \int_T r(t) c_i(t - \tau_n)\, dt = \int_T \sum_{m=1}^{M} a_m d_i(t - \tau_m) c_i(t - \tau_m) c_i(t - \tau_n)\, dt \\ &= \sum_{m=1}^{M} a_m \int_T d_i(t - \tau_m) c_i(t - \tau_m) c_i(t - \tau_n)\, dt \end{aligned} \tag{7.4.34}$$

Um die Pfadauflösungseigenschaften des RAKE-Empfängers zu untersuchen, genügt es, zur Vereinfachung ein konstantes Datensignal $d_i(t) = 1$ anzunehmen:

$$y_n(t) = \sum_{m=1}^{M} a_m \int_T c_i(\xi) c_i(\xi + \Delta\tau_{m,n})\, d\xi = \sum_{m=1}^{M} a_m \cdot \varphi_{cc}(\Delta\tau_{m,n}) \tag{7.4.35}$$

mit der kontinuierlichen Autokorrelationsfunktion $\varphi_{cc}(\tau)$ nach Gl.(7.4.24) und der Verzögerungsdifferenz $\Delta\tau_{m,n} = \tau_m - \tau_n$ zwischen dem m-ten Ausbreitungspfad und dem n-ten RAKE-Finger. Nimmt man ferner eine Rechteck-Chipfolge mit idealer diskreter Autokorrelationsfunktion $\theta_{cc}(k) = \delta(k)$ bzw.

$$\varphi_{cc}(\Delta\tau_{m,n}) = \begin{cases} 1 - \dfrac{|\Delta\tau_{m,n}|}{T_c} & ; |\Delta\tau_{m,n}| \le T_c \\ 0 & ; \text{sonst} \end{cases} \tag{7.4.36}$$

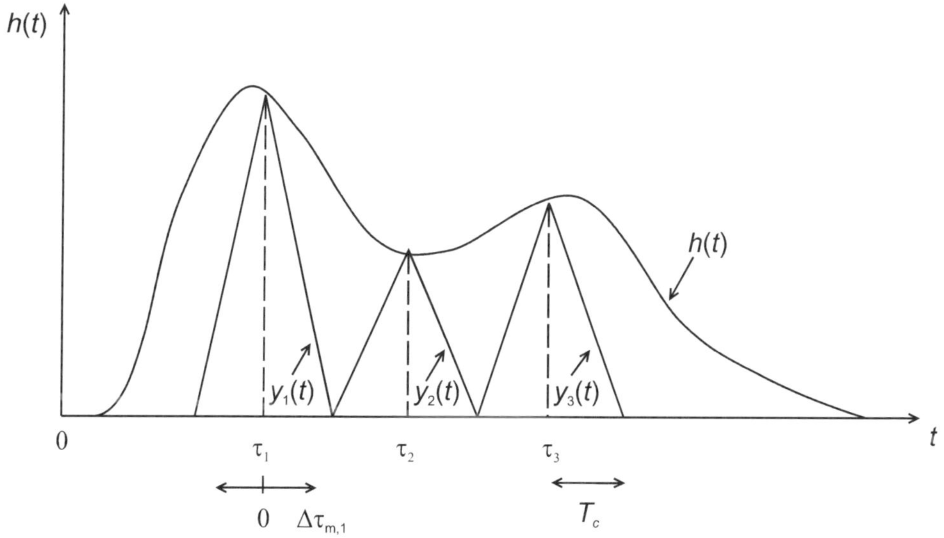

Bild 7.4.13: Korrelatorausgangssignal (Abtastung d. Kanalimpulsantwort, $L = 3$)

an, wird deutlich, dass die vollständige Trennung von Ausbreitungspfaden nur dann möglich ist, wenn diese mindestens T_c auseinander liegen (siehe Bild 7.4.13). Aufgrund von praktisch immer vorhandenen Synchronisationsungenauigkeiten macht es aber keinen Sinn, die relativen Verzögerungszeiten zwischen den einzelnen RAKE-Fingern kleiner als $2 \cdot T_c$ zu wählen, da dann die Korrelatorausgangssignale $y_n(t)$ miteinander korreliert sind und sich deshalb kein maximaler MRC-Gewinn ergeben würde. Ein Diversity-Gewinn ergibt sich nur, wenn die kombinierten Signale möglichst unkorreliert sind.

7.5 Paketzugriffsverfahren

Die in den vorangegangenen Abschnitten behandelten Vielfachzugriffsverfahren gehen von einem ununterbrochenen Datenstrom zu und von den Netzteilnehmern aus, d.h., eine einmal zugeteilte Ressource, wie z.B. eine Trägerfrequenz, ein Zeitschlitz oder ein Codekanal, bleibt während der gesamten Kommunikationsbeziehung zugeteilt. Auch wenn momentan keine Daten zur Übertragung anliegen, wird eine Ressource belegt, die anderen Netzteilnehmern nicht zur Verfügung steht. Dies führt zu einer nicht optimalen Nutzung des knappen Frequenzspektrums für Mobilfunksysteme. Stochastische Paketzugriffsverfahren können hier die Effizienz gegebenenfalls erheblich steigern.

Innerhalb von mobilen Informationssystemen wie Paging-Systemen, Nachrichtennetzen, Packet-Radio, Verkehrsinformations- und Verkehrsleitsystemen werden häufig Paketzugriffsverfahren eingesetzt, da die aufkommenden Nachrichtentypen einen sehr hohen Burstfaktor besitzen, also nur kurze Aktivitätsperioden existieren, die von langen Ruhephasen unterbrochen sind.

Moderne Mobilfunksysteme wie z.B. UMTS, bieten den Netzteilnehmern eine Vielzahl unterschiedlicher Dienste. Neben der reinen Sprachübertragung machen Multimedia-Anwendungen einen stetig wachsenden Anteil am Datenaufkommen aus. Die damit einhergehende Dienstevielfalt mit unterschiedlichen Übertragungsraten und -statistiken erfordert ein sehr flexibles Zugriffsprotokoll auf der Luftschnittstelle zukünftiger Mobilfunksysteme. Paketzugriffsverfahren haben sich hier als sehr geeignet erwiesen.

Das einfachste aller stochastischen Zugriffsverfahren ist das ALOHA-Verfahren nach [ABR70], welches 1971 an der Universität von Hawaii zur Vernetzung des Campus erstmals implementiert wurde. Sobald ein Datenpaket zur Übertragung ansteht, wird es gesendet. Wenn die Übertragung des Pakets erfolgreich war, sendet die Datensenke über einen Rückkanal eine positive Bestätigung (ACK, *engl.* Acknowledgement), anderenfalls eine negative (NACK, *engl.* Negative Acknowledgement). Nach einer fehlerhaften Übertragung z.B. durch eine Kollision mit dem Datenpaket einer anderen Quelle, wird nach einer zufälligen Zeit ein neuer Sendeversuch unternommen. Die Zufallszeit ist zur Kollisionsentzerrung erforderlich, denn nach einer Kollision würden sonst alle beteiligten Quellen gleichzeitig einen neuen Übertragungsversuch starten, mit dem Resultat einer erneuten Kollision. Die Einfachheit des Verfahrens muss mit einer relativ geringen Effizienz bei der Kanalausnutzung durch die bei steigender Last häufiger auftretenden Kollisionen "bezahlt" werden.

Bezeichnen wir mit G das gesamte mittlere Verkehrsangebot, so berechnet sich der Durchsatz S in einem bestimmten Kanal zu

$$S = q \cdot G \tag{7.5.1}$$

mit der Erfolgswahrscheinlichkeit q, also der Wahrscheinlichkeit, dass ein Paket ohne Störung durch Kollisionen übertragen wurde. Damit es bei der Übertragung zu keiner Kollision kommt, darf im Beobachtungszeitraum $T = 2\tau$ kein Datenpaket einer anderen Station anfallen (siehe Bild 7.5.1a). τ ist die Übertragungsdauer eines Pakets, sie beträgt

$$\tau = \frac{\text{Paketlänge}\,[\text{Bit}]}{\text{Übertragungsgeschwindigkeit}\,[\text{bit/s}]} \tag{7.5.2}$$

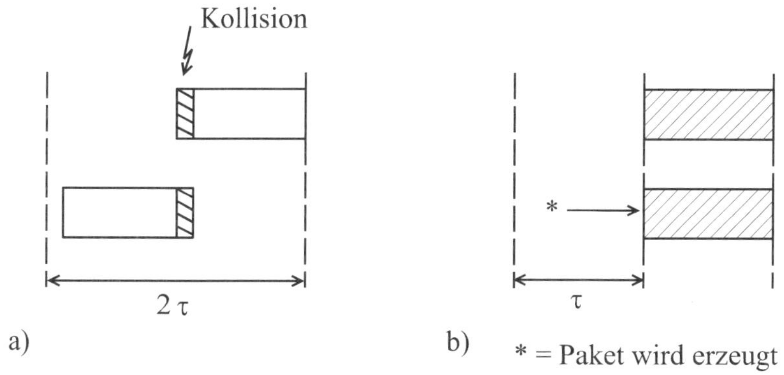

Bild 7.5.1: Kollisionsintervalle von ALOHA (a) und S-ALOHA (b)

Zur Ermittlung der Erfolgswahrscheinlichkeit bestimmen wir zunächst die Wahrscheinlichkeit für das Auftreten von k Datenpaketen innerhalb eines Beobachtungsintervalls T. Wir gehen davon aus, dass eine Datenquelle zu zufälligen Zeitpunkten Datenpakete generiert und die Wahrscheinlichkeit hierfür im Zeitintervall $(t, t + \Delta t]$ linear mit Δt wächst; sie ist also $\lambda \cdot \Delta t$, mit einer Proportionalitätskonstanten λ, der Ankunftsrate. Wenn Δt klein genug gemacht wird, ist die Wahrscheinlichkeit, dass mehr als ein Paket in $(t, t + \Delta t]$ auftritt, gleich 0 für $\Delta t \to 0$. Hiervon kann bei einem "langen" Beobachtungsintervall T allerdings nicht ausgegangen werden. Wir unterteilen deshalb das Beobachtungsintervall $(0, T]$ in m kleinere Intervalle $\Delta t = T/m$ mit $m \to \infty$.

Die weitere Rechnung ist identisch zu dem bereits in Abschnitt 4.5.1.2 behandelten Ankunftsprozess. Die Wahrscheinlichkeit, dass k Datenpakete im Beobachtungsintervall T auftreten, kann daher Gl.(4.5.2) entnommen werden.

Die zeitunabhängige Konstante $\lambda = G/\tau$ ist die Ankunftsrate. Geht man also davon aus, dass alle Netzteilnehmer unabhängig voneinander senden und die Paketlänge τ konstant ist, beträgt nach Gl.(4.5.2) die Wahrscheinlichkeit, dass k Ankünfte im Beobachtungszeitraum T erfolgen

$$p(k) = \frac{\left(G\frac{T}{\tau}\right)^k}{k!} \cdot \exp\left(-G\frac{T}{\tau}\right) . \qquad (7.5.3)$$

Die Bedingung für Kollisionsfreiheit muss lauten: $k = 0$ in $T = 2\tau$. Für die Erfolgswahrscheinlichkeit q gilt daher:

$$q = p(0) = \frac{(2G)^0}{0!} \cdot \exp(-2G) = \exp(-2G) \qquad (7.5.4)$$

und für den Durchsatz S erhält man mit Gl.(7.5.3) in Gl.(7.5.1)

$$S = G \cdot e^{-2G} \quad . \qquad (7.5.5)$$

Das Maximum von Gl.(7.5.5) liegt an der Stelle $G = 0{,}5$ und beträgt

$$S_{\max} = \frac{1}{2e} = 18{,}4\ \% \,.$$

Eine Möglichkeit, diesen relativ geringen Durchsatz, bei dem mehr als 80 % der Kanalkapazität ungenutzt bleiben, zu verbessern, ist das "**Slotted ALOHA**"-Verfahren (S-ALOHA). Die sendewilligen Stationen dürfen hierbei nur zu bestimmten, synchronen Zeitpunkten anfangen zu senden. Ein Beispiel für den Einsatz dieses Protokolls ist der RACH (*engl.* Random Access Channel), einer der "Uplink Common Control Channels" von WCDMA (UMTS), der z.B. beim Verbindungsaufbau benutzt wird. Das mögliche Kollisionsintervall ist beim S-ALOHA-Verfahren nach Bild 7.5.1b) gegenüber dem des ALOHA-Verfahrens halbiert, beträgt also nur noch $T = \tau$. Damit erhalten wir für den Durchsatz S des S-ALOHA Verfahrens

$$S = G \cdot e^{-G} \qquad (7.5.6)$$

mit dem Maximum

$$S_{\max} = \frac{1}{e} = 36{,}8\ \%$$

an der Stelle $G = 1$. Bild 7.5.2 zeigt die Durchsatzkurven von ALOHA und S-ALOHA im Vergleich. Man erkennt, dass bei beiden Verfahren der Durchsatz gegen Null geht, wenn das Maximum überschritten wird und dass sich in erster Linie bei einem hohem Verkehrsangebot eine deutliche Verbesserung von S-ALOHA gegenüber dem reinen ALOHA-Verfahren einstellt.

Die Übertragung über Mobilfunkkanäle führt zu Effekten, die die Charakteristik des (S-) ALOHA-Durchsatzverhaltens verändern können. Abschattung (Slow-Fading) und Mehrwegeausbreitung (Fast-Fading) können zu einer Auslöschung bzw. starken Störung von Paketen führen. Zusätzlich kommt es zum sogenannten "Near/Far"-Effekt, bei dem sich Mobilstationen in der Nähe ihrer Basisstation gegenüber weiter entfernten Mobilstationen "durchsetzen".

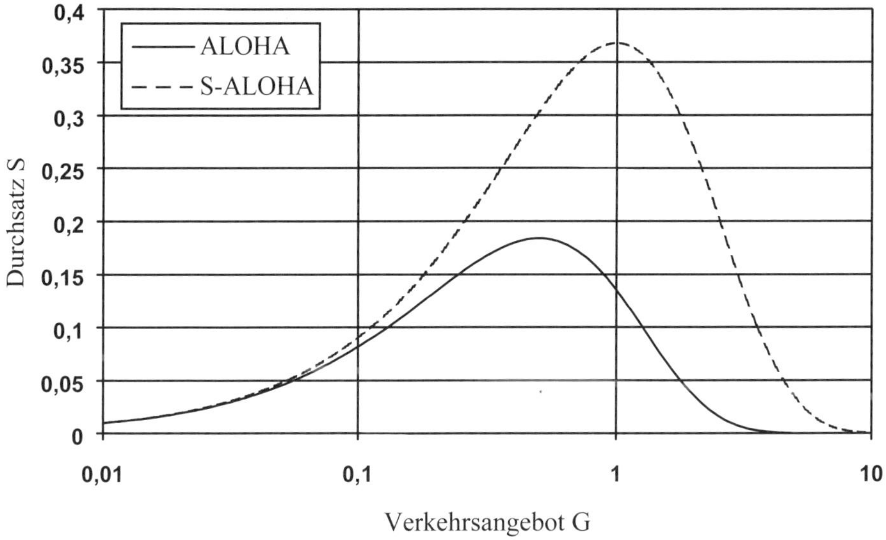

Bild 7.5.2: Durchsatzverhalten von ALOHA und S-ALOHA

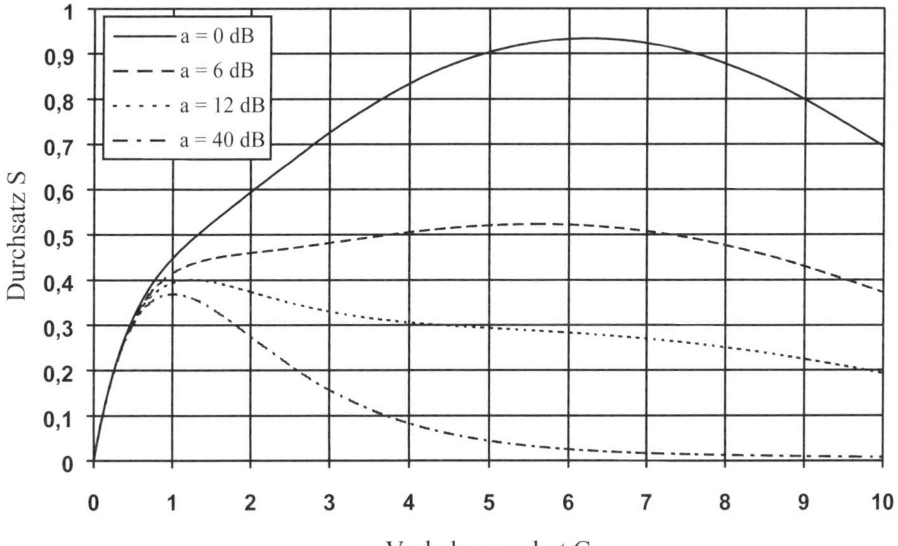

Bild 7.5.3: Durchsatzverhalten mit "Capture"-Effekt bei S-ALOHA

Auch wenn mehrere Stationen gleichzeitig ein Datenpaket versenden und es so zu einer Kollision kommen könnte, kann sich eins dieser Pakete gegenüber den anderen durchsetzen, wenn es um einen bestimmten Pegel stärker am Empfänger ankommt als die anderen. Man nennt diesen Effekt auch "Capture"-Effekt, d.h., ein Paket kann vom Empfänger "eingefangen" werden. Der Capture-Effekt wirkt sich sehr günstig auf das Durchsatzverhalten aus, wie Bild 7.5.3 am Beispiel von S-ALOHA für verschiedene Capture-Schwellen a zeigt. Die Schwelle a gibt an, um wieviel ein Paket stärker als andere Pakete sein muss, damit es vom Empfänger noch einwandfrei detektiert werden kann. Der Fall $a = 40$ dB entspricht praktisch dem Fall ohne Capture-Effekt, d.h., im Falle einer Kollision werden alle daran beteiligten Datenpakete verworfen und müssen neu übertragen werden.

Im Laufe der Zeit wurden verschiedene Verbesserungen bei ALOHA bzw. S-ALOHA entwickelt. Ein auf S-ALOHA basierendes Zugriffsverfahren mit Reservierungsbetrieb ist "Reservation ALOHA" (**R-ALOHA**). R-ALOHA ist ein Zeitmultiplex-System, bei dem die Zeitschlitze (*engl.* Slots) in sich wiederholenden Rahmen (*engl.* Frames) organisiert sind. Die Rahmendauer muss dabei größer als die maximale Ausbreitungsverzögerung sein. Der Zugriff auf nicht belegte Zeitschlitze erfolgt nach Art von S-ALOHA. Wurde einmal erfolgreich, d.h. ohne Kollision, in einem Zeitschlitz gesendet, darf dieser Slot auch im nächsten Rahmen von der gleichen Station wieder genutzt werden. Da die anderen Stationen im Netz nach einer Rahmenperiode anhand der Belegung erkennen, ob ein Slot frei ist oder nicht, kommt es bei nachfolgenden Sendungen nicht mehr zu Kollisionen. Das Ende einer Übertragung bzw. einer Reservierung kann durch ein Ende-Flag im letzten Paket einer Sendefolge oder einfach durch Freilassen eines Slots signalisiert werden. Im letzten Fall ergibt sich allerdings eine etwas schlechtere Effizienz, da nicht alle Zeitschlitze genutzt werden.

Ein weiteres, verbessertes Verfahren ist **ALOHA-Reservation**. Ähnlich wie bei R-ALOHA werden Zeitschlitze in periodischen Übertragungsrahmen organisiert. Die Rahmen selber sind in Daten-Slots und Reservierungsslots unterteilt (siehe Bild 7.5.4).

Wenn bei einer Station Datenpakete zur Übertragung anfallen, sendet sie zunächst ein Steuerpaket (Reservierungspaket) im S-ALOHA-Betrieb in einem Reservierungs-Minislot im Reservierungs-Unterrahmen. Das Steuerpaket enthält die Anzahl der gewünschten Zeitschlitze und optional eine Prioritätsinformation. Nach Ablauf einer Rahmenperiode kennen alle Stationen die Reservierungswünsche und verwalten eine gemeinsame Warteschlange. Alternativ kann die Verwaltung der Warteschlange auch von einer Master-Station (z.B. der Basisstation) übernommen werden, die dann die Slot-Zuteilung übernimmt. Es können je nach

Anwendungsfall verschiedene Abarbeitungsstrategien (*engl.* Scheduling) zum Einsatz kommen, im einfachsten Fall das FIFO- (*engl.* First-In-First-Out) Verfahren, d.h., die erste Reservierung bekommt auch den ersten freiwerdenden Slot.

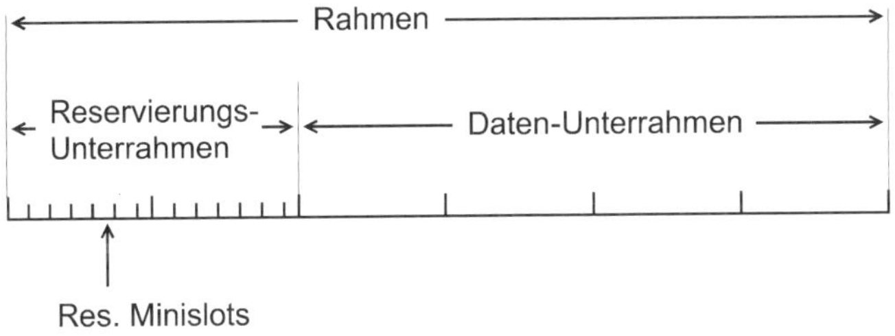

Bild 7.5.4: Beispiel einer Rahmenaufteilung bei ALOHA-Reservation

7.6 Raummultiplex

Unter Raummultiplexverfahren (**SDMA**, *engl.* Space Division Multiple Access) versteht man Techniken, die eine bestimmte Ressource in räumlich getrennten Bereichen wiederverwenden. So wenden zellulare Mobilfunknetze auch die Technik des Raummultiplex an, da ja die Kanäle einer Zelle in ihren Gleichkanalzellen wieder benutzt werden. In diesem Abschnitt soll uns jedoch die Wiederverwendung von Übertragungskanälen innerhalb der Zellen selbst beschäftigen.

Adaptives SDMA ist im Bereich der digitalen Mobilfunksysteme eine relativ neue Technik, die es u.a. erlaubt, die Teilnehmerkapazität bestehender und zukünftiger Mobilfunknetze zu erhöhen. Durch Sektorisierung der Basisstationsantennen kann der Gleichkanalstörabstand in einem zellularen Netz erhöht bzw. die Clustergröße reduziert werden, was sich dann in einer erhöhten Teilnehmerkapazität niederschlägt. Der erhöhte Gleichkanalstörabstand auf dem Downlink ist eine Folge der gerichteten Abstrahlung, durch die nur in einem begrenzten Winkelbereich, meistens 60° oder 120°, Gleichkanalstörungen in anderen Zellen verursacht werden. Umgekehrt ergibt sich auf dem Uplink eine niedrigere Interferenzleistung, weil auch nur Störleistung aus diesem, gegenüber dem omnidirektionalen Fall verringerten Winkelbereich an der Basisstation empfangen wird.

Bild 7.6.1: Beispiel für die Anwendung von SDMA

Das Grundprinzip von adaptivem SDMA ist es nun, dass jede Basisstation eine elektronisch steuerbare Richtantenne benutzt, deren Richtkeule direkt auf eine Mobilstation ausgerichtet werden kann. So lassen sich verschiedene Mobilstationen anhand ihrer räumlichen Winkelpositionen unterscheiden. Liegen die Winkel weit genug auseinander, können Trägerfrequenzen mehrfach genutzt werden, und die Kapazität des Systems kann so erhöht werden. Bild 7.6.1 veranschaulicht ein Beispiel, in dem mit einem einzigen Kanal mehrere Mobilstationen bedient werden.

Da sich die Position der mobilen Teilnehmer in einem Mobilfunknetz laufend ändern kann, muss die Richtcharakteristik der Basisstationsantenne entsprechend nachgeführt werden. Man benutzt dazu phasengesteuerte Gruppenantennen, die aus mehreren Elementen bestehen. Jedes der Elemente kann unabhängig von den anderen Elementen mit einer bestimmten Phasenlage angesteuert werden, wodurch sich dann das Richtdiagramm der Antenne beeinflussen bzw. drehen lässt, ohne dass sich die Antenne selbst bewegt.

Neben der bereits erwähnten Mehrfachbenutzung von Frequenzen und der Erhöhung des Gleichkanalstörabstandes stellen sich bei SDMA noch weitere Vorteile ein [WEI94]. Dadurch, dass die Abstrahlung bzw. der Empfang gerichtet erfolgt, werden die Effekte der Mehrwegeausbreitung beträchtlich gemindert. Im Uplink-Fall empfängt die Basisstation weniger Reflexionskomponenten der Mobilstationsaussendung, wodurch das Delay-Spread des Übertragungskanals vermindert wird. Genauso werden durch die gerichtete Abstrahlung der Basisstationssendeleistung weniger Reflexionspunkte auf dem Weg zur Mobilstation ausgeleuchtet.

Die Verwendung von Richtantennen sorgt für eine Abstrahlung genau dorthin, wo die Sendeenergie auch benötigt wird. Andere Gebiete werden nicht bestrahlt. Dies führt zu einer Verringerung der elektromagnetischen Strahlung insgesamt. Aufgrund des erhöhten Antennengewinns von Richtantennen können die Sendeleistungen sowohl der Basis- als auch der Mobilstation reduziert werden; so lässt sich der Energieverbrauch senken. Dies ist besonders bei portablen Geräten (wie Handys) im Sinne einer längeren Betriebsdauer wünschenswert.

Ein Nachteil der SDMA-Technik ist der relativ hohe Implementierungsaufwand. Neben den aufwendigen Antennensystemen mit variablen, steuerbaren Phasenschiebern muss sehr viel Signalverarbeitung eingesetzt werden, um aus dem Empfangssignal Parameter, wie z.B. die Einfallsrichtung, zu schätzen oder das Antennendiagramm richtig zu formen ("Beam-Forming") und den Mobilstationen nachzuführen ("Beam-Tracking").

Ein weiterer Nachteil von SDMA ist im erhöhten Signalisierungsaufwand zu sehen. Kommen sich zwei Mobilstationen zu nahe und das räumliche Auflösungsvermögen der Gruppenantenne reicht nicht mehr aus, muss eine der Mobilstationen zu einem Intracell-Handover veranlasst werden. Die räumliche Separation der Teilnehmer muss deshalb ständig überwacht werden. Die Handover-Rate innerhalb einer Zelle steigt also; dies kann sich negativ auf die Dienstgüte einer Verbindung auswirken.

Es muss ferner dafür gesorgt werden, dass die Basisstationsantenne völlig frei montiert wird, damit sich keine Reflektoren in der Nähe befinden, die das Antennendiagramm stark verformen können und so Sendeleistung in unerwünschte Gebiete abstrahlen bzw. zu einer Auffächerung des Antennendiagramms führen. Dies macht eine Anwendung der SDMA-Technik in mikro- oder gar picozellularen Netzen mit typischerweise niedrig montierten Antennen (Straßenlampenhöhe) sehr schwierig oder gar unmöglich.

7.7 Duplexverfahren

Ein vollduplexfähiges Kommunikationssystem muss in der Lage sein, quasi gleichzeitig senden und empfangen zu können. Quasi gleichzeitig bedeutet hier, dass der Netzteilnehmer ein eventuell erforderliches Umschalten zwischen Sendung und Empfang nicht wahrnimmt. In digitalen Duplex-Mobilfunksystemen kommen zwei verschiedene Verfahren zum Einsatz, die auch in einer Kombination auftreten können. Zum einen können verschiedene Frequenzlagen für Up- und Downlink verwendet werden. Man bezeichnet dies als **Frequenzduplex (FDD,** *engl.* Frequency Division Duplex). FDD wurde bereits in den ersten Vollduplex-Mobilfunksystemen eingesetzt und ist das Standardverfahren zur Richtungstrennung in allen analogen Systemen. In digitalen Mobilfunksystemen wird heute noch ein weiteres Verfahren eingesetzt: **Zeitduplex** (**TDD**, *engl.* Time Division Duplex). TDD ist streng genommen ein Halbduplex-Verfahren, bei dem zeitlich nacheinander gesendet und empfangen wird. Geschieht die Umschaltung zwischen Sendung und Empfang allerdings so schnell und so häufig, dass der Netzteilnehmer davon nichts merkt, stellt sich ihm gegenüber TDD als Vollduplex-Verfahren dar.

7.7.1 Frequenzduplex

Mit FDD-Verfahren kann ein gleichzeitiger Betrieb von Sender und Empfänger erreicht werden. Für den Uplink (Mobilstation → Basisstation) und den Downlink (Basisstation → Mobilstation) werden verschiedene Frequenzbereiche verwendet, die sich nicht überlappen dürfen und weit genug voneinander entfernt sein müssen. So beträgt z.B. im WCDMA-System (UMTS) der Abstand zwischen Sende- und Empfangsfrequenz 190 MHz.

Obwohl Sendung und Empfang auf unterschiedlichen Frequenzen erfolgen, können sich Sender und Empfänger stark gegenseitig beeinflussen. Dies kann sogar so weit führen, dass kein sinnvoller Betrieb mehr möglich ist, wenn nicht geeignete Maßnahmen ergriffen werden. Die auftretenden Probleme werden durch eine ungenügende Isolation zwischen Sender und Empfänger hervorgerufen. Um die Problematik zu verdeutlichen, folgt ein kurzes Rechenbeispiel: Wir betrachten einen Sender mit einer Ausgangsleistung von 10 W (= 40 dBm) und einen Empfänger mit einer Eingangsempfindlichkeit von -100 dBm. Der Pegelunterschied zwischen dem schwächsten Empfangssignal und dem eigenen Sendesignal beträgt also 140 dB (!). Der Empfänger müßte also eine so hohe Selektivität aufweisen, dass der nahe Sendefrequenzbereich um mindestens 140 dB unterdrückt wird; dies ist mit üblichen Empfängern nicht möglich.

Hohe Eingangspegel eines Empfängers können, auch wenn sie von der gewünschten Empfangsfrequenz bereits relativ weit entfernt sind, zu einer Verringerung der Empfängerempfindlichkeit führen. Dies liegt daran, dass der Arbeitspunkt der Empfängereingangsstufen stark verschoben wird. Zusätzlich kann es zu Störungen durch Intermodulation kommen, wenn der Arbeitspunkt in einen nichtlinearen Bereich verschoben wird.

Obwohl der Sender auf einer entfernten Frequenz sendet, kann es durch Senderrauschen und Nebenaussendungen zu erheblichen Empfangsstörungen kommen. Reale Sender erzeugen neben der eigentlich gewollten Sendefrequenz zusätzlich einen mehr oder weniger breiten "Rauschteppich", der dann das Empfangssignal überlagert bzw. es sogar völlig zudecken kann.

Um für die nötige Isolation zwischen Sender und Empfänger zu sorgen, gibt es verschiedene Möglichkeiten. So können Sender und Empfänger mit verschiedenen, räumlich separierten Antennen arbeiten. Die Montage der Antennen muss so erfolgen, dass sie weit genug voneinander entfernt sind, damit es nicht zu den oben beschriebenen Effekten kommt. Der räumliche Abstand richtet sich dabei unter anderem nach dem Frequenzabstand zwischen Sender und Empfänger, der Sendeleistung, der Empfängerempfindlichkeit und -selektion, ist aber in der Regel relativ groß. Dies hat zur Folge, dass sich eine unterschiedliche Ausleuchtung für Sender und Empfänger ergeben kann. Ebenfalls ist der Platz für Antennen an Orten mit guten Eigenschaften für die Mobilfunkübertragung knapp. Es ist immer einfacher, eine einzelne Antenne zu installieren als zwei Antennen.

In den heutigen Mobilfunksystemen werden sogenannte Duplexer eingesetzt, mit denen Senderausgang und Empfängereingang gekoppelt und einer gemeinsamen Antenne zugeführt werden können. Ein Duplexer besteht aus zwei sehr steilflankigen Filtern, die für die notwendige Isolation sorgen. Bild 7.7.1 verdeutlicht das Funktionsprinzip. $S(f)$ und $E(f)$ sind hochwertige Bandpaßfilter. Das Sendefilter $S(f)$ sorgt für eine starke Unterdrückung des Senderrauschens und eventueller Nebenaussendungen. Auf der anderen Seite sorgt das Empfangsfilter $E(f)$ für eine erhebliche Steigerung der Empfängerselektivität, da nur noch Signale im Bereich des Empfangsbandes durchgelassen werden.

Ein Duplexer sollte möglichst geringe Durchgangsverluste in den gewünschten Frequenzbereichen aufweisen und eine möglichst hohe Sperrdämpfung außerhalb dieser Bereiche haben. Der in Bild 7.7.1 gezeigte Bandpaß-Duplexer eignet sich besonders für Anwendungen mit relativ großem Uplink-Downlink-Abstand. In Fällen mit geringem Abstand wird jedoch oftmals ein Bandsperren-Duplexer eingesetzt, da sich in praktischen Implementierungen hiermit geringere Durchgangsverluste und steilere Flanken erzielen lassen. $S(f)$ ist hierbei eine Bandsperre mit der Nullstelle im Empfangsband und $E(f)$ weist eine Nullstelle im Sendeband auf.

Duplexer mit steilen Filtern und niedriger Einfügedämpfung lassen sich nicht integrieren. Dies stellt einen erheblichen Nachteil dar, wenn möglichst kleine, kompakte Endgeräte ("Handys") entwickelt werden sollen.

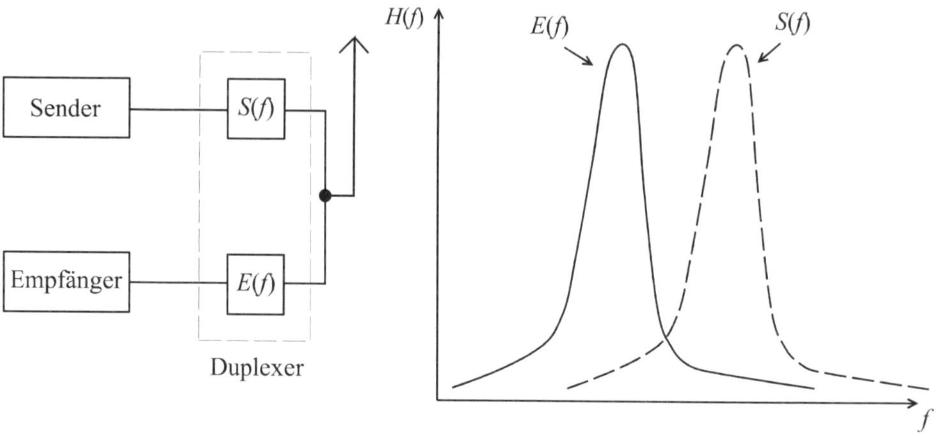

Bild 7.7.1: Prinzip eines Duplexers

Besonders bei Anwendungsfällen mit sehr hoher Senderausgangsleistung, die in heutigen digitalen Mobilfunksystemen allerdings kaum vorkommen, ist eine möglichst niedrige Durchgangsdämpfung besonders wichtig, um ein Verstimmen der Filter durch thermische Einflüsse zu verhindern. So bewirkt eine Einfügedämpfung von 1 dB bei einer Ausgangsleistung von 100 W bereits eine Verlustleistung von ca. 20 W, die komplett in Wärme umgesetzt wird. In solchen Fällen werden im VHF- und UHF-Bereich meist versilberte Topfkreis-Filter eingesetzt.

7.7.2 Zeitduplex

In digitalen Mobilfunksystemen mit kleinem Zellradius ist das Zeitduplex-Verfahren TDD (*engl.* Time Division Duplex) sehr interessant. Sender und Empfänger arbeiten hier nicht absolut gleichzeitig, sondern abwechselnd, mithin ist kein Duplexer erforderlich. Das Prinzip von TDD ist in Bild 7.7.2 dargestellt. Nachdem ein Frame von A nach B gesendet wurde (Laufzeit t_d), wird eine Schutzzeit t_g abgewartet, bevor B seinerseits einen Frame an A sendet. Danach wiederholt sich der Ablauf. Man nennt dies daher auch "Ping-Pong"-Verfahren.

Die Zeit T entspricht der Datenpaket-Periode des Sprachcoders. Sender und Empfänger werden so synchronisiert, dass innerhalb von T ein kompletter Übertragungszyklus abgeschlossen wird. Die Schutzzeit t_g ist aus zwei Gründen notwendig. Zum einen muss die Laufzeit während der Übertragung von A nach B berücksichtigt werden, d.h., auch wenn die Mobilstation weit von ihrer Basisstation entfernt ist, darf es zu keiner Kollision von Datenpaketen kommen. Zum anderen muss immer eine gewisse Zeit gewartet werden, bis die durch das Delay-Spread des Kanals verursachten Nachschwinger abgeklungen sind.

Die Bitrate auf der Luftschnittstelle eines mit TDD arbeitenden Übertragungssystems ist daher mehr als doppelt so hoch wie die eines FDD-Systems, welches dieselbe Datenmenge in derselben Zeit über zwei Frequenzen (Uplink, Downlink) übertragen kann. Da bei TDD beide Richtungen über denselben Träger abgewickelt werden, sind auch in beiden Richtungen annähernd die gleichen Kanaleigenschaften vorhanden und damit auch die gleiche Übertragungsqualität.

Die einzuhaltende Schutzzeit ist von der maximalen Übertragungsdauer zwischen Mobil- und Basisstation abhängig. Bei einer vorgegebenen maximalen Übertragungsrate ist damit auch der Zellradius begrenzt, weswegen die TDD-Technik nur in picozellularen Netzen oder im Indoor-Bereich eingesetzt wird.

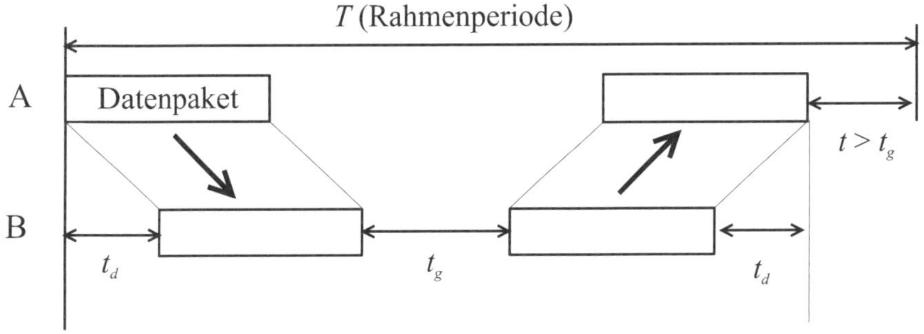

Bild 7.7.2: Zeitduplex (TDD)

Literaturverzeichnis

[ABR70] N. Abramson, "The ALOHA System - Another Alternative for Computer Communications", Proceedings of the Fall Joint Comput. Conf. AFIPS, Vol. 37, 1970, S. 281-285

[ADA97] F. Adachi, M. Sawahashi, K. Okawa, "Tree-Structured generation of orthogonal spreading codes with different lengths for forward link of DS-CDMA mobile radio", IEE Electronics Letters, Vol. 33, No. 1, Jan. 1997, S. 27f.

[AND73] L.G. Anderson, "A Simulation Study of Some Dynamic Channel Assignment Algorithms in a High Capacity Mobile Telecommunications System", IEEE Transactions on Communications, Vol. COM-21, No. 11, November 1973, S. 1294 - 1306

[BEC89] R. Beck, H. Panzer, "Strategies for Handover and Dynamic Channel Allocation in Micro-Cellular Mobile Radio Systems", 39th IEEE Vehicular Technology Conference, Mai 1989, S. 178 - 185

[BEN02] T. Benkner, C. Stepping, "UMTS", Schlembach Fachverlag, Weil der Stadt, 2002

[BEN95a] T. Benkner, "Ein spektrumneutrales Mikrozellsystem mit Makro-Schirmzellen", ITG-Fachtagung "Mobile Kommunikation", 26.-28.9.1995 in Neu-Ulm, ITG-Fachbericht 135,VDE-Verlag GmbH, 1995, S. 533-542

[BEN95b] T. Benkner, K. David, "Autonomous Slot Assignment Schemes for PRMA++ Third Generation TDMA Systems", IEEE 3rd Symposium on Communications and Vehicular Technology in the Benelux, Eindhoven, Oktober 1995, S. 13 - 19

[BEN96a] T. Benkner, K. David, "CS+: A Novel Self-Adaptive Slot Assignment Scheme for ATDMA", Proceedings of the 46th IEEE Vehicular Technology Conference, VTC'96, Atlanta, Georgia, USA, April 28 - May 1, 1996, S. 938 - 942

[BEN96b] T. Benkner, "Dynamic Slot Allocation for TDMA-Systems with Packet Access", in Jabbari, Godlewski, Lagrange (Editors): "Multiaccess, Mobility and Teletraffic for Personal Communications", Kluwer Academic Publishers, Dordrecht, Niederlande, (Proceedings of the MMT'96, Paris, Frankreich, 20.-22. Mai 1996) S. 103 - 116

[BER93] C. Berrou, A. Glavieux, P. Thitimajshima, "Near Shannon limit error-correcting coding and decoding: Turbo-Codes", Proceedings of the 1993 International Conference on Communications, S. 1064-1070, 1993

[BOS98] M. Bossert, "Kanalcodierung", B.G. Teubner, Stuttgart, 2. Aufl., 1998

[BRO91] I.N. Bronstein, K.A. Semendjajew, "Taschenbuch der Mathematik", 25. Auflage, B.G. Teubner, Stuttgart, 1991

[CAR37] J.R. Carson, T.C. Fry, "Variable frequency electric circuit theory with application to the theory of frequency modulation", The Bell System Technical Journal, Vol. 16, 1937, S. 513-540

[CHA92] G.K. Chan, "Effects of Sectorization on the Spectrum Efficiency of Cellular Radio Systems", IEEE Transactions on Vehicular Technology, Vol. 41, No. 3, August 1992, S. 217 - 225

[COX72] D.C. Cox, D.O. Reudink, "A Comparison of Some Channel Assignment Strategies in Large-Scale Mobile Communications Systems", IEEE Transactions on Communications, Vol. COM-20, No. 2, April 1972, S. 190 - 195

[COX73] D.C. Cox, D.O. Reudink, "Increasing Channel Occupancy in Large-Scale Mobile Radio Systems: Dynamic Channel REassignment", IEEE Transactions on Communications, Vol. COM-21, No. 11, November 1973, S. 1302 - 1306

[COX82] D.C. Cox, "Cochannel Interference Considerations in Frequency Reuse Small-Coverage-Area Radio Systems", IEEE Transactions on Communications, Vol. COM-30, No. 1, January 1982, S. 135 - 142

[DAV96] K. David, T. Benkner, "Digitale Mobilfunksysteme", B.G. Teubner, Stuttgart, 1996

[DON79] V.H. Mac Donald, "The Cellular Concept", The Bell System Technical Journal, Vol. 58, No. 1, January 1979, S. 15 - 41

[EKL86] B. Eklundh, "Channel Utilization and Blocking Probability in a Cellular Mobile Telephone System with Directed Retry", IEEE Transactions on Communications, Vol. COM-34, April 1986, S. 329 - 337

[EKS06] H. Ekström, A. Furuskär, J. Karlsson, M. Meyer, S. Parkvall, J. Torsner, M. Wahlqvist, "Technical Solutions for the 3G Long-Term Evolution", IEEE Communications Magazine, März 2006, S. 38 - 45

[ELN82] S.M. Elnoubi, R. Singh, S.C. Gupta, "A New Frequency Channel Assignment Algorithm in High Capacity Mobile Communication Systems", IEEE Transactions on Vehicular Technology, Vol. VT-31, No. 3, August 1982, S. 125 - 131

[ENG73] J.S. Engel, M.M. Peritsky, "Statistically-optimum dynamic server assignment in systems with interfering servers", IEEE Transactions on Vehicular Technology, Vol. VT-22, No. 4, November 1973, S. 203 - 209

[FEH95] K. Feher, "Wireless Digital Communications: Modulation & Spread Spectrum Applications", Prentice Hall, Upper Saddle River, 1995

[FOR66] G.D. Forney Jr., "Concatenated Codes", MIT Press, Cambridge MA, 1966

[FRI46] H.T. Friis, "A note on a simple transmission formula", Proceedings of the IRE, Vol. 34, 1946, S. 254 ff.

[FRI96] H. Friedrichs, "Kanalcodierung", Springer, Berlin, Heidelberg, 1996

[FUR87] Y. Furuya, Y. Akaiwa, "Channel Segregation, A Distributed Adaptive Channel Allocation Scheme for Mobile Communication Systems", Proceedings of the DMR II, Stockholm, Oktober 1987

[GOL67] R. Gold, "Optimal Binary Sequences for Spread Spectrum Multiplexing", IEEE Transactions on Information Theory, Vol. IT-13, Oktober 1967, S. 619 – 621

[GRA84] P.R. Gray, R.G. Mayer, "Analysis and Design of Analog Integrated Circuits", 2nd Edition, John Wiley & Sons, New York, 1984

[GUE87] R.A. Guérin, "Channel Occupancy Time Distribution in a Cellular Radio System", IEEE Transactions on Vehicular Technology, Vol. VT-35, No. 3, August 1987, S. 89 - 99

[HAL80] W.K. Hale, "Frequency Assignment : Theory and Applications", Proceedings of the IEEE, Vol. 68, No. 12, December 1980, S. 1497 - 1514

[HAL83] S.W. Halpern, "Reuse Partioning in Cellular Systems", 33th IEEE Vehicular Technology Conference, Mai 1983, S. 322 - 327

[HAT80] M. Hata, "Empirical Formula for Propagation Loss in Land Mobile Radio Services", IEEE Transactions on Vehicular Technology, Vol. VT-29, No. 3, August 1980, S. 317 - 325

[HEI95] W. Heise, P. Quattrochi, "Informations- und Codierungstheorie", 3. Auflage, Springer, Berlin, Heidelberg, 1995

[HOG69] D.C. Hogg, "Statistics on Attenuation of Microwaves by Intense Rain", Bell Systems Techn. Journal, Vol. 48, November 1969

[HON86] H. Daehyoung, S. Rappaport, "Traffic Model and Performance Analysis for Cellular Mobile Radio Telephone Systems with Prioritized and Nonprioritized Handoff Procedures", IEEE Transactions on Vehicular Technology, Vol. VT-35, No. 3, August 1986, S. 77 - 92

[HUB93] J. Huber, "Trelliscodierung", Springer, Berlin, Heidelberg, 1993

[JAG78] F. de Jager, C.B. Dekker, "Tamed Frequency Modulation, A Novel Method to Achieve Spectrum Economy in Digital Transmission", IEEE Transactions on Communications, Vol. COM-26, No. 5, Mai 1978, S. 534-542

[JAK74] W.C. Jakes, "Microwave Mobile Communications", John Wiley & Sons, New York, 1974

[KAD91] F. Kaderali, "Digitale Kommunikationstechnik I", Vieweg Verlag, Braunschweig /Wiesbaden, 1991

[KAH78] T.J. Kahwa, N.D. Georganas, "A Hybrid Channel Assignment Scheme in Large-Scale, Cellular Structured Mobile Communication Systems", IEEE Transactions on Communications, COM-26, No. 4, April 1978

[KAM04] K.D. Kammeyer, "Nachrichtenübertragung", 3. Auflage, B.G. Teubner, Wiesbaden, 2004

[KAR04] K. Kark, "Antennen und Strahlungsfelder", Vieweg-Verlag, Wiesbaden, 2004

[KAS66] T. Kasami, "Weight Distribution Formula for Some Class of Cyclic Codes", Coordinated Science Laboratory, University of Illinois, Urbana Ill., USA, Tech. Report No. R-285, April 1966

[KEE90] J.M. Keenan, A.J. Motley, "Radio Coverage in Buildings", British Telecom Journal, Vol. 8, No. 1, S. 19 ff., Jan. 1990

[KLE75] L. Kleinrock, "Queueing Systems", Volume I : Theory, John Wiley & Sons, New York, 1975

[KON95] A.M. Kondoz, "Digital Speech: Coding for Low Bit Rate Communications Systems", John Wiley & Sons, New York, 1995

[KUD92] E. Kudoh, T. Matsumoto, "Effects of Power Control Error on the System User Capacity of DS/CDMA Cellular Mobile Radios", IEICE Trans. Commun., Vol. E75-B, No. 6, June 1992, S. 524-529

[LEE82] W.C.Y. Lee, "Mobile Communications Engineering", McGraw-Hill Book Company, New York, 1982

[LEE89] W.C.Y. Lee, "Mobile Cellular Telecommunications Systems", McGraw-Hill, New York, 1989

[LEE93] W.C.Y. Lee, "Mobile Communications Design Fundamentals", 2. Aufl., John Wiley & Sons, New York, 1993

[LÜK92] H.D. Lüke, "Korrelationssignale", Springer, 1992

[MAR92] S.V. Maric, E. Alonso, "Adaptive Borrowing of Ordered Resources for the Pan-European Communication (GSM) System", ICC'92 International Conference on Communications, 1992, S. 1693 - 1697

[MUL54] D. E. Muller: "Application of Boolean algebra to switching circuit design and to error detection", IRE Transactions, EC-3, S. 6 - 12, 1954

[MUR81] K. Murota, K. Hirade, "GMSK Modulation for Digital Mobile Radio Telephony", IEEE Transactions on Communications, Vol. COM-29, No. 7, July 1981, S. 1044-1050

[NAK60] M. Nakagami, "The m-Distribution — A General Formula of Intensity Distribution of Rapid Fading", in W. Hoffman (Hrsg.): "Statistical Methods in Radio Wave Propagation", Pergamon Press, 1960

[NET89] R.W. Nettleton, G.R. Schloemer, "A high capacity assignment method for cellular mobile telephone systems", 39th IEEE Vehicular Technology Conference, Mai 1989, S. 359 - 367

[NEU06] A. Neubauer, "Kanalcodierung", Schlembach-Fachverlag, Wilburgstetten, 2006

[OKU68] Y. Okumura, E. Ohmori, T. Kawano, K. Fukuda, "Field Strength and Its Variability in VHF and UHF Land-Mobile Radio Service", Review of the Electrical Communication Laboratory, Vol. 16, No. 9-10, September-Oktober, 1968, S. 825 - 873

[PAN79] W. Pannel, "Frequency Engineering in Mobile Radio Bands", Granta Technical Editions, Cambridge, UK, 1979

[PAP84] A. Papoulis, "Probability, Random Variables, and Stochastic Processes", 2nd Edition, McGraw-Hill Book Company, New York, 1984

[PAR92] J.D. Parsons, "The Mobile Radio Propagation Channel", Pentech Press, London, 1992

[PRO89] John G. Proakis, "Digital Communications", 2nd Edition, McGraw Hill Inc., New York, 1989

[REE54] I.S. Reed: "A class of multiple-error-correcting codes and the decoding scheme, IRE Transactions", PGIT-4, S. 38 - 49, 1954

[ROH95] H. Rohling, "Einführung in die Informations- und Codierungstheorie", B.G. Teubner, Stuttgart, 1995

[SAR80] D.V. Sarwate, M.B. Pursley, "Crosscorrelation Properties of Pseudorandom and Related Sequences", Proceedings of the IEEE, Vol. 68, May 1980, S. 593-619

[SCH79] R.A. Scholtz, "Optimal CDMA Codes", 1979 National Telecommunications Conference Record, Washington D.C., USA, Nov. 1979

[SEK85] H. Sekiguchi, H. Ishikawa, M. Koyama, H. Sawada, "Techniques for Increasing Frequency Spectrum Utilization in Mobile Radio Communication System", ICC'85 International Conference on Communications, 1985, S. 26 - 31

[SHA48] C. Shannon, "Mathematical Theory of Communication", Bell Systems Technical Journal (BSTJ), Vol. 27, 1948

[SIE80] Tabellenbuch Fernsprechverkehrstheorie, Siemens Aktiengesellschaft, 2. Auflage, 1980

[SKL88] B. Sklar, "Digital Communications", Prentice Hall, Englewood Cliffs, 1988

[STE92] R. Steele, "Mobile Radio Communications", Pentech Press, London, 1992

[SUZ77] H. Suzuki, "A Statistical Model for Urban Radio Propagation", IEEE Transactions on Communications, Vol. 25, No. 7, July 1977, S. 673 -679

[SWE92] P. Sweeney, "Codierung zur Fehlererkennung und Fehlerkorrektur", Hanser (Prentice Hall), München, 1992

[TÖR93] C. Törnevik, J.E. Berg, F. Lotse, "900 MHz propagation measurements and path loss models for different indoor environments", Proceedings of the IEEE Vehicular Technology Conference VTC'93, New Jersey, USA, 1993

[TZS93] H. Tzschach, G. Haßlinger, "Codes für den störsicheren Datenverkehr", Oldenbourg Verlag, München, 1993

[VER93] D. Verdin, T.C. Tozer, "Generating a fading process for the simulation of land-mobile radio communications", Electronics Letters, Vol.29, No.23, Nov. 1993

[VIT67] A.J. Viterbi, "Error bounds for convolutional codes and an asympthotically optimum decoding algorithm", IEEE Transactions on Information Theory, vol. IT-13, S. 260 ff, April 1967

[VIT95] A.J. Viterbi, "CDMA: principles of spread spectrum communication", Addison-Wesley, Reading, 1995

[WEI02] H. Weidenfeller, T. Benkner, "Telekommunikationstechnik", Schlembach Fachverlag, Weil der Stadt, 2002

[WEI94] B.X. Weis, R. Rheinschmitt, M. Tangemann, "Adaptive Space Division Multiple Access: Systemüberlegungen", Konferenzband des 8. Aachener Kolloquium Signaltheorie, 23.-25.3.1994, RWTH-Aachen, S. 361-368

[WEL67] Peter D. Welch, "The Use of Fast Fourier Transform for the Estimation of Power Spectra: A Method Based on Time Averaging Over Short, Modified Periodograms", IEEE Transactions on Audio and Electroacoustics, Vol. AU-15, No. 2, June 1967

[WÖL98] G. Wölfle, C. Bevot, M. Hahn, F.M. Landstorfer, "Berechnung der Empfangsfeldstärke in Gebäuden mit empirischen, neuronalen und strahlenoptischen Prognosemodellen", ITG Workshop Wellenausbreitung bei Funksystemen und Mikrowellensystemen, Wessling, S. 109-115, Mai 1998

[XIO00] F. Xiong, "Digital Modulation Techniques", Artech House, Norwood, USA, 2000

[ZAN93] J. Zander, H. Eriksson, "Asymptotic Bounds on the Performance of a Class of Dynamic Channel Assignment Algorithms", IEEE Journal on Selected Areas in Communications, Vol. 11, No. 6, August 1993, S. 926 - 933

[ZHA89] M. Zhang, T.P. Yum, "Comparisons of Channel-Assignment Strategies in Cellular Mobile Telephone Systems", IEEE Transactions on Vehicular Technology, Vol. VT-38, No. 4, November 1989, S. 211 - 215

[ZIN73] O. Zinke, H. Brunswig, "Lehrbuch der Hochfrequenztechnik", 2. Auflage, Band 1, Springer-Verlag, Berlin, 1973

Index

A

Abramson-Code · 271
Absorptionsdämpfung · 59
ACI · *siehe* Nachbarkanalstörungen
ADF · *siehe* Fading-Einbrüche
ADM · 308
ADPCM · 308
ALOHA-Verfahren · 350
  ALOHA-Reservation · 354
  R-ALOHA · 354
  Slotted ALOHA · 352
Amplitudenmodulation · 179–86
Amplitudenumtastung · 192–201
A-Netz · 3
Ankunftsprozess · 136
Antennen, adaptive · 6
Antennengewinn · 8, 21
Antennenhöhe · 27
Antennenwirkfläche, effektive · 8
Antiinterference · 325
Antijamming · 325
Apertur · *siehe* Antennenwirkfläche
ARQ · *siehe* Automatic Repeat Request
Atmosphäre · 58
Atmosphärische Dämpfung · 57
Ausbreitung
  ebene Gebiete · 25–27
  Einweg · 68–70
  N-Wege · 72
  unebene Gebiete · 27–34
  Zweiwege · 70–71
Ausbreitungsdämpfung · 8–9, 19–64
Ausbreitungsexponent · 9, 22
Ausbreitungsverzögerung, mittl. · 97
Automatic Repeat Request · 301–3
  Go back N · 302
  Hybrid ARQ · 303
  Selective Repeat · 302

Stop and Wait · 301

B

B/B2-Netz · 3, 14, 128
BCH-Codes · 271–75
Beam-Forming · 357
Beam-Tracking · 357
Bedienprozess · 139
Berlekamp-Massey-Algorithmus · 275
Beugung · 30
Beugungsparameter · 32
Blockcodes · 257
lineare · 262–65
zyklische · 265–71
BMA · *siehe* Berlekamp-Massey-Alg.
Breitbandsystem · 99
Bündelfehler · 271, 275, 292
Bündelgewinn · 143
Büschelfehler · *siehe* Bündelfehler

C

Capture-Effekt · 354
Carson, J.R. · 190
CDMA · 313, *siehe* Codemultiplex
CELP · 310
Channel Sounder · 110
Chiprate · 330
Cluster · 12, 119
Clustergröße · 13, 121, 168
C-Netz · 4, 15, 128, 303
Code Division Multiple Access · *siehe* Codemultiplex
Codemultiplex · 324–49
Direct Sequence- · 328–31
Frequency Hopping- · 331–35
Coderate · 258
Codeverkettung · 291
Codierungsgewinn · 261, 286
Combining · 101–9, 346
Equal gain · 109
Maximal-Ratio · 106
Maximal-Ratio- · 346
Selection · 102
Switched · 104
Concatenated Coding · *siehe* Codeverkettung
Constraint Length · *siehe* Einflusstiefe
Convolutional Code · *siehe* Faltungscode
CRC · 301, *siehe* Cyclic Redundancy Check
CVSD · 308
Cyclic Redundancy Check · 271

D

Dämpfung · *siehe* Ausbreitungsdämpfung
D-AMPS · 212, 310
DECT · 321
Delay Spread · 97
Delta Modulation · 308
DFE · 253
Discontinuous Transmission · 328
Diversity · 101–9
-Gewinn · 349
DM · *siehe* Delta Modulation
Dopplerfilter · 112, 115
Dopplerfrequenz · *siehe* Doppler-Verschiebung
Dopplerspektrum · 91
Doppler-Spreizung · 100
Doppler-Verschiebung · 11, 89, 112
DPCM · 308
Dropout-Wahrscheinlichkeit · 77
DSSS · 328–31
DTX · *siehe* Discontinuous Transmission
Duplexer · 359
Duplexverfahren · 357–61
Durchsatz · 350

E

Einflusstiefe · 277
Einseitenbandmodulation · 184
EIRP · 22
Equalizer · *siehe* Kanalentzerrung
Erlang, Anger Krarup · 135

Erlang'sche Verlustformel · 140
Erlang'sche Warteformel · 144
ERP · 22

F

Fading
Fast · 10, 66, 68–86, 151, 352
Shadow · 67
Slow · 67, 86–89, 151, 352
Fading-Einbrüche, mittlere Dauer · 85
Fading-Prozess, komplexer · 112
Faltungscode · 258, 277–91
FDD · *siehe* Frequency Division Duplex
FDMA · *siehe* Frequency Division Multiple Access
FEC · 256, *siehe* Forward Error Correction
Fehlerfunktion, Def. · 80
komplementäre · 237
FFH · 332, 333
FHSS · 331–35
FIFO · 355
Forward Error Correction · 301
Frames · *siehe* Rahmen
Freiraumausbreitung · 20–22
Freiraumformel · 9, 21
Frequency Division Duplex · 345, 358
Frequency Division Multiple Access · 313
Frequenzdispersion · 89
Frequenzduplex · 358–60
Frequenzmodulation · 186
Frequenzmultiplex · 315–20
Frequenzumtastung · 201–4
Frequenz-Wiederverwendung · 118
Frequenzzuweisung · 153
Fresnel-Zone · 34
Friis-Gleichung · *siehe* Freiraumformel
Fry, T.C. · 190

G

Galois-Feld · 257
Gauß'scher Tiefpass · 222
Generatormatrix · 262
Generatorpolynome · 266
Gleichkanalstörabstand · 123–28
Gleichkanalstörungen · 14
Gold-Folge · 340–42
Gray-Codierung · 244
GSM · 4–5, 224, 252
Guard Time · *siehe* Schutzzeit
Guard-Lücke · 232

H

Hamming-Code · 262
Hamming-Distanz · 259, 282
Handoff · *siehe* Handover
Handover · 14, 128–32
Seamless · 15, 128, 316
Soft- · 328
Hard Decision Decodierung · 285
HDD · *siehe* Hard Decision Decod.
Home Location Register · 14
Hotspot · 133
HSDPA · 6
HSUPA · 6
Hüllkurvendemodulation · 184
Huygens'sches Prinzip · 31

I

Interankunftszeit · 137
Interleaving · 292
Block- · 293
diagonales · 292
Faltungs- · 296
im Turbo-Coder · 299
-tiefe · 293
Intermodulation · 316–19
Störabstand · 319–20
Intersymbolinterferenz · 95, 100, 113, 224, 228, 335

J

Jakes-Spektrum · 92

K

Kanalcodierungstheorem · 260
Kanalentzerrung · 249–53
Kanalimpulsantwort · 93–95
Kanalkapazität · 256
Kanalmessung · 110–11
Kanalsimulation · 111–16
Kanalzuteilung
  dynamische · 155
  hybride · 160
  interferenzadaptive · 165
  signaladaptive · 164
  statische · 155
  verkehrsadaptive · 158
Kanalzuteilungsverfahren · 154–67
Kasami-Folgen · 340–42
Kendall, D.G. · 140
Kohärenzbandbreite · 98–100, 316
Kohärenzzeit · 100
Kollisionsentzerrung · 350
Kompatibilitätsmatrix · 153
Kontrollmatrix · 262
Korrekturfähigkeit · 259
Kosinus-Roll-Off-Filter · 227
Kugelstrahler · 20

L

LCR · *siehe* Signalschwundrate
Lognormal-Verteilung · 87, 151
LOS-Pfad · 10
LPC · 309
LTE · 6

M

MAI · *siehe* Multiple Access Interference
Marconi, G. · 3
Markoff, A.A. · 138
Matched Filter · 198, 199, 208, 233, 238, 244, 249, 327
Maximalfolge · 338
Maximum Likelihood
  Decoder · 282
Maxwell, J.C. · 3
Mean Opinion Score · 169, 304, 307
Mehrwegeausbreitung · 10–12, 65–116
Midambel · 321
Mikrozellulare Netze · 132–34
Modulation
  $\pi/4$-DQPSK · 212
  AM · 179–86
  ASK · 192–201, 235
  BPSK · 206, 239, 247, 330
  CPFSK · 203
  CPM · 216–27
  DSB-AM · 179, 193
  FFSK · 220
  FM · 186–92
  FSK · 201–4
  GMSK · 222–25, 244, 248
  MSK · 219–22, 244, 248
  OFDM · 228–34
  OOK · 197
  OQPSK · 210
  PAM · 192
  PM · 186
  PSK · 204–13, 239
  QAM · 213–16, 242
  QPSK · 209, 247
  TFM · 226–27
Modulationsgrad · 182
Modulationsverfahren · 177–253
modulo-2-Rechnung · 257
MOS · *siehe* Mean Opinion Score
M-Sequenzen · 110, 338–40
Multiple Access · *siehe* Vielfachzugriffsverfahren
Multiple Access Interference · 331, 340, 344
Muttercode · 288

N

Nachbarkanalstörungen · 224
Near-/Far-Effekt · 335, 345, 352
Nyquist, H. · 60

Nyquist-Bedingung · 198, 251

O

Orthogonalitätsbedingung · 262
OVSF-Codes · 343–44

P

Paketzugriffsverfahren · 349–55
Parallel Concatenated Convolutional Code · 297
Paritätsmatrix · 262
PCC · *siehe* Punctured Convolutional Code
PCCC · 297
PCM · *siehe* Pulse Code Modulation
PESQ · 304
Pfadmetrik · 288
Pfadverlust-Vorhersagemodelle · 34–57
  COST 231 Hata · 44
  Hata · 43
  Ikegami · 45
  Indoor · 53–57
  Lee · 35
  Modif. Freiraum · 54
  Motley/Keenan · 55
  Multi-Wall · 55
  Okumura · 39
  strahlenoptische · 56
  Walfisch-Ikegami · 50
phasengesteuerte Gruppenantennen · 356
Phasenmodulation · 186
Phasenumtastung · 204–13
Planungswerkzeuge · 148
PLL · 189, 329
PN-Sequenz · *siehe* Pseudo Noise Seq.
Poisson-Verteilung · 137
Poynting'scher Vektor · 20, 23
Präambel · 321
Primitives Polynom · 266, 338
Prozessgewinn · 327, 330
Pseudo Noise-Sequenz · 332
Pulse Code Modulation · 306
Punctured Convolutional Code · 289
Punktierung · 288–90
Punktierungsmatrix · 289

Q

Quadratur-Amplitudenmod. · 213–16
Quadraturmodulator · 205
Quantisierungsfehler · 307
Quantisierungsrauschen · 307

R

Rahmen · 321, 354
RAKE-Empfänger · 327, 335, 346–49
Raummultiplex · 355–57
Rauschbandbreite · 61, 235
Rauschen · 59–63
  1/f- · 62
  antropogenes · 62
  Schrot- · 62
  thermisches · 60
Rauschtemperatur · 61, 235
Rayleigh-Kriterium · 29
Rayleigh-Verteilung · 73, 151, 246
Recursive Systematic Convolutional Coder · 297
Reed Muller Code · 262
Reed-Solomon-Code · 275–77
Reflexion · 23–25
Reflexionsfaktor · 25
Reflexionskoeffizient · 23
RELP · 310
Restfehlerwahrscheinlichkeit · 260
Restklassensysteme · 267
Ricescher Faktor · 79
Rice-Verteilung · 78
Richtfaktor · 21
Roaming · 14
Roll-Off-Faktor · 199
RSC-Code · 297

S

Schieberegistergenerator · 338
Schmalbandsystem · 99

Schutzzeit · 323–24, 360
SCPC-Technik · 315
SDD · *siehe* Soft Decision Decod.
SDMA · *siehe* Space Division Multiple Access
Sektorisierung · *siehe* Zellsektorisierung
Sendeleistungsregelung · 344–46
SFH · 332, 333
Shannon, C.E. · 256
Signalformcodierung · 305, 306–8
Signalschwund · *siehe* Fading
Signalschwundrate · 82
SIM-Karte · 5
Slots · *siehe* Zeitschlitz
Smart Antennas · 6
Soft Decision Decodierung · 285
Soft-Handover · 131
Soft-Information · 296, 300
Space Division Multiple Access · 355–57
Spektrale Effizienz · 167, 234
Sprachcoder · 303–10
  hybride · 310
Spreizcodes · 335–44
SSB · *siehe* Einseitenbandmodulation
Streuung · 27
Suzuki-Verteilung · 151
Syndrom · 263, 267
systematischer Code · 262

T

Tail-Biting · 287
TDD · *siehe* Time Division Duplex
TDMA · *siehe* Time Division Multiple Access
Teilnehmermobilität · 14–16
Terminierung · 287–88
Time Division Duplex · 360–61
Time Division Multiple Access · 313
Timing Advance · 324
toll quality · 307
Trellis-Decodierung · 282–86
Trellis-Diagramm · 280–82, 283, 289
Truncation · 287
Turbo-Code · 296–301

U

UMTS · 5–6, 14, 44, 328, 350

V

VCO · 188, 333
Verkehrs- und Bedientheorie · 134–48
Verkehrsangebot · 135, 350
Verlustsystem · 135
Versorgungsanalyse · 150
Versorgungswahrscheinlichkeit · 151
Verzögerungs-Leistungsspektrum · 95
Vielfachzugriffsverfahren · 311–61
Visitor Location Register · 14
Viterbi-Algorithmus · 277, 283
Vocoder · 305, 309
VSELP · 310

W

Walsh-Folgen · 342–43
Wartesystem · 135
Waveform Encoding · 305
WCDMA · 315, 346, 352, 358
Wellenlänge · 9
Wiederverwendungsabstand · 13, 121
Winkelmodulation · 186–92
Wurzel-Kosinus-Filter · 199, 250

Z

Zeitduplex · 360–61
Zeitmultiplex · 320–24
Zeitschlitz · 313, 321, 354
Zellsektorisierung · 126–28, 169, 328
Zero-Forcing · 251
Zuordnungswahrscheinlichkeit · 152
Zustandsdiagramm · 280